Physik und Transzendenz

HANS-PETER DÜRR (Hrsg.)

Physik und Transzendenz

Die großen Physiker unseres
Jahrhunderts über ihre Begegnung
mit dem Wunderbaren

Mit Beiträgen von
David Bohm / Niels Bohr
Max Born / Arthur Eddington
Albert Einstein / Werner Heisenberg
James Jeans / Pascual Jordan
Wolfgang Pauli / Max Planck
Erwin Schrödinger
Carl Friedrich von Weizsäcker

Dritte Auflage 1986
Copyright © 1986 an dieser Auswahl und am
Vorwort beim Scherz Verlag, Bern, München, Wien.
Alle Rechte der Nutzung und Verbreitung der einzelnen Beiträge
sind vorbehalten und unterliegen der Genehmigung der
im Quellennachweis genannten Rechtsinhaber.
Schutzumschlag von Gerhard Noltkämper.

Inhalt

Vorwort von Hans-Peter Dürr   7

MAX PLANCK
Religion und Naturwissenschaft   21

SIR JAMES JEANS
In unerforschtes Gebiet   41

ALBERT EINSTEIN
Religion und Wissenschaft   67
Naturwissenschaft und Religion   71

MAX BORN
Physik und Metaphysik   79

SIR ARTHUR EDDINGTON
Wissenschaft und Mystizismus   97
Die Naturwissenschaft auf neuen Bahnen   121

NIELS BOHR
Einheit des Wissens   139

ERWIN SCHRÖDINGER

Das arithmetische Paradoxon – Die Einheit des Bewußtseins	159
Naturwissenschaft und Religion	171
Was ist wirklich? – Die Gründe für das Aufgeben des Dualismus von Denken und Sein oder von Geist und Materie	184
Die vedântische Grundansicht	189

WOLFGANG PAULI

Die Wissenschaft und das abendländische Denken	193

PASCUAL JORDAN

Die weltanschauliche Bedeutung der modernen Physik	207

CARL FRIEDRICH VON WEIZSÄCKER

Parmenides und die Quantentheorie	229
Naturgesetz und Theodizee	250

DAVID BOHM

Fragmentierung und Ganzheit	263

WERNER HEISENBERG

Erste Gespräche über das Verhältnis von Naturwissenschaft und Religion	295
Positivismus, Metaphysik und Religion	308
Ordnung der Wirklichkeit	323

Die Autoren	337
Quellennachweis	343
Personen- und Sachregister	345

Vorwort

Das die Welt beobachtende Ich-Bewußtsein und das mystische Erlebnis der Einheit charakterisieren komplementäre Erfahrungsweisen des Menschen. Sie führen einerseits zu einer kritisch-rationalen Einstellung, in welcher der Mensch die Welt in ihrer Vielfalt verstehen, sie mit dem eigenen Denken erfassen will, andererseits zu einer irrational mystischen Grundhaltung, in der er durch Hingabe und Meditation unmittelbar zum eigentlichen Wesen des Seins vorzudringen versucht. In der abendländischen Geschichte stehen diese beiden unterschiedlichen Grundhaltungen in einem ständigen fruchtbaren Wechselspiel. Sie spiegeln sich wider in der Zweiheit von Wissen und Glauben, von Naturwissenschaft und Religion. Immer wieder gab es Bestrebungen, so insbesondere im 16. Jahrhundert durch die Alchemie, diese Doppelgleisigkeit zu überwinden und die Wissenschaft in ein umfassenderes, mystische Elemente enthaltendes Ganzes einzuschmelzen. Mit dem Rationalismus René Descartes' spaltete sich jedoch im 17. Jahrhundert das rationale Weltbild vom religiösen Weltbild ab und kam in der Mechanik Isaac Newtons zur vollen Blüte. Die daran anschließende breite Entwicklung der Naturwissenschaften im 18. und 19. Jahrhundert brachte die rationale und die religiöse Seite des Weltbildes in immer schärferen Gegensatz zueinander. Das durch wissenschaftliche Methoden, durch Messungen und logisch-mathematische Schlußfolgerungen ermittelte Wissen versuchte, die Glaubensinhalte der Religion seinen eigenen Wahrheitskriterien zu unterwerfen. Glaube, Religion, das Transzendente wurden immer mehr in die Lückenbüßerrollen des Noch-nicht-Gewußten und des Noch-nicht-Erforschten gedrängt. Naturwissenschaftliche Erkenntnis bereitete sich vor, Religion langfristig zu überwinden, den Glauben letztlich durch exaktes Wissen zu ersetzen. Wissen bedeutet jedoch nicht nur reine Erkenntnis, geeignet, die Struktur und das Wirken der Natur für den forschenden Menschen zu erhellen und ihm seine eigene Stellung in dieser Natur begreiflich zu machen, sondern dieses Wissen gibt dem Menschen auch bessere Einblicke in den Bewegungsablauf und damit die zukünftige Entwicklung natürlicher Prozesse. So verschafften die Erforschung und die Aufdeckung der Naturgesetze dem Menschen ungeahnte Möglichkeiten, die Natur zu beherrschen und sie für seine Zwecke und Ziele dienstbar zu machen – vor allem mit Hilfe der Technik, einem «Kind» der Naturwissenschaft. «Wissen ist Macht» hatte schon Ende des 16. Jahrhunderts Francis Bacon, der Begründer des englischen Empirismus stolz proklamiert.

Naturwissenschaft und Technik prägen wesentlich unsere heutige Gesellschaft. Sie haben dem Menschen in hohem Maße geholfen, sich von den Zwängen unmittelbarer materieller Lebenssicherung zu befreien. Andererseits – und dies zeigt sich in jüngster Zeit immer deutlicher – ist dem Menschen mit seinen umfassenderen und detaillierteren Einsichten in die Zusammenhänge der Natur und seinen wachsenden Fähigkeiten, sie zu manipulieren, auch eine Macht zugewachsen, die geeignet ist, das empfindliche Netz, in das er selbst als Geschöpf der Natur auf Gedeih und Verderb eingesponnen ist, zu zerstören. In seinen Waffenlagern hat er dazu Naturkräfte zusammengeballt, die – wenn sie seiner Kontrolle entgleiten – ausreichen, die gesamte Menschheit zu vernichten. Voller Sorge stellen wir uns deshalb heute die Frage, wohin diese Entwicklung letztlich führen wird, und es überfällt uns die Angst, daß unsere so hochgepriesene menschliche Vernunft nicht ausreichen könnte, die sich abzeichnenden großen Katstrophen zu verhindern.

Unsere Vernunft gründet sich nicht nur auf unseren Verstand, unser Wissen über mögliche Wirkungszusammenhänge, sondern auch auf unsere Wertvorstellungen, die wir aus einer tieferen Schicht unseres Seins, aus den Traditionen der menschlichen Gesellschaft, aus den Religionen beziehen. Naturwissenschaft sagt uns, was ist, aber sie gibt keine Auskunft darüber, was sein soll, wie wir handeln sollen. Der Mensch bedarf, um handeln zu können, einer über seine wissenschaftlichen Erkenntnisse hinausgehenden Einsicht – er bedarf der Führung durch das Transzendente.

Die Dominanz der naturwissenschaftlichen Betrachtungsweise, das unmittelbare Erlebnis des atemberaubenden technischen Fortschritts verstellt uns heute den Blick auf das Transzendente und seine Notwendigkeit für unser Leben. Aber mit dem Anwachsen unserer Gefährdung wird dieser Mangel spürbarer. In der verwirrenden Vielfalt einer zunehmend komplexeren und komplizierteren technischen Welt wird der Ruf nach einer klareren Orientierung immer lauter. Es wächst bei den Menschen der modernen Gesellschaft das Verlangen, hinter dieser sich immer weiter aufsplitternden und zerbröselnden Gedankenwelt wieder das wesentliche «Eine» oder, wie Werner Heisenberg es nennt, die «zentrale Ordnung» zu erkennen.

Die Ergebnisse der Naturwissenschaften finden in unserer neuigkeitshungrigen Gesellschaft weite Verbreitung. Allerdings kann der Öffentlichkeit bestenfalls nur eine extrem vereinfachte und an die Alltagsvorstellungen angepaßte Version der wissenschaftlichen Sachverhalte vermittelt werden. Die genaueren Zusammenhänge und die eigentlichen Inhalte sind so kompliziert und vielfältig, daß sie nur noch von wenigen Experten, die jeweils auf kleine Teilgebiete spezialisiert sind, verstanden werden. Dies ist bedauerlich, aber unvermeidlich. Bedenklich ist, daß durch die stark vergröberte Darstellung ganz wesentliche Aspekte der wissenschaftlichen Neuerungen verlorengehen können und dadurch unter Umständen ganz falsche Vorstellungen suggeriert werden.

So redet heute jedermann von Atomen und ihren Eigenschaften, als handele es sich dabei um ganz gewöhnliche Objekte unseres Alltags. Manchem wird vielleicht zu Ohren gekommen sein, daß sich hinter diesen Begriffen einige schwerverständliche Ungereimtheiten verbergen, die etwa mit «Teilchen-Welle-Dualismus», «Komplementarität» oder gar den mysteriösen «Heisenbergschen Unbestimmtheitsbeziehungen» umschrieben werden. Aber nur ganz wenige wissen, daß sich mit der Entwicklung der modernen Atomphysik und der Formulierung der Quantenmechanik im ersten Drittel unseres Jahrhunderts eine tiefgreifende Revolution in unserem naturwissenschaftlichen Weltbild vollzogen hat. Diese Veränderung hat nicht nur unser Denken beeinflußt, sondern hatte und hat noch weitreichende Auswirkungen auf die angewandte Naturwissenschaft und die Technik. Die heute wichtigsten Zweige der Technik sind ohne die Quantenphysik nicht denkbar.

Doch ungeachtet dieser umfassenden Anwendung und Verwertung und trotz ihrer philosophischen Brisanz sind die erkenntnistheoretischen

Konsequenzen der neuen Physik kaum ins öffentliche Bewußtsein gedrungen. Hier dominiert nach wie vor ein naturwissenschaftliches Weltbild, das im wesentlichen die Züge des alten klassischen, mechanistisch-deterministischen Weltbilds des 19. Jahrhunderts trägt. Das ist kein Zufall. Denn das uns von der Quantenphysik aufgezwungene neue Paradigma ist nicht mehr mit unseren gewohnten Vorstellungen in Einklang zu bringen und läßt sich nur schwer in unserer Umgangssprache beschreiben. Es war den Entdeckern der neuen Physik nur unter enormen Mühen gelungen, die neue Botschaft zu entziffern, und es hat sie selbst große Überwindung gekostet, sich den neuen Einsichten letztlich zu beugen. Einige der ersten und bedeutendsten unter ihnen, wie Max Planck, Albert Einstein und Erwin Schrödinger, die alle mit dem Physik-Nobelpreis für ihre bahnbrechenden Arbeiten zur Quantentheorie ausgezeichnet wurden, haben die Wende zum neuen Paradigma nie ganz vollzogen.

Die vorliegende Anthologie *Physik und Transzendenz* greift die alten Fragen nach den Beziehungen zwischen den Gegensatzpaaren Naturwissenschaft und Religion, Wissenschaft und Mystizismus, Wissen und Glauben wieder auf und versucht, diese Beziehungen mit Blick auf die Quantenphysik neu zu diskutieren. Zwölf berühmte Physiker sollen hierbei mit authentischen Beiträgen zu diesen Grenzfragen zu Wort kommen: Max Planck, James Jeans, Albert Einstein, Max Born, Arthur Eddington, Niels Bohr, Erwin Schrödinger, Wolfgang Pauli, Pascual Jordan, Carl Friedrich von Weizsäcker, David Bohm und Werner Heisenberg. Sie alle haben mit grundlegenden Arbeiten an der Entdeckung, der Formulierung und der Ausdeutung der neuen Physik entscheidend mitgewirkt.

Obwohl einige der vorgestellten Texte über ein halbes Jahrhundert alt sind, haben die in ihnen entwickelten Gedanken auch heute nichts von ihrer Gültigkeit und Aktualität eingebüßt. Im Gegenteil, sie erscheinen, gerade weil sie in die Jahre des Umbruchs zurückreichen, besonders relevant. Denn in den aufregenden Zeiten eines wissenschaftlichen Umbruchs kommt deutlicher als in Zeiten normaler, stetiger Wissenschaftsentwicklung zum Ausdruck, daß jegliche menschliche Erkenntnis nicht voraussetzungslos im Raume schwebt, sondern notwendig auf bestimmten Prämissen aufbaut. Einige von ihnen bleiben oft unausgesprochen, da sie als evident erscheinen. Im Umbruch wird durch äußere Zwänge – Widersprüche zwischen Theorie und experimenteller Erfahrung – die Aufmerksamkeit gerade auf diese stillschweigenden Grundannahmen gelenkt, werden verborgene Fundamente freigelegt und ihre Brüchigkeit oder Unzulänglichkeit erkannt.

Wer gezwungen wurde, einen solchen Paradigmenwechsel zu vollziehen, wird sensibilisiert für Fragen der Abhängigkeit von Wissen vom nicht hinterfragten Vorwissen, für Fragen der Einbettung von Wissen in Transzendenz.

Der Umbruch von der klassischen Physik zur Quantenphysik ist für uns heute Geschichte. Wir akzeptieren die neue Physik mit ihren praktischen Konsequenzen widerspruchslos als Faktum, als abgeschlossene Schulweisheit. Wir hantieren mit ihr nach den vorgegebenen Regeln, ohne eigentlich noch ihre erkenntnistheoretischen Hintergründe und das philosophisch Revolutionäre in ihrer Aussage wahrzunehmen. Es ist fürwahr höchste Zeit, daß wir den philosophischen Faden der neuen Physik von unseren berühmten Lehrern wieder aufnehmen und versuchen, im Hinblick auf die Probleme unserer Zeit, an ihm weiterzuspinnen.

Physik und Transzendenz stehen in der Vorstellung der heutigen Physiker nicht mehr in einem antagonistischen, sondern eher in einem komplementären Sinn einander gegenüber. Diese Komplementarität wird aber verschieden gesehen. Max Planck, dessen theoretische Untersuchungen um die Jahrhundertwende den Stein der Quantenphysik ins Rollen gebracht haben, steht mit seiner philosophischen Haltung auf der Schwelle von der alten zur neuen Ära.

Den Gegensatz zwischen Religion und Naturwissenschaft versucht Max Planck aufzuheben, indem er beide unterschiedlichen Ebenen zuordnet. Sie entsprechen bei ihm zwei verschiedenen Betrachtungsweisen, einer subjektiven, gewissermaßen von innen, und einer objektiven, von außen, bei der sich der beobachtende Mensch aus dem Weltzusammenhang herausgenommen hat. Im ersten Fall ist der Mensch Akteur, im zweiten Zuschauer.

Der Zuschauer nimmt die Welt durch seine Sinne wahr, er treibt Naturwissenschaft, indem er Theorien, «Ansichten» der Welt in einer seinem logischen Denken angemessenen mathematischen Sprache entwirft und sie mit Ergebnissen präparierter Erfahrung, mit Messungen vergleicht. Er entdeckt dabei allgemeine, umfassende Gesetze. Diese Gesetze haben eine besonders einfache Form, die ihn in Erstaunen versetzt, und in denen er deshalb das Walten einer «göttlichen» Vernunft zu erkennen glaubt. Das Hamiltonsche Prinzip – das die Gesetze der

Mechanik bestimmende «Prinzip der kleinsten Wirkung» – war schon für Maupertuis und Leibniz Ausdruck eines zielgerichteten Waltens in der Natur, ein Hinweis für eine Auszeichnung unserer Welt als «die beste unter allen möglichen Welten».

Dem Menschen als Akteur offenbart sich andererseits die göttliche Vernunft ganz unmittelbar und in einer keiner weiteren Erklärung bedürftigen Form. Gott steht hier am Anfang allen Denkens. Er ist der Kompaß, an dem sich unser Handeln ausrichten kann, das allgemein gültige Maß, das uns erst zu einer Bewertung unseres Handelns befähigt. Die Religionen sind Ausdruck dieses unmittelbaren Zugangs. Sie versuchen, die Werte in für die menschliche Gemeinschaft gültige Normen zu fassen. Sie bedienen sich dazu der Sprache. Die Sprache ist aber nur Symbol, nur Gleichnis für das nicht objektiv faßbare Transzendente.

Konflikte und Widersprüche erscheinen, wenn die verschiedenen Bedeutungen von Sprache in ihrem symbolischen und ihrem auf äußere Sachverhalte bezogenen Sinn verwechselt werden. Naturwissenschaft und Religion ergänzen einander. «Naturwissenschaft ohne Religion ist lahm, Religion ohne Naturwissenschaft blind», sagt Albert Einstein.

Eine strenge, allgemeine Gesetzlichkeit der Natur, wie sie die alte klassische Physik fordert, erschien allerdings im Widerspruch zum Erlebnis der Willensfreiheit und der Handlungsfreiheit des Menschen, die einer moralischen Haltung des Menschen als notwendige Voraussetzung zugrunde liegen müssen.

Mit der Erforschung des Allerkleinsten, der Welt der Atome, wurde jedoch deutlich, daß mit dem weiteren Hinaustreten aus der bekannten Sphäre der uns durch unsere Sinne direkt wahrnehmbaren Erfahrungswelt es immer schwieriger wurde, das uns nur mittelbar durch komplizierte Meßgeräte erschlossene Neuland in unserer Umgangssprache zu beschreiben. Die Welt des Allerkleinsten, so zeigte sich, war nicht einfach eine enorm verkleinerte Kopie unserer gewohnten Alltagswelt, sondern besaß eine ganz andere Struktur.

Eine konsistente Erklärung der Quantenphänomene kam zu der überraschenden Schlußfolgerung, daß es eine objektivierbare Welt, also eine gegenständliche Realität, wie wir sie bei unserer objektiven Betrachtung als selbstverständlich voraussetzen, gar nicht «wirklich» gibt, sondern daß diese nur eine Konstruktion unseres Denkens ist, eine zweckmäßige Ansicht der Wirklichkeit, die uns hilft, die Tatsachen unserer unmittelbaren äußeren Erfahrung grob zu ordnen. Die Auflösung der dinglichen Wirklichkeit offenbarte, daß eine Trennung von Akteur und Zuschauer, von subjektiver und objektiver Wahrnehmung nicht mehr streng möglich ist. Eine ganzheitliche Struktur der Wirklichkeit zeichnete sich ab. Die gesetzlichen Zusammenhänge lockerten sich. Das zukünftige Geschehen erwies sich nicht mehr als mechanistisch festgelegt, sondern nur noch als statistisch determiniert.

Hatte man ursprünglich vermutet, daß das «Transzendente» im Laufe der Entwicklung der Naturwissenschaften immer weiter zurückgedrängt werden würde, weil letztlich alles einer rationalen Erklärung zugänglich sein sollte, so stellte sich nun im Gegenteil heraus, daß die uns so handgreiflich zugängliche materielle Welt sich immer mehr als Schein entpuppt und sich in eine Wirklichkeit verflüchtigt, in der nicht mehr Dinge und Materie, sondern Form und Gestalt dominieren. Das Höhlengleichnis Platons, in dem die von uns wahrnehmbare Welt nur als Schatten einer eigentlichen Wirklichkeit, der Welt der Ideen, aufgefaßt wird, kommt einem in diesem Zusammenhang unwillkürlich in den Sinn. Doch führt die Quantenphysik nicht zu einem neuen Idealismus. Das Erstaunliche dabei ist nämlich, daß sich die von ihr umschriebene, nicht mehr objektivierbare Welt auf einer höheren Abstraktionsstufe wieder in eine wohldefinierte mathematische Form kleiden läßt, die der wissenschaftlichen Beschreibung ein solides Fundament verschafft. «Die Quantentheorie», so schreibt Werner Heisenberg im Kapitel «Positivismus, Metaphysik und Religion» seines Buches *Der Teil und das Ganze*, «ist so ein wunderbares Beispiel dafür, daß man einen Sachverhalt in völliger Klarheit verstanden haben kann und gleichzeitig doch weiß, daß man nur in Bildern und Gleichnissen von ihm reden kann.» Die Sprachlosigkeit religiöser Erfahrung greift in gewisser Weise mit der Quantentheorie auch auf die äußere Erfahrung über.

Die Quantenphysik machte wieder deutlich, daß unsere wissenschaftliche Erfahrung, unser Wissen über die Welt nicht der «eigentlichen» oder «letzten» Wirklichkeit, was immer man sich darunter vorstellen will, entspricht. «Das wahre Wesen der Dinge bleibt verschlossen», sagte schon John Locke. Durch unsere Sinneswerkzeuge und unsere Denkstrukturen prägen wir der Wirklichkeit ein Raster auf, das sie in ihren Ausdrucksformen beschränkt und in ihrer Qualität verändert. Die erstaunliche Bewährung der fundamentalen allgemeinen Einsichten der Physik in der Erfahrung, so hatte Immanuel Kant schon gelehrt, rührt daher, daß sie notwendige Bedingungen darstellen, unter denen Erfahrung überhaupt erst möglich ist. Die physikalische Welt erscheint als eine Konkretisierung der Transzendenz. Arthur Eddington hat die Beziehung zwischen physikalischer und eigentlicher Wirklichkeit in seinen Schriften mit überzeugender Anschaulichkeit beschrieben. So vergleicht er in seinem Beitrag «Die Naturwissenschaft auf neuen Bahnen» die physikalische Welt mit den Wellen im, die Transzendenz symbolisierenden, Wasser des Meeres.

Unser Denken und deshalb auch die naturwissenschaftliche Beschreibung erfaßt nur eine Struktur, ein «Wie», aber nicht den Inhalt, das Wesen, das «Was» der eigentlichen Wirklichkeit. Wegen der logisch-analytischen Struktur unseres Denkens ist die von uns auf diese Weise begreifbare Projektion der Wirklichkeit in mathematische Sprache gefaßt. Die Welt erscheint als Gedanke. «Die Naturgesetze», so schreibt James Jeans in seinem Text «In unerforschtes Gebiet», «können wir uns als die Denkgesetze eines universalen Geistes vorstellen. Die Gleichförmigkeit der Natur verkündet die innere Konsequenz dieses Geistes.»

Auch Erwin Schrödinger versteht die eigentliche Wirklichkeit als Geist. Sie ist für ihn das Ganze, das Eine, wie es uns in unserem Bewußtsein unmittelbar und ungebrochen entgegentritt. «Die Vielheit anschauender und denkender Individuen ist nur Schein, sie besteht in Wirklichkeit gar nicht.» Die Vielheit sind verschiedene Reflektionen des Einen, ähnlich wie im Gleichnis der Philosophie des Vedânta die vielen Spiegelungen eines einzigen Gegenstands in einem Kristall.

«Es ist die Ganzheit, die real ist», sagt auch David Bohm in seinem Beitrag «Fragmentierung und Ganzheit». «Die Fragmentierung ist nur eine Antwort dieses Ganzen auf das Handeln des Menschen.» Durch Denken zerlegen wir die Welt in Teile, wir analysieren sie. Die Teilbarkeit liegt nicht im Wesen der eigentlichen Wirklichkeit. «Der Vorgang des Teilens ist eine Weise», so David Bohm, «über die Dinge zu denken. Das fragmentierte Selbst-Weltbild verleitet den Menschen zu Handlungen, die darauf hinauslaufen, daß er sich selbst und die Welt fragmentiert, damit alles seiner Denkweise entspricht. Der Mensch verschafft sich so einen scheinbaren Beweis für die Richtigkeit seines fragmentarischen Selbst-Weltbildes, obwohl er natürlich die Tatsache übersieht, daß mit dem Handeln, das auf sein Denken folgt, er selbst es ist, der die Fragmentierung herbeigeführt hat.»

Dieser durch das Denken aufgezwungenen Fragmentierung der Wirklichkeit hat der Mensch immer wieder die Vorstellung einer Ganzheit entgegengesetzt. «Die Ganzheit oder das Heilsein», so David Bohm an anderer Stelle, «hat der Mensch von jeher als eine unabdingbare Notwendigkeit dafür empfunden, daß das Leben lebenswert sei.»

Die Methode des Teilens, das Abtrennen von verschiedenen Teilwirklichkeiten aus dem Ganzen, um am Ende das Ganze als vollständige Summe aller seiner Teile zurückzugewinnen, ist für unsere wissenschaftliche Erkenntnis nicht nur unentbehrlich, sie war vor allem auch äußerst erfolgreich, was eine gewisse Angemessenheit dieser Methode für die Naturbeschreibung anzeigt. Die erste Trennung, die Herauslösung des beobachtenden Ichs aus der Wirklichkeit, ermöglichte erst die Fiktion der Objektivität. Die Konzentration auf künstlich isolierte Teilaspekte war die Voraussetzung für die Schärfe und Exaktheit von Aussagen. Die Komplementarität von Physik und Transzendenz spiegelt sich so in der Komplementarität von Teilbarkeit und Ganzheit und auch der von Exaktheit und Relevanz.

Die Beziehung zwischen dem Ganzen und seinen Teilen erscheint in der Quantentheorie in völlig neuem Licht. Werner Heisenberg hat in seinem autobiographischen Werk *Der Teil und das Ganze*, aus dem zwei Kapitel in die vorliegende Anthologie aufgenommen worden sind, dieser Problematik eine zentrale Rolle eingeräumt. Im Gegensatz zu einem Objekt unserer gewöhnlichen Erfahrungswelt hat ein «Zustand» im Rahmen der Quantenphysik eine «ganzheitliche» Bedeutung. Genauer gesagt muß er sogar als «einheitlich» begriffen werden, da es bei ihm nicht sinnvoll ist, von seinen Teilen zu sprechen. Durch eine Beobachtung, die immer einen aktiven Eingriff in das beobachtete System verlangt, wird diese Einheit zerstört und in einen neuen Zustand verwandelt, in dem dann auftritt, was als Teile eines ursprünglich zusammengesetzten Systems interpretiert werden kann. Erst durch Beobachtung also, durch äußere Einwirkung wird das «Eine» zum «Ganzen» im Sinne einer vollständigen Summe von Teilen. In seinem Traktat «Parmenides und die Quantentheorie» konfrontiert Carl Friedrich von Weizsäcker diese Aussage der Quantentheorie mit der widersprüchlich erscheinenden ersten Hypothese des Parmenides: «Eins ist das Ganze», in Platons *Parmenides*-Dialog.

Erfahrung ist nur dann wissenschaftlich faßbar, wenn ihre Inhalte in unserer Umgangssprache ausgedrückt werden können. Wissenschaftliche Erfahrung muß in diesem Sinne objekthaft werden, denn nur dann läßt sich eindeutig mitteilen, was beobachtet oder gemessen wurde. Die

Mathematik ist dabei nur eine besonders verfeinerte Form der Umgangssprache. Sie weist den Begriffen der Sprache eine präzise Bedeutung zu und vermeidet damit jene Mehrdeutigkeit, die von ihrer anderen Funktion herrührt: Symbol und Gleichnis für das Transzendente zu sein.

Das, was beobachtet wird, ist aber primär nicht objekthaft, sondern entspricht einem einheitlichen Quantenzustand oder einem Gemenge aus solchen. Erst durch den aktiven Eingriff einer Beobachtung werden Aspekte von Quantenzuständen in objektiv feststellbare Tatsachen verwandelt. Durch gewisse Verstärkungsmechanismen – instabile Systeme, die bei kleinsten Einwirkungen irreversibel umkippen – werden Meßdaten, also für wechselseitige Mitteilungen geeignete makroskopische Dokumente geschaffen. Jede Objektivierung bedeutet Trennung, das heißt Zerstörung der nichtobjekthaften Einheit, in der Beobachter und beobachtetes System miteinander verschmolzen sind. Ein Zuschauer ist immer gleichzeitig mitwirkender Akteur.

Verschiedenartige Beobachtungen mit Hilfe verschiedener Versuchsanordnungen bewirken verschiedenartiges Auftrennen. Sie extrahieren aus dem beobachteten System deshalb andere Erscheinungsmuster, die, bei üblicher Deutung als Eigenschaften eines beobachteten «Objekts», im Widerspruch zueinander stehen und in Extremfällen «komplementären» Charakter haben. Der Begriff der «Komplementarität», von Niels Bohr schon vor der endgültigen Formulierung der Quantentheorie eingeführt, erwies sich für die Diskussion der Quantenphänomene als äußerst fruchtbar. In seinem Beitrag «Einheit des Wissens» schreibt er dazu: «Wie gegensätzlich solche Erfahrungen (unter verschiedenen Beobachtungsbedingungen) auch erscheinen mögen, wenn wir den Verlauf atomarer Prozesse mit klassischen Begriffen zu beschreiben versuchen, so müssen sie in dem Sinne als komplementär betrachtet werden, daß sie gewissermaßen wesentliche Kenntnisse über atomare Systeme darstellen und in ihrer Gesamtheit diese Kenntnis erschöpfen.»

Diese in der Quantenmechanik präzise faßbare Komplementarität lieferte ein lehrreiches Musterbeispiel dafür, wie scheinbar unüberwindliche Widersprüche sich durch eine Erweiterung des begrifflichen Rahmens harmonisch auflösen lassen. Es weist uns darauf hin, wie unser Beharren auf zu einfachen Denkmustern und Phantasielosigkeit uns daran hindern können, im Gegensätzlichen das Gemeinsame zu erkennen.

Die gleiche Beobachtung am gleichen System erzeugt wohl das gleiche

Erscheinungsmuster, aber im allgemeinen nicht das gleiche Einzelergebnis. Welches spezielle Einzelereignis bei einer Beobachtung unter einer Vielzahl von möglichen Ereignissen auftreten wird, läßt sich nicht mehr voraussagen, nur noch die relative Wahrscheinlichkeit für das Auftreten dieses Ereignisses ist gesetzlich festgelegt und damit prognostizierbar. Auch in der atomaren Welt gilt immer noch das Prinzip der Kausalität, nach dem jede Wirkung eine ihr zeitlich vorausgehende Ursache haben muß, aber diese Beziehung besteht nicht mehr in dem Sinne, daß eine bestimmte Ursache eine ganz bestimmte Wirkung zur Folge hat, wie dies die klassische Physik beschreibt. Die Welt ist also nicht mehr ein großes mechanisches Uhrwerk, das, unbeeinflußbar und in allen Details festgelegt, nach strengen Naturgesetzen abläuft, eine Vorstellung, wie sie sich den Physikern des 19. Jahrhunderts als natürliche Folge der klassischen Kausalität aufdrängte und sie dazu verleitete, jegliche Transzendenz als subjektive Täuschung zu betrachten. Die Welt entspricht in ihrer zeitlichen Entwicklung – entsprechend einem Bild von David Bohm – mehr einem Fluß, dem Strom des Bewußtseins vergleichbar, der nicht direkt faßbar ist; nur bestimmte Wellen, Wirbel, Strudel in ihm, die eine gewisse relative Unabhängigkeit und Stabilität erlangen, sind für unser fragmentierendes Denken begreiflich und werden für uns zur «Realität».

Die in der vorliegenden Anthologie zusammengestellten Beiträge sind von den Ergebnissen der neuen Physik inspiriert, doch sie gehen in ihren Gedanken und Aussagen über den Rahmen gesicherter wissenschaftlicher Erkenntnis hinaus. Sie machen aber vielleicht auch deutlich, warum dies unvermeidlich ist und warum dies ihrem möglichen Wahrheitsgehalt nicht abträglich sein muß. Über Transzendenz läßt sich nur in Gleichnissen und Bildern sprechen. Daß wir hinter diesen Bildern die Wahrheit erkennen können, liegt daran, daß wir alle im gleichen Strom des Bewußtseins fließen. Die Gleichnisse und Bilder, mit denen die Autoren dieser Anthologie zu uns über «Physik und Transzendenz» sprechen, sind stark geprägt durch ihre individuelle Erfahrung und ihre Persönlichkeit. Trotz der Unterschiedlichkeit der Gedanken und Spekulationen sind jedoch große Gemeinsamkeiten in wesentlichen Punkten erkennbar. Das ist vielleicht gar nicht so überraschend. Gehören die Autoren doch alle dem gleichen Kulturkreis an, und mehr noch: Sie alle sind Physiker, deren Lebenswerk mit dem Paradigmenwechsel von der klassischen Physik zur Quantenphysik eng verknüpft war oder wenigstens durch diesen nachhaltig beeinflußt wurde.

Hat man die Entstehungsjahre der Texte vor Augen, die sich über einen Zeitraum von fast fünfzig Jahren erstrecken, so kann man auch an ihren Inhalten eine gewisse Entwicklung erkennen, die mit der fortschreitenden Klärung der Quantentheorie und ihrer erkenntnistheoretischen Deutung zusammenhängt. Dieser Umstand ließe es angemessen erscheinen, die Beiträge in dieser Anthologie ihrem Entstehungsjahr entsprechend zu ordnen. Wir haben dies nicht getan, sondern es statt dessen vorgezogen, sie nach dem Geburtsjahr der Autoren zu ordnen. Denn die Zugehörigkeit zu einer Generation oder Altersklasse prägt sich bei philosophischen und religiösen Betrachtungen oft stärker aus als der Zeitpunkt, zu dem diese Gedanken niedergeschrieben oder in Vorträgen präsentiert wurden. Diese Anordnung bot darüber hinaus auch die Möglichkeit, verschiedene Arbeiten desselben Autors aus unterschiedlichen Entstehungsjahren direkt aneinanderzureihen und damit die Kontinuität der Gedankengänge zu verstärken.

Die einzige Ausnahme von dieser Regel haben wir bei Werner Heisenberg gemacht, den wir – anstatt ihn entsprechend seinem Alter zwischen Pauli und Jordan einzugliedern – ans Ende des Buches gerückt haben. Zwei seiner Beiträge, die seinem Buch *Der Teil und das Ganze* entnommen wurden, sind nach platonischem Vorbild in Form von Dialogen geschrieben, in denen vor allem auch einige der in diese Anthologie aufgenommenen Physiker als Gesprächspartner zu Wort kommen. Diese Dialoge eignen sich deshalb in besonderem Maße für eine abrundende Diskussion.

Den eigentlichen Abschluß der Anthologie bilden die Schlußkapitel eines Philosophie-Manuskripts von Werner Heisenberg, das dieser im Herbst 1942 beendet, aber nie veröffentlicht hat. Es ist kürzlich erstmals im Rahmen einer Veröffentlichung seiner *Gesammelten Werke* unter dem Titel «Ordnung der Wirklichkeit» erschienen. Dieses Manuskript ist ein bewegendes Vermächtnis eines tiefwurzelnden Geistes an eine gefährdete Zeit. «Am wichtigsten», so schreibt Heisenberg, «sind die Gebiete der reinen Wissenschaft, in denen von praktischen Anwendungen nicht mehr die Rede ist, in denen vielmehr das reine Denken den verborgenen Harmonien in der Welt nachspürt. Dieser innerste Bereich, in dem Wissenschaft und Kunst kaum mehr unterschieden werden können, ist vielleicht für die heutige Menschheit die einzige Stelle, an der ihr die Wahrheit ganz rein und nicht mehr verhüllt durch menschliche Ideologie und Wünsche gegenübertritt.» Physik und Transzendenz bezeichnen nur verschiedene Bereiche der einen Wirklichkeit, die von einer untersten Schicht, wo wir noch vollständig objektivieren können, bis zu einer obersten Schicht reichen, «in der sich der Blick öffnet für die Teile der Welt, über die nur im Gleichnis gesprochen werden kann».

Hans-Peter Dürr
München, Sommer 1986

MAX PLANCK

Religion und Naturwissenschaft

Wenn in früheren Zeiten ein Naturforscher die Aufgabe hatte, vor einem weiteren, nicht gerade aus Fachleuten bestehenden Kreise über ein Thema seines Arbeitsgebietes zu sprechen, so stand er, um bei den Zuhörern einiges Interesse zu erwecken, vor der Notwendigkeit, mit seinen Ausführungen zunächst möglichst an spezielle handgreifliche, dem täglichen Leben entnommene Erfahrungen und Anschauungen anzuknüpfen, wie sie etwa aus der Technik oder der Meteorologie oder auch der Biologie gewonnen werden, und von da ausgehend die Methoden verständlich zu machen, mittels deren die Wissenschaft von konkreten Einzelfragen zur Erkenntnis allgemeiner Gesetze vorzudringen sucht. Das ist jetzt anders geworden. Die exakte Methodik, deren sich die Naturwissenschaft bedient, hat sich in jahrhundertlanger Arbeit als so ausnehmend fruchtbar erwiesen, daß die naturwissenschaftliche Forschung heute sich auch an weniger anschauliche Probleme wie die obengenannten heranwagt, daß sie auch solche der Psychologie, der Erkenntnislehre, ja sogar der allgemeinen Weltanschauung mit Erfolg in Angriff nimmt und von ihrem Standpunkt aus einer eindringenden Behandlung unterwirft. Man darf wohl sagen, daß es gegenwärtig keine noch so abstrakte Frage der menschlichen Kultur gibt, die nicht in irgendeiner Beziehung stände zu einem naturwissenschaftlich faßbaren Problem.

So mag das Wagnis nicht allzu kühn erscheinen..., über einen Gegenstand zu sprechen, dessen Bedeutung für unsere gesamte Kultur mit dem Fortschreiten ihrer Entwicklung sich in stetig steigendem Maße auswirkt und ohne Zweifel entscheidend werden wird für die Frage nach dem Schicksal, das ihr dereinst bevorsteht.

I

«Nun sag, wie hast du's mit der Religion?» – Wenn je ein schlicht gesprochenes Wort in Goethes *Faust* auch den verwöhnten Hörer persönlich erfaßt und in seinem eigenen Innern eine heimliche Spannung erregt, so ist es diese bange Gewissensfrage des um ihr junges Glück besorgten unschuldigen Mädchens an den ihr als höhere Autorität geltenden Geliebten. Denn es ist dieselbe Frage, die seit jeher ungezählte nach Seelenfrieden und zugleich nach Erkenntnis dürstende Menschenkinder innerlich bewegt und bedrängt.

Faust aber, durch die naive Frage etwas in Verlegenheit gebracht, weiß zunächst nur leise abwehrend zu erwidern: «Will niemand sein Gefühl und seine Kirche rauben.»

Keinen besseren Spruch könnte ich dem vorausschicken, was ich... heute sagen möchte. Es liegt mir auch der leiseste Versuch fern, denjenigen unter Ihnen, die mit ihrem Gewissen im reinen sind und die bereits den festen Halt besitzen, der uns für unsere Lebensführung vor allem nötig ist, den Boden unter den Füßen zu lockern. Das wäre ein unverantwortliches Beginnen, sowohl denen gegenüber, die sich in ihrem religiösen Glauben so sicher fühlen, daß sie der naturwissenschaftlichen Erkenntnis keinerlei Einfluß darauf gestatten, als auch gegenüber denen, die auf besondere religiöse Betätigung verzichten und es sich an einer gefühlsmäßigen Ethik genügen lassen. Das dürfte aber wohl nur die Minderzahl sein. Denn allzu eindrucksvoll lehrt uns die Geschichte aller Zeiten und Völker, daß gerade aus dem naiven, durch nichts beirrbaren Glauben, wie ihn die Religion ihren im tätigen Leben stehenden Bekennern eingibt, die stärksten Antriebe zu den bedeutenden schöpferischen Leistungen, auf dem Gebiet der Politik nicht minder als auf dem der Kunst und der Wissenschaft, hervorgegangen sind.

Dieser naive Glaube – darüber dürfen wir uns nicht täuschen – besteht heute nicht mehr, auch nicht in den breiten Schichten des Volkes, und er läßt sich auch nicht mehr durch rückwärts gerichtete Betrachtungen und Maßregeln wieder lebendig machen. Denn glauben heißt für wahr halten, und die unablässig auf unanfechtbar sicheren Pfaden fortschreitende Naturerkenntnis hat dahin geführt, daß es für einen naturwissenschaftlich einigermaßen Gebildeten schlechterdings unmöglich ist, die vielen Berichte von außerordentlichen, den Naturgesetzen widersprechenden Begebenheiten, von Naturwundern, die gemeinhin als wesentliche Stützen und Bekräftigungen religiöser Lehren gelten und die man früher ohne kritische Bedenken einfach als Tatsachen hinnahm, heute noch als auf Wirklichkeit beruhend anzuerkennen.

Wer es also mit seinem Glauben wirklich ernst meint und es nicht ertragen kann, wenn dieser mit seinem Wissen in Widerspruch gerät, der steht vor der Gewissensfrage, ob er sich überhaupt noch ehrlich zu einer Religionsgemeinschaft zählen darf, welche in ihrem Bekenntnis den Glauben an Naturwunder einschließt.

Eine Zeitlang konnte mancher noch eine gewisse Beruhigung darin finden, daß er einen Mittelweg einzuschlagen versuchte und sich auf die Anerkennung einiger weniger als besonders wichtig geltender Wunder beschränkte. Aber auf die Dauer ist eine solche Stellung doch nicht zu halten. Schritt für Schritt muß der Glaube an Naturwunder vor der stetig und sicher voranschreitenden Wissenschaft zurückweichen, und wir dürfen nicht daran zweifeln, daß es mit ihm über kurz oder lang zu Ende gehen muß. Schon unsere heute heranwachsende Jugend, die ohnehin bekanntlich den aus der Vergangenheit überlieferten Anschauungen vielfach ausgesprochen kritisch gegenübersteht, läßt sich durch Lehren, die ihr naturwidrig erscheinen, nicht mehr innerlich binden. Und gerade die geistig hervorragend Begabten unter der Jugend, die für spätere Zeiten zu Führungsstellungen berufen sind und bei denen nicht selten eine tief brennende Sehnsucht nach religiöser Befriedigung anzutreffen ist, werden durch solche Unstimmigkeiten am empfindlichsten betroffen und haben, sofern sie aufrichtig nach einem Ausgleich ihrer religiösen und ihrer naturwissenschaftlichen Anschauungen suchen, darunter am schwersten zu leiden.

Unter diesen Umständen ist es nicht zu verwundern, wenn die Gottlosenbewegung, welche die Religion als ein willkürliches, von machtlüsternen Priestern ersonnenes Trugbild erklärt und für den frommen Glauben an eine höhere Macht über uns nur Worte des Hohnes übrig hat, sich mit Eifer die fortschreitende naturwissenschaftliche Erkenntnis zunutze macht und im angeblichen Bunde mit ihr in immer schnellerem Tempo ihre zersetzende Wirkung auf die Völker der Erde in allen ihren Schichten vorantreibt. Daß mit ihrem Siege nicht nur die wertvollsten Schätze unserer Kultur, sondern, was schlimmer ist, auch die Aussichten auf eine bessere Zukunft der Vernichtung anheimfallen würden, brauche ich hier nicht näher zu erörtern.

So gewinnt Gretchens Frage an den Auserwählten ihrer Liebe und ihres Vertrauens auch für jeden, dem daran liegt zu wissen, ob der Fortschritt der Naturwissenschaften wirklich den Niedergang echter Religion zur Folge hat, eine tiefernste Bedeutung.

Wenn wir uns nun Fausts ausführliche, mit aller Vorsicht und allem Zartgefühl vorgetragene Antwort vor Augen halten, so dürfen wir sie uns hier aus einem doppelten Grunde nicht unmittelbar zu eigen machen: Einmal ist zu bedenken, daß diese Antwort nach Form und Inhalt auf die Fassungskraft des ungelehrten Mädchens zugeschnitten ist und daß sie demgemäß nicht so sehr auf den Verstand als auf das Gemüt und die Einbildungskraft wirken soll; dann aber, was entscheidender ins Gewicht fällt, muß beachtet werden, daß hier der von Sinnenlust getriebene und mit Mephistopheles im Bunde stehende Faust das Wort hat. Ich bin sicher, daß der erlöste Faust, wie wir ihn vom Ende des zweiten Teiles her kennen, auf Gretchens Frage eine etwas andere Antwort erteilen würde. Aber ich will mich nicht vermessen, mit besonderen Mutmaßungen in Geheimnisse einzudringen, die sich der Dichter für immer vorbehalten hat. Ich möchte vielmehr versuchen, vom Standpunkt eines im Geiste der exakten Naturforschung aufgewachsenen Gelehrten die Frage zu beleuchten, ob und inwiefern eine wahrhaft religiöse Gesinnung mit den uns von der Naturwissenschaft übermittelten Erkenntnissen verträglich ist, oder kürzer gesagt: ob ein naturwissenschaftlich Gebildeter zugleich auch echt religiös sein kann.

Zu diesem Zwecke wollen wir zunächst zwei spezielle Fragen ganz getrennt behandeln. Die erste Frage lautet: Welche Forderungen stellt die Religion an den Glauben ihrer Bekenner und welches sind die Merkmale echter Religiosität? Die zweite Frage ist: Welcher Art sind die Gesetze, die uns die Naturwissenschaft lehrt, und welche Wahrheiten gelten ihr als unantastbar?

Durch die Beantwortung dieser beiden Fragen wird uns die Möglichkeit gegeben werden zu unterscheiden, ob und inwieweit die Forderungen der Naturwissenschaft vereinbar sind und ob daher Religion und Naturwissenschaft nebeneinander bestehen können, ohne sich zu widerstreiten.

II

Religion ist die Bindung des Menschen an Gott. Sie beruht auf der ehrfurchtsvollen Scheu vor einer überirdischen Macht, der das Menschenleben unterworfen ist und die unser Wohl und Wehe in ihrer Gewalt hat. Mit dieser Macht sich in Übereinstimmung zu setzen und sie sich wohlgesinnt zu erhalten ist das beständige Streben und das höchste Ziel des religiösen Menschen. Denn nur so kann er sich vor den ihm im Leben drohenden Gefahren, den vorhergesehenen und den unvorhergesehenen, geborgen fühlen und wird des reinsten Glückes teilhaftig, des inneren Seelenfriedens, der nur verbürgt werden kann durch das feste Bündnis mit Gott und durch das unbedingte gläubige Vertrauen auf seine Allmacht und seine Hilfsbereitschaft. Insofern wurzelt die Religion im Bewußtsein des einzelnen Menschen.

Aber ihre Bedeutung geht über den einzelnen hinaus. Nicht etwa hat jeder Mensch seine eigene Religion, vielmehr beansprucht die Religion Gültigkeit und Bedeutung für eine größere Gemeinschaft, für ein Volk, für eine Rasse, ja in letzter Linie für die gesamte Menschheit. Denn Gott regiert gleicherweise in allen Ländern der Erde, ihm ist die ganze Welt mit ihren Schätzen wie auch mit ihren Schrecknissen untertan, und es gibt im Reich der Natur wie im Reich des Geistes kein Gebiet, das er nicht allgegenwärtig durchdringt.

Daher führt die Pflege der Religion ihre Bekenner zu einem umfassenden Bunde zusammen und stellt sie vor die Aufgabe, sich über ihren Glauben gegenseitig zu verständigen und ihm einen gemeinsamen Ausdruck zu geben. Das kann aber nur dadurch geschehen, daß der Inhalt der Religion in eine bestimmte äußere Form gefaßt wird, die sich durch ihre Anschaulichkeit für die gegenseitige Verständigung eignet. Bei der großen Verschiedenheit der Völker und ihrer Lebensbedingungen ist es nur natürlich, daß diese anschauliche Form in den einzelnen Erdteilen stark variiert und daß daher im Verlauf der Zeiten sehr viele Arten von Religionen entstanden sind. Allen Arten gemeinsam ist wohl die nächstliegende Annahme, sich Gott als Persönlichkeit oder wenigstens als menschenähnlich vorzustellen. Darüber hinaus ist für die verschiedensten Auffassungen der Eigenschaften Gottes Platz. Eine jede Religion hat ihre bestimmte Mythologie und ihren bestimmten Ritus, der bei den höher ausgebildeten Religionen bis in die feinsten Einzelheiten hinein entwickelt ist. Daraus ergeben sich für die Ausgestaltung des religiösen Kultus bestimmte anschauliche Symbole, die geeignet sind, unmittelbar auf die Einbildungskraft weiter Kreise im Volke zu wirken, dadurch das Interesse für religiöse Fragen zu wecken und ein gewisses Verständnis für das Wesen Gottes nahezubringen.

So tritt die Gottesverehrung durch die systematische Zusammenfassung der mythologischen Überlieferungen und durch die Einhaltung feierlicher ritueller Gebräuche symbolisch in die äußere Erscheinung, und im Verlauf der Jahrhunderte steigert sich die Bedeutung solcher religiöser Symbole immer weiter durch unablässige Übung und durch regelmäßige Erziehung von Geschlecht zu Geschlecht. Die Heiligkeit der unfaßbaren Gottheit überträgt sich auf die Heiligkeit der faßbaren Symbole. Daraus erwachsen auch für die Kunst starke Antriebe, und in der Tat hat die Kunst dadurch, daß sie sich in den Dienst der Religion stellte, die kräftigste Förderung erfahren.

Doch ist hier zwischen Kunst und Religion wohl zu unterscheiden. Das Kunstwerk hat seine Bedeutung wesentlich in sich selbst. Wenn es auch seine Entstehung in der Regel äußeren Umständen verdankt und dementsprechend häufig zu abseits führenden Ideenverbindungen Anlaß gibt, so findet es doch im Grunde in sich allein Genüge und bedarf zur rechten Würdigung keiner besonderen Interpretation. Am deutlichsten erkennt man das an der abstraktesten aller Künste, der Musik.

Das religiöse Symbol dagegen weist stets über sich hinaus, sein Wert erschöpft sich niemals in sich selbst, mag es auch durch das Ansehen, das ihm Alter und eine fromme Tradition verleihen kann, eine noch so ehrwürdige Stellung einnehmen. Dies zu betonen ist deshalb so wichtig, weil die Wertschätzung, deren sich gewisse religiöse Symbole erfreuen, im Lauf der Jahrhunderte gewissen unvermeidlichen, durch die Entwicklung der Kultur bedingten Schwankungen unterliegt und weil es im Interesse der Pflege echter Religiosität liegt festzustellen, daß das, was hinter und über den Symbolen steht, von solchen Schwankungen nicht betroffen wird.

Um unter vielen speziellen Beispielen hier nur ein einziges anzuführen: Ein geflügelter Engel galt von jeher als das schönste Sinnbild eines Dieners und Boten Gottes. Neuerdings findet man unter den anatomisch Gebildeten einige, deren wissenschaftlich geschulte Einbildungskraft ihnen beim besten Willen nicht gestattet, eine solche physiologische Unmöglichkeit schön zu finden. Dieser Umstand braucht aber ihrer religiösen Gesinnung nicht im mindesten Eintrag zu tun. Sie sollen sich nur sorgfältig hüten, den anderen, denen der Anblick geflügelter Engel Trost und Erbauung gewährt, die heilige Stimmung zu schmälern oder zu verderben.

Aber noch eine andere, weit ernstere Gefahr droht einer Überschätzung der Bedeutung religiöser Symbole von seiten der Gottlosenbewegung. Es ist eines der beliebtesten Mittel dieser auf die Untergrabung jeder echten Religiosität abzielenden Bewegung, ihre Angriffe gegen alteingebürgerte religiöse Sitten und Gebräuche zu richten und sie als veraltete Einrichtungen lächerlich oder verächtlich zu machen. Mit solchen Angriffen gegen Symbole glauben sie die Religion selber zu treffen, und sie haben um so leichteres Spiel, je eigentümlicher und auffallender sich derartige Anschauungen und Sitten ausnehmen. Schon manche religiöse Seele ist dieser Taktik zum Opfer gefallen.

Solcher Gefahr gegenüber gibt es keine bessere Schutzwehr, als sich klarzumachen, daß ein religiöses Symbol, mag es noch so ehrwürdig sein, niemals einen absoluten Wert darstellt, sondern immer nur einen mehr oder weniger unvollkommenen Hinweis auf ein Höheres, das den Sinnen nicht direkt zugänglich ist.

Unter diesen Umständen ist es wohl verständlich, daß im Lauf der Religionsgeschichte immer wieder der Gedanke auftaucht, den Gebrauch von religiösen Symbolen von vornherein einzuschränken oder sogar ganz aufzuheben und die Religion mehr als eine Angelegenheit der abstrakten Vernunft zu behandeln. Doch zeigt schon eine kurze Überlegung, daß ein solcher Gedanke ganz abwegig ist. Ohne Symbol wäre keine Verständigung, überhaupt keine Mitteilung zwischen den Menschen möglich. Das gilt nicht allein für den religiösen, sondern auch für jeglichen menschlichen Verkehr, auch im profanen täglichen Leben. Schon die Sprache ist ja nichts anderes als ein Symbol für etwas Höheres, für den Gedanken. Gewiß beansprucht ein einzelnes Wort an sich auch ein charakteristisches Interesse, aber genauer gesehen ist ein Wort doch nur eine Buchstabenfolge, seine Bedeutung liegt wesentlich in dem Begriff, den es ausdrückt. Und für diesen Begriff ist es im Grunde nebensächlich, ob er durch dieses oder durch jenes Wort, in dieser oder jener Mundart dargestellt wird. Wenn das Wort in eine andere Sprache übersetzt wird, bleibt der Begriff bestehen.

Oder ein anderes Beispiel. Das Symbol für das Ansehen und die Ehre eines ruhmreichen Regiments ist seine Fahne. Je älter sie ist, desto höher gilt ihr Wert. Und ihr Träger rechnet es sich in der Schlacht zur höchsten

Pflicht, sie um keinen Preis im Stich zu lassen, sie im Notfall mit seinem Leibe zu decken, ja, wenn es gilt, für sie sein Leben hinzugeben. Und doch ist eine Fahne nur ein Symbol, ein Stück buntes Tuch. Der Feind kann es rauben, kann es besudeln oder zerreißen. Aber damit hat er das Höhere, was durch die Fahne symbolisiert wird, keineswegs vernichtet. Das Regiment wahrt seine Ehre, es schafft sich eine neue Fahne und wird vielleicht für die angetane Schmach gebührende Vergeltung üben.

Ebenso nun wie in einem Heere oder überhaupt in jeder vor große Aufgaben gestellten Gemeinschaft sind auch in der Religion Symbole und ein den Symbolen angepaßter kirchlicher Ritus völlig unentbehrlich, sie bedeuten das Höchste und Verehrungswürdigste, was himmelwärts gerichtete Einbildungskraft geschaffen hat, nur darf niemals vergessen werden, daß auch das heiligste Symbol menschlichen Ursprungs ist.

Hätte man diese Wahrheit zu allen Zeiten beherzigt, so wäre der Menschheit unendlich viel Jammer und Herzeleid erspart geblieben. Denn die furchtbaren Religionskriege, die grausamen Ketzerverfolgungen mit allen ihren traurigen Begleiterscheinungen sind doch in letztem Grunde nur darauf zurückzuführen, daß gewisse Gegensätze aufeinanderprallten, denen beiden eine gewisse Berechtigung innewohnt und die lediglich dadurch entstanden sind, daß eine gemeinsame unsichtbare Idee, wie der Glaube an einen allmächtigen Gott, verwechselt wurde mit ihren nicht übereinstimmenden sichtbaren Ausdrucksmitteln, wie dem kirchlichen Bekenntnis. Es gibt wohl nichts Betrüblicheres, als wenn man sieht, wie von zwei sich bitter befehdenden Gegnern ein jeder in voller Überzeugung und in ehrlicher Begeisterung von der Gerechtigkeit seiner Sache seine besten Kräfte bis zur Selbstaufopferung dem Kampf zu widmen sich verpflichtet fühlt. Was hätte alles geschaffen werden können, wenn auf dem Gebiet religiöser Betätigung solche wertvollen Kräfte sich vereinigt hätten, anstatt sich gegenseitig nach Möglichkeit aufzureiben.

Der tiefreligiöse Mensch, der seinen Glauben an Gott durch die Verehrung der ihm vertrauten heiligen Symbole betätigt, klebt gleichwohl nicht an den Symbolen fest, sondern hat Verständnis dafür, daß es auch andere, ebenso religiöse Menschen geben kann, denen andere Symbole vertraut und heilig sind, ebenso wie irgendein bestimmter Begriff der nämliche bleibt, ob er durch dieses oder jenes Wort, in dieser oder jener Sprache ausgedrückt wird.

Aber mit der Anerkennung dieses Tatbestandes sind die Merkmale echt religiöser Gesinnung noch keineswegs erschöpfend klargestellt. Denn nun erhebt sich noch eine weitere, die eigentlich grundsätzliche Frage. Hat die höhere Macht, die hinter den religiösen Symbolen steht und die ihnen ihre wesentliche Bedeutung verleiht, ihren Sitz lediglich im Geiste des Menschen und kommt mit ihm zugleich zum Erlöschen, oder stellt sie noch etwas mehr vor? Mit anderen Worten: Lebt Gott nur in der Seele der Gläubigen, oder regiert er die Welt unabhängig davon, ob man an ihn glaubt oder nicht glaubt? Dies ist der Punkt, an welchem sich die Geister grundsätzlich und endgültig scheiden. Er läßt sich nie und nimmer auf wissenschaftlichem Wege, das heißt durch logische, auf Tatsachen begründete Schlußfolgerungen aufklären. Vielmehr ist die Beantwortung dieser Frage einzig und allein die Sache des Glaubens, des religiösen Glaubens.

Der religiöse Mensch beantwortet die Frage dahin, daß Gott existiert, ehe es überhaupt Menschen auf der Erde gab, daß er von Ewigkeit her die ganze Welt, Gläubige und Ungläubige, in seiner allmächtigen Hand hält und daß er auf seiner aller menschlichen Fassungskraft unzugänglichen Höhe unveränderlich thronen bleibt, auch wenn die Erde mit allem, was auf ihr ist, längst in Trümmer gegangen sein wird. Alle diejenigen, die sich zu diesem Glauben bekennen und sich, von ihm durchdrungen, in Ehrfurcht und hingebendem Vertrauen unter dem Schutz des Allmächtigen vor allen Gefahren des Lebens gesichert fühlen, aber auch nur diese, dürfen sich zu den wahrhaft religiös Gesinnten rechnen.

Das ist der wesentliche Inhalt der Sätze, deren Anerkennung die Religion von ihren Anhängern fordert. Sehen wir nun zu, ob und wie sich diese Forderungen mit denen der Wissenschaft, speziell der Naturwissenschaft, vertragen.

III

Indem wir darangehen zu prüfen, welche Gesetze uns die Wissenschaft lehrt und welche Wahrheiten ihr als unantastbar gelten, wird es unsere Aufgabe vereinfachen und für unseren Zweck vollauf genügen, wenn wir uns an die exakteste aller Naturwissenschaften halten, die Physik. Denn von ihr wäre jedenfalls am ehesten ein Widerspruch gegen die Forderungen der Religion zu erwarten. Wir haben also zu fragen, welcher Art die Erkenntnisse der physikalischen Wissenschaft bis in die neueste Zeit hinein sind und welche Grenzen eventuell dem religiösen Glauben durch sie vorgeschrieben werden.

Ich brauche kaum vorauszuschicken, daß, historisch im großen und ganzen gesehen, die Ergebnisse der physikalischen Forschung und die sich daraus ergebenden Anschauungen nicht etwa einem ziellosen Wechsel unterworfen sind, sondern sich in stetigem, bald langsamerem, bald schnellerem Tempo bis zum heutigen Tage immer mehr vervollkommnet und verfeinert haben, so daß wir die bisher von ihr gewonnenen Erkenntnisse mit großer Sicherheit als bleibend annehmen können.

Welches ist nun der wesentliche Inhalt dieser Erkenntnisse? Zunächst ist zu sagen, daß alle physikalischen Erkenntnisse auf Messungen beruhen und daß alle Messungen sich in Raum und Zeit abspielen, wobei die Größenordnungen in unvorstellbar weitem Maße variieren. Von den Entfernungen der kosmischen Regionen, aus denen noch eine Kunde zu uns dringt, bekommt man einen angenäherten Begriff, wenn man bedenkt, daß das Licht, welches die Strecke vom Monde bis zur Erde in etwa einer Sekunde zurücklegt, viele Millionen von Jahren braucht, um von ihnen zu uns hin zu gelangen. Auf der anderen Seite ist die Physik genötigt, mit Raum- und Zeitgrößen zu rechnen, deren winzige Kleinheit etwa durch das Verhältnis der Größe eines Stecknadelkopfes zu der der ganzen Erdkugel veranschaulicht werden kann.

Die allerverschiedenartigsten Messungen haben nun übereinstimmend zu dem Schluß geführt, daß sämtliche physikalische Geschehnisse ohne Ausnahme zurückgeführt werden können auf mechanische oder elektrische Vorgänge, hervorgerufen durch die Bewegungen gewisser Elementarteilchen, wie Elektronen, Positronen, Protonen, Neutronen, wobei sowohl die Masse als auch die Ladung eines jeden dieser Elementarteilchen durch eine ganz bestimmte, winzig kleine Zahl ausgedrückt wird, die sich um so genauer angeben läßt, je mehr die Messungsmethoden verfeinert werden. Diese kleinen Zahlen, die sogenannten universellen Konstanten, sind gewissermaßen die unveränderlich gegebenen Bausteine, aus denen sich das Lehrgebäude der theoretischen Physik zusammensetzt.

Welches ist denn nun, so müssen wir weiter fragen, die eigentliche Bedeutung dieser Konstanten? Sind sie in letzter Linie Erfindungen des menschlichen Forschergeistes, oder besitzen sie einen realen, von der menschlichen Intelligenz unabhängigen Sinn?

Das erste behaupten die Anhänger des Positivismus, wenigstens in seiner extremen Färbung. Nach ihnen hat die Physik keine andere Grundlage als die Messungen, auf denen sie sich ja aufbaut, und ein physikalischer Satz hat nur insofern Sinn, als er durch Messungen belegt werden kann. Da nun eine jede Messung einen Beobachter voraussetzt, so ist, positivistisch betrachtet, der eigentliche Inhalt eines physikalischen Satzes von dem Beobachter gar nicht zu trennen und verliert seinen Sinn, sobald man versucht, den Beobachter ganz wegzudenken und hinter ihm und seiner Messung noch etwas anderes, Reales, davon Unabhängiges zu sehen.

Gegen diese Auffassung läßt sich vom rein logischen Standpunkt aus nichts einwenden. Und doch muß man sie in dieser Form bei näherer Prüfung als unzureichend und unfruchtbar bezeichnen. Denn sie läßt einen Umstand außer acht, der für die Vertiefung und den Fortschritt der wissenschaftlichen Erkenntnis von entscheidender Bedeutung ist. So voraussetzungsfrei sich nämlich auch sonst der Positivismus ausnimmt, an eine grundsätzliche Voraussetzung ist er gebunden, wenn er nicht in einen unvernünftigen Solipsismus ausarten soll: an die Voraussetzung, daß eine jede physikalische Messung reproduzierbar ist, das heißt, daß ihr Ergebnis nicht abhängt von der Individualität des Messenden, auch nicht vom Ort und von der Zeit der Messung sowie von sonstigen Begleitumständen. Dies besagt aber, daß das für das Messungsergebnis Entscheidende außerhalb des Beobachters liegt und führt daher zwangsläufig zu Fragen nach einer hinter dem Beobachter vorhandenen realen Ursächlichkeit.

Gewiß ist zuzugeben, daß die positivistische Betrachtungsweise ihren eigentümlichen Wert besitzt; denn sie hilft dazu, die Bedeutung physikalischer Sätze begrifflich zu klären, das empirisch Bewiesene vom empirisch Unbewiesenen zu trennen, gefühlsmäßige, lediglich von lang gewohnter Anschauung genährte Vorurteile zu entfernen und dadurch der vorwärts drängenden Forschung den Weg zu ebnen. Aber um auf dem Weg führend zu wirken, dazu fehlt dem Positivismus die treibende Kraft. Er kann wohl Hemmungen beseitigen, aber er kann nicht fruchtbar gestalten. Denn seine Tätigkeit ist wesentlich kritisch, sein Blick rückwärts gerichtet. Zum Vorwärtskommen gehören aber neue, schöpferische, aus Messungsresultaten allein nicht abzuleitende, sondern über sie hinausgehende Ideenverbindungen und Fragestellungen, und solchen steht der Positivismus grundsätzlich ablehnend gegenüber.

Daher haben auch die Positivisten aller Schattierungen der Einführung atomistischer Hypothesen und damit auch der Anerkennung der obengenannten universellen Konstanten bis zuletzt den schärfsten Widerstand entgegengesetzt. Das ist wohl verständlich; denn die Existenz dieser Konstanten ist ein greifbarer Beweis für das Vorhandensein einer Realität in der Natur, die unabhängig ist von jeder menschlichen Messung.

Freilich könnte ein konsequenter Positivist auch heute noch die universellen Konstanten als eine Erfindung bezeichnen, die sich deshalb als ungemein nützlich erwiesen hat, weil sie eine genaue und vollständige Beschreibung der verschiedenartigsten Messungsergebnisse ermöglicht. Aber es wird kaum einen richtigen Physiker geben, der eine solche Behauptung ernst nehmen würde. Die universellen Konstanten sind nicht aus Zweckmäßigkeitsgründen erfunden worden, sondern sie haben sich mit unwiderstehlichem Zwang aufgedrängt durch die übereinstimmenden Resultate sämtlicher einschlägiger Messungen, und, was das Wesentliche ist, wir wissen im voraus genau, daß alle künftigen Messungen auf die nämlichen Konstanten führen werden.

Zusammenfassend können wir sagen, daß die physikalische Wissenschaft die Annahme einer realen, von uns unabhängigen Welt fordert, die wir allerdings niemals direkt erkennen, sondern immer nur durch die Brille unserer Sinnesempfindungen und der durch sie vermittelten Messungen wahrnehmen können.

Wenn wir diesen Satz weiterverfolgen, so nimmt unsere Betrachtungsweise der Welt eine veränderte Form an. Das Subjekt der Betrachtung, das beobachtende Ich, rückt aus dem Mittelpunkt des Denkens heraus und wird auf einen ganz bescheidenen Platz verwiesen. In der Tat: Wie erbärmlich klein, wie ohnmächtig müssen wir Menschen uns vorkommen, wenn wir bedenken, daß die Erde, auf der wir leben, in dem schier unermeßlichen Weltall nur ein minimales Stäubchen, geradezu ein Nichts bedeutet, und wie seltsam muß es uns andererseits erscheinen, daß wir, winzige Geschöpfe auf einem beliebigen winzigen Planeten, imstande sind, mit unseren Gedanken zwar nicht das Wesen, aber doch das Vorhandensein und die Größe der elementaren Bausteine der ganzen großen Welt genau zu erkennen.

Aber das Wunderbare geht noch weiter. Es ist ein unbezweifelbares Ergebnis der physikalischen Forschung, daß diese elementaren Bausteine des Weltgebäudes nicht in einzelnen Gruppen ohne Zusammenhang nebeneinanderliegen, sondern daß sie sämtlich nach einem einzigen Plan aneinandergefügt sind, oder, mit anderen Worten, daß in allen Vorgängen der Natur eine universale, uns bis zu einem gewissen Grad erkennbare Gesetzlichkeit herrscht.

Ich will hier zunächst nur ein einziges Beispiel erwähnen: das Prinzip der Erhaltung der Energie. Es gibt in der Natur verschiedene Arten von Energien: die Energie der Bewegung, der Gravitation, der Wärme, der Elektrizität, des Magnetismus. Alle Energien zusammengenommen bilden den Energievorrat der Welt. Dieser Energievorrat nun besitzt eine unveränderliche Größe, er kann durch keinen Vorgang in der Natur vermehrt oder verringert werden, alle in Wirklichkeit eintretenden Veränderungen bestehen nur in wechselseitigen Umwandlungen von Energie. Wenn z. B. Energie der Bewegung durch Reibung verlorengeht, so entsteht dafür der äquivalente Betrag von Wärmeenergie.

Das Energieprinzip erstreckt seine Herrschaft über sämtliche Gebiete der Physik, und zwar nach der klassischen Theorie ebenso wie nach der Quantentheorie. Man hat zwar öfters versucht, seine genaue Gültigkeit für die in einem einzelnen Atom stattfindenden Vorgänge anzuzweifeln und ihm für solche Vorgänge nur einen statistischen Charakter zuzugestehen. Aber eine genaue Kontrolle hat in jedem bisher daraufhin geprüften Falle gezeigt, daß ein solcher Versuch erfolglos ist und daß keine Veranlassung besteht, dem Prinzip den Rang eines vollkommen exakten Naturgesetzes abzusprechen.

Nun hören wir häufig von positivistisch eingestellter Seite wieder die kritische Entgegnung: Die genaue Gültigkeit eines solchen Satzes sei durchaus nicht verwunderlich. Das Rätsel erkläre sich vielmehr ganz einfach durch den Umstand, daß es schließlich der Mensch selber ist, welcher der Natur ihre Gesetze vorschreibe. Und bei dieser Behauptung beruft man sich sogar auf die Autorität von Immanuel Kant.

Nun, daß die Naturgesetze nicht von den Menschen erfunden worden sind, sondern daß ihre Anerkennung ihnen von außen aufgezwungen wird, haben wir wohl schon ausführlich genug besprochen. Von vornherein könnten wir uns die Naturgesetze, ebenso wie die Werte der universellen Konstanten, auch ganz anders denken, als sie in Wirklichkeit sind. Was aber die Berufung auf Kant betrifft, so liegt hier ein grobes Mißverständnis vor. Denn Kant hat nicht gelehrt, daß der Mensch der Natur ihre Gesetze schlechthin vorschreibt, sondern er hat gelehrt, daß der Mensch bei der Formulierung der Naturgesetze auch etwas aus eigenem hinzufügt. Wie wäre es sonst auch denkbar, daß Kant nach seinem eigenen Ausspruch durch keinen äußeren Eindruck sich zu tieferer Ehrfurcht gestimmt fühlte als durch den Anblick des gestirnten Himmels? Man pflegt doch einer Vorschrift, die man selber verfaßt hat, nicht gerade die allertiefste Ehrfurcht entgegenzubringen. Dem Positivisten freilich ist eine solche Ehrfurcht fremd. Für ihn sind die Sterne nichts weiter als optische Empfindungskomplexe, alles andere ist nach seiner Meinung nützliche, aber im Grunde willkürliche und entbehrliche Zutat.

Doch wir wollen jetzt den Positivismus beiseite lassen und unseren Gedankengang weiterverfolgen. Das Energieprinzip ist ja nicht das einzige Naturgesetz, sondern nur eines unter mehreren. Es gilt zwar in jedem einzelnen Fall, aber es genügt noch lange nicht, um den Ablauf eines Naturvorganges in allen Einzelheiten vorauszuberechnen, da es noch unendlich viele Möglichkeiten offenläßt.

Es gibt indessen ein anderes, viel umfassenderes Gesetz, welches die Eigentümlichkeit hat, daß es auf jedwede, den Verlauf eines Naturvorganges betreffende sinnvolle Frage eine eindeutige Antwort gibt, und dies Gesetz besitzt, soweit wir sehen können, ebenso wie das Energieprinzip genaue Gültigkeit, auch in der allerneuesten Physik. Was wir aber nun als das allergrößte Wunder ansehen müssen, ist die Tatsache, daß die sachgemäßeste Formulierung dieses Gesetzes bei jedem Unbefangenen den Eindruck erweckt, als ob die Natur von einem vernünftigen, zweckbewußten Willen regiert würde.

Ein spezielles Beispiel möge das erläutern. Bekanntlich wird ein Lichtstrahl, der in schräger Richtung auf die Oberfläche eines durchsichtigen Körpers, etwa auf eine Wasserfläche, trifft, beim Eintritt in den Körper von seiner Richtung abgelenkt. Die Ursache für diese Ablenkung ist der Umstand, daß das Licht sich im Wasser langsamer fortpflanzt als in der Luft. Eine solche Ablenkung oder Brechung findet also auch in der atmosphärischen Luft statt, weil in den tieferen, dichteren Luftschichten das Licht sich langsamer fortpflanzt als in den höheren. Wenn nun ein Lichtstrahl von einem leuchtenden Stern in das Auge eines Beobachters gelangt, so wird seine Bahn, wenn der Stern nicht gerade senkrecht im Zenit steht, infolge der verschiedenen Brechungen in den verschiedenen Luftschichten eine mehr oder weniger komplizierte Krümmung aufweisen. Diese Krümmung wird nun durch das folgende einfache Gesetz vollkommen bestimmt: Unter sämtlichen Bahnen, die vom Stern in das Auge des Beobachters führen, benutzt das Licht immer gerade diejenige, zu deren Zurücklegung es, bei Berücksichtigung der verschiedenen Fortpflanzungsgeschwindigkeiten in den verschiedenen Luftschichten, die kürzeste Zeit braucht. Die Photonen, welche den Lichtstrahl bilden, verhalten sich also wie vernünftige Wesen. Sie wählen sich unter allen möglichen Kurven, die sich ihnen darbieten, stets diejenige aus, die sie am schnellsten zum Ziele führt.

Dieser Satz ist einer großartigen Verallgemeinerung fähig. Nach allem, was wir über die Gesetze der Vorgänge in irgendeinem physikalischen Gebilde wissen, können wir den Ablauf eines jeden Vorganges in allen Einzelheiten durch den Satz charakterisieren, daß unter allen denkbaren Vorgängen, welche das Gebilde in einer bestimmten Zeit aus einem bestimmten Zustand in einen andern bestimmten Zustand überführen, der wirkliche Vorgang derjenige ist, für welchen das über diese Zeit erstreckte Integral einer gewissen Größe, der sogenannten Lagrangeschen Funktion, den kleinsten Wert besitzt. Kennt man also den Ausdruck der Lagrangeschen Funktion, so läßt sich der Verlauf des wirklichen Vorganges vollständig angeben.

Es ist gewiß nicht verwunderlich, daß die Entstehung dieses Gesetzes, des sogenannten Prinzips der kleinsten Wirkung, nach welchem später auch das elementare Wirkungsquantum seinen Namen bekommen hat, seinen Urheber Leibniz, ebenso wie bald darauf dessen Nachfolger Maupertuis, in helle Begeisterung versetzt hat, da diese Forscher darin das greifbare Zeichen für das Walten einer höheren, die Natur allmächtig beherrschenden Vernunft gefunden zu haben glaubten.

In der Tat, durch das Wirkungsprinzip wird in den Begriff der Ursächlichkeit ein ganz neuer Gedanke eingeführt: zu der Causa efficiens, der Ursache, welche aus der Gegenwart in die Zukunft wirkt und die späteren Zustände als bedingt durch die früheren erscheinen läßt, gesellt sich die Causa finalis, welche umgekehrt die Zukunft, nämlich ein bestimmt angestrebtes Ziel, zur Voraussetzung macht und daraus den Verlauf der Vorgänge ableitet, welche zu diesem Ziele hinführen.

Solange man sich auf das Gebiet der Physik beschränkt, sind diese beiden Arten der Betrachtungsweise nur verschiedene mathematische Formen für ein und denselben Sachverhalt, und es wäre müßig zu fragen, welche von beiden der Wahrheit näherkommt. Ob man die eine oder die andere benutzen will, hängt allein von praktischen Erwägungen ab. Ein Hauptvorzug des Prinzips der kleinsten Wirkung ist, daß es zu seiner Formulierung keines bestimmten Bezugssystems bedarf. Daher eignet sich das Prinzip auch vorzüglich für die Ausführung von Koordinatentransformationen.

Doch für uns handelt es sich jetzt um allgemeinere Fragen. Wir wollen hier nur feststellen, daß die theoretisch-physikalische Forschung in ihrer historischen Entwicklung auffallenderweise zu einer Formulierung der physikalischen Ursächlichkeit geführt hat, welche einen ausgesprochen teleologischen Charakter besitzt, daß aber dadurch nicht etwa etwas inhaltlich Neues oder gar Gegensätzliches in die Art der Naturgesetzlichkeit hineingetragen wird. Es handelt sich vielmehr lediglich um eine der Form nach verschiedene, sachlich jedoch vollkommen gleichberechtigte Betrachtungsweise. Entsprechendes wie in der Physik dürfte auch in der Biologie zutreffen, wo der Unterschied der beiden Betrachtungsweisen allerdings wesentlich schärfere Formen angenommen hat.

In jedem Falle dürfen wir zusammenfassend sagen, daß nach allem, was die exakte Naturwissenschaft lehrt, im gesamten Bereich der Natur, in der wir Menschen auf unserem winzigen Planeten nur eine verschwindend kleine Rolle spielen, eine bestimmte Gesetzlichkeit herrscht, welche unabhängig ist von der Existenz einer denkenden Menschheit, welche aber doch, soweit sie überhaupt von unseren Sinnen erfaßt werden kann, eine Formulierung zuläßt, die einem zweckmäßigen Handeln entspricht. Sie stellt also eine vernünftige Weltordnung dar, der Natur und Menschheit unterworfen sind, deren eigentliches Wesen aber für uns unerkennbar ist und bleibt, da wir nur durch unsere spezifischen Sinnesempfindungen, die wir niemals vollkommen ausschalten können, von ihr Kunde erhalten. Doch berechtigen uns die tatsächlich reichen Erfolge der naturwissenschaftlichen Forschung zu dem Schlusse, daß wir uns durch unablässige Fortsetzung der Arbeit dem unerreichbaren Ziele doch wenigstens fortwährend annähern, und stärken uns in der Hoffnung auf eine stetig fortschreitende Vertiefung unserer Einblicke in das Walten der über die Natur regierenden allmächtigen Vernunft.

IV

Nachdem wir nun die Forderungen kennengelernt haben, welche einerseits die Religion, andererseits die Naturwissenschaft an unsere Einstellung zu den höchsten Fragen weltanschaulicher Betrachtung knüpft, wollen wir jetzt prüfen, ob und wieweit diese beiden Arten von Forderungen miteinander in Einklang zu bringen sind. Zunächst ist selbstverständlich, daß diese Prüfung sich nur auf solche Gebiete beziehen kann, in denen Religion und Naturwissenschaft zusammenstoßen. Denn es gibt weite Bereiche, in denen sie gar nichts miteinander zu tun haben. So sind alle Fragen der Ethik der Naturwissenschaft fremd, ebenso wie andererseits die Größe der universellen Naturkonstanten für die Religion ohne jede Bedeutung ist.

Dagegen begegnen sich Religion und Naturwissenschaft in der Frage nach der Existenz und nach dem Wesen einer höchsten über die Welt regierenden Macht, und hier werden die Antworten, die sie beide darauf geben, wenigstens bis zu einem gewissen Grade miteinander vergleichbar. Sie sind, wie wir gesehen haben, keineswegs im Widerspruch miteinander, sondern sie lauten übereinstimmend dahin, daß erstens eine von den Menschen unabhängige vernünftige Weltordnung existiert und daß zweitens das Wesen dieser Weltordnung niemals direkt erkennbar ist, sondern nur indirekt erfaßt beziehungsweise geahnt werden kann. Die Religion benutzt hierfür ihre eigentümlichen Symbole, die exakte Naturwissenschaft ihre auf Sinnesempfindungen begründeten Messungen. Nichts hindert uns also, und unser nach einer einheitlichen Weltanschauung verlangender Erkenntnistrieb fordert es, die beiden überall wirksamen und doch geheimnisvollen Mächte, die Weltordnung der Naturwissenschaft und den Gott der Religion, miteinander zu identifizieren. Danach ist die Gottheit, die der religiöse Mensch mit seinen anschaulichen Symbolen sich nahezubringen sucht, wesensgleich mit der naturgesetzlichen Macht, von der dem forschenden Menschen die Sinnesempfindungen bis zu einem gewissen Grade Kunde geben.

Bei dieser Übereinstimmung ist aber doch auch ein grundsätzlicher Unterschied zu beachten. Für den religiösen Menschen ist Gott unmittelbar und primär gegeben. Aus ihm, aus seinem allmächtigen Willen, quillt alles Leben und alles Geschehen in der körperlichen wie in der geistigen Welt. Wenn er auch nicht mit dem Verstand erkennbar ist, so wird er doch durch die religiösen Symbole in der Anschauung unmittelbar erfaßt und legt seine heilige Botschaft in die Seelen derer, die sich ihm gläubig anvertrauen. Im Gegensatz dazu ist für den Naturfoscher das einzig primär Gegebene der Inhalt seiner Sinneswahrnehmungen und der daraus abgeleiteten Messungen. Von da aus sucht er sich auf dem Wege der induktiven Forschung Gott und seiner Weltordnung als dem höchsten, ewig unerreichbaren Ziele nach Möglichkeit anzunähern. Wenn also beide, Religion und Naturwissenschaft, zu ihrer Betätigung des Glaubens an Gott bedürfen, so steht Gott für die eine am Anfang, für die andere am Ende allen Denkens. Der einen bedeutet er das Fundament, der andern die Krone des Aufbaues jeglicher weltanschaulicher Betrachtung.

Diese Verschiedenheit entspricht der verschiedenen Rolle, welche Religion und Naturwissenschaft im menschlichen Leben spielen. Die Naturwissenschaft braucht der Mensch zum Erkennen, die Religion aber braucht er zum Handeln. Für das Erkennen bilden den einzigen festen Ausgangspunkt die Wahrnehmungen unserer Sinne; die Voraussetzung einer gesetzlichen Weltordnung dient hier nur als die Vorbedingung zur Formulierung fruchtbarer Fragestellungen. Für das Handeln ist aber dieser Weg nicht gangbar, weil wir mit unsern Willensentscheidungen nicht warten können, bis die Erkenntnis vollständig oder bis wir allwissend geworden sind. Denn wir stehen mitten im Leben und müssen in dessen mannigfachen Anforderungen und Nöten oft sofortige Entschlüsse fassen oder Gesinnungen betätigen, zu deren richtiger Ausgestaltung uns keine langwierige Überlegung verhilft, sondern nur die bestimmte und klare Weisung, die wir aus der unmittelbaren Verbindung mit Gott gewinnen. Sie allein vermag uns die innere Festigkeit und den dauernden Seelenfrieden zu gewährleisten, den wir als das höchste Lebensgut einschätzen müssen; und wenn wir Gott außer seiner Allmacht und Allwissenheit auch noch die Attribute der Güte und der Liebe zuschreiben, so gewährt die Zuflucht zu ihm dem trostsuchenden Menschen ein erhöhtes Maß sicheren Glücksgefühls. Gegen diese Vorstellung läßt sich vom Standpunkt der Naturwissenschaft nicht das mindeste einwenden, weil ja die Fragen der Ethik, wie wir schon betont haben, gar nicht in ihren Zuständigkeitsbereich gehören.

Wohin und wie weit wir also blicken mögen, zwischen Religion und Naturwissenschaft finden wir nirgends einen Widerspruch, wohl aber gerade in den entscheidenden Punkten volle Übereinstimmung. Religion und Naturwissenschaft – sie schließen sich nicht aus, wie manche heutzutage glauben oder fürchten, sondern sie ergänzen und bedingen einander. Wohl den unmittelbarsten Beweis für die Verträglichkeit von Religion und Naturwissenschaft auch bei gründlich-kritischer Betrachtung bildet die historische Tatsache, daß gerade die größten Naturfoscher aller Zeiten, Männer wie Kepler, Newton, Leibniz, von tiefer Religiosität durchdrungen waren. Zu Anfang unserer Kulturepoche waren die Pfleger der Naturwissenschaft und die Hüter der Religion sogar durch Personalunion verbunden. Die älteste angewandte Naturwissenschaft, die Medizin, lag in den Händen der Priester, und die wissenschaftliche Forschungsarbeit wurde noch im Mittelalter hauptsächlich in den Mönchszellen betrieben. Später, bei der fortschreitenden Verfeinerung und Verästelung der Kultur, schieden sich die Wege allmählich immer schärfer voneinander, entsprechend der Verschiedenheit der Aufgaben, denen Religion und Naturwissenschaft dienen.

Denn so wenig sich Wissen und Können durch weltanschauliche Gesinnung ersetzen lassen, ebensowenig kann die rechte Einstellung zu den sittlichen Fragen aus rein verstandesmäßiger Erkenntnis gewonnen werden. Aber die beiden Wege divergieren nicht, sondern sie gehen einander parallel, und sie treffen sich in der fernen Unendlichkeit an dem nämlichen Ziel.

Um dies recht einzusehen, gibt es kein besseres Mittel als das fortgesetzte Bemühen, das Wesen und die Aufgaben einerseits der naturwissenschaftlichen Erkenntnis, andererseits des religiösen Glaubens immer tiefer zu erfassen. Dann wird sich in immer wachsender Klarheit herausstellen, daß, wenn auch die Methoden verschieden sind – denn die Wissenschaft arbeitet vorwiegend mit dem Verstand, die Religion vorwiegend mit der Gesinnung –, der Sinn der Arbeit und die Richtung des Fortschrittes doch vollkommen miteinander übereinstimmen.

Es ist der stetig fortgesetzte, nie erlahmende Kampf gegen Skeptizismus und gegen Dogmatismus, gegen Unglaube und gegen Aberglaube, den Religion und Naturwissenschaft gemeinsam führen, und das richtungweisende Losungswort in diesem Kampf lautet von jeher und in alle Zukunft: Hin zu Gott!

Sir James Jeans

In unerforschtes Gebiet

Wir wollen diese aus der Leere aufgepustete Seifenblase, durch die die moderne Wissenschaft das Weltall darstellt, näher studieren. Ihre Oberfläche ist reich mit Unregelmäßigkeiten und Runzeln versehen. Es lassen sich zwei Hauptarten unterscheiden, die wir als Materie und Strahlung auslegen, die Bestandteile, aus denen uns das Weltall gebaut erscheint.

Die erste Art stellt Strahlungen dar. Alle Strahlung bewegt sich mit derselben gleichförmigen Geschwindigkeit von etwa 300 000 Kilometern in der Sekunde...

Die zweite Art der Unregelmäßigkeiten stellt Materie dar. Diese bewegt sich durch den Raum in allen Arten verschiedener Geschwindigkeiten, aber alle sind klein im Vergleich mit der Geschwindigkeit des Lichts. Um uns ein erstes rohes Bild zu machen, wollen wir alle Materie als im Raum stillstehend ansehen, so daß die sie bezeichnenden Merkmale in der Richtung der vorrückenden Zeit laufen...

Die Merkmale, die Materie darstellen, neigen dazu, breite Bänder über der Oberfläche der Seifenblase zu bilden, etwa wie breite Farbstriche über ein Segeltuch gehen. Das kommt daher, daß die Materie des Weltalls die Neigung hat, sich zu großen Massen – Sternen und anderen Himmelskörpern – zusammenzuballen. Diese Bänder oder Streifen nennt man «Weltlinien». Die Weltlinie der Sonne zeigt die Strahlung der Sonne im Raum, die jedem Zeitaugenblick entspricht. Wir können das graphisch darstellen (siehe Abb.)

Wie ein Kabel aus einer großen Zahl feiner Fäden gebildet ist, so ist die Weltlinie eines großen Himmelskörpers wie der Sonne aus unzähligen kleineren Weltlinien gebildet, den Weltlinien der einzelnen Atome, aus denen sich die Sonne zusammensetzt. Hier und da treten diese feinen

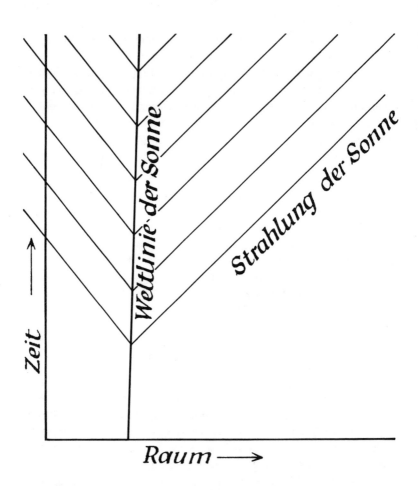

Diagramm zur Veranschaulichung der Bewegung der Sonne und ihrer Strahlung in Raum und Zeit.

Fäden in das Hauptkabel ein oder verlassen es, je nachdem, ob ein Atom von der Sonne verschluckt oder ausgeschleudert wird.

Wir können uns die Oberfläche der Blase als einen Wandteppich vorstellen, dessen Fäden die Weltlinien von Atomen sind. Insoweit als Atome dauernd und unzerstörbar sind, durchziehen die fädengleichen Weltlinien der Atome die ganze Länge des Bildes in der Richtung der vorrückenden Zeit. Aber wenn Atome vernichtet werden, können die Fäden plötzlich enden, und Quasten von Strahlungsweltlinien strecken sich aus ihren Enden hervor. Wenn wir uns den Teppich entlang seitwärts bewegen, verändern seine verschiedenen Fäden ständig ihre Richtung im Raum und wechseln so ihre Plätze relativ zueinander. Der Webstuhl ist so beschaffen, daß sie hierzu gemäß bestimmten Regeln, die wir «Naturgesetze» nennen, gezwungen sind.

Die Weltlinie der Erde ist ein kleineres, aus verschiedenen Litzen verfertigtes Kabel. Diese Litzen stellen die Berge, Bäume, Flugzeuge, Menschenkörper und so weiter dar, die zusammen die Erde ausmachen. Jede Litze ist aus vielen Fäden verfertigt – den Weltlinien ihrer Atome. Eine Litze, die einen Menschenkörper darstellt, unterscheidet sich in keiner der Beobachtung zugänglichen wesentlichen Einzelheit von den anderen Litzen. Sie verändert im Verhältnis zu den anderen ihre Richtung weniger frei als ein Flugzeug, aber freier als ein Baum. Wie der Baum beginnt sie als ein winziges Ding und wächst, indem sie fortwährend Atome von außen aufnimmt – ihre Nahrung. Die Atome, aus denen sie gebildet ist, unterscheiden sich nicht wesentlich von anderen Atomen; genau ähnliche Atome wirken bei der Bildung von Bergen, Flugzeugen und Bäumen mit.

Doch die Fäden, die die Atome eines Menschenkörpers darstellen, haben die besondere Fähigkeit, durch unsere Sinne unserem Geist Eindrücke zu vermitteln. Diese Atome berühren unser Bewußtsein direkt, während alle anderen Atome des Weltalls es nur indirekt berühren können, nämlich durch die Vermittlung dieser Atome. Wir können sehr einfach das Bewußtsein als etwas ansehen, das sich vollständig außerhalb des Bildes befindet und mit ihm nur durch die Weltlinien unseres Körpers in Berührung steht.

Ihr Bewußtsein berührt das Bild nur durch Ihre Weltlinie, meines durch meine Weltlinie und so weiter. Die durch diese Berührung hervorgerufene Wirkung ist in erster Linie eine solche des Vorüberganges der Zeit; wir haben das Gefühl, als ob wir an unserer Weltlinie so entlanggezogen würden, daß wir die verschiedenen Punkte an ihr, die unsere Zustände zu den verschiedenen Zeitaugenblicken darstellen, nacheinander berühren.

Es mag sein, daß die Zeit von ihrem Beginn bis zum Ende der Ewigkeit in dem Bilde vor uns ausgebreitet ist, aber wir sind nur einen Augenblick mit ihr in Berührung, wie der Reifen des Fahrrades immer nur mit einem Punkte der Straße in Berührung ist. Und dann passieren Ereignisse nicht, wie Weyl es ausdrückt, wir stoßen nur auf sie. Oder wie Plato es dreiundzwanzig Jahrhunderte früher im *Timaios* ausdrückte:

«Die Vergangenheit und die Zukunft sind geschaffene Erscheinungsformen der Zeit, die wir unbewußt, aber mit Unrecht auf das ewige Wesen übertragen. Wir sagen ‹war›, ‹ist›, ‹wird sein›, aber in Wahrheit kann eigentlich nur ‹ist› allein gebraucht werden.»

In diesem Falle gleicht unser Bewußtsein dem einer in einem Staubtuch gefangenen Fliege. Das Staubtuch wird über die ganze Fläche des Bildes geführt, aber die Fliege kann nur den einen Zeitaugenblick erleben, mit dem sie in unmittelbarer Berührung ist, obschon sie sich vielleicht nachher an einen Teil des Bildes erinnern wird und sich sogar vormachen kann, daß sie bei der Ausmalung der vor ihr liegenden Teile des Bildes mithilft.

Oder wiederum, unser Bewußtsein kann vielleicht mit dem Gefühl in dem Finger eines Malers verglichen werden, wenn er den Pinsel über das noch unvollendete Bild führt. Wenn das richtig ist, dann ist der Eindruck, daß wir die Teile des Bildes, die erst noch kommen werden, beeinflussen, mehr als eine reine Illusion. Gegenwärtig kann die Wissenschaft nur sehr wenig über die Art sagen, in der unser Bewußtsein das Bild ergreift, sie befaßt sich hauptsächlich mit der Art des Bildes.

Wir haben gesehen, wie der Äther, der nach der früheren Annahme das ganze Weltall ausfüllen sollte, zu einer Abstraktion geworden ist, einem Gerüst leeren Raumes, das nichts weiter bedeutet als die Raumdimensionen einer Seifenblase, deren dünnes Häutchen aus Leere besteht. Die Wellen, die nach der früheren Annahme diesen Äther durchqueren sollten, sind ebenfalls zu kaum mehr als zu einer Abstraktion geworden: Sie sind Runzeln, die auf einem Querschnitt der Blase von der Zeit hervorgerufen sind.

Diese Eigenschaft der Abstraktheit beim Äther, den man einmal als materielle «Ätherwellen» ansah, kehrt in einer weit zugespitzteren Form wieder, wenn wir uns dem System von Wellen zuwenden, die ein

Elektron bilden. Der «Äther», den wir zu Hilfe nehmen, um gewöhnliche Strahlung – etwa Sonnenlicht – zu erklären, hat zu seiner einen Dimension Zeit drei Dimensionen im Raum. So auch der Äther, in dem wir die Wellen beschreiben, die ein einzelnes im Raum isoliertes Elektron bilden. Dieser mag oder mag nicht derselbe Äther wie vorher sein, aber er hat ähnlich wie jener drei Raumdimensionen und eine Zeitdimension. Aber ein einzelnes Elektron im Raum bildet ein Weltall, in dem sich rein gar nichts ereignet. Das einfachste denkbare Ereignis tritt ein, wenn zwei Elektronen zusammentreffen. Und um in den einfachsten Ausdrücken die Geschehnisse bei der Begegnung zweier Elektronen zu beschreiben, braucht die Wellenmechanik ein System von Wellen in einem siebendimensionalen Äther, einem Äther mit sechs Raumdimensionen, drei für jedes Elektron, und einer Zeitdimension. Um eine Begegnung von drei Elektronen zu beschreiben, brauchen wir einen Äther von zehn Dimensionen, neun Raumdimensionen (wieder drei für jedes Elektron) und eine Zeitdimension. Wäre nicht die Zeitdimension, die alle anderen zusammenbindet, würden die verschiedenen Elektronen alle in getrennten, nicht miteinander in Verbindung stehenden dreidimensionalen Räumen existieren.

Die meisten Physiker würden wohl zugeben, daß der siebendimensionale Raum, in dem die Wellenmechanik das Zusammentreffen zweier Elektronen vor sich gehen läßt, rein fiktiv ist. In diesem Falle müssen die die Elektronen begleitenden Wellen ebenfalls als fiktiv betrachtet werden. So sagt Professor Schrödinger über den siebendimensionalen Raum, daß er, obgleich er «eine ganz bestimmte physikalische Bedeutung hat, man doch nicht gut sagen kann, er ‹existiert›; daher kann man auch von einer Wellenbewegung in diesem Raum nicht sagen, sie ‹existiert› im gewöhnlichen Sinne des Wortes. Er ist nur eine angemessene mathematische Beschreibung des Vorgangs. Es mag sein, daß bei einem einzelnen Elektron die ‹Existenz› der Wellenbewegung nicht in einem *zu* buchstäblichen Sinne genommen werden darf, obschon in diesem besonderen einfachen Falle der theoretische Raum mit dem gewöhnlichen Raum zusammenfällt.»

Doch ist es schwer zu sehen, wie wir der einen Wellenreihe einen geringeren Grad Realität zuschreiben können als der anderen. Es ist absurd, wenn man sagt, daß die Wellen eines Elektrons wirklich sind, während die Wellen zweier Elektronen fiktiv sind. Und die Wellen eines einzelnen Elektrons sind so wirklich, daß man sie auf einer fotografischen Platte festhalten kann, so daß sie bestimmte Spektren hervorbringen. Völlige Konsequenz können wir nur durch die Annahme wiedergewinnen, daß alle Wellen, diejenigen zweier Elektronen, die eines Elektrons und die Wellen auf Professor Thomsons fotografischer Platte einen Grad Wirklichkeit oder Unwirklichkeit haben.

Einige Physiker begegnen dieser Situation dadurch, daß sie die Elektronenwellen als Wahrscheinlichkeitswellen ansehen. Wenn wir von einer Flutwelle sprechen, meinen wir eine materielle Wasserwelle, die alles auf ihrem Wege durchnäßt. Wenn wir von einer Hitzewelle sprechen, meinen wir etwas, das, obschon nicht materiell, alles auf seinem Wege erwärmt. Aber wenn die Abendzeitungen von einer Selbstmordwelle sprechen, meinen sie nicht, daß jeder, der in den Bereich dieser Welle kommt, Selbstmord begehen wird, sie wollen bloß sagen, daß die Wahrscheinlichkeit der Verübung von Selbstmorden gewachsen ist. Wenn eine Selbstmordwelle über London geht, schnellt die Selbstmordziffer hoch; wenn sie über Robinson Crusoes Insel geht, vermehrt sich die Wahrscheinlichkeit, daß der einzige Einwohner sich töten wird. Die Wellen, die ein Elektron in der Wellenmechanik darstellen, können, so sagt man, Wahrscheinlichkeitswellen sein, deren Intensität an einem Punkte die Wahrscheinlichkeit mißt, daß sich das Elektron an diesem Punkte befindet.

So mißt an jedem Punkte auf Professor Thomsons Platte die Wellenintensität die Wahrscheinlichkeit, daß ein einzelnes gebeugtes Elektron die Platte an diesem Punkte trifft. Wenn eine ganze Menge Elektronen gebeugt wird, ist die Gesamtzahl, die irgendeinen Punkt trifft, natürlich proportional der Wahrscheinlichkeit, daß jedes einzelne den Punkt trifft, so daß die Verdunkelung der Platte ein Maß der Wahrscheinlichkeit pro Elektron gibt.

Diese Ansicht hat den großen Vorzug, daß die Elektronen bei ihr ihre Identität bewahren können. Wenn die Elektronenwellen wirkliche materielle Wellen wären, würde jedes Wellensystem wahrscheinlich durch das Experiment zerstreut werden, so daß keine elektrisierten Teilchen als solche in dem gebeugten Strahl übrigbleiben würden. In der Tat, jeder Zusammenstoß mit Materie würde Elektronen zerstören, die nicht als dauernde Gebilde angesehen werden könnten. In Wirklichkeit wird natürlich eher der Elektronenschauer als das einzelne Elektron gebeugt; die einzelnen Elektronen bewegen sich als Teilchen und behalten als solche ihre Identität.

All das stimmt mit Heisenbergs «Unsicherheitsprinzip» überein, nach dem man niemals sagen kann: Ein Elektron ist hier genau an dieser Stelle und bewegt sich mit genau soundsoviel Kilometern in der Stunde; wir können nur sagen, es ist wahrscheinlich so.

Dirac findet es nötig, diese Unbestimmtheit und Unsicherheit des Wissens auf die gesamte Atomphysik auszudehnen. Er schreibt: «Wenn bei einem Atomsystem... in einem gegebenen Zustande eine Beobachtung angestellt wird, wird das Ergebnis im allgemeinen nicht bestimmt sein, das heißt, wenn das Experiment mehrmals unter gleichen Bedingungen wiederholt wird, können sich mehrere verschiedene Resultate ergeben. Wenn das Experiment sehr oft wiederholt wird, wird man finden, daß jedes besondere Resultat einen bestimmten Bruchteil der Gesamtzahl der Versuche darstellt, so daß man sagen kann, es ist eine bestimmte Wahrscheinlichkeit vorhanden, daß man es jedesmal erhalten wird, sooft man das Experiment macht. Die Theorie setzt uns in den Stand, diese Wahrscheinlichkeit zu schätzen. In besonderen Fällen kann die Wahrscheinlichkeit eins sein, und dann ist das Resultat des Experiments ganz bestimmt.»

Heisenberg und Bohr sind der Meinung, daß Elektronenwellen nur als eine Art symbolischer Darstellung unseres Wissens in bezug auf den wahrscheinlichen Zustand und die Lage eines Elektrons angesehen werden dürfen. Stimmt das, so ändern sich diese Wellen, je nachdem sich unser Wissen ändert, und werden so zum großen Teil subjektiv. Daher dürfen wir uns die Wellen kaum in Raum und Zeit lokalisiert vorstellen; sie sind bloß anschauliche Verdeutlichungen einer mathematischen Formel wellenartiger, aber ganz abstrakter Natur.

Eine noch drastischere Möglichkeit, die wiederum einem von Bohr geäußerten Gedanken entspringt, ist, daß Naturphänomene kleinster Art sich überhaupt nicht in dem Raum-Zeit-Rahmen darstellen lassen. Nach dieser Ansicht kommt das vierdimensionale Kontinuum der Relativitätstheorie nur für einige Naturphänomene in Betracht, unter ihnen Phänomene großen Maßstabs und Strahlung im freien Raum; andere Phänomene können nur dargestellt werden, wenn man das Kontinuum verläßt. Wir haben zum Beispiel versuchsweise das Bewußtsein als etwas außerhalb des Kontinuums Liegendes dargestellt und gesehen, wie das Zusammentreffen zweier Elektronen am einfachsten in sieben Dimensionen vorgestellt werden kann. Es ist denkbar, daß Vorgänge, die gänzlich außerhalb des Kontinuums liegen, den sogenannten «Lauf der

Ereignisse» innerhalb des Kontinuums bestimmen und daß die scheinbare Unbestimmtheit der Natur nur aus unserem Versuch entstehen kann, Geschehnisse, die sich in vielen Dimensionen ereignen, in eine kleinere Zahl von Dimensionen hineinzuzwängen. Man denke sich zum Beispiel ein Geschlecht blinder Würmer, deren Wahrnehmungen auf die zweidimensionale Oberfläche der Erde beschränkt wären. Dann und wann würden Stellen der Erde sporadisch feucht werden. Wir, deren Fähigkeiten durch drei Dimensionen reichen, nennen das Phänomen einen Regenschauer und wissen, daß Ereignisse in der dritten Raumdimension absolut und allein bestimmen, welche Stellen feucht werden und welche trocken bleiben.

Aber wenn die Würmer, die sich nicht einmal der Existenz der dritten Raumdimension bewußt sind, versuchten, die ganze Natur in ihren zweidimensionalen Raum zu pressen, würden sie nicht imstande sein, in der Verteilung feuchter und trockener Stellen irgendeinen Determinismus zu entdecken; die Wurmphysiker würden über die Feuchtigkeit und Trockenheit winziger Erdstückchen nur in Wahrscheinlichkeitsausdrükken sprechen können und würden versucht sein, diese als letzte Wahrheit zu behandeln. Obschon die Zeit noch nicht reif für eine Entscheidung ist, so scheint mir persönlich dies doch als die versprechendste Deutung der Situation zu sein. Wie die Schatten einer Mauer die Produktion einer dreidimensionalen Wirklichkeit in zwei Dimensionen bilden, so sind die Phänomene des Raum-Zeit-Kontinuums vierdimensionale Projektionen von Wirklichkeiten, die mehr als vier Dimensionen einnehmen, so daß Vorgänge in Zeit und Raum

> «Nichts anderes als ein flücht'ges Bild
> Gespensterhaften Schattenzuges»

werden.

Man mag vielleicht einwenden, daß wir der Wellenmechanik im ganzen zuviel Aufmerksamkeit geschenkt haben, die ja schließlich nur ein mathematisches Bild ist, wo wahrscheinlich andere mathematische Bilder ebensogute Dienste leisten und zu gänzlich verschiedenen Schlüssen führen könnten.

Es ist richtig, daß das von der Wellenmechanik entworfene Bild keinen Anspruch auf Einzigartigkeit erheben kann. Es sind noch andere Systeme vorhanden, besonders die von Heisenberg und Dirac. Doch in der

Hauptsache sagen diese nur dasselbe in anderen und häufig komplizierteren Worten. Kein anderes bis jetzt erdachtes System erklärt die Dinge so einfach oder scheint der Natur so nahe zu kommen wie die Wellenmechanik von de Broglie-Schrödinger. Fotografien bezeugen, daß Wellen von bestimmter Länge irgendwie tief im Plan der Natur liegen; diese Wellen bilden die Grundanschauung der Wellenmechanik, erscheinen aber in den anderen Systemen als ziemlich weither geholte Nebenprodukte. Die Wellenmechanik hat auch gerade wegen der ihr innewohnenden Einfachheit die Fähigkeit gezeigt, weit tiefer in die Geheimnisse der Natur einzudringen als irgendein anderes System, so daß andere Systeme bereits etwas in den Hintergrund treten. Um unser Gleichnis zu wechseln: Sie haben als Gerüst einem wertvollen Zweck gedient, aber es scheint nur wenig Neigung vorhanden, an ihm weiterzubauen.

Wenn wir uns also auf ein Bild konzentrieren sollen, dürfen wir wohl mit Recht das von der Wellenmechanik gelieferte auswählen, obschon uns tatsächlich Heisenbergs oder Diracs System zu demselben Schluß führen würde. Das Wesentliche ist, daß *alle* Bilder, die die Wissenschaft jetzt von der Natur entwirft und die allein den Beobachtungstatsachen gerecht werden zu können scheinen, *mathematische* Bilder sind.

Die meisten Physiker würden zugeben, daß sie nichts weiter als Bilder sind – Fiktionen, wenn man will, sofern man unter einer Fiktion versteht, daß die Wissenschaft noch nicht mit der letzten Wirklichkeit in Berührung ist. Viele würden der Ansicht sein, daß, vom umfassenden physikalischen Standpunkt aus, die hervorstechendste Leistung der Physik des 20. Jahrhunderts nicht die Relativitätstheorie mit ihrer Zusammenschweißung von Raum und Zeit ist oder die Quantentheorie mit ihrer jetzigen anscheinenden Verneinung des Kausalitätsgesetzes, oder die Spaltung des Atoms mit der daraus folgenden Entdeckung, daß die Dinge nicht das sind, was sie scheinen, sondern die allgemeine Erkenntnis, daß wir noch nicht in Berührung mit der letzten Wirklichkeit sind. Um in Platos bekanntem Gleichnis zu sprechen: Wir sind noch in unserer Höhle eingeschlossen, mit dem Rücken zum Licht, und können nur die Schatten an der Wand beobachten. Gegenwärtig ist die einzige unmittelbar vor der Wissenschaft liegende Aufgabe, diese Schatten zu studieren, sie zu klassifizieren und sie auf dem einfachstmöglichen Wege zu erklären. Und die Erkenntnis, die wir in einem wahren Sturzbach überraschenden neuen Wissens finden, ist, daß der Weg, der sie deutlicher, voller und natürlicher erklärt als jeder andere, der mathematische

Weg ist, die Erklärung in mathematischen Begriffen. In einem etwas anderen Sinne, als es Galilei gemeint hat, ist es richtig, daß «das große Buch der Natur in mathematischer Sprache geschrieben ist». So wahr ist dies, daß nur ein Mathematiker jemals hoffen darf, jene Zweige der Wissenschaft, die versuchen, die Grundnatur des Weltalls zu enträtseln – die Relativitätstheorie, die Quantentheorie und die Wellenmechanik –, ganz zu verstehen.

Die Schatten, die die Wirklichkeit auf die Wand unserer Höhle wirft, könnten a priori vielerlei Art gewesen sein. Man könnte sich denken, daß sie für uns vollständig sinnlos gewesen wären, so sinnlos wie ein das Wachstum mikroskopischer Gewebe zeigender Film für einen Hund sein würde, der sich in ein Kolleg verirrt hätte. Unsere Erde ist ja im Vergleich mit dem ganzen Weltall so winzig klein; wir, soweit wir wissen, im ganzen Raum die einzigen denkenden Wesen, sind allem Anschein nach so zufällig, so weit von dem Hauptplan des Weltalls entfernt, daß es a priori nur zu wahrscheinlich ist, daß die Bedeutung, die das Weltall als Ganzes haben mag, unsere irdische Erfahrung gänzlich übersteigen und so uns vollständig unverständlich sein würde. In diesem Falle hätten wir keinen Stützpunkt, von dem aus wir die Erforschung der wahren Bedeutung des Weltalls beginnen könnten.

Obschon dies der wahrscheinlichste Fall ist, ist es nicht unmöglich, daß einige der auf die Wand unserer Höhlen geworfenen Schatten uns an Gegenstände und Vorfälle erinnern könnten, mit denen wir Höhlenbewohner bereits in unseren Höhlen vertraut wären. Der Schatten eines fallenden Körpers verhält sich wie ein fallender Körper selbst und würde uns so an Körper erinnern, die wir selbst fallen gelassen hätten; wir würden versucht sein, solche Schatten mechanisch auszulegen. Das erklärt die mechanische Physik des letzten Jahrhunderts. Die Schatten erinnerten unsere wissenschaftlichen Vorfahren an das Verhalten von Gallerten, Kreiseln, Brecheisen und Zahnrädern, so daß sie, da sie irrtümlicherweise den Schatten für das Ding selber hielten, glaubten, ein Weltall von Gallerten und mechanischen Vorrichtungen vor sich zu haben. Wir wissen jetzt, daß die Deutung gänzlich unzulänglich ist: Sie kann nicht die einfachsten Phänomene erklären, die Fortpflanzung eines Sonnenstrahls, die Zusammensetzung der Strahlung, den Fall eines Apfels oder den Wirbel von Elektronen im Atom.

Der Schatten eines Schachspiels wiederum, das draußen von den Akteuren im Sonnenlicht gespielt würde, würde uns an die Schachspiele erinnern, die wir in unserer Höhle gespielt hätten. Dann und wann würden wir die gezogenen Figuren von Springern erkennen oder Türme beobachten, die sich gleichzeitig mit Königen und Damen bewegten, oder andere charakteristische Züge unterscheiden, die mit jenen, die wir selbst zu spielen gewohnt wären, eine so große Ähnlichkeit hätten, daß sie nicht dem Zufall zugeschrieben werden könnten. Wir würden uns die Wirklichkeit draußen nicht mehr als Maschine vorstellen; die Einzelheiten ihrer Bewegung mochten mechanisch sein, aber im wesentlichen würde es eine gedankliche Wirklichkeit sein: Wir würden die Schachspieler draußen im Sonnenlicht als Wesen erkennen, die durch einen Geist gelenkt würden, der unserem ähnlich wäre: Wir würden in der Wirklichkeit, die für immer unserer direkten Beobachtung unzugänglich wäre, das Gegenstück zu unseren eigenen Gedanken finden.

Und wenn Physiker die Welt der Erscheinungen studieren, so sind die Schatten, die die Natur auf die Wand unserer Höhle wirft, nicht gänzlich unverständlich, auch scheinen sie ihnen keine unbekannten oder unvertrauten Gegenstände darzustellen. Es scheint mir vielmehr, wir können Schachspieler draußen im Sonnenlicht erkennen, die mit den Spielregeln, wie wir sie in unserer Höhle ausgeklügelt haben, sehr gut bekannt sind. Um unser Gleichnis fallenzulassen: Die Natur scheint mit den Regeln der reinen Mathematik, wie unsere Mathematiker sie bei ihren Studien aus ihrem inneren Bewußtsein heraus und ohne in einem bemerkenswerten Grade ihre Erfahrung der Außenwelt dabei zu benutzen, formuliert haben, sehr vertraut zu sein. Unter «reiner Mathematik» werden jene Zweige der Mathematik verstanden, die Schöpfungen reinen Denkens sind, des allein in seiner inneren Sphäre arbeitenden Verstandes, im Gegensatz zur «angewandten Mathematik», die sich mit der Außenwelt beschäftigt, nachdem sie zuerst eine angenommene Eigenschaft der Außenwelt als ihr Rohmaterial verwendet hat. Descartes, der sich nach einem Beispiel für das Erzeugnis reinen, nicht durch Beobachtung (Rationalismus) befleckten Denkens umsah, wählte die Tatsache, daß die Summe der drei Winkel eines Dreiecks notwendigerweise zwei rechten Winkeln gleich ist. Es war, wie wir jetzt wissen, eine sonderbar unglückliche Wahl. Er hätte manche andere, weniger angreifbare Wahl treffen können, wie zum Beispiel die Wahrscheinlichkeitsgesetze, die Regeln für die Handhabung «imaginärer» Zahlen – das heißt Zahlen, die die Quadratwurzeln negativer Größen enthalten – oder vieldimensionale Geometrie. Alle diese Zweige der Mathematik wurden ursprünglich von dem Mathematiker in abstraktem Denken, das praktisch durch die Berührung mit der Außenwelt unbeeinflußt war und nichts aus der Erfahrung entnahm, ausgearbeitet; sie bildeten «eine unabhängige Welt, geschaffen aus reinem Intellekt».

Und nun zeigt sich, daß das Schattenspiel, das wir als den Fall eines Apfels, die Ebbe und Flut der Gezeiten, die Bewegung von Elektronen im Atom beschrieben, von Akteuren erzeugt wird, die mit diesen rein mathematischen Begriffen sehr vertraut zu sein scheinen – mit unseren Schachspielregeln, die wir formulierten, lange bevor wir entdeckten, daß die Schatten an der Wand ebenfalls Schach spielten.

Wenn wir versuchen, die Natur der hinter den Schatten steckenden Wirklichkeit zu entdecken, stoßen wir auf die Tatsache, daß alle Diskussion über die letzte Natur der Dinge notwendigerweise unfruchtbar sein muß, wenn wir nicht einige außer ihr liegende Maßstäbe haben, mit denen wir sie vergleichen können. Aus diesem Grunde ist uns «das wahre Wesen der Dinge», um Lockes Ausdruck zu gebrauchen, für immer verschlossen. Wir können nur weiterkommen, indem wir die Gesetze erörtern, die die Veränderungen der Dinge beherrschen und so die Erscheinungen der Außenwelt erzeugen. Diese können wir mit abstrakten Schöpfungen unseres eigenen Geistes vergleichen.

Ein tauber Ingenieur zum Beispiel, der ein Klavier studierte, könnte zuerst denken, es sei eine Maschine, aber die fortwährende Wiederholung der Intervalle 1, 5, 8, 13 in den Bewegungen der Hämmer würde ihn stutzig machen. Ein tauber Musiker würde, obschon er nichts hören könnte, diese Aufeinanderfolge von Zahlen sofort als die Intervalle des Dreiklangs erkennen, während weniger häufig vorkommende Wiederholungen ihn an andere musikalische Akkorde erinnern würden. Auf diese Weise würde er eine Verwandtschaft zwischen seinen eigenen und den Gedanken erkennen, die zur Herstellung des Klaviers geführt hatten; er würde sagen, es sei durch den Gedanken eines Musikers ins Dasein getreten. Auf die gleiche Weise hat das wissenschaftliche Studium der Tätigkeit des Weltalls zu einer Schlußfolgerung geführt, die, obschon sehr roh und durchaus unzulänglich, weil unsere Sprache nur von irdischen Begriffen und Erfahrungen hergeleitet ist, in der Feststellung zusammengefaßt werden kann, daß das Weltall von einem reinen Mathematiker erdacht worden zu sein scheint.

Diese Feststellung wird wohl aus zwei Gründen nicht unangefochten bleiben. An erster Stelle kann man den Einwand erheben, daß wir bloß die Natur nach unseren vorgefaßten Ideen formen. Der Musiker, wird man sagen, ist womöglich so von Musik besessen, daß er jeden Mechanismus als Musikinstrument auslegen würde; die Gewohnheit, alle Intervalle auszulegen, mag so in ihm festgewurzelt sein, daß er, wenn er die Treppe hinunterfiele und auf Stufen stieße, die 1, 5, 8 und 13 numeriert wären, in seinem Purzeln Musik sehen würde. Ebenso kann ein kubistischer Maler in der unbeschreiblichen Mannigfaltigkeit der Natur nichts als Kuben sehen – und die Unwirklichkeit seiner Bilder zeigt, wie weit er vom Verständnis der Natur entfernt ist; seine kubistischen Brillengläser sind nur Scheuklappen, die ihn daran hindern, mehr als einen winzigen Teil der ihn umgebenden großen Welt zu sehen. So, könnte man sagen, sieht auch der Mathematiker die Natur nur mit den mathematischen Scheuklappen, die er sich selbst zurechtgemacht hat.

Überlegt man nur einen Augenblick, so wird man sehen, daß der Vergleich nicht ganz stimmen kann. Unsere fernen Vorfahren versuchten, die Natur nach ihren anthropomorphen Vorstellungen zu deuten, und gingen in die Irre. Die Bemühungen unserer näheren Vorfahren, die Natur mechanisch zu deuten, erwiesen sich ebenfalls als unzulänglich. Die Natur hat sich geweigert, sich einer dieser von Menschen gemachten Formen anzupassen. Andererseits haben unsere Bemühungen, die Natur in Begriffen der reinen Mathematik auszulegen, bis jetzt glänzenden Erfolg gehabt. Es scheint jetzt über allen Zweifel festzustehen, daß sich die Natur irgendwie den Begriffen der reinen Mathematik besser anpaßt als jenen der Biologie oder der Mechanik, und wenn auch die mathematische Auslegung nur eine dritte, von Menschen gemachte Form ist, so ist sie der Natur doch unvergleichlich besser auf den Leib geschnitten als die beiden vorher ausprobierten.

Vor fünfzig Jahren, als man viel über das Problem diskutierte, wie man sich mit dem Mars in Verbindung setzen könnte, hielt man es in erster Linie für nötig, den angeblichen Marsbewohnern mitzuteilen, daß auf dem Planeten Erde denkende Wesen existierten, aber die Schwierigkeit bestand darin, eine Sprache zu finden, die von beiden Parteien verstanden wurde. Es wurde darauf hingewiesen, daß die geeignetste Sprache die der reinen Mathematik wäre. Es wurde der Vorschlag gemacht, ganze Ketten von Holzstößen in der Sahara in Brand zu setzen, die den berühmten Lehrsatz des Pythagoras darstellen sollten, daß die Quadrate auf den zwei kleineren Seiten eines rechtwinkligen Dreiecks zusammen gleich dem Quadrat auf der größten Seite sind. Die meisten Marsbewohner hätten solche Signale nicht verstanden, aber man wies darauf hin, daß Mathematiker auf dem Mars, wenn solche existierten, sie sicher als das Werk von irdischen Mathematikern erkennen würden. Dabei würden sie sich nicht dem Vorwurf ausgesetzt haben, daß sie in allem Mathematik sähen. Und so ist es mutatis mutandis mit den Signalen aus der äußeren Welt der Wirklichkeit, die die Schatten an den Wänden der Höhle sind, in der wir als Gefangene leben. Wir haben bereits die Möglichkeit, daß das Weltall von einem Biologen oder einem Mechaniker geplant worden sein könnte, abgewiesen. Nun beginnt sich uns der große Baumeister des Weltalls nach den aus seiner Schöpfung selbst hervorgehenden Anzeichen als reiner Mathematiker zu zeigen.

An zweiter Stelle mag unsere Feststellung aus dem Grunde angegriffen werden, daß zwischen reiner und angewandter Mathematik keine scharfe Demarkationslinie besteht. Es wäre natürlich nichts damit bewiesen worden, wenn sich bloß herausgestellt hätte, daß die Natur in Übereinstimmung mit den Begriffen der angewandten Mathematik handelt, diese Begriffe wurden von dem Menschen mit der besonderen Absicht gebildet, sie der Arbeitsweise der Natur anzupassen. Und man mag einwenden, daß selbst unsere reine Mathematik nicht so sehr eine Schöpfung unseres eigenen Geistes darstellt als eine auf vergessenen oder unterbewußten Erinnerungen gegründete Bemühung, die Arbeitsweise der Natur zu verstehen. Stimmt das, so ist es nicht überraschend, wenn man findet, daß die Natur gemäß den Gesetzen der reinen Mathematik arbeitet. Man kann natürlich nicht ableugnen, daß einige Begriffe, mit denen die reine Mathematik arbeitet, direkt unserer Naturerfahrung entnommen sind. Ein klares Beispiel dafür ist der Begriff der Quantität, aber dieser ist so wesentlich, daß man sich kaum einen Schöpfungsplan vorstellen kann, aus dem er ausgeschlossen ist. Andere Begriffe machen zum mindesten bei der Erfahrung einige Anleihen, die vieldimensionale Geometrie zum Beispiel, die offenbar aus der Erfahrung der drei Raumdimensionen entstand. Wenn jedoch die verwickelteren Begriffe der reinen Mathematik aus der Natur übernommen sind, müssen sie in der Tat sehr tief in unserem Unterbewußtsein begraben gewesen sein. Diese sehr umstrittene Möglichkeit kann man nicht ganz von der Hand weisen, aber auf jeden Fall kann man kaum bestreiten, daß die Natur und unser bewußtes mathematisches Denken nach denselben Gesetzen arbeiten. Sie richtet sozusagen ihr Verhalten nicht nach dem uns von unseren Launen und Leidenschaften aufgezwungenen oder nach dem unserer Muskeln und Gelenke, sondern nach dem unserer denkenden Köpfe. Dies bleibt richtig, ob nun unser Geist seine Gesetze der Natur aufzwingt oder diese ihre Gesetze uns, und rechtfertigt hinreichend, daß wir uns den Architekten des Weltalls als Mathematiker vorstellen.

Persönlich bin ich der Ansicht, daß man diese Gedankenreihe sehr vorsichtig noch einen Schritt weiterführen kann, obschon es schwierig ist, das, was man sagen will, in exakten Worten auszudrücken, wiederum weil unser irdischer Wortschatz durch unsere irdische Erfahrung begrenzt wird. Der irdische reine Mathematiker befaßt sich nicht mit materiellem Stoff, sondern mit reinem Denken. Seine Schöpfungen sind nicht nur durch Denken hervorgebracht, sondern bestehen aus Denken, genau wie die Schöpfungen des Mechanikers aus Maschinen bestehen. Und die Begriffe, die, wie sich jetzt zeigt, für unser Verständnis der Natur wesentlich sind – ein begrenzter Raum, ein leerer Raum, in dem sich ein Punkt vom anderen nur in den Eigenschaften des Raumes selbst unterscheidet, vierdimensionale, sieben und mehr dimensionale Räume, ein Raum, der sich ständig ausdehnt, eine Reihe von Ereignissen, die nicht den Gesetzen der Kausalität, sondern den Gesetzen der Wahrscheinlichkeit folgt, oder auf der anderen Seite eine Reihe von Ereignissen, die nur richtig und folgerichtig beschrieben werden kann, wenn man Raum und Zeit verläßt –, alle diese Begriffe scheinen meinem Geist Gebilde reinen Denkens zu sein, die nicht in irgendeinem materiellen Sinne verwirklicht werden können. Diesen möchte ich noch andere, mehr technische Begriffe hinzufügen von der Art des «Äquivalenzprinzips», die auf eine Art «Fernwirkung» sowohl im Raum wie in der Zeit zu deuten scheinen – als ob jedes Stückchen im Weltall wüßte, was andere entfernte Stückchen tun, und demnach handelte. Mich erinnern die Gesetze, denen die Natur gehorcht, weniger an jene, denen eine in Bewegung befindliche Maschine gehorcht, als an jene, denen ein Musiker gehorcht, wenn er eine Fuge, oder ein Dichter, wenn er ein Sonett schreibt. Die Bewegungen von Elektronen und Atomen ähneln nicht so sehr den Bewegungen der Teile einer Lokomotive als denen der Tänzer in einem Kotillon. Und wenn «das wahre Wesen der Dinge» uns für immer verborgen bleibt, so bedeutet es nicht viel, ob der Kotillon auf einem Ball im wirklichen Leben oder auf der Leinwand eines Kinos oder in einer Geschichte Boccaccios getanzt wird. Wenn sich dies alles so verhält, dann kann man sich das Weltall am besten, obschon noch immer sehr unvollkommen und unzulänglich, als aus reinem Denken bestehend vorstellen, als das Denken eines Wesens, das wir, weil uns ein umfassendes Wort fehlt, als mathematischen Denker bezeichnen müssen.

In dem pompösen und sonoren Stil einer vergangenen Zeit faßte Bischof Berkeley seine Philosophie in die Worte zusammen:

«Der ganze Chor des Himmels und die ganze Ausstattung der Erde, in einem Wort alle jene Körper, die das mächtige Gebäude der Welt bilden, haben ohne den menschlichen Geist keine Wirklichkeit... Solange sie nicht wirklich von mir bemerkt werden oder nicht in meinem Geist oder in dem eines anderen erschaffenen denkenden Wesens existieren, haben sie entweder überhaupt keine Existenz oder führen sonst ein Dasein ‹im Gehirn eines Ewigen Geistes›.»

Die moderne Wissenschaft scheint mir, auf einem ganz anderen Wege freilich, zu einer nicht ganz unähnlichen Folgerung zu führen. Infolge unserer anderen Anmarschlinie haben wir die letzte der drei obigen Alternativen zuerst erreicht, und die anderen erscheinen im Vergleich unbedeutend. Es bedeutet nichts, ob Gegenstände «in meinem Geist oder in dem eines anderen erschaffenen denkenden Wesens existieren» oder nicht; ihre Objektivität rührt von ihrer Existenz «im Gehirn eines Ewigen Geistes».

Hieraus könnte man entnehmen, daß wir die Absicht haben, den Realismus ganz beiseite zu schieben und an seiner Stelle einen absoluten Idealismus auf den Thron zu setzen. Doch das wäre meiner Ansicht nach eine zu oberflächliche Darstellung der Situation. Wenn es wahr ist, daß wir «das wahre Wesen der Dinge» niemals ergründen können, dann wird die Demarkationslinie zwischen Realismus und Idealismus in der Tat sehr verwischt; sie ist wenig mehr als ein Überbleibsel einer vergangenen Zeit, in der man Realismus mit Mechanismus gleichsetzte. Objektive Wirklichkeit existiert, weil gewisse Dinge Ihr und mein Bewußtsein auf die gleiche Weise berühren, aber wir nehmen etwas an, was wir anzunehmen kein Recht haben, wenn wir sie entweder als «wirklich» oder als «ideal» bezeichnen. Die richtige Bezeichnung ist meiner Ansicht nach «mathematisch», wenn wir uns darüber einig sind, daß dieses Wort das ganze Reich reinen Denkens umfaßt und nicht nur die Studien des Berufsmathematikers. Eine solche Bezeichnung will nichts über das letzte Wesen der Dinge aussagen, sondern nur etwas über ihr Verhalten.

Die von uns gewählte Bezeichnung verweist die Materie natürlich nicht in die Kategorie der Sinnestäuschungen oder der Träume. Das

materielle Weltall bleibt so wirklich, wie es immer war, und diese Feststellung muß, so glaube ich, durch alle Veränderungen wissenschaftlichen oder philosophischen Denkens hindurch richtig bleiben.
Körperlichkeit nämlich ist ein rein geistiger Begriff, mit dem wir die direkten Einwirkungen von Gegenständen auf unseren Tastsinn messen. Wir sagen, ein Stein oder ein Auto ist körperlich, greifbar, ein Echo oder ein Regenbogen aber nicht. Dies ist die gewöhnliche Definition des Wortes, und es ist eine reine Absurdität, ein Widerspruch in Worten, wenn man sagt, daß Steine und Autos auf irgendeine Weise unkörperlich oder gar weniger körperlich werden können, weil wir sie jetzt eher mit mathematischen Formeln und mathematischem Denken oder mit Verhedderungen im leeren Raum als mit Mengen harter Teilchen verbinden. Dr. Johnson soll seine Meinung über Berkeleys Philosophie dadurch ausgedrückt haben, daß er mit dem Fuß gegen einen Stein stieß und sagte: «Nein, Sir, ich widerlege sie so.» Dieses Experiment hatte natürlich nicht die geringste Beziehung zu dem philosophischen Problem, auf dessen Lösung es Anspruch erhob, es bestätigte nur die Körperlichkeit der Materie. Und wie auch die Wissenschaft fortschreiten mag, Steine müssen immer feste Körper bleiben, eben weil sie und ihre Klasse die Norm bilden, nach der wir die Eigenschaft der Körperlichkeit bestimmen.
Der berühmte Lexikograph, hat man gesagt, hätte vielleicht wirklich die Philosophie Berkeleys widerlegt, wenn er zufällig nicht an einen Stein, sondern an einen Hut gestoßen hätte, in dem ein Knabe einen Backstein versteckt hätte. Wie Sir Peter Chalmers Mitchell es ausdrückt: «Das Element der Überraschung ist eine hinlängliche Garantie für äußere Wirklichkeit», und «eine zweite Garantie ist Dauer mit Veränderung – Dauer in unserer Erinnerung, Veränderung in der Außenwelt». Das widerlegt natürlich nur den solipsistischen Irrtum: «All dies ist eine Schöpfung meines Geistes und existiert in keinem anderen Geiste.» Aber es ist schwer, irgend etwas im Leben zu tun, das diesen Irrtum nicht widerlegt. Das aus Überraschung und neuen Kenntnissen im allgemeinen entnommene Argument ist machtlos gegen die Vorstellung eines universalen Geistes, von dem Ihr und mein Geist, der Geist, der überrascht, und der Geist, der überrascht wird, Teilchen oder gar Triebe sind. Jede einzelne Gehirnzelle kann nicht alle Gedanken kennen, die durch das Gehirn ziehen.
Doch die Tatsache, daß wir keine absolute äußere Norm besitzen, an

der wir Körperlichkeit messen können, schließt nicht aus, daß wir sagen: Zwei Dinge haben denselben Grad oder verschiedene Grade von Substantialität. Wenn ich im Traum meinen Fuß gegen einen Stein stoße, werde ich wahrscheinlich mit schmerzendem Fuß aufwachen, um zu entdecken, daß der Stein meines Traumes buchstäblich eine Schöpfung meines Geistes und meines Geistes allein war, die von einem Nervenzukken im Fuß hervorgerufen wurde. Dieser Stein mag als Beispiel für die Kategorie der Sinnestäuschungen oder Träume dienen; er ist offenbar weniger körperlich als jener, gegen den Johnson stieß. Schöpfungen eines einzelnen Geistes kann man wohl als weniger körperlich bezeichnen als Schöpfungen eines universalen Geistes. Eine ähnliche Unterscheidung muß man zwischen dem Raum machen, den wir im Traum, und dem Raum, den wir jeden Tag im Leben sehen; der letztere, der für uns alle derselbe ist, ist der Raum des universalen Geistes. Ebenso ist es mit der Zeit; die Zeit des wachen Lebens, die für uns alle mit derselben Geschwindigkeit fließt, ist die Zeit des universalen Geistes. Und die Gesetze, denen sich die Naturerscheinungen in unseren wachen Stunden anpassen, die Naturgesetze, können wir uns als die Denkgesetze eines universalen Geistes vorstellen. Die Gleichförmigkeit der Natur verkündet die innere Konsequenz dieses Geistes.

Diese Auffassung des Weltalls als einer Welt reinen Denkens wirft auf viele Situationen, denen wir bei unserer Übersicht über die moderne Physik begegnet sind, ein neues Licht. Wir können jetzt sehen, wie der Äther, in dem alle Ereignisse im Weltall vor sich gehen, eine mathematische Abstraktion und ebenso abstrakt und mathematisch werden konnte wie Breitengrade und Längengrade. Wir können ebenfalls sehen, warum auch die Energie, die allem zugrunde liegende Wesenheit des Weltalls, als mathematische Abstraktion behauptet werden mußte – als die Integrationskonstante einer Differentialgleichung.

Dieselbe Auffassung schließt natürlich ein, daß die endgültige Wahrheit über ein Phänomen in der mathematischen Beschreibung desselben liegt; solange diese nicht unvollständig ist, ist unsere Kenntnis des Phänomens vollständig. Über die mathematische Formel hinaus gehen wir auf unsere eigene Gefahr; wir können ein Modell oder ein Bild finden, das uns zum Verständnis hilft, aber wir haben kein Recht, dies zu erwarten, und wenn wir kein solches Modell oder Bild finden, so bedeutet das nicht, daß unser Denken oder unser Wissen sich auf dem Holzwege befindet. Die Formung von Modellen oder Bildern zur

Erklärung mathematischer Formeln und der Phänomene, die diese beschreiben, ist kein Schritt auf die Wirklichkeit zu, sondern ein Schritt von ihr weg; es ist, als wenn man geschnitzte Bilder von einem Geist macht. Und wenn man erwartet, daß diese verschiedenen Modelle miteinander übereinstimmen, so ist das ebenso unvernünftig, als wenn man erwarten würde, daß alle Statuen des Hermes, die den Gott in allen seinen verschiedenen Tätigkeiten darstellen – als Bote, als Herold, als Musiker, als Dieb und so weiter – sich gleichsehen. Einige sagen, daß Hermes der Wind ist; dann sind alle seine Attribute in seiner mathematischen Beschreibung beschlossen, und diese ist nicht mehr und nicht weniger als die Gleichung über die Bewegung einer kompressiblen Flüssigkeit. Der Mathematiker wird wissen, wie er die verschiedenen Seiten dieser Gleichung, die das Übertragen und Verkünden von Botschaften, die Erzeugung musikalischer Töne, das Hinwegblasen unserer Papiere und so weiter darstellen, heraussuchen muß. Er wird kaum Hermesstatuen brauchen, damit er sich an diese verschiedenen Seiten erinnert, obschon er, wenn er sich auf Statuen stützen soll, eine ganze Reihe dazu braucht, in der keine der anderen ähnlich ist. Trotzdem ist der mathematische Physiker noch immer eifrig an der Arbeit, geschnitzte Bilder von den Begriffen der Wellenmechanik zu verfertigen.

Kurz, eine mathematische Formel kann uns nie sagen, was ein Ding ist, sondern nur, wie es sich verhält; sie kann nur einen Gegenstand durch seine Eigenschaften schildern. Und es ist unwahrscheinlich, daß diese in toto mit den Eigenschaften eines einzigen makroskopischen Objektes unseres täglichen Lebens zusammenfallen.

Dieser Gesichtspunkt befreit uns von vielen Schwierigkeiten und scheinbaren Inkonsequenzen der heutigen Physik. Wir brauchen nicht mehr zu erörtern, ob Licht aus Stoffteilchen oder Wellen besteht; wir wissen alles Wissenswerte darüber, wenn wir eine mathematische Formel gefunden haben, die genau sein Verhalten beschreibt, und wir können, je nachdem es uns gefällt und gerade paßt, es uns als Stoffteilchen oder Wellen vorstellen. Heute, wo wir uns das Licht als Wellen vorstellen, können wir, wenn wir wollen, uns einen Äther denken, der die Wellen übermittelt, aber dieser Äther wird sich von Tag zu Tag verändern; wir haben gesehen, wie er sich jedesmal ändert, wenn sich unsere Bewegungsgeschwindigkeit ändert. Ebenso brauchen wir nicht zu erörtern, ob das Wellensystem einer Gruppe von Elektronen in einem dreidimensionalen oder vieldimensionalen Raum oder überhaupt nicht existiert. Es existiert in einer mathematischen Formel; diese und nichts anderes drückt die letzte Wirklichkeit aus, und wir können es uns als Wellen in einem Raum von drei, sechs und mehr Dimensionen vorstellen, wann es uns beliebt. Wir brauchen auch dabei gar nicht an Wellen zu denken, in diesem Falle folgen wir Heisenberg und Dirac. Es ist im allgemeinen am einfachsten, es sich als Wellen in einem Raum vorzustellen, der für jedes Elektron drei Dimensionen hat, genau wie es am einfachsten ist, sich das makroskopische Weltall als eine Reihe von Gegenständen in nur drei Dimensionen vorzustellen und seine Phänomene als eine Reihe von Ereignissen in vier Dimensionen, aber keine dieser Auslegungen besitzt alleinige oder absolute Gültigkeit.

Bei dieser Anschauung brauchen wir die Art der fortlaufenden Berührung unseres Bewußtseins mit der leeren Seifenblase, die wir Raum-Zeit nennen, gar nicht geheimnisvoll zu finden, denn sie wird bloß eine Berührung zwischen Geist und Geistesschöpfung – wie das Lesen eines Buches oder das Anhören von Musik. Es ist wahrscheinlich unnötig, noch hinzuzufügen, daß bei dieser Anschauung der Dinge uns die scheinbare Weite und Leere des Weltalls und unsere eigene unbedeutende Stellung in ihm weder zu verblüffen noch Sorge zu machen braucht. Wir werden durch die Größe der von unseren eigenen Gedanken geschaffenen Gebilde nicht erschreckt noch durch jene, die andere sich ausdenken und uns beschreiben. Peter Ibbetson und die Herzogin von Towers in der Erzählung du Mauriers bauen fortgesetzt weite Traumpaläste und Traumgärten von immer wachsendem Umfang, fühlen aber keinen Schrecken vor der Größe ihrer geistigen Schöpfungen. Die ungeheure Ausdehnung des Weltalls bringt uns eher Befriedigung als Schrecken; wir sind wahrlich nicht Bürger einer unbedeutenden Stadt. Über die Begrenztheit des Raumes brauchen wir uns nicht den Kopf zu zerbrechen; wir sind gar nicht neugierig, was jenseits der vier Mauern, die unseren Gesichtskreis in einem Traume beschränken, liegen mag.

Ebenso ist es mit der Zeit, die wir uns wie den Raum als in der Ausdehnung begrenzt vorstellen müssen. Wenn wir den Strom der Zeit zurückverfolgen, stoßen wir auf viele Anzeichen, daß wir nach einer genügend langen Reise zu seiner Quelle kommen müssen, zu einer Zeit, vor welcher das jetzige Weltall nicht existierte. Die Natur liebt keine Maschinen, die ewig in Gang sind, und es ist a priori sehr unwahrscheinlich, daß ihr Weltall ein Beispiel im großen Maßstab für den von ihr verabscheuten Mechanismus liefert. Eine genaue Beobachtung der Natur bestätigt das. Die Thermodynamik erklärt, wie alles in der Natur durch einen Vorgang, der als «Zunahme der Entropie» bezeichnet wird, zu seinem Endzustand kommt. Die Entropie muß ständig zunehmen: Sie kann nicht stillstehen, bis sie so weit zugenommen hat, daß eine Steigerung nicht mehr möglich ist. Wenn dieses Stadium erreicht ist, wird weiterer Fortschritt unmöglich und das Weltall tot sein. Daher erlaubt sich die Natur, wenn nicht dieser ganze Wissenschaftszweig unrecht hat, ganz buchstäblich nur zwei Alternativen: Fortschritt und Tod. Der einzige Stillstand, den sie erlaubt, ist in der Stille des Grabes.

Nun hat die Entropie des Weltalls ihr Endmaximum noch nicht erreicht. Wäre es erreicht, würden wir nicht hierüber nachdenken. Sie nimmt noch immer schnell zu und muß daher einen Anfang gehabt haben. In einer nicht unbegrenzt fernen Zeit muß so etwas wie eine «Schöpfung» stattgefunden haben.

Wenn das Weltall ein Gedankenweltall ist, dann muß seine Schöpfung ein Denkakt gewesen sein. Die Bestimmung der Konstanten wie des Halbmessers des Weltalls und der Zahl der Elektronen, die es enthielt, schließt Denken ein, dessen Reichhaltigkeit an dem Riesenumfang dieser Größen zu messen ist. Zeit und Raum, die die Fassung für das Denken bilden, müssen als Teil dieses Aktes entstanden sein. Primitive Kosmologien zeichneten einen Schöpfer, der in Raum und Zeit arbeitete und Sonne, Mond und Sterne aus bereits vorhandenem Rohmaterial formte. Die moderne wissenschaftliche Theorie zwingt uns, uns den Schöpfer als außerhalb von Raum und Zeit tätig zu denken, die ja nur ein Teil seiner Schöpfung sind, genau wie sich der Künstler außerhalb seiner Leinwand befindet. *Non in tempore, sed cum tempore, finxit Deus mundum.*» Die Lehre geht bis auf Plato zurück:

«Die Zeit und der Himmel traten im selben Augenblick ins Dasein, damit sie, wenn sie sich jemals auflösen sollten, zusammen aufgelöst werden könnten. Das war die Absicht und der Gedanke Gottes bei der Schöpfung der Zeit.»

Und doch verstehen wir die Zeit so wenig, daß wir vielleicht die gesamte Zeit dem Schöpfungsakt, der Verkörperung des Denkens, vergleichen sollten.

Man mag einwenden, unsere ganze Beweisführung sei auf die Annahme gegründet, daß die jetzige mathematische Deutung der physikalischen Welt irgendwie einzigartig ist und sich als endgültig erweisen wird.

Um unser Gleichnis wieder aufzunehmen, man könnte sagen, daß es bloß eine passende Fiktion ist, wenn wir die Wirklichkeit als ein Schachspiel darstellen; andere Fiktionen könnten die Bewegungen der Schatten ebensogut beschreiben. Die Antwort ist, daß, soweit unser jetziges Wissen reicht, andere Fiktionen sie nicht so völlig, so einfach oder so richtig beschreiben würden. Jemand, der kein Schach spielt, sagt: «Ein Stück weißes geschnitztes Holz, das etwa wie ein auf einen Sockel geschraubter Pferdekopf aussieht, wurde von dem untersten vorletzten Quadrat zur rechten Ecke genommen und nach... hinbewegt.» Der Schachspieler sagt: «Weiß: g1 – h3», und seine Ausdrucksweise erklärt nicht nur den Zug völlig und kurz, sondern bezieht ihn auch auf ein größeres Schema. In der Wissenschaft wirkt, solange unser Wissen unvollkommen bleibt, eine Erklärung um so überzeugender, je einfacher sie ist. Und die einfachste Erklärung hat auch noch einen anderen Vorteil als bloße Einfachheit: Es ist die höchste Wahrscheinlichkeit vorhanden, daß sie die richtige Erklärung ist, daher können wir, obschon man völlig zugeben muß, daß die mathematische Erklärung sich weder als endgültig noch als die einfachstmögliche erweisen kann, ohne weiteres sagen, daß sie die einfachste und vollständigste ist, die man bis jetzt gefunden hat, so daß sie, immer unser jetziges Wissen in Betracht gezogen, die größte Aussicht hat, die der Wahrheit am nächsten liegende Erklärung zu sein.

Einige Leser mögen dieser Ansicht nicht zustimmen, und zwar aus dem Grunde, weil die jetzige mathematische Auslegung der Natur sich wahrscheinlich nur als eine Station auf dem halben Wege zu einer neuen mechanischen Auslegung erweisen wird. Ich glaube, unser moderner Geist hat eine Neigung zu einer mechanischen Deutung der Dinge. Zum Teil mag das seinen Grund in unserer früheren wissenschaftlichen Erziehung haben, zum Teil vielleicht darin, daß wir im täglichen Leben stets Gegenstände sehen, die sich auf mechanische Weise verhalten. Eine mechanische Erklärung sieht natürlich aus und wird leicht begriffen. Doch wenn man die Situation vollständig objektiv überblickte, so würde uns sogleich die Tatsache in die Augen fallen, daß die Mechanik bereits, sowohl auf der physikalischen wie auf der philosophischen Seite, ihr Pulver verschossen und kläglich danebengetroffen hat. Wenn irgend etwas dazu bestimmt ist, den Platz der Mathematik einzunehmen, so könnte man hundert gegen eins wetten, daß es nicht die Mechanik sein wird.

Man übersieht zu oft, daß wir diese Fragen nur vom Wahrscheinlichkeitsstandpunkt aus erörtern können. Der Mann der Wissenschaft ist an den Vorwurf gewöhnt, daß er seine Ansichten ständig ändert, womit man nebenbei sagen will, daß man ihn nicht zu ernst zu nehmen braucht. Man kann ihm nicht mit gutem Recht vorwerfen, daß er bei der Erforschung des Wissensstromes gelegentlich in einen Seitenarm gerät, anstatt den Hauptstrom weiterzuverfolgen. Kein Forscher kann sicher sein, daß dies ein Seitenarm und nicht mehr ist, ehe er nicht bis ans Ende vorgestoßen ist. Was ernster ist und der Forscher nicht ändern kann, ist, daß der Strom viele Windungen hat, einmal nach Osten und einmal nach Westen fließt. Jetzt sagt der Forscher: «Ich gehe stromabwärts, und da ich westwärts gehe, liegt der Ozean, der die Wirklichkeit ist, sehr wahrscheinlich in westlicher Richtung.» Und später, wenn der Fluß sich nach Osten gewendet hat, sagt er: «Jetzt sieht es so aus, als ob die Wirklichkeit im Osten liegt.» Kein Physiker, der die letzten dreißig Jahre durchlebt hat, wird wohl über den künftigen Lauf des Stromes oder über die Richtung, in der die Wirklichkeit liegt, allzu dogmatische Behauptungen aufstellen, er weiß aus Erfahrung, daß der Strom nicht nur immer breiter wird, sondern daß auch die Windungen zunehmen, und nach vielen Enttäuschungen hat er es aufgegeben, an jeder Biegung zu glauben, daß er endlich

«Das Rauschen und den Duft der grenzenlosen See»

vernimmt und spürt.

Bei dieser vorsichtigen Haltung kann man wenigstens mit Sicherheit soviel sagen, daß der Wissensstrom in den letzten Jahren eine scharfe Biegung gemacht hat. Vor dreißig Jahren dachten wir oder nahmen wir an, daß wir auf eine letzte Wirklichkeit mechanischer Art lossteuerten. Sie schien aus einem zufälligen Durcheinander von Atomen zu bestehen, deren Bestimmung es war, eine Zeitlang unter der Wirkung blinder, zweckloser Kräfte sinnlose Tänze aufzuführen, um dann hinzustürzen und eine tote Welt zu bilden. In diese durch und durch mechanische Welt war durch das Spiel derselben blinden Kräfte zufällig das Leben hineingeraten. Ein winziges Eckchen zum mindesten und möglicherweise mehrere winzige Eckchen dieses Weltalls von Atomen hatten zufällig für eine Zeit Bewußtsein erlangt, aber schließlich waren sie, wieder unter der Wirkung blinder, mechanischer Kräfte, dazu bestimmt, in Kälte umzukommen und wiederum eine leblose Welt hinter sich zu lassen.

Heute ist man sich ziemlich einig darüber, und auf der physikalischen Seite der Wissenschaft fast ganz einig, daß der Wissensstrom auf eine nichtmechanische Wirklichkeit zufließt; das Weltall sieht allmählich mehr wie ein großer Gedanke als wie eine große Maschine aus. Der Geist erscheint im Reich der Materie nicht mehr als ein zufälliger Eindringling; wir beginnen zu ahnen, daß wir ihn eher als den Schöpfer und Beherrscher des Reiches der Materie begrüßen sollten – natürlich nicht unseren individuellen Geist, sondern den Geist, in dem die Atome, aus denen unser individueller Geist entstanden ist, als Gedanken existieren.

Das neue Wissen zwingt uns, unsere flüchtigen ersten Eindrücke, daß wir in ein Weltall gestolpert waren, das sich entweder um Leben nicht kümmerte oder dem Leben direkt feindlich war, zu revidieren. Der alte Dualismus von Geist und Materie, der für die angenommene Feindseligkeit hauptsächlich verantwortlich war, scheint zu verschwinden, nicht dadurch, daß die Materie irgendwie schattenhafter oder unkörperlicher wird als bisher oder daß der Geist zu einer Funktion der Tätigkeit der Materie wird, sondern dadurch, daß körperliche Materie zu einer Schöpfung und Offenbarung des Geistes wird. Wir entdecken, daß das Weltall Spuren einer planenden oder kontrollierenden Macht zeigt, die etwas Gemeinsames mit unserem eigenen individuellen Geist hat – nicht, soweit wir bis jetzt entdeckt haben, Gefühl, Moral oder ästhetisches Vermögen, sondern die Tendenz, auf eine Art zu denken, die wir in Ermangelung eines besseren Wortes mathematisch genannt haben. Und während vieles in ihm den materiellen Belangen des Lebens feindlich sein mag, so ist doch auch vieles den wesentlichen Betätigungen des Lebens verwandt; wir sind im Weltall nicht so sehr Fremdlinge oder Eindringlinge, wie wir zuerst dachten. Jene trägen Atome im Urschlamm, die zuerst die Eigenheiten des Lebens dunkel anzeigten, brachten sich selbst mehr und nicht weniger in Übereinstimmung mit der Grundnatur des Weltalls.

Eine solche Mutmaßung zu hegen, liegt zum mindesten heute nahe, und doch, wer weiß, wievielmal noch der Wissensstrom sich wieder auf sich selbst zurückwenden mag? Und wenn wir uns dies vor Augen stellen, können wir wohl mit dem Zusatz schließen, der eigentlich in jedem Passus hätte stehen können, daß alles, was hier gesagt worden ist, und jede versuchsweise aufgestellte Folgerung ganz offen spekulativ und ungewiß ist. Wir haben versucht zu erörtern, ob die heutige Wissenschaft etwas über gewisse schwierige Fragen, die vielleicht für immer dem Bereich des Menschenverstandes verschlossen sind, zu sagen hat. Wir können nicht den Anspruch erheben, mehr als höchstens einen sehr schwachen Lichtschimmer erblickt zu haben; vielleicht war er ganz illusorisch, denn sicherlich mußten wir unsere Augen sehr anstrengen, um überhaupt etwas zu sehen, so daß wir am Ende wohl kaum sagen können, daß die heutige Wissenschaft eine neue große Botschaft verkünden kann, eher sollten wir vielleicht sagen, daß die Wissenschaft sich überhaupt jeder Voraussage enthalten sollte: Der Wissensstrom ist zu oft in sich selbst zurückgeflossen.

ALBERT EINSTEIN

Religion und Wissenschaft

Alles, was von den Menschen getan und erdacht wird, gilt der Befriedigung gefühlter Bedürfnisse sowie der Stillung von Schmerzen. Dies muß man sich immer vor Augen halten, wenn man geistige Bewegungen und ihre Entwicklung verstehen will. Denn Fühlen und Sehnen sind der Motor alles menschlichen Strebens und Erzeugens, mag sich uns letzteres auch noch so erhaben darstellen. Welches sind nun die Gefühle und Bedürfnisse, welche die Menschen zu religiösem Denken und zum Glauben im weitesten Sinne gebracht haben? Wenn wir hierüber nachdenken, so sehen wir bald, daß an der Wiege des religiösen Denkens und Erlebens die verschiedensten Gefühle stehen. Beim Primitiven ist es in erster Linie die Furcht, die religiöse Vorstellungen hervorruft. Furcht vor Hunger, wilden Tieren, Krankheit, Tod. Da auf dieser Stufe des Daseins die Einsicht in die kausalen Zusammenhänge gering zu sein pflegt, spiegelt uns der menschliche Geist selbst mehr oder minder analoge Wesen vor, von deren Wollen und Wirken die gefürchteten Erlebnisse abhängen. Man denkt nun, die Gesinnung jener Wesen sich günstig zu stimmen, indem man Handlungen begeht und Opfer bringt, welche nach dem von Geschlecht zu Geschlecht überlieferten Glauben jene Wesen besänftigen bzw. dem Menschen geneigt machen. Ich spreche in diesem Sinne von Furcht-Religion. Diese wird nicht erzeugt, aber doch wesentlich stabilisiert durch die Bildung einer besonderen Priesterkaste, welche sich als Mittlerin zwischen den gefürchteten Wesen und dem Volke ausgibt und hierauf eine Vormachtstellung gründet. Oft verbindet der auf andere Faktoren sich stützende Führer oder Herrscher bzw. eine privilegierte Klasse mit ihrer weltlichen Herrschaft zu deren Sicherung die priesterlichen Funktionen, oder es besteht eine Interessengemeinschaft zwischen der politisch herrschenden Kaste und der Priesterkaste.

Eine zweite Quelle religiösen Gestaltens sind die sozialen Gefühle. Vater und Mutter, Führer größerer menschlicher Gemeinschaften sind sterblich und fehlbar. Die Sehnsucht nach Führung, Liebe und Stütze gibt den Anstoß zur Bildung des sozialen bzw. des moralischen Gottesbegriffes. Es ist der Gott der Vorsehung, der beschützt, bestimmt, belohnt und bestraft. Es ist der Gott, der je nach dem Horizont des Menschen das Leben des Stammes, der Menschheit, ja das Leben überhaupt liebt und fördert, der Tröster in Unglück und ungestillter Sehnsucht, der die Seelen der Verstorbenen bewahrt. Dies ist der soziale oder moralische Gottesbegriff.

In der heiligen Schrift des jüdischen Volkes läßt sich die Entwicklung von der Furcht-Religion zur moralischen Religion schön beobachten. Ihre Fortsetzung hat sie im Neuen Testament gefunden. Die Religionen aller Kulturvölker, insbesondere auch der Völker des Orients, sind in der Hauptsache moralische Religionen. Die Entwicklung von der Furcht-Religion zur moralischen Religion bildet einen wichtigen Fortschritt im Leben der Völker. Man muß sich vor dem Vorurteil hüten, als seien die Religionen der Primitiven reine Furcht-Religionen, diejenigen der kultivierten Völker reine Moral-Religionen. Alle sind vielmehr Mischtypen, so jedoch, daß auf den höheren Stufen sozialen Lebens die Moral-Religion vorherrscht.

All diesen Typen gemeinsam ist der anthropomorphe Charakter der Gottesidee. Über diese Stufe religiösen Erlebens pflegen sich nur besonders reiche Individuen und besonders edle Gemeinschaften wesentlich zu erheben. Bei allen aber gibt es noch eine dritte Stufe religiösen Erlebens, wenn auch nur selten in reiner Ausprägung; ich will sie als kosmische Religiosität bezeichnen. Diese läßt sich demjenigen, der nichts davon besitzt, nur schwer deutlich machen, zumal ihr kein menschenartiger Gottesbegriff entspricht.

Das Individuum fühlt die Nichtigkeit menschlicher Wünsche und Ziele und die Erhabenheit und wunderbare Ordnung, welche sich in der Natur sowie in der Welt des Gedankens offenbart. Es empfindet das individuelle Dasein als eine Art Gefängnis und will die Gesamtheit des Seienden als ein Einheitliches und Sinnvolles erleben. Ansätze zur kosmischen Religiosität finden sich bereits auf früher Entwicklungsstufe, zum Beispiel in manchen Psalmen Davids sowie bei einigen Propheten. Viel stärker ist die Komponente kosmischer Religiosität im Buddhismus, was uns besonders Schopenhauers wunderbare Schriften gelehrt haben. – Die religiösen Genies aller Zeiten waren durch diese kosmische Religiosität ausgezeichnet, die keine Dogmen und keinen Gott kennt, der nach dem Bild des Menschen gedacht wäre. Es kann daher auch keine Kirche geben, deren hauptsächlicher Lehrinhalt sich auf die kosmische Religiosität gründet. So kommt es, daß wir gerade unter den Häretikern aller Zeiten Menschen finden, die von dieser höchsten Religiosität erfüllt waren und ihren Zeitgenossen oft als Atheisten erschienen, manchmal auch als Heilige. Von diesem Gesichtspunkt aus betrachtet, stehen Männer wie Demokrit, Franziskus von Assisi und Spinoza einander nahe.

Wie kann kosmische Religiosität von Mensch zu Mensch mitgeteilt werden, wenn sie doch zu keinem geformten Gottesbegriff und zu keiner Theologie führen kann? Es scheint mir, daß es die wichtigste Funktion der Kunst und der Wissenschaft ist, dies Gefühl unter den Empfänglichen zu erwecken und lebendig zu erhalten.

So kommen wir zu einer Auffassung von der Beziehung der Wissenschaft zur Religion, die recht verschieden ist von der üblichen. Man ist nämlich nach der historischen Betrachtung geneigt, Wissenschaft und Religion für unversöhnliche Antagonisten zu halten, und zwar aus einem leichtverständlichen Grund. Wer von der kausalen Gesetzmäßigkeit allen Geschehens durchdrungen ist, für den ist die Idee eines Wesens, welches in den Gang des Weltgeschehens eingreift, ganz unmöglich – vorausgesetzt allerdings, daß er es mit der Hypothese der Kausalität wirklich ernst meint. Die Furcht-Religion hat bei ihm keinen Platz, aber ebensowenig die soziale bzw. moralische Religion. Ein Gott, der belohnt und bestraft, ist für ihn schon darum undenkbar, weil der Mensch nach äußerer und innerer gesetzlicher Notwendigkeit handelt, vom Standpunkt Gottes aus also nicht verantwortlich wäre, sowenig wie ein lebloser Gegenstand für die von ihm ausgeführten Bewegungen. Man hat deshalb schon der Wissenschaft vorgeworfen, daß sie die Moral untergrabe, jedoch gewiß mit Unrecht. Das ethische Verhalten des Menschen ist wirksam auf Mitgefühl, Erziehung und soziale Bindung zu gründen und bedarf keiner religiösen Grundlage. Es stünde traurig um die Menschen, wenn sie durch Furcht vor Strafe und Hoffnung auf Belohnung nach dem Tode gebändigt werden müßten.

Es ist also verständlich, daß die Kirchen die Wissenschaft von jeher bekämpft und ihre Anhänger verfolgt haben. Andererseits aber behaupte ich, daß die kosmische Religiosität die stärkste und edelste Triebfeder wissenschaftlicher Forschung ist. Nur wer die ungeheuren Anstrengungen und vor allem die Hingabe ermessen kann, ohne welche bahnbrechende wissenschaftliche Gedankenschöpfungen nicht zustande kommen können, vermag die Stärke des Gefühls zu ermessen, aus dem allein solche dem unmittelbar praktischen Leben abgewandte Arbeit erwachsen kann. Welch ein tiefer Glaube an die Vernunft des Weltenbaues und welche Sehnsucht nach dem Begreifen wenn auch nur eines geringen Abglanzes der in dieser Welt geoffenbarten Vernunft mußte in Kepler und Newton lebendig sein, daß sie den Mechanismus der Himmelsmechanik in der einsamen Arbeit vieler Jahre entwirren konnten! Wer die wissenschaftliche Forschung in der Hauptsache nur aus ihren praktischen Auswirkungen kennt, kommt leicht zu einer ganz unzutreffenden Auffassung vom Geisteszustand der Männer, welche – umgeben von skeptischen Zeitgenossen – Gleichgesinnten die Wege gewiesen haben, die über die Länder der Erde und über die Jahrhunderte verstreut waren. Nur wer sein Leben ähnlichen Zielen hingegeben hat, besitzt eine lebendige Vorstellung davon, was diese Menschen beseelt und ihnen die Kraft gegeben hat, trotz unzähliger Mißerfolge dem Ziel treu zu bleiben. Es ist die kosmische Religiosität, die solche Kräfte spendet. Ein Zeitgenosse hat nicht mit Unrecht gesagt, daß die ernsthaften Forscher in unserer im allgemeinen materialistisch eingestellten Zeit die einzigen tief religiösen Menschen seien.

Naturwissenschaft und Religion

I (1939)

Im letzten Jahrhundert und teilweise auch schon im vorhergehenden war die Ansicht weit verbreitet, daß Wissen und Glaube in unversöhnlichem Gegensatz zueinander ständen. Unter den fortschrittlichen Geistern herrschte die Überzeugung, es sei an der Zeit, den Glauben in steigendem Maße durch Wissen zu ersetzen; ein Glaube, der nicht selbst auf Wissen beruhte, galt als Aberglaube und war als solcher zu bekämpfen. Dementsprechend bestand die einzige Funktion der Erziehung darin, den Weg zum Denken und Wissen freizulegen, und die Schule, das führende Organ des Staates zur Volkserziehung, hatte ausschließlich diesem Zweck zu dienen. Wahrscheinlich wird man diese rationalistische Auffassung nur selten, wenn überhaupt, in so krasser Form ausdrücken; denn jeder vernünftige Mensch wird sofort das Einseitige einer solchen Formulierung erkennen. Aber es ist immer gut, eine These etwas zuzuspitzen; nur dann tritt ihre wahre Natur zutage.

Überzeugungen lassen sich natürlich am besten auf Erfahrung und klares Denken stützen. In diesem Punkt wird man dem extremen Rationalisten unbedingt zustimmen. Der schwache Punkt seiner Auffassung liegt nur darin, daß sich diejenigen Überzeugungen, die für unser Handeln und Werten maßgebend und nötig sind, allein auf diesem soliden, wissenschaftlichen Weg überhaupt nicht gewinnen lassen.

Denn die wissenschaftliche Methode kann uns nichts weiter lehren, als Tatsachen in ihrer gegenseitigen Bedingtheit begrifflich zu erfassen. Das Streben nach solcher objektiven Erkenntnis gehört zu dem Höchsten, dessen der Mensch fähig ist, und ich werde bei Ihnen wohl kaum in den

Verdacht geraten, die Errungenschaften und heroischen Bemühungen des Menschengeistes auf diesem Gebiet verkleinern zu wollen. Aber ebenso klar ist es, daß von dem, was ist, kein Weg führt zu dem, was sein soll. Aus der noch so klaren und vollkommenen Erkenntnis des Seienden kann kein Ziel unseres menschlichen Strebens abgeleitet werden. Die objektive Erkenntnis liefert uns mächtige Werkzeuge zur Erreichung bestimmter Ziele. Aber das allerletzte Ziel und das Verlangen nach seiner Verwirklichung muß aus anderen Regionen stammen. Daß unser Dasein und unser Tun nur durch die Aufstellung eines solchen Ziels und entsprechender Werte einen Sinn erhält, braucht gewiß nicht weiter erörtert zu werden. Die Erkenntnis der Wahrheit ist herrlich, aber als Führerin ist sie so ohnmächtig, daß sie nicht einmal die Berechtigung und den Wert unseres Strebens nach Wahrheit zu begründen vermag. Hier stehen wir einfach den Grenzen der rationalen Erfassung unseres Daseins gegenüber.

Freilich darf man nicht annehmen, die Vernunft spiele keine Rolle bei der Aufstellung des Zieles und der ethischen Urteile. Wenn jemand erkennt, daß zur Verwirklichung eines Zwecks gewisse Mittel nötig sind, dann werden diese Mittel selbst zum Zweck. Der Verstand klärt uns auf über die Zusammenhänge von Mittel und Zweck. Aber das bloße Denken kann uns nichts mitteilen über die letzten und fundamentalen Ziele. Uns diese fundamentalen Ziele und Werte aufzustellen und sie im täglichen Leben des einzelnen zu befestigen, scheint mir nun die wichtigste Funktion der Religion im sozialen Leben der Menschen zu sein. Fragt man aber, woher die Autorität dieser fundamentalen Ziele stammt, wenn sie doch von der Vernunft nicht gesetzt und begründet werden können, so kann man nur antworten: Sie sind in einer gesunden Gemeinschaft als Traditionen lebendig und bestimmen das Verhalten, das Streben und die Urteile des einzelnen, das heißt also, sie sind als Kräfte wirksam, deren Dasein keiner Begründung bedarf. Daß sie vorhanden sind, wird nicht bewiesen, sondern durch Offenbarung, durch das Wirken starker Persönlichkeiten kundgemacht; man soll nicht versuchen, sie zu begründen, sondern sie ihrem Wesen nach klar und rein erkennen.

In der jüdisch-christlichen religiösen Tradition werden uns die obersten Grundsätze unseres Strebens und unserer Urteile überliefert. Sie verkörpern ein hohes Ziel, das wir mit unseren schwachen Kräften zwar nur sehr unvollkommen erreichen, das aber für unsere Wertmaßstäbe unser Streben einen sicheren Ausgangspunkt darstellt. Wollten wir dieses Ziel aus seiner religiösen Form herauslösen und nur auf seine rein menschliche Seite achten, mag man sie folgendermaßen formulieren: Die freie und selbstverantwortliche Entfaltung des Individuums, auf daß es seine Kräfte froh und freiwillig in den Dienst der Gemeinschaft aller Menschen stellt. Diese Formulierung läßt keinen Platz für die Vergottung einer Nation, einer Klasse, geschweige denn eines einzelnen. Sind wir nicht alle Kinder eines Vaters, wie es in der religiösen Sprache heißt? Tatsächlich würde auch die Vergottung der Menschheit als einer abstrakten Gesamtheit nicht dem Geist dieses Ideals entsprechen. Nur dem einzelnen wurde eine Seele verliehen. Und es ist die hohe Bestimmung des Menschen, mehr zu dienen als zu herrschen oder sich sonst in irgendeiner Form zu erheben.

Achtet man mehr auf den Inalt als auf die Form, dann kann man diese Worte ebenso als Ausdruck der demokratischen Grundeinstellung auslegen. Der wahre Demokrat kann seine Nation ebensowenig vergotten, wie es der religiöse Mensch im Sinne unserer Terminologie tun kann.

Worin besteht danach die Funktion von Erziehung und Schule? Beide sollen dem jungen Menschen helfen, in solchem Geiste aufzuwachsen, daß die fundamentalen Grundsätze für ihn so selbstverständlich sind wie die Luft, die er atmet. Das aber kann ihm nur durch Erziehung zuteil werden.

Mißt man nun an diesen hohen Idealen das Leben und den Geist unserer Zeit, dann wird erschreckend deutlich, daß sich die zivilisierte Welt heute in ernster Gefahr befindet. In den totalen Staaten versuchen die Führer persönlich, diesen humanen Geist zu zerstören, während in den weniger bedrohten Ländern diese kostbarsten Überlieferungen durch Nationalismus und Intoleranz wie durch wirtschaftliche Maßnahmen, die auf dem einzelnen lasten, fast erstickt werden. Nachdenkliche Menschen begreifen allmählich die wachsende Gefahr; man sucht bereits allenthalben nach geeigneten Mitteln, um dieser Gefahr zu begegnen – nach Mitteln auf dem Gebiet der nationalen und internationalen Politik, der Gesetzgebung und allgemeinen Organisation. Diese Bemühungen sind zweifellos dringend nötig. Aber die Alten haben etwas gewußt, was wir anscheinend vergaßen. Alle Mittel bleiben nur stumpfe Instrumente, wenn nicht ein lebendiger Geist sie zu gebrauchen versteht. Nur wenn das Verlangen nach der Erreichung unseres Ziels machtvoll in uns lebt, haben wir die Kraft, die rechten Mittel zu finden und das Ziel in die Tat umzusetzen.

II (1941)

Es dürfte nicht schwer sein, sich darüber zu einigen, was wir unter Naturwissenschaft verstehen. Sie ist das jahrhundertealte Bemühen, durch systematisches Denken die wahrnehmbaren Erscheinungen dieser Welt durchgängig miteinander in Verbindung zu setzen. Um es kühn zu sagen, sie ist der Versuch einer nachträglichen Rekonstruktion alles Seienden im Prozeß der begrifflichen Erfassung. Aber wenn ich mich nach dem Wesen der Religion frage, dann ist die Antwort nicht so leicht zu finden. Und selbst wenn mich eine Antwort vorläufig befriedigen sollte, so wäre ich doch fest überzeugt, daß mir keineswegs alle einmütig zustimmen würden, die sich ernsthaft mit dieser Frage beschäftigen.

Ich möchte daher, anstatt nach der Bedeutung der Religion zu fragen, zunächst untersuchen, was das Streben eines Menschen kennzeichnet, der uns als religiös erscheint: Ein religiös erleuchteter Mensch scheint mir der zu sein, der sich nach bestem Vermögen aus den Fesseln seiner Selbstsucht befreit und sich vornehmlich an Gedanken, Empfindungen und Bestrebungen von überpersönlichem Wert erbaut. Die Kraft dieses überpersönlichen Inhalts und der feste Glaube an seine überwältigende Bedeutungsfülle scheint mir dabei das Entscheidende zu sein, ganz gleichgültig, ob man versucht, diesen Inhalt mit einem göttlichen Wesen in Verbindung zu setzen; denn sonst könnte man Buddha und Spinoza unmöglich unter die religiösen Persönlichkeiten rechnen. Ein religiöser Mensch ist also in dem Sinne fromm, daß er keinen Zweifel hegt an der Bedeutung und Erhabenheit jener überpersönlichen Gegenstände und Ziele, welche einer rationalen Begründung weder fähig noch bedürftig sind. Sie existieren für ihn mit derselben Notwendigkeit und Selbstverständlichkeit wie er selber. In diesem Sinne ist Religion das uralte Bemühen der Menschheit, sich dieser Werte und Ziele klar und vollständig bewußt zu werden und deren Wirkung beständig zu vertiefen und zu erweitern. Begreift man Religion und Naturwissenschaft in diesem Sinn, so erscheint ein Gegensatz zwischen beiden ganz unmöglich. Denn Naturwissenschaft kann nur feststellen, was ist, aber nicht, was sein soll, und außerhalb ihres Gebietes bleiben Werturteile jeder Art unentbehrlich. Religion andererseits befaßt sich nur mit der Bewertung menschlichen Denkens und Tuns: Sie ist nicht berechtigt, von realen Tatsachen und Beziehungen zwischen ihnen zu sprechen. Nach dieser Auslegung sind alle die bekannten Konflikte zwischen Religion und Naturwissenschaft in der Vergangenheit einer Verkennung der geschilderten Situation zuzuschreiben.

Zum Konflikt kommt es zum Beispiel, wenn eine religiöse Gemeinschaft auf der absoluten Wahrheit aller Begebenheiten beharrt, welche die Bibel berichtet. Das bedeutet einen Einbruch der Religion in den Bereich der Wissenschaft; hierher gehört der Kampf der Kirche gegen die Lehre Galileis und Darwins. Andererseits haben Vertreter der Naturwissenschaft oft versucht, zu grundsätzlichen Urteilen über Werte und Ziele zu gelangen, und sich damit in Widerspruch zur Religion gesetzt. Jedesmal geht dieser Streit auf einen verhängnisvollen Irrtum zurück.

Nun, selbst bei einer reinlichen Scheidung von Religion und Naturwissenschaft bleiben starke wechselseitige Beziehungen und Abhängigkeiten bestehen. Obwohl die Religion das Ziel bestimmt, hat sie doch weitgehend von der Wissenschaft gelernt, mit welchen Mitteln sich diese von ihr gesetzten Ziele erreichen lassen. Die Wissenschaft kann indessen nur von denen aufgebaut werden, die durch und durch von dem Streben nach Wahrheit und Erkenntnis erfüllt sind. Die Quelle dieser Gesinnung entspringt aber wiederum auf religiösem Gebiet. Hierher gehört auch der Glaube an die Möglichkeit, daß die Welt der Erscheinungen nach Gesetzen der Vernunft gelenkt wird und daß diese Welt mit dem Verstand zu erfassen ist. Ohne diesen Glauben kann ich mir einen echten Wissenschaftler nicht vorstellen. Ein Bild mag dieses Verhältnis veranschaulichen: Naturwissenschaft ohne Religion ist lahm, Religion ohne Naturwissenschaft ist blind.

Obwohl ich bereits oben versicherte, daß zwischen Religion und Naturwissenschaft keine begründete Feinschaft entstehen kann, muß ich diesen Satz noch einmal in einem wesentlichen Punkt erläutern, nämlich in bezug auf den Inhalt der historischen Religionen. Meine Erläuterung bezieht sich auf den Gottesbegriff. In der jugendlichen Periode der geistigen Menschheitsentwicklung schuf sich die menschliche Phantasie Götter nach des Menschen eigenem Bilde, von denen man annahm, sie bestimmten oder beeinflußten die Welt der Erscheinungen nach ihrem Willen. Mit Hilfe der Magie und Gebeten suchte der Mensch den Willen dieser Götter zu seinen Gunsten umzustimmen. Die Gottesidee in den gegenwärtig gelehrten Religionen ist eine Sublimierung jener alten Gottesauffassung. Ihr anthropomorpher Charakter zeigt sich zum Beispiel in der Tatsache, daß die Menschen das göttliche Wesen im Gebet angehen und von ihm die Erfüllung ihrer Wünsche erflehen.

Gewiß leugnet niemand, daß der Gedanke an die Existenz eines allmächtigen, gerechten und allgütigen persönlichen Gottes dem Menschen Trost und Führung zu spenden vermag; außerdem ist er in seiner Einfachheit auch dem einfachsten Gemüt zugängig. Anderseits haften dieser Vorstellung aber entschiedene Schwächen an, die sich schon seit Urbeginn schmerzlich bemerkbar machten. Wenn dieses Wesen zum Beispiel allmächtig ist, dann wäre jedes Geschehen, eingeschlossen jede menschliche Handlung, jeder menschliche Gedanke und jedes menschliche Fühlen und Streben sein Werk; wie ist es denkbar, die Menschen dann vor einem so allmächtigen Wesen für ihr Tun und Denken zur Rechenschaft zu ziehen? In der Austeilung von Strafen und Belohnungen würde Gott dann gewissermaßen über sich selbst zu Gericht sitzen. Wie aber vereint sich das mit der Güte und Gerechtigkeit, die ihm gleichfalls zugeschrieben wird?

Die gegenwärtige Spannung zwischen Religion und Naturwissenschaft rührt hauptsächlich aus dieser Auffassung eines persönlichen Gottes her. Die Naturwissenschaft strebt nach einer Aufstellung von allgemeinen Gesetzen, die den wechselseitigen Zusammenhang von Gegenständen und Ereignissen in Zeit und Raum bestimmen. Diese Regeln oder Naturgesetze beanspruchen absolute Allgemeingültigkeit, ohne sie zu beweisen. Sie stellen ein Programm dar, und der Glaube an die Möglichkeit ihrer grundsätzlichen Verwirklichung gründet sich zur Zeit nur auf Teilerfolge. Aber es wird sich kaum einer finden, der diese Teilerfolge leugnen und sie der menschlichen Selbsttäuschung zuschreiben würde. Die Tatsache, daß wir auf Grund dieser Gesetze imstande sind, das jeweilige Verhalten von Phänomenen auf bestimmten Gebieten mit großer Präzision und Bestimmtheit vorauszusagen, ist tief im Bewußtsein des modernen Menschen verwurzelt, selbst wenn er nur wenig von dem Inhalt dieser Gesetze begriffen haben sollte. Er braucht nur daran zu denken, daß der Lauf der Planeten im Sonnensystem sich im voraus mit großer Genauigkeit auf Grund einer beschränkten Zahl einfacher Gesetze berechnen läßt. In gleicher Weise, wenn auch nicht mit gleicher Genauigkeit, kann man im voraus die Arbeitsweise eines elektrischen

Motors, einen Transmissionssystems oder eines Radioapparats berechnen, selbst wenn es sich dabei um eine neuartige Entwicklung handelt.

Gewiß, wenn die Zahl der mitwirkenden Faktoren bei einem Komplex von Naturerscheinungen zu groß ist, läßt uns die wissenschaftliche Methode meist im Stich. Man braucht nur an das Wetter zu denken, für das eine Voraussage selbst auf wenige Tage schon unmöglich wird. Und dennoch besteht kein Zweifel, daß wir dabei einem Kausalzusammenhang gegenüberstehen, dessen einzelne Komponenten uns im wesentlichen bekannt sind. Ereignisse auf diesem Gebiet entziehen sich unserer exakten Vorhersage nur wegen der Manigfaltigkeit der mitwirkenden Faktoren, nicht wegen einer mangelnden Ordnung in der Natur.

In die Gesetze der Biologie sind wir weniger tief eingedrungen. Immerhin tief genug, um auch da die Gesetze einer festen Notwendigkeit zu spüren. Man braucht nur an die systematische Ordnung in der Vererbung oder in der Wirkung der Gifte, zum Beispiel des Alkohols, auf das Verhalten der Organismen zu denken. Was hier noch fehlt, ist das Erfassen tiefgehender allgemeiner Zusammenhänge, nicht aber die Kenntnis der Ordnung selbst.

Je mehr der Mensch von der gesetzmäßigen Ordnung der Ereignisse durchdrungen ist, um so fester wird seine Überzeugung, daß neben dieser gesetzmäßigen Ordnung für andersartige Ursachen kein Platz mehr ist. Er erkennt weder einen menschlichen noch einen göttlichen Willen als unabhängige Ursache von Naturereignissen an. Die Naturwissenschaft kann freilich niemals die Lehre von einem in Naturereignisse eingreifenden persönlichen Gott *widerlegen*, denn diese Lehre kann stets in jenen Gebieten Zuflucht suchen, in denen wissenschaftliche Erkenntnis bis jetzt noch nicht Fuß zu fassen vermochte.

Aber ich bin überzeugt, daß ein solches Verhalten der Vertreter der Religion nicht nur unwürdig, sondern auch verhängnisvoll wäre. Denn eine Lehre, die sich nicht im klaren Licht, sondern nur im Dunkel zu behaupten vermag, wird zwangsläufig jede Wirkung auf Menschen verlieren, zum unermeßlichen Schaden für den Fortschritt der Menschheit. In ihrem Kampf um das Gute müßten die Lehrer der Religion die innere Größe haben und die Lehre von einem persönlichen Gott fahren lassen, das heißt, auf jene Quelle von Furcht und Hoffnung verzichten, aus der die Priester in der Vergangenheit so riesige Macht geschöpft haben. Statt dessen sollten sie ihre Bemühungen lieber auf jene Kräfte richten, die das Gute, Wahre und Schöne im Menschen selbst fördern.

Das ist gewiß eine weit schwierigere, aber ungleich lohnendere Aufgabe.* Ist den Lehrern der Religion dieser Läuterungsprozeß erst einmal gelungen, dann werden sie sicher voll Freude erkennen, wie die wissenschaftliche Erkenntnis die wahre Religion adelt und vertieft.

Wenn die Befreiung des Menschen aus den Fesseln egozentrischer Wünsche, Begierden und Ängste zu den religiösen Zielen gehört, dann kann das wissenschaftliche Denken der Religion noch in anderer Beziehung zu Hilfe kommen. Zwar erstrebt die Naturwissenschaft die Aufdeckung von Gesetzen, welche die Verknüpfung und die Voraussage von Tatsachen gestatten, aber das ist nicht ihr einziges Anliegen. Sie bemüht sich auch, die entdeckten Zusammenhänge auf die kleinstmögliche Zahl voneinander unabhängiger Begriffselemente zurückzuführen. In diesem Bemühen um eine rationale Vereinheitlichung der Vielfalt bucht sie ihre größten Erfolge, obwohl sie gerade dabei am meisten Gefahr läuft, Illusionen zum Opfer zu fallen. Aber wer je die erfolgreichen Fortschritte auf diesem Gebiet eindringlich erfahren hat, wird tiefe Ehrfurcht vor der Vernunft empfinden, die sich in der Wirklichkeit offenbart. Durch die Erkenntnis befreit sich der Mensch weitgehend aus den Fesseln seiner Hoffnungen und Wünsche und gewinnt dabei jene demütige Geisteshaltung gegenüber der Erhabenheit der Vernunft, die sich in der Wirklichkeit verkörpert und ihm in ihren letzten Tiefen unzugänglich ist. Diese Einstellung scheint mir aber im höchsten Sinne des Wortes religiös zu sein. Daher glaube ich, die Wissenschaft reinigt nicht nur die Religiosität von den Schlacken ihres Anthropomorphismus, sondern trägt auch zu einer Vergeistigung unserer Lebensanschauung bei.

Je weiter die geistige Entwicklung der Menschheit fortschreitet, desto mehr wird sich erweisen – davon bin ich überzeugt –, daß wir die wahre Frömmigkeit nicht in Lebensangst, Todesfurcht und blindem Glauben, sondern nur durch das Streben nach rationaler Erkenntnis erreichen. In diesem Sinne glaube ich, muß der Priester zum Lehrer werden; nur so wird er seine hohe erzieherische Mission erfüllen.

---

* Dieser Gedanke ist überzeugend ausgeführt in Herbert Samuels Buch *Belief and Action*.

MAX BORN

Physik und Metaphysik

Der Gegenstand, den ich behandeln möchte, liegt auf der Grenze zweier Forschungsgebiete; man sollte deswegen erwarten, daß ich mit ihnen beiden vertraut wäre. Obwohl ich mich aber auf ziemlich festem Boden fühle, wenn ich über Physik spreche, so kann ich doch in keiner Weise den Anspruch erheben, ein Fachmann für das zu sein, was üblicherweise in philosophischen Büchern und Vorlesungen unter dem Titel «Metaphysik» behandelt wird. Was ich davon weiß, sind nur mehr oder weniger deutliche Erinnerungen aus meiner Studentenzeit, aufgefrischt durch etwas sporadische Lektüre. Lange Jahre der Vernachlässigung haben aber den tiefen Eindruck nicht zerstört, den in meiner Jugend auf mich die uralten Versuche gemacht haben, die brennendsten Fragen des menschlichen Geistes zu beantworten; die Fragen nach dem letzten Sinn der Existenz, nach dem Universum in seiner Gesamtheit und der Rolle, die wir darin spielen, nach Leben und Tod, Wahrheit und Irrtum, Tugend und Laster, Gott und Ewigkeit. Aber ebenso tief wie dieser Eindruck von der Wichtigkeit der Probleme ist die Erinnerung an die Vergeblichkeit des Bemühens. Es schien keinen stetigen Fortschritt zu geben, wie wir ihn in den speziellen Wissenschaften finden. Wie so viele andere wandte ich der Philosophie den Rücken und fand Befriedigung auf einem begrenzten Felde, wo Probleme wirklich gelöst werden können. Allein, nun da ich alt werde, fühle ich wie viele andere, deren produktive Kräfte abnehmen, den Wunsch, die Ergebnisse der wissenschaftlichen Forschung, an der ich während mehrerer Jahrzehnte einen kleinen Anteil gehabt habe, zusammenzufassen. Das führt unausweichlich zurück zu jenen ewigen Fragen, die unter dem Titel «Metaphysik» laufen.

Lassen Sie mich zwei Definitionen der Metaphysik seitens moderner Philosophen zitieren. *William James* sagt: «Metaphysik ist ein ungewöhnlich hartnäckiges Bemühen, klar zu denken.» *Bertrand Russell* sagt: «Metaphysik oder der Versuch, die Welt als ein Ganzes durch Denken zu erfassen.» Diese Formulierungen betonen zwei wichtige Seiten. Die eine die Methode: hartnäckiges, klares Denken; die andere den Gegenstand: die Welt als Ganzes. Ist aber jeder Fall von hartnäckigem, klarem Denken Metaphysik? Jeder Naturwissenschaftler, jeder Historiker, Philologe und sogar jeder Theologe würde den Anspruch erheben, daß er klar denkt. Andererseits ist die Welt als Ganzes ein Gegenstand, der nicht nur ungeheuer groß, sondern auch vermutlich nicht abgeschlossen ist, der in jedem Moment die Möglichkeit neuer Entdeckungen bietet und deshalb nicht ausgeschöpft und wahrscheinlich überhaupt unerschöpflich ist. Kurz: Die Welt, die wir kennen, ist niemals ein Ganzes. Ich werde am Schluß hierauf zurückkommen.

Ich schlage vor, das Wort «Metaphysik» in einem bescheideneren Sinne zu gebrauchen, sowohl hinsichtlich der Methode als des Gegenstandes, nämlich als: «Untersuchung der allgemeinen charakteristischen Züge der Struktur der Welt und unserer Methoden, diese Struktur zu ergründen.» Insbesondere will ich die Fragen erörtern, ob die Physik etwas Wesentliches zu diesem Problem beigetragen hat. Der Fortschritt der Physik ist, wie wir alle wissen, während der letzten Jahre ziemlich aufregend gewesen, und das physikalische Weltbild hat sich in dem halben Jahrhundert meines eigenen Lebens als Wissenschaftler durch und durch geändert. Indessen sind die Methoden des Physikers im wesentlichen immer die gleichen geblieben: Er stellt Experimente an, beobachtet Regelmäßigkeiten, formuliert diese in mathematischen Gesetzen, sagt mit Hilfe dieser Gesetze neue Erscheinungen voraus, vereinigt die verschiedenen empirischen Gesetze zu zusammenhängenden Theorien, die unserem Bedürfnis nach Harmonie und logischer Schönheit genügen, und schließlich prüft er diese Theorien wieder durch Vorhersagen. Die erfolgreichen Voraussagen sind die Glanzpunkte der theoretischen Physik, wie wir sie in unserer Zeit im Falle der *de Broglie*-Wellen, des *Dirac*schen Positrons, des *Yukawa*-Mesons und vieler solcher Fälle mehr miterlebt haben.

Die Fähigkeit, Voraussagen zu machen, ist der Hauptanspruch der Physik. Er gründet sich auf die Anerkennung des Prinzips der Kausalität, welches in seiner allgemeinsten Form die Annahme unveränderlicher

Naturgesetze bedeutet. Es ist aber allgemein bekannt, daß die moderne Physik sich veranlaßt gesehen hat, dieses Prinzip in Frage zu stellen. Hier haben wir den ersten metaphysischen Begriff, über den ich einige Ausführungen machen möchte.

Eng verbunden damit ist die Vorstellung der Realität. Die skeptische Haltung gegenüber der Kausalität ist in der Atomphysik aufgekommen, wo die Gegenstände unseren Sinnen nicht unmittelbar zugänglich sind, sondern nur indirekt, mit Hilfe mehr oder weniger komplizierter Apparate. Diese letzten Gegenstände der Physik sind Teilchen, Kräfte, Felder und so weiter. Welche Art Realität kann man ihnen zuschreiben? Das führt auf die allgemeinere Frage der Beziehung zwischen Subjekt und Objekt, der Existenz einer objektiven physikalischen Welt, unabhängig vom beobachtenden Subjekt, und so zurück zu *Russells* Problem, ob eine Vorstellung von der Welt als Ganzem tatsächlich möglich ist.

Die Beziehung von Ursache und Wirkung gebraucht man im gewöhnlichen Leben auf zwei recht verschiedene Weisen, die durch die beiden folgenden Sätze erläutert seien: «Das kapitalistische System ist die Ursache von Wirtschaftskrisen» und «Die Wirtschaftskrise von 1930 wurde durch eine Panik an der New Yorker Börse verursacht». Der erste Satz stellt eine allgemeine Regel oder ein Gesetz fest, unabhängig vom Zeitablauf; der zweite erklärt, daß ein bestimmtes Ereignis in der Zeit die notwendige Folge eines anderen bestimmten Ereignisses gewesen ist. Beide Fälle haben den Gedanken der Notwendigkeit miteinander gemein. Das ist ein etwas mystischer Begriff, zu dessen weiterer Analyse ich mich völlig außerstande fühle und den ich als metaphysisch anzuerkennen bereit bin. Die klassische Physik hat offiziell die zweite Form der Kausalität angenommen, als einer notwendigen Folge in der Zeit. Dies hat seine Wurzel in der Entdeckung der Grundgesetze der Mechanik durch *Galilei* und *Newton*. Diese Gesetze erlauben die Vorhersage künftiger Ereignisse aus vorhergehenden – oder umgekehrt. Mit anderen Worten: Sie sind deterministisch. Eine Welt, die von ihnen allein beherrscht würde, wäre eine gigantische Maschine. Die vollkommene Kenntnis der Situation zu einem gegebenen Zeitpunkt würde die Situation zu jeder anderen Zeit bestimmen. Diese Art von Determinismus wurde von den Physikern des vergangenen Jahrhunderts als die einzige vernünftige Deutung der Kausalität angesehen; indem sie davon Gebrauch machten, rühmten sie sich, aus der Physik die letzten Überbleibsel metaphysischen Denkens beseitigt zu haben.

Mir scheint, daß diese Gleichsetzung von Determinismus und Kausalität willkürlich und verwirrend ist. Es gibt deterministische Beziehungen, die nicht kausal sind – zum Beispiel jeder Fahrplan oder jede Programmfolge. Um einen ganz banalen Fall zu nehmen: Auf Grund eines Varieté-Programms kann man wohl die Reihenfolge der Auftritte voraussagen, wird aber schwerlich behaupten, daß die Akrobaten von Szene Nr. 5 die Liebesszene Nr. 6 verursacht haben. – Zurück zur Wissenschaft! Das ptolemäische Weltsystem ist eine deterministische, aber nicht kausale Deutung. Dasselbe kann man von den Kreisen des *Kopernikus* und den Ellipsen *Keplers* sagen. Sie sind – in der üblichen wissenschaftlichen Terminologie – kinematische Beschreibungen, aber keine kausalen Erklärungen. Denn es wird keine Ursache der Erscheinungen angegeben außer der letzten Ursache, die in dem Willen des Schöpfers liegt. Dann kamen die dynamischen Theorien von *Galilei* und *Newton*. Wenn man sich streng daran hält, daß das einzige Ziel der Theorie die deterministische Vorhersage sei, wäre der Fortschritt, den die Einführung der Dynamik in die Astronomie gebracht hat, lediglich in einer beträchtlichen Verkürzung und Vereinfachung der Gesetze zu sehen. Als ich vor 50 Jahren in Deutschland studierte, herrschte dieser Standpunkt in der ihm von *Kirchhoff* gegebenen Formulierung vor: Das Ziel der Naturforschung ist eine gedrängte Beschreibung der Vorgänge. Er wird heute noch von weiten Kreisen geteilt.

Ich glaube, die Entdeckung der Mechanik war eine grundlegendere Angelegenheit. *Galilei* zeigte, daß eine bestimmte, mit der Fallbewegung eines Körpers verbundene Größe, nämlich seine Beschleunigung, von dem Körper und seiner Geschwindigkeit unabhängig ist und nur von seiner Lage in bezug auf die Erde abhängt. *Newton* zeigte das Entsprechende für die Planeten, wo die Beschleunigung nur von der Entfernung von der Sonne abhängt. Das scheint mir etwas mehr als eine kurze und wirksame Beschreibung von Tatbeständen zu sein. Es bedeutet die Einführung eines quantitativen Ausdrucks der Beziehung von Ursache und Wirkung in allgemeinster Form – durch den Begriff der Kraft. Damit wird der den älteren kinematischen Theorien fremde Gedanke eingeführt, daß eine Gruppe von Daten (in diesem Falle: Orten) eine ganz andere Gruppe von Daten (in diesem Falle: Beschleunigungen) «verursacht». Das Wort «verursacht» bedeutet genau: «quantitativ determiniert», und das Kraftgesetz drückt im einzelnen aus, wie die Wirkung von der Ursache abhängt.

Diese Deutung der Gesetze der Mechanik bringt sie in Einklang mit der gewöhnlichen Praxis des Naturwissenschaftlers. Ein Experiment wird vorbereitet, das heißt, bestimmte Beobachtungsbedingungen werden hergestellt; dann wird die Wirkung beobachtet, bisweilen zu einem späteren Zeitpunkt, häufiger aber während der ganzen Zeit, in der die Bedingungen gelten. Es ist die zeitlose Beziehung zwischen Beobachtung und Beobachtungsbedingungen (Apparatur), welche das reale Objekt der Naturwissenschaft ist. Nach meiner Auffassung ist dies der wirkliche Sinn des Kausalitätsprinzips – im Unterschied vom Determinismus, der eine spezielle und fast zufällige Eigenschaft der Gesetze der Mechanik darstellt (die dadurch zustande kommt, daß die eine Klasse der darin eingehenden Größen aus Beschleunigungen, also Ableitungen nach der Zeit, besteht).

Wenn man von diesem Gesichtspunkt aus die Geschichte der Physik während der letzten Jahrhunderte betrachtet (wie ich es in meinen Waynflete-Vorlesungen versucht habe, die unter dem Titel *Natural Philosophy of Cause and Chance* erschienen sind), gewinnt man den folgenden Eindruck.

Die Physik hat gerade diese zeitlose Beziehung von Ursache und Wirkung in ihrer täglichen Praxis benutzt, in der theoretische Deutung aber einen anderen Begriff angewendet. Die Theorie betrachtete Kausalität als gleichbedeutend mit Determinismus, und da die deterministische Form der mechanischen Gesetze eine empirische Tatsache ist, wurde diese Interpretation als ein großer Erfolg in dem Bestreben um die Beseitigung dunkler metaphysischer Begriffe begrüßt. Indessen haben diese Begriffe eine seltsame Art, sich durchzusetzen. Im täglichen Leben hat die Kausalität zwei Merkmale, die ich um der Kürze willen die Prinzipien der Nahwirkung (*contiguity*) und der Aufeinanderfolge (*antecedence*) nennen werde. Das erste Prinzip erklärt, daß Dinge nur auf benachbarte Dinge oder durch eine Kette miteinander in Berührung stehender Dinge wirken können; das zweite besagt, daß die Ursache der Wirkung vorausgehen muß, wenn sich Ursache und Wirkung auf Situationen zu verschiedenen Zeiten beziehen.

Beide Prinzipien werden durch die *Newton*sche Mechanik verletzt, da die Schwerkraft über jede beliebige Entfernung im leeren Raume wirkt und da die Gesetze der Bewegung zwei Konfigurationen zu verschiedenen Zeiten in vollkommen symmetrischer und umkehrbarer Weise miteinander verknüpfen. Man kann die ganze Entwicklung der klassischen Physik als einen Kampf zur Wiedereinsetzung dieser beiden wesentlichen Züge der Begriffe von Ursache und Wirkung ansehen. Die Verfahren zur mathematischen Beherrschung der Nahwirkung wurden durch *Cauchy* und andere entwickelt, indem sie die Mechanik auf kontinuierliche Medien ausdehnten. Der Gedanke der Nahwirkung spielte eine führende Rolle in *Faradays* Untersuchungen über Elektrizität und Magnetismus und führte zu *Maxwells* Vorstellung von einem Kraftfeld, das sich mit endlicher Geschwindigkeit ausbreitet. Dieses wurde durch die Entdeckung der elektromagnetischen Wellen von *Hertz* bald bestätigt. Schließlich wurden *Newtons* Bewegungsgesetze mit der Nahwirkung durch *Einsteins* relativistische Theorie des Gravitationsfeldes in Einklang gebracht. Keine moderne Wechselwirkungstheorie ist denkbar, welche dieses Prinzip verletzen würde.

Das Prinzip der Aufeinanderfolge hat eine sehr viel verwickeltere Geschichte und kein glückliches Ende. Es erforderte viel Anstrengung, bis man entdeckte, daß in der Physik der Unterschied zwischen Vergangenheit und Zukunft mit der Nichtumkehrbarkeit der Wärme-Erscheinungen verbunden ist, und bis man dieses Ergebnis mit der Umkehrbarkeit der Mechanik durch die Entwicklung der Atomlehre und der statistischen Methoden verträglich machte. Ich glaube, dieses Ergebnis, das auf den Arbeiten von *Maxwell, Boltzmann, Gibbs* und *Einstein* beruht, stellt eine der größten wissenschaftlichen Leistungen überhaupt dar. Die deterministische Deutung der Kausalität konnte für die atomare Welt aufrechterhalten und dennoch die scheinbare Gültigkeit des Prinzips der Aufeinanderfolge als ein Effekt des statistischen Gesetzes großer Zahlen verstanden werden. Indessen trug diese Deutung den Ansatz zur Selbstvernichtung eines ihrer Tragpfeiler in sich. Sie machte die Bahn frei für das Studium der Atomwelt – die schließlich zu dem Ergebnis kam, daß die vorausgesetzte Gültigkeit der *Newton*schen Mechanik in der Mikrowelt nicht zutrifft. Die neue Quantenmechanik erlaubt keine deterministische Deutung; da aber die klassische Physik Kausalität mit Determinismus gleichgesetzt hat, scheint das letzte Stündlein der kausalen Naturerklärung gekommen zu sein.

Ich teile diese Ansicht keineswegs. Sie macht nicht viel aus bei Erörterungen zwischen Gelehrten, die genau wissen, über was sie sprechen. Sie ist aber gefährlich, wenn sie gebraucht wird, um Nichtwissenschaftlern die jüngsten Ergebnisse der Naturwissenschaft zu erläutern. Extreme schaden immer. Die deterministisch-mechanistische Auffassung brachte eine Philosophie hervor, die vor den offenkundigsten Erfahrungstatsachen die Augen schloß. Aber eine Philosophie, die nicht nur den Determinismus, sondern damit zugleich auch jede Verursachung ablehnt, scheint mir ebenso absurd zu sein. Ich glaube aber, es gibt eine vernünftige Definition der Beziehung von Ursache und Wirkung, die ich schon erwähnt habe und die darin besteht, daß eine bestimmte Situation von einer andern (ungeachtet der Zeit) auf eine durch quantitative Gesetze beschreibbare Weise abhängt.

Ich werde jetzt zeigen, wie dies auch in der Quantenmechanik trotz ihres indeterministischen Charakters noch gilt und wie der scheinbare Verlust durch ein anderes Grundprinzip, genannt Komplementarität, ausgeglichen wird, welches von großer philosophischer und praktischer Bedeutung ist.

Diesen neuen Begriff verdanken wir *Niels Bohr*, dem großen dänischen Physiker, der einer der Anführer in der Entwicklung der Quantenmechanik war – nicht nur, was die Physik selbst angeht, sondern auch hinsichtlich der philosophischen Auswirkungen. Ich will versuchen, die Hauptgedanken zu skizzieren und sie mit meinen, ein klein wenig abweichenden Formulierungen abzustimmen.

Wie wir wissen, verbindet *Plancks* Grundgesetz der Quantentheorie eine Energie E mit einer Frequenz ν durch die einfache Formel $E = h\nu$, wo h eine Konstante ist. Dieses Gesetz wurde von *Einstein* und *de Broglie* später ausgedehnt von der Zahl der Schwingungen ν pro Zeiteinheit auf die Zahl der Wellen ϰ pro Einheitslänge, welche mit einem mechanischen Impuls p durch die entsprechende Formel $p = h\varkappa$ verbunden ist – mit der gleichen Konstante h.

Daß dies so ist, haben unzählige direkte Experimente und mehr oder weniger indirekte Schlüsse aus Beobachtungen bestätigt. Immer, wenn ein Vorgang in periodische Komponenten und mit bestimmten Perioden in Zeit und Raum – das heißt bestimmten ν und ϰ – aufgelöst werden kann, besteht seine Wirkung auf die Bewegung von Partikeln in der Übertragung von Energie und Impuls entsprechend diesem Gesetz. Das ist eine empirische Tatsache, die als unbestreitbar angenommen werden muß, bevor man ihre Folgerungen erörtern kann.

Nun ist diese Tatsache freilich so außerordentlich seltsam, daß es viele Jahre währte, bis die Physiker sie ernsthaft zu erwägen begannen. *Niels Bohr* selbst brauchte das Wort «irrational», um den neuen, von *Planck* entdeckten Zug der physikalischen Welt zu beschreiben. Warum irrational? Weil Energie und Impuls eines Teilchens sich definitionsgemäß auf ein äußerst kleines Gebiet im Raum beziehen, praktisch auf einen Punkt, während Frequenz und Wellenzahl – wiederum definitionsgemäß – auf einen sehr weiten, praktisch unendlichen Bereich von Zeit und Raum bezogen sind. Dieser zuletzt genannte Umstand erscheint vielleicht nicht so unmittelbar einleuchtend wie der erste. Wenn man sagt: «Ich höre den Ton einer Klaviersaite gut definiert, auch wenn sie im schärfsten Staccato angeschlagen wird», so trifft das praktisch zu, weil unser Ohr kein sehr empfindliches Instrument für den Nachweis geringfügiger Verzerrungen ist. Aber ein Fernmeldeingenieur weiß sehr wohl, daß durch das Staccato eine Verzerrung entsteht. Ein Ton, der nur eine im Vergleich mit seiner Schwingungsperiode kurze Zeit andauert, ist nicht mehr rein, sondern wird von anderen Tönen begleitet, deren Frequenzen sich über ein Intervall $\Delta \nu$ um das ursprüngliche Intervall erstrecken. Wenn die Dauer immer kürzer wird, so wird das Intervall breiter und breiter, bis man schließlich überhaupt keinen Ton mehr hört, sondern nur einen Lärm, ein kurzes Geräusch. Da das moderne Fernmeldewesen auf dem Prinzip der Modulation beruht, das heißt darauf, daß ein hochfrequenter Wechselstrom im Rhythmus der Zeichen unterbrochen oder in seiner Stärke gemäß den verhältnismäßig langsamen Schwingungen der Sprache und Musik modeliert wird, liegt es auf der Hand, daß der Vollkommenheit der Übertragung eine Grenze gesetzt ist. Wenn Δt die Dauer eines Tones der Frequenz ν ist, so existiert eine relative Grenze der Erkennbarkeit, die der Größenordnung nach durch $\Delta t \, \Delta \nu \approx 1$ gegeben ist. Die mathematische Analyse dieser Beziehungen wurde zuerst von *Fourier* in einer Untersuchung über die Wärmeleitung vor fast eineinhalb Jahrhunderten gegeben. Der Kernpunkt ist, daß die ideale oder harmonische Schwingung, der allein eine scharfe Frequenz zugeordnet werden kann, im Zeit-Amplituden-Diagramm als endloser Zug von Sinuswellen erscheint. Jede andere Kurve, zum Beispiel eine auf ein bestimmtes Zeitintervall beschränkte Welle, ist eine Überlagerung harmonischer Wellen und hat ein ganzes «Spektrum» von ν-Werten. Das gleiche gilt für die Ausbreitung von Wellen im Raum, wo man außer der zeitlichen noch eine räumliche Periodizität hat, die durch die Wellenzahl $\varkappa$ gemessen wird. Zwischen der Länge Δl eines Wellenzuges und der Breite $\Delta \varkappa$ des $\varkappa$-Spektrums besteht die Beziehung $\Delta l \, \Delta \varkappa \approx 1$. Es gibt keine andere Möglichkeit, auf logische Weise periodische Prozesse oder Wellen so zu behandeln, als diese *Fourier*-Analyse. Praktische Anwendungen haben die Theorie bestätigt.

Kehren wir zurück zur Quantenphysik! Die «Irrationalität» kann jetzt präziser formuliert werden. Um ν und $\varkappa$ scharf zu definieren, muß man $\Delta\nu$ und $\Delta\varkappa$ sehr klein halten. Daher sind dann die zeitliche Dauer $\Delta t \approx 1/\Delta\nu$ und die räumliche Ausdehnung $\Delta l \approx 1/\Delta\varkappa$ sehr groß. Bis dahin ist nichts anders als im Falle der Akustik oder der Nachrichtenübertragung und nichts besonders erstaunlich. Wenn man aber die Beziehungen $E = h\nu$ und $p = h\varkappa$ benutzt und die obige Bedingung in der Form schreibt: $\Delta t \, \Delta E \approx h$; $\Delta l \, \Delta p \approx h$, so kommt die paradoxe Situation zutage, daß mit einem winzigen Teilchen von scharfer Energie und scharfem Impuls (das heißt kleinen ΔE und Δp) lange Zeit- und Raum-Intervalle Δt und Δl verbunden sind. Es erhebt sich die Frage, was die Bedeutung von Δt und Δl sein mag?

Die einzig mögliche Antwort ist, daß sie die Grenzen für die Festlegung der Lage des Teilchens in Zeit und Raum angeben. Sie sind in der Tat nichts anderes als *Heisenbergs* vielerörterte Unschärfe-Beziehungen.

So versteht man, daß schon die allerersten Quantengesetze mit Notwendigkeit zu einer gegenseitigen Einschränkung der Genauigkeit führen, die bei Ortsbestimmungen in Raum und Zeit auf der einen Seite und bei der Bestimmung von Energie und Impuls auf der anderen Seite erreichbar ist. Wie *Bohr* betont hat, stehen wir hier vor einer logischen Alternative. Wir müssen entweder die Gültigkeit eines gewaltigen Erfahrungsmaterials anzweifeln, das die Quantengesetze $E = h\nu$ und $p = h\varkappa$ bestätigt, oder aber die Existenz jener Grenzen annehmen für die Bestimmung solcher Paare von Größen wie Zeit und Energie, Ortskoordinate und Impuls, Größen, die in der Sprache der Mechanik konjugiert heißen. Am bemerkenswertesten ist wohl, daß es trotz der vollkommen neuen und revolutionären Grundsituation möglich gewesen ist, eine Quantenmechanik zu entwickeln, die eine direkte Verallgemeinerung der klassischen Mechanik darstellt, äußerst einfach in ihrer mathematischen Form und beträchtlich vollkommener in ihrer Struktur. Gewiß mußte das einfache Verfahren, veränderliche Größen als Funktionen der Zeit zu beschreiben, verlassen und eine abstraktere Methode eingeführt werden, in der physikalische Größen durch nicht vertauschbare Symbole dargestellt werden. (Das sind Symbole, mit denen man Summen und Produkte bilden kann, wobei aber der Wert eines Produkts von der Reihenfolge der Faktoren abhängt.) Nie werde ich die Erregung vergessen, die ich empfand, als es mir gelang, *Heisenbergs* Ideen über Quantenbedingungen in die mysteriöse Gleichung pq - qp = h / 2πi zusammenzufassen, die der Mittelpunkt der neuen Mechanik ist und, wie sich später herausstellte, die Unschärfebeziehungen mit enthält.

Der Übergang von den Symbolen zu wirklichen meßbaren Größen geschieht durch Einführung einer Größe, die «Wellenfunktion» heißt. Sie beschreibt den Zustand, in dem man ein System vorfindet, soweit eine solche Beschreibung möglich ist. Ihr Quadrat drückt die Dichte der Wahrscheinlichkeit aus, die dafür besteht, daß man die gegebenen Werte (zum Beispiel Koordinaten von Teilchen) in einem gegebenen kleinen Gebiet antrifft – entsprechend der Verteilungsfunktion in der gewöhnlichen Statistik. Indessen besteht ein grundlegender Unterschied. Angenommen, zwei Teilchenstrahlen, die von der gleichen Quelle kommen und getrennt gezählt werden, ergeben die Resultage ψ_1^2 und ψ_2^2. Wenn sie durch eine passende Einrichtung zur Überdeckung gebracht und gemeinsam gezählt werden, ist das Resultat $(\psi_1 + \psi_2)^2$. Dies unterscheidet sich aber von der Summe $\psi_1^2 + \psi_2^2$ (um 2 $\psi_1 \psi_2$). Man hat eine «Interferenz» von Wahrscheinlichkeiten, wie sie vom Falle der Lichtquanten oder Photonen wohlbekannt ist – jenen Teilchen, deren Häufigkeit durch das Quadrat der Intensität einer elektromagnetischen Welle gemessen wird. Ich kann hier aber nicht in eine technische Darstellung der Wellenmechanik eintreten, die auf dem von *de Broglie* gelegten Fundament durch den Scharfsinn von *Schrödinger, Dirac, Pauli, Jordan* und anderen entwickelt worden ist. Es genügt zu sagen, daß eine Wellenfunktion ψ ein Paket harmonischer Wellen von verschiedenen ν und $\varkappa$ darstellt und daß die physikalischen Größen wie Koordinaten, Impulse, Energien – q, p, E – Operatoren sind, die die Wellenfunktion verzerren und so die Stärke der harmonischen Komponenten des Paketes bestimmen, woraus man durch Quadrieren die Wahrscheinlichkeit des Auftretens von Teilchen mit gegebenen $E = h\nu$ und $p = h\varkappa$ erhält.

So ist die neue Mechanik ihrem Wesen nach statistisch und – was die Verteilung der Teilchen betrifft – völlig indeterministisch. Jedoch bewahrt sie, seltsam genug, eine gewisse Ähnlichkeit mit der klassischen Mechanik, da das Ausbreitungsgesetz der Funktion ψ, die sogenannte *Schrödinger*-Gleichung, von demselben Typ ist wie die Wellengleichungen der Elastizitätslehre oder des Elektromagnetismus. Wir haben daher die recht paradoxe Situation, daß es keinen Determinismus gibt für physikalische Objekte wie kleine Teilchen, wohl aber für die Wahrscheinlichkeit von deren Auftreten. Allerdings erfordert die Bestimmung der ψ-Funktion sehr viel mehr Daten, als wir in der klassischen Mechanik gewohnt sind (Anfangspositionen und Geschwindigkeiten der Teilchen). In der Tat erfordert sie eine Kenntnis – oder zumindest eine hypothetische Kenntnis – von ψ allenthalben zu einer bestimmten Zeit und an den Grenzen des betreffenden Raumgebietes zu allen Zeiten. Mit anderen Worten: Voraussagen können selbst für Wahrscheinlichkeiten nur in bezug auf die gesamte Lage, den benutzten Apparat, gemacht werden. Man muß sich im voraus entscheiden, welches Merkmal man untersuchen will, und muß das Instrument entsprechend konstruieren. Dann kann die Wirkung vorausgesagt werden als eine Wahrscheinlichkeit für das Auftreten von Teilchen unter den Bedingungen des Experimentes. Das steht in vollem Einklang mit dem von mir vorgeschlagenen Sinne der Kausalität. Es wird die metaphysische, irreduzible Vorstellung der Notwendigkeit in der Beziehung zwischen zweierlei Arten von Dingen postuliert, und das ist der charakteristische Zug der wissenschaftlichen Haltung gegenüber der Welt.

Zusammenfassend dürfen wir sagen: Während die klassische Physik annimmt, daß die Naturerscheinungen sich unabhängig von der Tatsache ihrer Beobachtung abspielen und ohne Bezug auf die Beobachtung beschrieben werden können, erhebt die Quantenphysik nur den Anspruch, eine Erscheinung in Beziehung auf die wohldefinierte Art der Beobachtung oder instrumentellen Einrichtung zu beschreiben und vorherzusagen. Man kann aber natürlich verschiedene Instrumente zur Beobachtung der gleichen Klasse von Erscheinungen benutzen. Zum Beispiel kann die Ausbreitung des Lichtes durch Prismen oder Gitter mit Hilfe fotografischer Platten oder von Geigerzählern untersucht werden. Wenn vom Standpunkt der Quantenmechanik jede Einrichtung getrennt berücksichtigt werden muß, was ist dann ihr allen gemeinsamer Zug? Wenn wir zum Beispiel durch eine Einrichtung die räumliche Verteilung von Elektronen bestimmen können und durch andere Einrichtungen ihre Energieverteilung, wie können wir erfahren, ob und wann wir alle Möglichkeiten erschöpft haben?

Diese Frage hat *Niels Bohr* unter dem Namen «Komplementarität» im einzelnen untersucht. Er stellt seine Ideen zwar in etwas anderer Weise dar. Ihm liegt besonders daran, durch einfache Beispiele zu zeigen, wie man intuitiv die Gesamtheit einer experimentellen Situation und das gegenseitige Sichausschließen und komplementäre Verhalten zweier solcher Situationen verstehen kann. Dabei benutzt er das Unschärfeprinzip in seiner einfachsten Form. Ich glaube, der Grund, warum er soviel Scharfsinn und Mühe auf dieses Vorhaben wendet, ist der tragische Umstand, daß die von ihm begründete und auch von mir selbst hier vertretene philosophische Haltung, die auch von der ganzen internationalen Gemeinschaft der Atomphysiker angenommen ist, keine Gnade gefunden hat in den Augen gerade jener Männer, die das meiste zur Entstehung der Quantentheorie beigetragen haben: *Planck* und *Einstein*. *Planck* hat gegenüber den revolutionären Folgerungen seiner eigenen Entdeckung immer eine vorsichtige Haltung bewahrt. *Einstein* ging aber weiter und bemühte sich wiederholt, durch einfache Beispiele zu zeigen, daß der Verzicht auf Determinismus und auf den traditionellen Begriff der objektiven Realität des Naturgeschehens unhaltbar sei. Diese Beispiele hat *Bohr* in Zusammenarbeit mit *Rosenfeld* studiert. In jedem einzelnen Falle konnten *Einsteins* Einwände durch eine verfeinerte Untersuchung der experimentellen Lage widerlegt werden. Der Hauptpunkt ist, daß ein Instrument seiner ureigenen Definition nach ein physikalisches System ist, dessen Bau in gewöhnlicher Sprache beschrieben werden kann und das nach den Bedingungen der klassischen Mechanik funktioniert. In der Tat ist dies der einzige Weg, auf dem wir uns miteinander darüber verständigen können. Zum Beispiel erfordert jede Festlegung eines Ortes ein starres Bezugssystem und jede Zeitmessung eine mechanische Uhr, während andererseits die Bestimmung von Impuls und Energie einen Bruch der Starrheit und der mechanischen Verbindung erfordert – nämlich einen frei beweglichen Teil des Instrumentes, auf den die Erhaltungssätze angewandt werden können. *Bohr* zeigt nun, daß diese beiden Typen der apparativen Einrichtung einander gegenseitig ausschließen und ergänzen – in genauer Übereinstimmung mit den Ergebnissen der Theorie. Wenn wir eine Spaltblende benutzen, um eine Koordinate eines hindurchtretenden Teilchens festzulegen, muß diese Blende mit dem Instrument starr verbunden sein. Wenn man aber wissen will, ob ein Teilchen wirklich durch den Spalt hindurchgegangen ist, muß der Teil des Apparates, der das Passieren des Teilchens registriert, beweglich sein und nachgeben können. Man kann nicht beides zugleich haben. Indem man diese Komplementarität in Rechnung stellt, kann man die Experimente widerspruchsfrei beschreiben. Man findet eine ausführliche Darstellung dieser Dinge in dem Buche *Albert*

Einstein als Philosoph und Naturforscher (Herausgeber P. A. Schilpp), das Aufsätze vieler Philosophen und theoretischer Physiker über verschiedene Aspekte von *Einsteins* Werk enthält, darunter einen von *Niels Bohr* (und einen von mir selbst). Das Werk beginnt mit einer wissenschaftlichen Selbstbiographie *Einsteins* und schließt mit einem zusammenfassenden Aufsatz, in dem er auf die in den vorangehenden Beiträgen enthaltenen Meinungen antwortet. Das ist eine höchst fesselnde Lektüre, aber bei aller Verehrung für den großen Physiker kann ich seinen Argumenten gegen die Philosophie der Quantenphysiker nicht zustimmen. Alle wesentlichen Punkte sind von *Bohr* in seinem Artikel behandelt, wo er einen fesselnden Bericht von einer Anzahl Diskussionen gibt, die er mit *Einstein* hatte. Dieser beharrt aber auf seinem Widerspruch und erklärt seine feste Überzeugung, daß die gegenwärtige Theorie, obwohl logisch bündig, doch eine unvollständige Beschreibung physikalischer Systeme sei. Seine Hauptgründe beruhen nicht so sehr auf Kausalitätsbetrachtungen, sondern auf der neuen Haltung gegenüber der Bedeutung physikalischer Realität, welche sie mit einbegreift. Ich möchte hier einige Worte *Einsteins* zitieren (Seite 672):

«Für mich ist es natürlicher zu erwarten, daß die adäquate Formulierung der allgemeinen Gesetze die Benutzung aller für eine vollständige Beschreibung notwendigen Begriffselemente mit einschließt» – nämlich natürlicher als die Ideen der Quantenphysiker. Er besteht darauf, daß die Aussendung etwa eines Alpha-Teilchens durch ein radioaktives Atom mit bestimmter Energie zu einem bestimmten Zeitpunkt erfolgen muß, der von der Theorie vorausgesagt werden kann; sonst nennt er die Beschreibung «begrifflich unvollständig». Indessen war er es selbst, der uns in dem Falle der Relativität eine andere Denkweise gelehrt hat. Es gibt da eine unendliche Zahl äquivalenter Intertialsysteme, von denen ein jedes mit dem gleichen Rechte als ruhend angenommen werden kann. Es besteht aber keine Möglichkeit, experimentell zu entscheiden, ob eines von ihnen in Wahrheit oder absolut ruht. *Einsteins* Gegner verwiesen damals darauf, daß sie eine Beschreibung der Welt als «begriffsmäßig unvollständig» ansehen, welche die Existenz eines absolut in Ruhe befindlichen Systems leugnet, auch wenn es keine Möglichkeit geben sollte, es zu finden. Dieses antirelativistische Argument ist ebenso stark wie *Einsteins* antiquantistisches.

Man lehrte die Generation, zu der *Einstein*, *Bohr* und ich gehören, daß eine objektive physikalische Welt existiert, die sich nach unveränderlichen Gesetzen entfaltet, die von uns unabhängig sind. Wir betrachten diesen Vorgang, wie das Publikum im Theater ein Stück verfolgt. *Einstein* hält daran fest, daß dies das Verhältnis zwischen dem wissenschaftlichen Beobachter und seinem Gegenstand sein soll. Die Quantenmechanik deutet indessen die in der Atomphysik gewonnene Erfahrung auf andere Weise. Wir können den Beobachter einer physikalischen Erscheinung nicht mit dem Publikum bei einer Theateraufführung vergleichen, sondern eher mit dem bei einem Fußballspiel, wo der Akt des Zusehens, der von Applaus oder Pfeifen begleitet wird, einen ausgeprägten Einfluß auf die Schnelligkeit und Konzentration der Spieler und damit auf den beobachteten Vorgang hat. Ein noch besseres Gleichnis ist das Leben selbst, wo Publikum und Akteure die gleichen Personen sind. Die Tätigkeit des Experimentators ist es, die den Apparat plant und wesentliche Züge der Beobachtungen vorherbestimmt. Es gibt also keine objektiv existierende Situation, wie man sie in der klassischen Physik angenommen hatte. Nicht nur *Einstein*, sondern auch andere, die nicht unsere Deutung der Quantenmechanik ablehnen, haben gesagt, daß es unter diesen Umständen keine objektiv existierende Außenwelt und keine scharfe Unterscheidung zwischen Subjekt und Objekt gebe. Darin liegt natürlich ein Körnchen Wahrheit, aber ich halte diese Formulierung für nicht sehr glücklich. Denn was meinen wir, wenn wir von einer objektiv existierenden Welt sprechen? Es ist das ein vorwissenschaftlicher Begriff, den ein einfacher Mann nie in Frage stellt. Wenn der einen Hund sieht, sieht er einen Hund, mag dieser nun neben ihm sitzen oder herumspringen oder davonlaufen und in der Ferne als winziger Fleck verschwinden. Alle diese unzähligen und außerordentlich verschiedenen Sinneseindrücke werden im Unterbewußtsein zu dem einen Begriff «Hund» vereinigt, und es bleibt immer derselbe Hund unter all diesen Aspekten. Ich schlage vor, dies so auszudrücken, daß man sagt, der Verstand konstituiert durch einen unbewußten Prozeß «Invarianten der Wahrnehmung», und diese sind es, was der einfache Mann als «reale Dinge» nennt. Meiner Meinung nach tut die Wissenschaft genau das gleiche, nur auf einer anderen Stufe der Wahrnehmung, indem sie nämlich all die Vergrößerungsapparate benutzt, die das Wesen des physikalischen Beobachtens und Messens ausmachen. Auch hier sind die mannigfachen Beobachtungen wieder durch einige unveränderliche Züge verknüpft – Invarianten, die sich zwar von denen der gewöhnlichen Wahrnehmung unterscheiden, aber nichtsdestoweniger ebenso Indikatoren für Dinge, Objekte und Teilchen sind. Denn auch um das zu beschreiben, was wir mit dem feinsten Instrument sehen, steht uns nur die gewöhnliche Sprache zur Verfügung. So haben atomare Gegenstände zwar nicht alle Eigenschaften, um es uns zu erlauben, ihnen in gleicher Weise Realität zuzuschreiben wie einem Hunde. Ich glaube, die Tatsache, daß ganz verschiedene Beobachtungen von Elektronen immer dieselben Werte für Ladung, Ruhmasse und Spin ergeben, ist eine vollkommene Rechtfertigung dafür, von Elektronen als realen Teilchen zu sprechen.

Wenn wir somit den Teilchen eine entschiedene Realität zuzuerkennen haben, wie steht es dann mit den Wellen? Sind sie auch real – und in was für einem Sinne? Man hat gesagt, daß Elektronen bisweilen als Welle und bisweilen als Partikel erscheinen. Vielleicht ändern sie jeden Sonntag und Mittwoch ihren Charakter, wie ein großer Experimentator einmal spöttisch meinte, offenbar in einem Ausbruch von Ärger über die Kapriolen der Theoretiker. Ich kann dieser Ansicht nicht beipflichten. Um eine physikalische Situation zu beschreiben, braucht man sowohl Wellen, die einen «Zustand» – das heißt die ganze experimentelle Situation – beschreiben, als auch Teilchen, welches die eigentlichen Gegenstände der Atomforschung sind. Das Quadrat einer Wellenfunktion, das eine Wahrscheinlichkeitsdichte darstellt, hat den Charakter der Realität. Denn man kann nicht leugnen, daß Wahrscheinlichkeit einen gewissen Grad von Realität hat. Wie könnte sonst eine auf die Wahrscheinlichkeitsrechnung gegründete Vorhersage auf die reale Welt angewandt werden? Ich halte nicht viel von den zahlreichen Versuchen, dies irgendwie verständlicher zu machen. Mir scheint es, gerade wie die Vorstellung der Notwendigkeit in den Kausalbeziehungen der klassischen Physik, etwas jenseits der Physik Liegendes zu sein, eine metaphysische Idee. Das gleiche gilt für die statistische Deutung der Wellenfunktionen der Quantenmechanik. Man könnte den Gebrauch von Teilchen und Wellen in der Physik eine «Dualität» in der Beschreibung nennen, was streng von Komplementarität unterschieden werden muß.

Lassen Sie uns zum Schlusse fragen, ob diese neuen Entwicklungen in der Physik irgendeinen Einfluß auf andere Bereiche des Denkens haben, vor allem auf die großen metaphysischen Probleme. Da ist zuerst der ewige Streit zwischen Idealismus und Realismus in der Philosophie. Ich glaube nicht, daß die neuen Anschauungen in der Physik ein gewichtiges Argument für die eine oder andere Seite liefern können. Wer glaubt, daß die einzig wichtige Realität das Reich der Ideen, des Geistigen ist, sollte sich nicht mit Naturwissenschaft beschäftigen. Der Wissenschaftler muß Realist sein. Er muß in seinen Sinneseindrücken mehr sehen als Halluzinationen, nämlich Botschaften von einer realen Außenwelt. Bei der Entzifferung dieser Botschaften benutzt er Ideen von sehr abstrakter Art – Gruppentheorie in Räumen von vielen und sogar unendlich vielen Dimensionen und dergleichen –; aber schließlich hat er doch seine Beobachtungsinvarianten, die reale Dinge darstellen, mit denen er umzugehen lernt wie jeder Handwerker mit seinem Holz oder Metall. Die modernen Theorien haben den Bereich der Ideen vergrößert und verfeinert, aber die Lage im ganzen nicht geändert.

Eine wirkliche Bereicherung unseres Denkens ist aber die Idee der Komplementarität. Die Tatsache, daß es in einer exakten Wissenschaft wie der Physik Fälle gibt, die einander ausschließen und ergänzen und nicht durch die gleichen Begriffe beschrieben werden können, sondern zweierlei Ausdrucksweisen erfordern, muß einen Einfluß – und ich denke, einen willkommenen Einfluß – auf andere Gebiete des menschlichen Handelns und Denkens haben. Auch hier hat *Niels Bohr* wieder den Weg gewiesen. In der Biologie führt der Begriff des Lebens schon selbst zu einer komplementären Alternative: Die physikalisch-chemische Analyse eines lebenden Organismus ist unverträglich mit seinem freien Funktionieren und führt im Extremfalle der Anwendung zum Tode. In der Philosophie besteht eine ähnliche Alternative in dem zentralen Problem der Willensfreiheit. Jede Entscheidung kann auf der einen Seite als ein spontaner Vorgang im Bewußtsein betrachtet werden, auf der anderen Seite aber als das Ergebnis von Motiven, die in der Vergangenheit oder Gegenwart durch die Berührung der Außenwelt erzeugt worden sind. Wenn man dies als ein Beispiel für Komplementarität betrachtet, scheint der ewige Konflikt zwischen Freiheit und Notwendigkeit sich als ein erkenntnistheoretischer Irrtum herauszustellen. Ich kann aber nicht in eine Erörterung dieser Fragen eintreten, die man eben erst in dieser Weise zu sehen beginnt.

Lassen Sie mich schließen mit einer Bemerkung zu *Russells* Definition der Metaphysik, von der ich ausging: daß sie ein Versuch ist, die Welt als ein Ganzes mit Hilfe des Denkens zu erfassen. Hat die erkenntnistheoretische Lektion, die wir von der Physik gelernt haben, irgendeinen Einfluß auf diese Probleme? Meiner Meinung nach ja, indem sie zeigt, daß auch auf eingeschränkten Gebieten die Beschreibung des Ganzen eines Systems in einem einzigen Bilde unmöglich ist. Es gibt komplementäre Bilder, die nicht zugleich angewandt werden können, einander aber trotzdem nicht widersprechen und die das Ganze nur zusammen ausschöpfen. Das ist wohl eine sehr heilsame Lehre, die, recht angewandt, viele hitzige Erörterungen nicht nur in der Philosophie, sondern auch auf allen Zweigen des Lebens überflüssig machen kann.

Der Vortrag, der diesem Aufsatz zugrunde liegt, wurde vor mehr als sieben Jahren [1950] gehalten. Heute würde ich manches anders ausdrücken und vor allem eine Polemik gegen *Albert Einstein* vermeiden, auf die er nicht mehr antworten kann.

Sir Arthur Eddington

Wissenschaft und Mystizismus

Eines Tages beschäftigte mich zufällig das Problem der «Erzeugung von Wellen durch den Wind». Ich nahm eines der grundlegenden Werke über Hydrodynamik zur Hand und las:

Die Gleichungen (12) und (13) setzen uns instand, ein verwandtes, besonders wichtiges Problem in Angriff zu nehmen, nämlich die Erzeugung und Erhaltung von Wellen in einem viskosen Medium durch geeignete, an der Oberfläche angreifende Kräfte.
Wenn die äußeren Kräfte p'_{yy} und p'_{xy} durch Vielfache von $e^{ikx + \alpha t}$ gegeben sind, wo k und α bekannt sind, so bestimmen obige Gleichungen A und C und infolgedessen auch mit Hilfe von (9) den Wert von η. Wir finden also

$$\frac{p'_{yy}}{g\varrho\eta} = \frac{(\alpha^2 + 2vk^2\alpha + \sigma^2) A - i (\sigma^2 + 2\ vkm\alpha)C}{gk(A - iC)},$$

$$\frac{p'_{xy}}{g\varrho\eta} = \frac{\alpha}{gk} \cdot \frac{2ivk^2 A + (\alpha + 2vk^2) C}{(A - iC)},$$

wo $\sigma^2 = gk + T' k^3$ ist...

Und so über zwei Seiten weiter. Zum Schluß wird es klar, daß ein Wind von geringerer Stärke als 0,8 km je Stunde die Oberfläche unbewegt lassen wird. Bei einer Windstärke von 1,6 km je Stunde bedeckt sich die Oberfläche mit kleinen Kräuselwellen, die den Kapillarwellen zuzuschreiben sind und sofort aufhören, sobald die störende Ursache fortfällt. Bei einer Windstärke von 3,2 km je Stunde treten die Gravitationswellen in Erscheinung. Zum Schluß bemerkt der Autor bescheiden: «Unsere theoretischen Untersuchungen eröffnen uns eine beträchtliche Einsicht in die Anfangsstadien der Wellenbildung.»

Bei einer anderen Gelegenheit lag mir das gleiche Thema von der «Erzeugung von Wellen durch den Wind» im Sinn, doch dieses Mal war ich in einer Stimmung, der ein anderes Buch entsprach, und ich las:

> Wasser lächeln im Kuß des Windes,
> Strahlen leuchtend des Himmels Reichtum wieder.
> Aber mit Herrscherhand wehrt Frost dem Tanz der Wellen,
> All der gleitenden Lieblichkeit.
> Weiß, in ungebrochnem Glanze breitet er die Fläche,
> Ein einziges Leuchten;
> Weiter, schimmernder Friede
> Unter dem Schleier der Nacht.

Die magischen Worte zaubern die Szene wieder vor unser Auge. Wieder fühlen wir uns nahe der Natur, in ihr verschmelzend, bis wir erfüllt sind von der Heiterkeit tanzender Wellen im Sonnenschein und dem Schauer frostleuchtender Winternächte. Und wir schämen uns keineswegs dieser Empfindungen und rufen nicht etwa: «Welche Schande für einen Mann mit fünf gesunden Sinnen und wissenschaftlicher Bildung, sich auf diese Weise täuschen zu lassen! Nächstes Mal will ich lieber Lambs Hydrodynamik mitnehmen.» Es ist gut, daß es im Leben solche Augenblicke gibt, das kümmerlich und eng wäre, wenn wir kein Gefühl für jenen Sinn der Welt um uns hätten, der sich nicht in die Maße und Gewichte des Physikers fassen noch durch die Symbole des Mathematikers beschreiben läßt.

Wohl war es ein Trugbild, und wir können leicht die plumpe Täuschung aufzeigen. Ätherschwingungen mannifaltiger Wellenlängen wurden unter verschiedenen Winkeln von der gestörten Trennungsfläche zwischen Luft und Wasser reflektiert, trafen unser Auge und erregten durch fotoelektrische Wirkung einen Reiz, der sich entlang des Sehnervs zum Gehirn fortpflanzte. Hier setzte der Geist mit seiner Arbeit ein und webte eine Empfindung aus diesem Reiz. Zwar war das gelieferte Material mager genug, aber der Geist entnahm seiner Vorratskammer einen Reichtum an Assoziationen, mit denen er das Skelett bekleidete. Und der Geist besah sein Werk und fand, daß es sehr gut war. Seine kritischen Fähigkeiten waren eingelullt. Wir hatten aufgehört zu analysieren und waren uns nur der Empfindung im ganzen bewußt. Die Lauheit der Luft, der Geruch des Grases, das sanfte Streicheln des Windes vereinten sich mit dem gesehenen Bilde zu einer einzigen, die Grenzen unseres «Ich» auslöschenden Empfindung um uns und in uns. Immer kühnere Gedankenverbindungen drangen aus der «Vorratskammer» des Geistes. Vielleicht erinnern wir uns der Phrase «lächelnde Wasser». Wellen – Kräuseln – Lächeln – Heiterkeit – die Vorstellungen jagen einander. Ganz unlogischerweise fühlten wir uns glücklich, obgleich kein vernünftiger Mensch sagen kann, was an einem Wellenzug von Ätherschwingungen Beglückendes sein könnte. Ein Gefühl ruhiger Heiterkeit durchdrang den ganzen Eindruck. Die Heiterkeit in uns selbst war in der Natur, in den Wellen, überall. So war es.

Es war eine Illusion. Warum uns dann überhaupt damit beschäftigen? Diese luftigen Gebilde, die der Geist, sobald er nicht streng unter Kontrolle gehalten wird, in die Außenwelt hineinprojiziert, sollten von keinerlei Belang für den sein, der ernsthaft nach Wahrheit sucht. Lassen Sie uns zu der soliden Substanz der Dinge zurückkehren, zu dem materiellen Wasser, das sich unter dem Druck des Windes und der Kraft der Gravitation gemäß den Gesetzen der Hydrodynamik bewegt. Aber diese solide Substanz der Dinge ist ja ebenfalls ein Trugbild! Auch sie ist ein Phantasiegebilde, vom Geist in die Außenwelt projiziert. Wir haben die Substanz aus der einheitlichen Flüssigkeit in das Atom verjagt, aus dem Atom in das Elektron, und da ist sie uns verlorengegangen. Aber wenigstens, wird man sagen, haben wir am Ende unserer Jagd etwas Wirkliches gefunden: Protonen und Elektronen. Oder, wenn die neue Quantentheorie auch diese Bilder als zu konkret verwirft und uns aller zusammenhängender Vorstellungsbilder überhaupt beraubt, so bleiben uns wenigstens symbolische Koordinaten und Impulse und Hamiltonsche Funktionen, die sich alle gleicherweise dem Zwecke weihen, uns zu versichern, daß $qp - pq = ih/2\pi$ ist.

Ich habe in einem früheren Kapitel zu zeigen versucht, wie wir auf diesem Wege zu einem zyklischen Schema gelangen, das seinem inneren Wesen nach immer nur einen Teilausdruck unserer Umgebung darstellen kann. Es ist nicht die Realität selbst, sondern nur ihr Skelett. «Wirklichkeit» ist uns in den Bedrängnissen der Jagd verlorengegangen. Und nachdem wir zuerst den Geist als Wirker von Trugbildern ausgeschlossen haben, müssen wir am Ende zu ihm zurückkehren und sagen:

«Hier sind Welten, die wir ordnungsgemäß und regelrecht auf einer Basis erbaut haben, die weit sicherer ist als deine Phantasiegebilde. Aber wir haben nichts, was eine von ihnen zur Tatsache machen kann. Bitte wähle du eine aus und webe deine Bilder hinein. Nur das kann ihr Wirklichkeit verleihen.» Wir haben die geistigen Phantasiegebilde ausgemerzt, um zu der ihnen zugrunde liegenden Realität zu gelangen, und haben gefunden, daß die Realität des Urgrundes unlösbar mit einer ihm innewohnenden Fähigkeit, eben diese Phantasiegebilde im Geiste zu erwecken, verknüpft ist. Da nun der Geist, der diese Gebilde webt, zugleich der einzige Bürge für Realität ist, kann Realität nur auf dem Grunde von Illusionen gesucht werden. Illusionen verhalten sich zur Realität wie der Rauch zum Feuer. Ich will damit nicht etwa die alte Unwahrheit vorbringen: «Kein Rauch ohne Feuer.» Aber es ist vernünftig, zu fragen, ob nicht in den mystischen Illusionen des Menschen der Widerschein einer darunterliegenden Realität zu finden ist.

Um eine klare Frage zu stellen: «Warum sollte es für uns gut sein, einen derartigen Zustand der Selbsttäuschung zu erleben, wie ich ihn oben beschrieben habe?» Ich denke, jeder wird zugeben, daß es gut ist, eine Seele zu besitzen, die empfänglich ist für die Einflüsse der Natur, daß es gut ist, diese Empfänglichkeit in uns auszubilden und nicht jederzeit ohne Scheu unsere Umwelt mathematisch-physikalisch zu zerpflücken. Und dies ist nicht nur in einem utilitaristischen Sinne gut, sondern gut in einem höheren Sinne, als notwendig zur Erfüllung des Lebens, das uns gegeben ist. Es ist keine Medizin, die von Zeit zu Zeit zu nehmen ratsam ist, um mit erneuter Kraft zu der legitimen Beschäftigung unseres Geistes, der wissenschaftlichen Forschung, zurückkehren zu können. Ebensogut könnte man die seelische Hingabe an die Natur durch die Behauptung verteidigen, daß sie dem nicht mathematisch gebildeten Verstand wenigstens in schwächerem Maße dasselbe Entzükken an der Außenwelt verschaffte, das weit vollkommener durch eine Kenntnis ihrer Differentialgleichungen gewährt würde. (Damit Sie aber nicht denken, ich wollte mich über die Hydrodynamik lustig machen, lassen Sie mich bei dieser Gelegenheit versichern, daß ich intelektuelle – wissenschaftliche – Verständnisfähigkeit keineswegs niedriger stelle als mystische Empfänglichkeit. Ich kenne Stellen, die in mathematischen Symbolen geschrieben sind und sich in ihrer Erhabenheit durchaus mit den oben angeführten Versen von Rupert Brooke messen können.) Aber ich denke, darin werden Sie sicher mit mir übereinstimmen, daß man unmöglich zugeben kann, die eine Art der Auffassung lasse sich völlig durch die andere ersetzen. Wie kann man denn nun etwas für gut halten, was auf reiner Selbsttäuschung beruht? Das würde ja alle unsere Begriffe von Ethik über den Haufen werfen. Meiner Meinung nach gibt es hier nur zwei Möglichkeiten: Entweder man hält jedwede Hingabe an den mystischen Kontakt mit der Natur für unheilvoll und ethisch falsch, oder man muß zugeben, daß wir in diesen Stimmungen und Gefühlen etwas von der wahren Beziehung der Welt zu uns selbst erhaschen – eine Beziehung, von der wir keinerlei Andeutung in der wissenschaftlichen Analyse ihres Inhaltes finden. Ich glaube, selbst der glühendste Materialist wird die erste Auffassung nicht vertreten oder zum mindesten nicht ins praktische Leben übertragen. Folglich nehme ich die zweite Auffassung als richtig an, nämlich, daß an der Wurzel all dieser Trugbilder und Illusionen eine Art der Wahrheit liegt.

Lassen Sie uns einen Augenblick innehalten und überlegen, wie weit die Illusion reicht. Handelt es sich um ein Körnchen Realität, das unter einem Berg von Trugbildern vergraben liegt? Dann wäre es unsere Aufgabe, unseren Geist wenigstens von einem Teil der Illusionen zu befreien und zu versuchen, die Wahrheit in reinerer Form zu erkennen. Aber ich kann nicht glauben, daß viel Trügerisches in dem tiefen Eindruck lag, den jene Naturszene auf uns ausgeübt hat. Ich glaube nicht, daß ein vollkommeneres Wesen als wir viel von dem, was wir selber empfinden, als falsch verwerfen würde. Es ist nicht so sehr unsere Empfindung selbst trügerisch, sie wird vielmehr durch unsere nach innen schauende Prüfung mit trügerischen Phantasien umkleidet. Wollte ich versuchen, die wesentliche Wahrheit, die uns die mystische Erfahrung enthüllt, in Worte zu kleiden, so würde ich sagen, daß zwischen unserem Geist und der Welt keine scharfe Trennung besteht. Unsere Gefühle der Heiterkeit oder Melancholie und ebenso unsere tiefen Empfindungen sind nicht in uns allein beschlossen, in ihnen erhaschen wir den Schimmer einer Realität, die über die engen Grenzen unseres Einzelbewußtseins hinausgeht; die Schönheit und Harmonie im Antlitz der Natur sind in der Wurzel eins mit der Heiterkeit, die das Gesicht des Menschen verklärt. Ungefähr derselben Wahrheit suchen wir Ausdruck zu verleihen, wenn wir sagen, daß die physikalischen Größen nur ein Extrakt aus Zeigerablesungen sind und daß ihnen eine Natur zugrunde liegt, die eins ist mit unserer eigenen. Doch kleide ich diese Dinge nicht gern in Worte und unterziehe sie nicht gern einer Prüfung von außen. Wir haben gesehen, wie in der physikalischen Welt der Sinn dadurch grob verändert wurde, daß wir die Welt als von außen betrachtet aufgefaßt haben, statt, wie sie wesentlich sein muß, von innen betrachtet. Durch die nach innen gerichtete Untersuchung fördern wir die Wahrheit heraus für eine Betrachtung von außen. Im mystischen Fühlen aber erfassen wir die Wahrheit von innen, und sie ist, wie sie sein soll, ein Teil von uns selbst.

Symbolische Erkenntnis und innere Erkenntnis. Wir wollen nun diesen Einwand gegen die introspektive Betrachtungsweise ausführlicher beleuchten. Es gibt zwei Arten von Erkenntnis, die ich als symbolisch und als innere Erkenntnis bezeichnen möchte. Ich weiß nicht, inwieweit die Behauptung zutrifft, daß logisches Schließen nur auf symbolische Erkenntnis anwendbar sei, doch sind jedenfalls die üblicheren Formen logischer Schlußweise allein an Hand symbolischer Erkenntnis entwickelt worden. Die innere Erkenntnis entzieht sich jeder Kodifikation und Analyse, oder vielmehr, sobald wir eine Analyse vorzunehmen suchen, geht das Charakteristische der inneren Erkenntnis verloren und wird durch Symbolismus ersetzt.

Als Beispiel wollen wir die Analyse des Humors betrachten. Ich nehme an, daß es möglich ist, das Wesentliche des Humors bis zu einem gewissen Grade zu analysieren und in verschiedene Witzklassen einzuteilen. Es werde uns nun ein angeblicher Witz vorgelegt, und wir unterziehen ihn vorerst einer wissenschaftlichen Analyse der Art, wie wir sie bei einem chemischen Salz zweifelhafter Natur vornehmen würden. Nach sorgfältiger Untersuchung stellen wir fest, daß es sich wirklich und wahrhaftig um einen Witz handelt. Logischerweise müßte unsere nächste Handlung nun darin bestehen, daß wir über den Witz lachen. Doch glaube ich mit Sicherheit voraussagen zu können, daß am Ende dieser Prozedur jedem von uns alle Neigung zum Lachen vergangen sein wird. Es geht eben nicht, daß die innere Wirkungsweise eines Witzes ans Tageslicht der Analyse gezerrt wird. Die Klassifizierung betrifft eine symbolische Kenntnis vom Humor, die alles verwahrt, was für einen Witz charakteristisch ist, nur nicht das, was uns zum Lachen bringt. Das wahre Verständnis muß spontan kommen, nicht durch zergliedernde Prüfung. Und ebenso verhält es sich mit unserem mystischen Empfinden gegenüber der Natur, ja, ich wage zu sagen, mit unserer mystischen Erkenntnis Gottes. Es gibt Menschen, denen das unmittelbare Gefühl von der Gegenwart des göttlichen Wesens, das die Seele durchdringt, eine weit klarere Erkenntnis bedeutet als alle übrigen Dinge unserer Erfahrung. Sie empfinden das Fehlen dieses Sinnes ebenso als eine Art geistigen Mangel an einem Menschen, wie wir es bei dem völligen Fehlen des Sinnes für Humor tun. Wir können auch diese innere Erfahrung zu analysieren versuchen, so wie wir den Humor analysiert haben, und eine Theologie oder Philosophie begründen, die das in wissenschaftliche Form bringt, was wir durch logische Schlüsse gefunden haben. Aber wir dürfen nicht vergessen, daß solche Theorien symbolische Erkenntnis ist, während die Erfahrung innere Erkenntnis ist. Und ebensowenig wie man das Lachen über einen Witz durch die wissenschaftliche Klarlegung seiner inneren Struktur hervorrufen kann, ebensowenig wird eine Diskussion über die Attribute Gottes (oder eines nicht persönlichen Gottesbegriffs) jenen Widerhall im Innersten der Seele erwecken, der das Wesentliche aller religiösen Erfahrung ist.

Verteidigung des Mystizismus. Wir haben erkannt, daß die Größen der Physik ihrem innersten Wesen nach nur einen Teilausschnitt der Wirklichkeit bilden können. Wie aber sollen wir uns mit dem übrigen auseinandersetzen, das uns mindestens ebenso nahe angeht wie die physikalischen Gegebenheiten? Gefühl, Zweck, Wert sind ebenso Teil unseres Bewußtseins wie die Sinnesempfindungen. Wir folgen den Sinnesempfindungen und finden, daß sie uns zu einer Außenwelt führen, die Gegenstand der naturwissenschaftlichen Betrachtung ist. Wir folgen den anderen Elementen unseres Wesens und finden, daß sie uns führen – nicht in eine Welt des Raumes und der Zeit, aber sicher doch irgendwohin. Wenn Sie jedoch den Standpunkt einnehmen, daß sich die Gesamtheit unseres Bewußtseins in dem Tanz der Moleküle unseres Gehirns spiegelt, so daß jeder Empfindung eine bestimmte Figur in diesem Tanze entspricht, dann allerdings führen alle Seiten unseres Bewußtseins gleicherweise zur Außenwelt der Physik. Doch nehme ich an, daß Sie gleich mir diese Ansicht verworfen haben und mit mir übereinstimmen, daß das Bewußtsein als Gesamtheit etwas Größeres ist als jene quasimetrischen Aspekte desselben, die das physikalische Gehirn bilden sollen. Dann müssen wir uns also mit den Teilen unseres Wesens auseinandersetzen, die sich nicht durch metrische Angaben erfassen und nicht in Raum und Zeit bannen lassen. Wenn ich sage, daß wir uns mit ihnen auseinandersetzen müssen, so verstehe ich darunter nicht etwa eine wissenschaftliche Untersuchung. Unser erster Schritt wird darin bestehen, den naiven Vorstellungen, mit denen unser Geist sie bekleidet, eine allgemeingültige Fassung zu geben, ähnlich wie es mit den naiven Vorstellungen geschehen ist, welche die materielle Welt des täglichen Lebens ausmachen.

Unsere Vorstellung von dem uns vertrauten Tisch hat sich als Illusion erwiesen. Aber wenn uns eine prophetische Stimme vor diesem Trugbild gewarnt hätte und wir infolgedessen jede weitere Forschung als unnütz aufgegeben hätten, so wäre der wissenschaftliche Tisch niemals entdeckt worden. Um zur Realität des Tisches vorzudringen, müssen wir mit Sinnesorganen begabt sein, die allerhand Bilder und Illusionen um ihn weben. Und, so scheint es mir, soll sich die Welt dem Menschen voller offenbaren, so muß der erste Schritt darin bestehen, daß er seine Fähigkeit, Bilder und Illusionen zu weben, im Dienste der höheren Kräfte seiner Natur entwickelt, so daß sie uns nicht länger in die Irre führen, sondern uns eine geistige Welt eröffnen – eine Welt, die zweifellos zum Teil aus Phantasiegebilden besteht, aber in der wir nicht weniger leben als in der Welt, die uns unsere Sinne offenbaren und die ebenfalls mit Illusionen durchwebt ist.

Der Mystiker, der diese Verteidigungsrede vor einem Tribunal von Wissenschaftlern hielte, würde sie vielleicht in folgender Weise beenden: «Obgleich die uns vertraute Welt der täglichen Erfahrung einiges an wissenschaftlicher Wahrheit zu wünschen übrigläßt, ist sie gut genug, um in ihr zu leben. Tatsächlich wäre die wissenschaftliche Welt der Zeigerablesungen als Wohnstätte unmöglich. Sie ist eine symbolische Welt, und nur einem *Symbol* kann es in ihr behagen. Ich aber bin kein Symbol. Ich bin aus jener geistigen Aktivität gebildet, die Sie für eine Pflanzstätte von Trugbildern ansehen, und muß sogar die Welt, die mir meine Sinne enthüllen, transformieren, um sie mit meinem eigenen Wesen in Übereinstimmung zu bringen. Ich bestehe nicht bloß aus Sinnen; auch der übrige Teil meines Wesens muß leben und wachsen; und ich soll Bericht erstatten von jener Umgebung, in welche er hinausdeutet. Die Vorstellung aber, die ich von meiner geistigen Umgebung habe, darf nicht mit Ihrer wissenschaftlichen Welt der Zeigerablesungen verglichen werden. Sie ist eine Alltagswelt, vergleichbar mit der materiellen Welt unserer gewöhnlichen Erfahrung. Und ich behaupte, daß ihr nicht mehr und nicht weniger Realität zukommt als dieser. Vor allem aber ist sie keine Welt der Analyse, sondern eine Welt, um in ihr zu leben.»

Wenn auch zugestanden wird, daß uns dies aus der Sphäre exakter

Erkenntnis hinausführt und daß es kaum denkbar ist, daß jemals auf diesen Teil unserer Umwelt irgend etwas, das exakter Wissenschaft entspricht, anwendbar sein wird, so bleibt doch der Mystiker unbußfertig. Daraus, daß wir unfähig sind, in exakter Weise über unsere Umgebung Bericht zu erstatten, folgt noch nicht, daß es besser wäre zu behaupten, wir lebten in einem Vakuum.

Es kann sein, daß das Tribunal zugeben wird, die Verteidigung gegen den ersten Angriff sei gut geführt gewesen, und daß es dann zu gleichgültiger Duldung übergehen wird: «Nun wohl, mach's wie du willst. Schließlich ist dies eine harmlose Form des Glaubens – anders als die dogmatische Theologie. Du brauchst eine Art geistigen Tummelplatz für jene merkwürdigen Neigungen der Natur des Menschen, die manchmal von ihm Besitz ergreifen. So lauf denn und spiele. Aber behellige nicht ernsthafte Leute, die dafür sorgen müssen, daß die Welt in ihrem Geleise bleibt.» Die Gefahr droht jetzt nicht mehr vom wissenschaftlichen Materialismus, der bestrebt ist, für die geistigen Kräfte eine natürliche Erklärung zu finden, sondern von jenem weit tödlicheren moralischen Materialismus, der sie verachtet. Nur wenige vertreten mit Überlegung die philosophische Einstellung, daß die treibenden Kräfte des Fortschritts nur der materiellen Seite unserer Umwelt angehören, doch können auch nur wenige von sich behaupten, daß sie nicht mehr oder weniger unter dem Einfluß dieser Philosophie ständen. Stören wir ja nicht die «praktischen Leute», die so eifrig Geschichte machen und uns mit immer schnelleren Schritten unserem Schicksal entgegenführen, als Schar von menschlichen Ameisen die Erde zu verheeren. Wir wollen nur fragen: Ist es denn wahr, daß die wirksamsten Faktoren in der Geschichte die materiellen Kräfte gewesen sind? Nennen Sie sie Gottes oder des Teufels, Fanatismus, Unvernunft, aber unterschätzen Sie nicht die Macht des Mystikers. Der Mystizismus mag als Irrtum bekämpft oder als göttliche Inspiration geglaubt werden, niemals aber darf er Gegenstand gleichgültiger Duldung sein:

> Wir lassen die Saiten erklingen,
> Wir weben der Träume Band.
> Wo Fels und Brandung ringen,
> Da gehn wir an einsamem Strand.
> Wir sitzen weltentlegen,
> Wo bleiches Mondlicht fällt;

Und dennoch, wir bewegen
In Ewigkeit die Welt.

Realität und Mystizismus. Aber eine Verteidigung vor einem Tribunal von Wissenschaftlern braucht noch nicht als Antwort auf die Frage in unserer eigenen Brust zu gelten. Das Wort *Realität* verfolgt uns. Ich habe bereits versucht, mich mit den Fragen auseinanderzusetzen, die sich hinsichtlich seiner Bedeutung erheben. Aber das Problem der Realität bedrängt uns so beharrlich, daß ich auf die Gefahr hin, mich zu wiederholen, es nochmals vom Standpunkt der Religion aus einer Betrachtung unterziehen muß. Ein Kompromiß zwischen Illusion und Realität mag vielleicht für unsere Einstellung gegenüber der physikalischen Umwelt tauglich sein, aber einen derartigen Kompromiß in Fragen der Religion zuzulassen, hieße mit heiligen Dingen ein leichtfertiges Spiel treiben. Denn der Frage nach Realität kommt in religiösen Dingen eine weit größere Wichtigkeit zu als irgendwo sonst. Niemand regt sich darüber auf, ob dem, was wir unter Humor verstehen, eine Realität zugrunde liegt. Den Künstler, der in seinen Werken Seelisches zum Ausdruck bringen will, kümmert es wenig, ob und inwiefern man behaupten kann, daß es eine Seele gibt. Selbst der Physiker ist nicht wesentlich daran interessiert, ob seine Atome und Elektronen wirklich existieren. Für gewöhnlich behauptet er, daß dies der Fall sei, aber wie wir gesehen haben, gebraucht er das Wort Existenz als eine Art Fachausdruck, und niemand fragt danach, ob es mehr bedeutet als einen auf Konvention beruhenden Ausdruck. In den meisten Disziplinen (vielleicht sogar mit Einschluß der Philosophie) scheint es zu genügen, daß wir darin übereinstimmen, welchen Dingen wir Realität zuerkennen wollen und welchen nicht und daß wir hinterher erst herauszufinden suchen, in welchem Sinne wir das Wort gebraucht haben. Und so kommt es, daß die Religion das einzige Gebiet ist, in dem die Frage nach Realität und Existenz als von vitaler Bedeutung empfunden wird.

Wie aber können wir eine Antwort auf diese Frage finden? Als Dr. Johnson merkte, daß er sich in Erörterungen verwickelte über «Bischof Berkeleys geistreiche Sophistik, die Nicht-Existenz der Materie und die Idealität der ganzen Welt zu beweisen», antwortete er, «indem er seinen Fuß mit aller Kraft gegen einen großen Stein stieß, daß er zurückprallte – ‹Ich widerlege es *so*›». Zwar ist nicht ganz klar, wofür ihm diese Handlung eine Gewähr bedeutete, doch gab sie ihm offenbar Trost. Und heutzutage fühlt sich der Realwissenschaftler ebenfalls versucht, seine Zuflucht vor diesen Gedankengängen zu etwas zu nehmen, das man mit dem Fuß stoßen kann, obgleich er sich bewußt sein müßte, daß Rutherford von jenem großen Steine kaum etwas übriggelassen hat, gegen das zu stoßen sich verlohnte.

Es besteht noch immer die Neigung, eine Art magischen Trost in dem Wort «Wirklichkeit» zu suchen, wie früher vielleicht in jenem gesegneten Worte «Mesopotamien». Wenn ich aber für die Wirklichkeit Gottes oder der Seele eintreten will, so würde ich sicher weder Johnsons großen Stein, noch die p's und q's der Quantentheorie zum Vergleich heranziehen. Das eine ist eine offenkundige Täuschung, das andere aber ein abstrakter Symbolismus. So habe ich kein Recht, dies Wort in Fragen der Religion anzuwenden, um zu deren Verteidigung jenes tröstliche Gefühl zu entlehnen, das wir (wahrscheinlich ebenfalls zu Unrecht) mit der Vorstellung von Steinen und Quantenkoordinaten verbinden.

Mein wissenschaftlicher Instinkt warnt mich davor, auf die Frage «Was ist wirklich?» eine Antwort in einem umfassenderen Sinne zu suchen, als es in der Wissenschaft üblich ist, denn wahrscheinlich wird ein solcher Versuch sein Ende in leeren Worten und hochtönenden Phrasen finden. Wir alle wissen, daß es Gebiete des menschlichen Geistes und der Seele gibt, die außerhalb der Welt der Physik liegen. In unserer mystischen Empfänglichkeit für die Wunder der Schöpfung um uns, in dem Ausdruck der Kunst, in dem sehnsüchtigen Verlangen nach Gott, strebt die Seele aufwärts und sucht die Erfüllung von etwas, das tief ihrer Natur eingepflanzt ist. Die Rechtfertigung für dieses Streben liegt in uns selbst, in einem mächtigen Triebe, der zugleich mit unserem Bewußtsein erwacht, in einem inneren Licht, das von einer höheren Macht ausgeht als der unsrigen. Die Wissenschaft kann diese innere Rechtfertigung kaum in Frage stellen, denn auch ihr Streben entspringt einem Trieb, dem unser Geist folgen muß, einem Fragen, das nicht unterdrückt werden kann. Sei es in diesem geistigen Streben der Wissenschaft oder in dem mystischen Verlangen der Seele, das Licht winkt von oben, und das Drängen in unserer Brust gibt Antwort. Können wir es nun nicht dabei bewenden lassen? Ist es wirklich nötig, das trostreiche Wort «Wirklichkeit» heranzuholen und freundschaftlich auszuteilen wie einen Schlag auf die Schulter?

Das Problem der Wirklichkeit der physikalischen Welt ist Teil des umfassenderen Problems der Wirklichkeit aller Erfahrung überhaupt.

Man kann die Erfahrung als eine Verbindung des Selbst und seiner Umgebung auffassen, und so gehört es zu unserem Problem, diese zwei mitwirkenden Komponenten gegeneinander abzugrenzen. Leben, Religion, Erkenntnis, Wahrheit sind alle in das Problem mit einbegriffen, denn sie beziehen sich teils auf die Entdeckung des Selbst, teils auf die Entdeckung der Umwelt an Hand der gemachten Erfahrung. Wir alle müssen uns einmal in unserem Leben auf irgendeine Weise mit diesem Problem auseinandersetzen, und es ist wesentlich dabei, daß wir, die wir das Problem zu lösen haben, selber Teil des Problems sind. Wenn wir uns nach seinem letzten Ursprung fragen, so finden wir die Antwort in uns selbst, in dem Gefühl eines uns innewohnenden Zweckes, welches uns zwingt, ewig der Lösung nachzujagen. Unsere Bestimmung ist, irgend etwas durch unser Leben zu erfüllen. Es sind geistige Kräfte in uns gelegt, die ihre Erfüllung und ihre Entspannung in der Lösung finden müssen. Es mag anmaßend scheinen, daß wir so darauf dringen, die Wahrheit in die Form unseres eigenen Wesens zu gießen, doch liegt es eher so, daß die Frage nach Wahrheit nur aus dem Wunsch nach Wahrheit entspringen kann, der unserem Wesen eingeboren ist.

In dem Symbolismus der Physik wird ein Regenbogen als ein Band von Ätherschwingungen beschrieben, das aus Wellenlängen des Bereiches von ungefähr 0,000040 cm bis 0,000072 cm in einer bestimmten systematischen Anordnung zusammengesetzt ist. Von einem gewissen Standpunkt aus entstellen wir also die Wahrheit, wenn wir den schimmernden Farbenbogen bewundern, und sollten uns bemühen, unseren Geist dahin zu bringen, daß wir von einem Regenbogen denselben Eindruck empfangen wie von einer Tabelle von Wellenlängen. Doch so spiegelt sich der Regenbogen in einem unpersönlichen Spektroskop; wir aber geben nicht die ganze Wahrheit und nicht die volle Bedeutung unserer Erfahrung wieder – denken wir an den Ausgangspunkt unserer Betrachtung –, wenn wir die Faktoren vernachlässigen, durch die wir selbst uns von einem Spektroskop unterscheiden. Zwar kann man nicht sagen, daß der Regenbogen, als Teil der Welt, dazu bestimmt ist, den lebhaften Eindruck von Farbe zu vermitteln, aber vielleicht können wir sagen, daß es zur Bestimmung des menschlichen Geistes als Teiles der Welt gehört, ihn so zu empfinden.

Bedeutung und Wert. Wenn wir an die glitzernden Wellen denken, die sich zu einem Lächeln kräuseln, so erteilen wir dieser Naturszene offenbar eine Bedeutung, die nicht in ihr war. Den physikalischen Elementen des Wassers – den kleinen bewegten elektrischen Ladungen – lag sicher jede Absicht fern, den Eindruck zu erwecken, daß sie glücklich seien. Aber ebenso fern lag ihnen die Absicht, den Eindruck von Substanz oder Farbe oder geometrischer Wellenform zu vermitteln. Wenn überhaupt in diesem Zusammenhang von einer Absicht die Rede sein kann, so war es die Absicht, gewissen Differentialgleichungen zu genügen, und auch das nur, weil sie Geschöpfe des Mathematikers sind, der nun einmal eine Vorliebe für Differentialgleichungen hat. Weder die physikalische noch die mystische Bedeutung der Szene liegt dort in der Außenwelt, sie ist *hier*, in unserm Geist.

Was wir aus der Welt machen, hängt sicher weitgehend von den Sinnesorganen ab, die wir zufällig besitzen. Wie muß sich die Welt verändert haben, seit der Mensch sich mehr auf seine Augen verläßt als auf seine Nase! Sie sind allein in den Bergen, umhüllt von erhabener Stille. Aber rüsten Sie sich mit einem künstlichen elektrischen Sinnesorgan aus und ach! der Äther hallt vom Getön des Savoy-Orchesters wider. Oder mit den Worten des Trinkulo:

Die Insel ist voll Lärm,
Voll Tön' und süßer Lieder, die ergötzen
Und niemand Schaden tun. Mir klimpern manchmal
Viel tausend helle Instrument' ums Ohr,
Und manchmal Stimmen.

Im großen und ganzen sehen wir in der Natur das, wonach wir suchen, oder wonach zu suchen wir ausgerüstet sind. Natürlich meine ich damit nicht, daß wir die Einzelheiten der Szene beliebig anordnen können, aber wir können durch Verteilung von Licht und Schatten entsprechend unserer eigenen Wertbetonung Dinge daraus hervortreten lassen, die im großen und ganzen die Eigenschaften haben, die unserer Wertung entsprechen. In diesem Sinne bringt der Wert, den wir der Dauer beimessen, die Welt scheinbarer Substanzhaftigkeit hervor; in diesem Sinne schafft vielleicht der Gott in unserer Brust den Gott in der Natur. Doch niemals können wir einen vollständigen Überblick gewinnen, solange wir unser Bewußtsein von der Welt absondern, von der es ein Teil ist. Wir können über das, was ich den «Hintergrund der Zeigerablesungen» genannt habe, nur Vermutungen aussprechen, doch scheint zum mindesten die Annahme vernünftig, daß der Wertgehalt, der der Welt Licht und Schatten verleiht, wenn er absolut ist, diesem Hintergrunde angehören muß. So ist er unerkennbar für physikalische Betrachtungsweise, denn er kommt nicht in den Zeigerablesungen zum Ausdruck, aber erkennbar für das Bewußtsein, dessen Wurzeln ebenfalls in jenem Urgrunde ruhen. Ich habe nicht den Wunsch, dies zu einer Theorie auszubauen, es lag mir nur daran, folgenden Gedankengang herauszuschälen: Wir sind beschränkt auf die Kenntnis der physikalischen Welt und besitzen nur in dem isolierten Bewußtsein jedes einzelnen einen Berührungspunkt mit jenem Urgrunde. So können wir den Gedanken von der Einheit des Ganzen nicht voll erfassen, der wesentlich für eine vollständige Theorie ist. Wahrscheinlich ist die menschliche Natur in hohem Maße durch natürliche Zuchtwahl spezialisiert worden, und es läßt sich durchaus darüber diskutieren, ob die Wertung der Dauer und andere jetzt scheinbar fundamentale Züge wirklich wesentliche Grundeigenschaften des Bewußtseins sind oder sich erst durch Wechselwirkung mit der Außenwelt ausgebildet haben. In diesem Falle würde der Geist den Wertgehalt, den er in die Außenwelt hineinlegt, ursprünglich selber aus dem äußeren Welt-Stoff empfangen haben. Ein solches Hinüber- und Herüberwechseln von Werten ist, wie ich denke, mit unserer Auffassung nicht unverträglich, daß der Weltstoff, der hinter den Zeigerablesungen liegt, seinem Wesen nach in kontinuierlichem Zusammenhange mit dem Geiste steht.

Betrachten wir die Welt vom praktischen Standpunkt aus, so können wir das, was dem Bewußtsein des normalen Menschen als Wert gilt, zum allgemeinen Wertmaßstab erheben. Aber die offenbare Willkür dieser Wertung läßt das Verlangen nach einem endgültigen und absoluten Wertmaß entstehen. Hierfür gibt es zwei Möglichkeiten. Entweder es gibt keine absoluten Werte, dann müssen wir die Bestätigung durch den inneren Mahner in unserem Bewußtsein als letzte Instanz ansehen und jedes Suchen nach einer höheren Bestätigung wäre müßig. Oder es gibt absolute Werte, dann können wir nur das optimistische Vertrauen haben, daß die von uns empfundenen Werte ein schwacher Abglanz dessen sind, was dem absoluten Richter als Wert gilt, das heißt, daß wir eine gewisse Einsicht in den Geist des Absoluten besitzen, aus dem jenes Streben und jene letzte Bestätigung kommen, deren Berechtigung wir gewöhnlich ununtersucht lassen.

Ich habe mich natürlich bemüht, den Ausblick, den wir in diesen

Vorlesungen gewonnen haben, so einheitlich wie möglich zu gestalten, doch sollte es mich nicht wundern, wenn er trotzdem unter der Schärfe kritischer Betrachtung recht unzusammenhängend erscheint. Einheitlichkeit kann nur zugleich mit einem endgültigen Abschluß erreicht werden; und es beunruhigt uns mehr, ob wir unsere Beweisführungen an der richtigen Stelle angesetzt haben, als ob wir so glücklich gewesen sind, sie zum richtigen Ende zu führen. Ich möchte die wesentlichen Punkte, deren Erörterung von einem philosophischen Standpunkt aus mir wichtig schien, wie folgt zusammenfassen:

1. Der symbolische Charakter der physikalischen Größen ist allgemein erkannt worden, und das Schema der Physik hat jetzt eine Formulierung gefunden, in der ohne weiteres deutlich zum Ausdruck kommt, daß es sich um einen Teilausschnitt aus etwas Umfassenderem handelt.

2. Die Forderung strenger Kausalität für die materielle Welt wurde aufgegeben. Es ist eine neue Auffassung von den leitenden Naturgesetzen im Werden begriffen, und es ist nicht möglich vorauszusagen, welche Form sie schließlich annehmen wird. Doch deutet alles darauf hin, daß die Forderung strenger Kausalität endgültig fallengelassen wurde. Dies enthebt uns der früher bestehenden Notwendigkeit, entweder anzunehmen, daß der Geist ebenfalls einem deterministischen Gesetz unterworfen ist, oder aber ihm die Fähigkeit zuzuschreiben, das deterministische Gesetz der materiellen Welt willkürlich aufzuheben.

3. Indem wir erkennen, daß die physikalische Welt vollkommen abstrakt ist und abgesehen von ihrer Bindung zum Bewußtsein keinerlei «Tatsächlichkeit» besitzt, setzen wir das Bewußtsein wieder in eine fundamentale Stellung ein, anstatt es als unwesentliche Komplikation anzusehen, die in einem späten Entwicklungsstadium inmitten der unorganischen Natur dann und wann angetroffen wird.

4. Unser inneres Gefühl, daß wir berechtigt sind, gewissen Empfindungen unseres Bewußtseins eine «reale» physikalische Welt zuzuordnen, ist anscheinend in keiner wesentlichen Beziehung von dem Gefühl der Berechtigung verschieden, mit dem wir einer anderen Seite unseres Wesens ein geistiges Gebiet zuordnen.

Mit dieser Philosophie soll nicht irgend etwas Neues gesagt sein. Besonders der erste Punkt ist von vielen Autoren hervorgehoben worden, und zweifellos von vielen Naturwissenschaftlern bereits vor den letzten Umwälzungen in der theoretischen Physik persönlich gebilligt worden. Aber es wirft doch ein anderes Licht auf diese Materie, wenn sie durch eingehende Untersuchungen an Hand des geltenden physikalischen Systems von einer rein philosophischen Doktrin, die man intellektuell billigen kann oder nicht, zu einem wesentlichen Teil der modernen wissenschaftlichen Einstellung erhoben wird.

Überzeugung. [...] In diesem Kapitel ist mein Standpunkt nicht vorwiegend wissenschaftlich. Ich ging von dem Teil unserer Erfahrung aus, der außerhalb des Bereiches naturwissenschaftlicher Beobachtungen liegt oder zum mindesten so geartet ist, daß seine wesentliche Bedeutung sich physikalischen Beobachtungsmethoden entzieht. Bei allen mystischen Religionen wurzelt der Glaube in einer inneren Überzeugung von der Bedeutung oder, wie ich es genannt habe, in einem inneren Gefühl der Berechtigung eines Strebens, das unserem Bewußtsein immanent ist. Dies muß betont werden, denn die Berufung auf eine intuitive Überzeugung dieser Art war zu allen Zeiten die Grundlage der Religion, und ich will nicht den Eindruck erwecken, daß wir eine neue und wissenschaftlichere Begründung gefunden hätten. Ich weise die Vorstellung entschieden zurück, als könne der eigentümliche Glaubensinhalt der Religion aus den Gegebenheiten der Physik oder mit Hilfe physikalischer Methoden abgeleitet werden. Von der Voraussetzung ausgehend, daß eine mystische Religion nicht auf naturwissenschaftlicher Erkenntnis, sondern (sei es mit Recht oder mit Unrecht) auf einer als fundamental anerkannten inneren Erfahrung und somit auf Selbstkenntnis des Bewußtseins beruht, können wir jetzt die verschiedenen Einwände beleuchten, die von seiten der Naturwissenschaft gegen eine solche mystische Überzeugung sich vorbringen lassen, und können auch die Konflikte erörtern, die sich möglicherweise mit denjenigen wissenschaftlichen Anschauungen ergeben, die ihrem Wesen nach ebenfalls auf Tatsachen der inneren Erfahrung durch Selbstkenntnis beruhen.

Es ist notwendig, daß wir das Wesen der Überzeugung, aus der die Religion entspringt, näher untersuchen, um nicht den Anschein zu erwecken, als würden wir einer blinden Verwerfung der Logik als Führerin zur Wahrheit das Wort reden. Daß die logischen Schlußfolgerungen hier eine Lücke lassen, müssen wir zugeben, doch kann man das nicht als Ablehnung logischer Schlußfolgerung auslegen. Wir stoßen auf die gleiche Lücke, wenn wir in unseren Schlüssen über die physikalische Welt nur weit genug zurückgehen. Schlußfolgerungen müssen an Gegebenes anknüpfen, und so können die letzten Gegebenheiten uns nur durch einen nicht auf Schlüssen beruhenden Prozeß offenbart werden – durch eine Selbstkenntnis dessen, was in unserem Bewußtsein ist. Um einen Ansatzpunkt für die Methoden der Vernunft zu finden, müssen wir von irgend etwas Kenntnis haben. Aber auch das genügt nicht, wir müssen auch von der Bedeutung dieser Kenntnis überzeugt sein. Wir sind somit gezwungen, den Anspruch zu erheben, daß die menschliche Natur die Fähigkeit besitzt, sei es aus eigener Kraft oder inspiriert durch eine über ihr stehende Macht, ein gültiges Urteil über diese Bedeutung zu fällen. Ohne diese Annahme können wir nicht einmal zu einer physikalischen Welt gelangen.*

Wir müssen somit die Überzeugung postulieren, daß gewissen Bewußtseinszuständen des inneren Gewahrwerdens mindestens die gleiche Bedeutung zukommt wie denjenigen Bewußtseinszuständen, die wir Sinnesempfindungen nennen. Vielleicht ist es gut, an dieser Stelle darauf hinzuweisen, daß die Zeit infolge ihres zweifachen Zuganges zu unserem Bewußtsein bis zu einem gewissen Grade die Kluft zwischen Sinneseindrücken und diesen anderen Zuständen des Gewahrwerdens überbrückt. Unter letzteren ist auch die Erfahrungsbasis zu suchen, auf der jede Religion beruht. Diese innere Überzeugung kann kaum Gegenstand einer Erörterung sein, sie hängt einzig von der Stärke unserer Empfindung des inneren Gewahrwerdens ab.

Aber – wird man vielleicht sagen – zugegeben, wir haben eine solche Abteilung des Bewußtseins, könnten wir nicht trotzdem die Natur dessen, was wir zu erfahren glauben, vollkommen mißverstehen? Dieser Einwand scheint mir nicht zuzutreffen. Was unsere Erfahrung von der physikalischen Welt anbelangt, so haben wir allerdings die Bedeutung unserer Empfindungen sehr falsch gedeutet, und es ist das Werk der Wissenschaft gewesen, zu entdecken, daß die Dinge ganz anders sind, als sie scheinen. Doch reißen wir auch nicht unsere Augen aus, weil sie dabei beharren, uns mit phantastischen Farben zu täuschen, anstatt uns einfach die Wahrheit über die einzelnen Wellenlängen zu offenbaren. Wenn Sie es so nennen wollen, so leben wir inmitten einer derartig mißdeuteten Umwelt. Trotzdem hieße es die Wahrheit sehr einseitig auffassen,

---

* Wir können natürlich ein Problem, das an bestimmte Gegebenheiten anknüpft, auch lösen, ohne von der Bedeutung dieser Gegebenheiten überzeugt zu sein. Darin besteht die «offizielle» wissenschaftliche Einstellung oder der «Fachstandpunkt» des Physikers... Aber eine physikalische Welt, die nichts weiter wäre als die Lösung eines zum Zeitvertreib gewählten Problems, ist nicht gemeint.

wollten wir die schimmernden Farben unserer Umwelt für nichts weiter als eine Mißdeutung halten – eine Auffassung, die nur die Umgebung für wichtig hält, den bewußten Geist aber für unwesentlich. In den rein wissenschaftlichen Kapiteln haben wir gezeigt, daß der Geist auf den Verlauf des Weltbaues entscheidend einwirkt. Ohne ihn bliebe nur ein formloses Chaos. Es ist das Ziel der physikalischen Wissenschaft, soweit ihr Geltungsgebiet reicht, die der Welt zugrunde liegende fundamentale Ordnungsform bloßzulegen. Aber ebenso ist es die Aufgabe der Wissenschaft, die Tatsache wenn möglich zu erklären oder aber demütig hinzunehmen, daß aus dieser Welt geistige Wesen erstanden sind, mit der Fähigkeit begabt, diese nackte Grundstruktur in den Reichtum unserer Erfahrung zu wandeln. Es ist keine Mißdeutung, eher eine Großtat des Geistes – vielleicht das Resultat von langen Zeitaltern biologischer Entwicklung –, daß es uns gelungen ist, aus dieser rohen Grundlage die uns vertraute Welt zu formen. Es liegt darin eine Erfüllung des Zweckes der menschlichen Natur. Wenn wir nun gleicherweise die geistige Welt mit einer religiösen Färbung umkleiden, die jenseits alles dessen liegt, was wir in ihren nackten äußeren Eigenschaften begreifen, so dürfen wir vielleicht mit der gleichen inneren Überzeugung behaupten, daß auch dies keine Mißdeutung ist, sondern die Erfüllung von etwas Göttlichem in des Menschen Natur.

Lassen Sie mich nochmals auf die Analogie zwischen der wissenschaftlichen Theologie und einer fiktiven Wissenschaft des Humors zurückgreifen, die ich (nach Rücksprache mit einer klassischen Autorität) «Geloeologie» nennen möchte. Zwar ist eine Analogie niemals ein überzeugender Beweis, doch wird sie uns hier gute Dienste leisten. Betrachten wir einen Schotten, dessen Hang zur Philosophie und vollkommene Unfähigkeit, einen Witz zu verstehen, sprichwörtlich sind. Es ist kein Grund vorhanden, warum er nicht als Geloeologe hohe Ehren ernten und zum Beispiel eine äußerst scharfsinnige Untersuchung über den Unterschied zwischen britischem und amerikanischem Humor schreiben sollte. Sein Vergleich zwischen den beiden Witzarten wird sogar in der Erkenntnis, daß er weder die Pointe des einen noch des anderen zu verstehen fähig ist, ganz besonders unparteiisch und gerecht ausfallen. Aber es würde vollkommen nutzlos sein, ihn um seine Ansicht darüber zu befragen, welche Nation mit ihrem Humor den richtigeren Weg verfolgt. Denn für eine solche Entscheidung wäre ein verständnisvolles Einfühlen notwendig; er müßte (um einen Ausdruck von der anderen Seite meiner Analogie zu gebrauchen) gewissermaßen bekehrt werden. Alles, was uns vom Geloeologen und vom philosophisch eingestellten Theologen an Hilfe oder Kritik kommen kann, ist die Bestätigung, daß «Methode in dem Wahnsinn» ist. Der Geloeologe wird vielleicht beweisen, daß die heitere Aufnahme einer Tischrede das Resultat guten Essens und guter Zigarren ist, nicht aber das Zeichen eines feinen Verständnisses für Witze. Der Theologe wiederum würde vielleicht dartun, wie die mystische Ekstase der Anachoreten Fieberphantasien eines kranken Körpers und nicht himmlische Offenbarungen sind. Meiner Ansicht nach sollte man keinen von beiden mit einer Untersuchung über die Realität des Sinnes betrauen, dessen Besitz wir für uns in Anspruch nehmen, noch über die Richtung seiner Entwicklung. Das gehört vor das Forum unseres inneren Gefühles für Wert und Unwert, an das wir alle bis zu einem gewissen Grade glauben, obgleich es strittig sein kann, bis zu welchem Grade dieser Glaube gerechtfertigt ist. Ohne dieses innere Gefühl würde – so scheint es – nicht nur die Religion, sondern auch die gesamte physikalische Welt und jedes Vertrauen auf vernunftgemäßes Denken ins Wanken geraten.

Man hat öfters die Frage an mich gestellt, ob es heute nicht wissenschaftliche Argumente gäbe, deren Beweiskraft sich kein vernünftiger Atheist verschließen könne. Es ist ebensowenig möglich, einem Atheisten religiöse Überzeugung einzuhämmern wie einem Schotten Verständnis für Witze. Die einzige Hoffnung für eine «Bekehrung» des Schotten bietet das Zusammensein mit lustigen Gefährten, denn dabei geht ihm vielleicht die Erkenntnis auf, daß ihm irgend etwas im Leben entgeht, das zu erreichen wertvoll ist. Wahrscheinlich liegt in verborgenen Winkeln seines feierlichen Gemütes der Samen des Humors versteckt und harrt der Erweckung durch einen derartigen Anstoß von außen. Das gleiche Verfahren ließe sich vielleicht auch zur Verbreitung religiöser Überzeugungen empfehlen, zumal es den Vorzug hat, vollkommen orthodox zu sein.

Wir können nicht behaupten, schlüssige Beweise zu liefern. Der Beweis ist das Idol, vor dem sich der reine Mathematiker martert. In der Physik begnügen wir uns im allgemeinen damit, vor dem Altar der *Wahrscheinlichkeit* zu opfern. Und sogar der reine Mathematiker gestattet sich widerstrebend, trotz seiner starren Logik, gewisse Vorurteile. Er ist niemals ganz überzeugt, daß sein mathematisches Schema fehlerfrei ist, und die mathematische Logik war ebenso großen Revolutionen unterworfen wie die theoretische Physik. Mit der gleichen Unzulänglichkeit stolpern wir alle einem unerreichbaren Ideale nach. Wir haben in der Wissenschaft bisweilen Überzeugungen von der richtigen Lösung eines Problems, an denen wir unverbrüchlich festzuhalten suchen, ohne sie eigentlich rechtfertigen zu können. Wir lassen uns dabei von einem angeborenen Sinn für die Gemäßheit der Dinge leiten. Und ebenso können in der geistigen Sphäre Überzeugungen in uns entstehen, an denen festzuhalten unsere innerste Natur uns gebietet. Ich habe ein Beispiel einer solchen inneren Überzeugung angeführt, das selten oder nie in Zweifel gezogen worden ist, nämlich, daß die Hingabe an den mystischen Einfluß eines schönen Naturschauspiels richtig und dem menschlichen Geiste gemäß ist, obgleich sie für jenen «Beobachter», von dem wir in den ersten Kapiteln gesprochen haben, eine unverzeihliche Exzentrizität gewesen wäre. Man spricht oft von der religiösen Überzeugung als von einer Hingabe. Sie kann nicht durch Vernunftgründe jenen aufgezwungen werden, die ihr Gebot nicht in der eigenen Brust empfinden.

Es ist meiner Ansicht nach unvermeidbar, daß diese Überzeugungen immer eine persönliche Auffassung dessen betonen, was wir zu erfassen suchen. Wir müssen die geistige Welt aus Symbolen aufbauen, die wir unserer eigenen Persönlichkeit entnehmen, so wie wir die physikalische Welt aus den metrischen Symbolen des Mathematikers erbauen. Sonst würde sie unerfaßbar bleiben als eine geistige Umgebung, die wir dunkel in Augenblicken der Exaltation fühlen, die uns aber in dem grauen Einerlei des Alltags wieder verlorengeht. Um dieses Gefühl stetig in uns zu erhalten, müssen wir imstande sein, uns der Weltseele inmitten unserer Sorgen und Pflichten in jener einfacheren Beziehung von Seele zu Seele zu nähern, in der alle wahre Religion ihren Ausdruck findet.

Mystische Religionen. Wir haben gesehen, daß das zyklische Schema der Physik einen Hintergrund zur Voraussetzung hat, der außerhalb des Bereiches ihrer Forschung liegt. In diesem Hintergrund haben wir zunächst unsere eigene Persönlichkeit zu suchen, dann aber vielleicht auch eine größere Persönlichkeit. Jedenfalls bildet die Idee eines allgemeinen Geistes oder Logos, wie ich glaube, eine durchaus einleuchtende Schlußfolgerung aus dem gegenwärtigen Stand der theoretischen Physik, zum mindesten aber ist sie mit ihr in harmonischer Übereinstimmung. Trotzdem aber kann wissenschaftliche Forschung bestenfalls nur zur

Aufstellung eines farblosen Pantheismus führen. Niemals erteilt die Wissenschaft Antwort auf die Frage, ob der Weltgeist gut oder böse ist, und ihr hinkender Beweis der Existenz Gottes kann ebensogut in einen Beweis der Existenz des Teufels gekehrt werden.

Dies ist meiner Ansicht nach ein weiteres Beispiel für die Begrenztheit physikalischer Bilder, die uns schon früher beschäftigt hat, nämlich, daß darin Gegensätze immer nur durch + und – dargestellt werden. Vergangenheit und Zukunft, Ursache und Wirkung sind auf diese unzulängliche Weise dargestellt. Und es verursacht der Physik viel Kopfzerbrechen, warum Protonen und Elektronen nicht einfach Gegensätze sind, da doch unsere gesamte Vorstellung von elektrischen Ladungen verlangt, daß positive und negative Elektrizität sich wie plus und minus verhalten. Die Richtung des Zeitpfeils konnte nur durch jene merkwürdige Mischung von Teleologie und Statistik bestimmt werden, die wir als den zweiten Hauptsatz der Thermodynamik kennen; oder ausführlicher: Die Richtung des Pfeiles konnte mit Hilfe statistischer Gesetze bestimmt werden, aber seine Bedeutung als leitender Faktor, der die «Welt mit Sinn erfüllt», konnte nur auf Grund teleologischer Annahmen abgeleitet werden. Wenn aber die Physik nicht einmal bestimmen kann, in welcher Richtung ihre eigene Welt betrachtet werden soll, um wieviel weniger können wir von ihr Führung in ethischen Dingen erhoffen. Wir vertrauen einem inneren Sinn für das Gemäße, wenn wir die physikalische Welt in der Richtung gegen die Zukunft orientieren, und ebenso müssen wir einem inneren Mahner vertrauen, wenn wir die geistige Welt in der Richtung nach dem Guten orientieren.

Wenn auch die Physik ihren Zuständigkeitsbereich beschränkt hat, so daß ein Hintergrund bleibt, den wir nach Belieben mit einer Realität geistiger Art erfüllen können oder sogar sollen, so haben wir trotzdem von ihrer Seite die unnachgiebigste Kritik zu gewärtigen. «Hier», sagt die Wissenschaft, «ich habe Dir ein Gebiet gelassen, in das ich mich nicht hineinmischen will. Auch will ich annehmen, daß Du in der Selbstkenntnis des Bewußtseins eine Art direkten Zugang zu diesem Gebiet besitzt, so daß es nicht notwendig ein Gebiet reinen Nichtwissens sein muß. Aber wie willst Du nun vorgehen? Steht Dir irgendein System von Schlußfolgerungen aus mystischen Erfahrungstatsachen zur Verfügung, das dem System vergleichbar wäre, dessen sich die Wissenschaft bei der Entwicklung ihrer Kenntnis von der Außenwelt bedient? Ich bestehe keineswegs darauf, daß Du gerade meine Methode anwendest, die, wie ich anerkenne, für Dich unbrauchbar ist, doch müßtest Du wenigstens irgendeine verfechtbare Methode haben. Es ist durchaus möglich, daß die von Dir angeführte Erfahrungsbasis stichhaltig ist, aber was habe ich für einen Grund, die religiöse Interpretation, die ihr allgemein gegeben wird, für mehr anzusehen als eine romantisch verworrene Schwärmerei?»

Für die Beantwortung dieser Frage bin ich eigentlich nicht zuständig. Ich kann nur ihre Berechtigung anerkennen. Zwar habe ich mir meine Aufgabe bereits dadurch erleichtert, daß ich nur mystische Religionen betrachte – und ich fühle mich auch nicht berufen, andere zu verteidigen –, doch übersteigt es trotzdem meine Kompetenz, eine Antwort zu geben, die irgendwie Anspruch auf Vollständigkeit erheben könnte. Obgleich die Einsicht unseres Bewußtseins die einzige Möglichkeit darstellt, zu einer *inneren* Kenntnis der hinter den physikalischen Symbolen liegenden Realität zu gelangen, so dürfen wir uns offenbar doch nicht einfach ohne Nachprüfung auf sie verlassen. Die Geschichte lehrt uns, wie religiöser Mystizismus oft zu Übertreibungen geführt hat, die keineswegs gebilligt werden können. Auch nehme ich an, daß übertriebene Sensibilität gegenüber ästhetischen Einflüssen ein Zeichen von einer ungesunden neurotischen Gemütsart sein kann. Bis zu einem gewissen Grade müssen wir pathologische Zustände des Gehirnes in den Momenten scheinbarer innerer Erleuchtung zulassen. Man beginnt schließlich zu fürchten, daß, nachdem wir alle Fehlerquellen aufgezeigt und ausgeschaltet haben, nichts mehr von «uns» übrigbleiben wird. Aber wir müssen uns ja auch bei Betrachtung der physikalischen Welt letztlich auf unsere Sinne verlassen, obgleich sie uns durch grobe Täuschungen irreführen können. So mag auch in ähnlicher Weise der Zugang des Bewußtseins zur geistigen Welt mit Fallen besetzt sein, doch braucht deswegen ein Fortschreiten auf diesem Wege durchaus nicht unmöglich zu sein.

Besonderes Gewicht muß auf folgende Feststellung gelegt werden: Religion oder Kontakt mit einer geistigen Macht muß, um überhaupt eine allgemeine Bedeutung zu haben, durchaus eine gewöhnliche Angelegenheit des täglichen Lebens sein und sollte infolgedessen in jeder Diskussion als solche behandelt werden. Hoffentlich haben Sie meine Bezugnahme auf den Mystizismus nicht falsch aufgefaßt und geglaubt, ich wolle mich auf irgendwelche abnormalen Erfahrungen und Offenbarungen beziehen. Ich kann nicht beurteilen, welche Beweiskraft (wenn überhaupt eine) den ungewöhnlicheren Formen der Erfahrung und inneren Einsicht zugestanden werden muß. Jedenfalls aber wäre die Annahme, mystische Religion beruhe im wesentlichen auf derartigen Ausnahmeerfahrungen, ebenso irrig wie die Ansicht, Einsteins Theorie betreffe nur die Perihelbewegung des Merkur und einige andere ungewöhnliche Beobachtungstatsachen. Handelt es sich aber um eine Angelegenheit des täglichen Lebens, so ist, wie mir scheint, der in Erörterungen religiöser Fragen übliche Ton meistens völlig unangemessen und pedantisch.

Als Physiker wissen wir, daß Farbe nur eine Frage der Wellenlängen von Ätherschwingungen ist, und trotzdem hat diese Erkenntnis das Gefühl nicht zu verdrängen vermocht, daß Augen, die Licht von ungefähr 480 millionstel Millimeter Wellenlänge widerspiegeln, Gegenstand der Poesie sein können, aber solche, die Wellenlängen um 530 millionstel Millimeter widerspiegeln, unbesungen bleiben müssen. Wir haben uns noch nicht die Praxis der Laputaner angeeignet, die, «wenn sie z. B. die Schönheit einer Frau oder eines Tieres preisen wollen, sie mit Hilfe von Rhomben, Kreisen, Parallelogrammen, Ellipsen und anderen geometrischen Ausdrücken beschreiben». Der Materialist, dessen Überzeugung es ist, daß alle Erscheinungen sich aus Elektronen, Quanten und ähnlichen Dingen, deren Verhalten mathematisch beschrieben werden kann, zusammensetzen, müßte somit auch glauben, daß seine Frau durch eine sehr komplizierte Differentialgleichung dargestellt sei. Aber er wird wahrscheinlich taktvoll genug sein, diese Ansicht nicht auf sein häusliches Leben übertragen zu wollen. Wenn wir schon empfinden, daß diese Art, eine gewöhnliche persönliche Verwandtschaftsbeziehung wissenschaftlich zu zergliedern, dem Wesen dieser Beziehung nicht gemäß ist, um wieviel mehr ist dann diese Zergliederung unangebracht bei der persönlichsten aller Beziehungen – der zwischen der menschlichen Seele und dem göttlichen Geist.

Wir sind ängstlich bemüht, nur vollkommene Wahrheit anzuerkennen, aber es ist schwer zu sagen, in welcher Form vollkommene Wahrheit gefunden werden soll. Ich kann es nicht recht glauben, daß dies in Form eines Inventars geschehen sollte. Wenn sie wirklich vollkommen ist, so müßte auch irgendwie das in ihr seinen Ausdruck finden, was wir als «Sinn für das Gemäße» erachten. Der Physiker ist sich keines Verrates an der Wahrheit bewußt, wenn sein «Sinn für das Gemäße» ihn veranlaßt, ein Brett als zusammenhängenden Stoff anzusehen, obgleich er wohl weiß, daß es «in Wirklichkeit» leerer Raum ist, der spärlich verstreute elektrische Ladungen enthält. Ebenso mögen uns die tiefsten philosophischen Untersuchungen über die Natur der Gottheit eine Auffassung vermitteln, die in keiner Weise dem täglichen Leben gemäß ist, so daß wir uns lieber an die Auffassung halten, die uns vor fast 2000 Jahren offenbart wurde.

Ich stehe auf der Türschwelle, im Begriff, ein Zimmer zu betreten. Das ist ein kompliziertes Unternehmen. Erstens muß ich gegen die Atmosphäre ankämpfen, die mit einer Kraft von 1 Kilogramm auf jeden Quadratzentimeter meines Körpers drückt. Ferner muß ich auf einem Brett zu landen versuchen, das mit einer Geschwindigkeit von 30 Kilometer in der Sekunde um die Sonne fliegt; nur den Bruchteil einer Sekunde Verspätung, und das Brett ist bereits meilenweit entfernt. Und dieses Kunststück muß fertiggebracht werden, während ich an einem kugelförmigen Planeten hänge, mit dem Kopf nach außen in den Raum hinein, und ein Ätherwind von Gott weiß welcher Geschwindigkeit durch alle Poren meines Körpers bläst. Auch hat das Brett keine feste Substanz. Darauftreten heißt auf einen Fliegenschwarm treten. Werde ich nicht hindurchfallen? Nein, denn wenn ich es wage und darauftrete, so trifft mich eine der Fliegen und gibt mir einen Stoß von oben, ich falle wieder und werde von einer anderen Fliege nach oben geworfen, und so geht es fort. Ich darf also hoffen, das Gesamtresultat werde sein, daß ich dauernd ungefähr auf gleicher Höhe bleibe. Sollte ich aber unglücklicherweise trotzdem durch den Fußboden hindurchfallen oder so heftig emporgestoßen werden, daß ich bis zur Decke fliege, so würde dieser Unfall keine Verletzung der Naturgesetze, sondern nur ein außerordentlich unwahrscheinliches Zusammentreffen von Zufällen sein. Aber dies sind nur einige von den geringeren Schwierigkeiten, die mich erwarten. Eigentlich müßte ich das Problem vierdimensional betrachten, denn es betrifft den Schnittpunkt meiner Weltlinie mit der des Brettes. Ferner würde es notwendig sein zu bestimmen, in welcher Richtung die Entropie der Welt zunimmt, um sicherzustellen, daß mein Überschreiten der Schwelle einen Eintritt und kein Hinausgehen bedeutet.

Wahrlich, es ist leichter, daß ein Kamel durch ein Nadelöhr geht denn daß ein Physiker eine Türschwelle überschreitet. Handelt es sich um ein Scheunentor oder eine Kirchentür, vielleicht wäre es weiser, er fände sich damit ab, nur ein gewöhnlicher Mensch zu sein, und ginge einfach hindurch, anstatt zu warten, bis alle Schwierigkeiten sich gelöst haben, die mit einem wissenschaftlich einwandfreien Eintritt verbunden sind.

Die Naturwissenschaft auf neuen Bahnen

Die heutige Wissenschaft, soweit ich mit ihr durch meine eigene wissenschaftliche Arbeit vertraut bin, die Mathematik und Physik, zeigen die Welt mehr und mehr als eine offene Welt, als eine Welt, die nicht geschlossen ist, sondern die über sich selbst hinausweist ... Die Wissenschaft sieht sich durch die erkenntnistheoretische, die physikalische und die konstruktiv-mathematische Seite ihrer eigenen Methoden und Ergebnisse zugleich gezwungen, diese Lage anzuerkennen. Es muß hinzugefügt werden, daß die Wissenschaft nicht mehr tun kann, als diesen offenen Horizont aufzuzeigen; wir sollen nicht versuchen, durch Einbeziehung des transzendentalen Bereichs von neuem eine geschlossene (wenn auch umfassendere) Welt zu gestalten.

Hermann Weyl, *The Open World*

I

Unsere Heimat, die Erde, ist an Größe der fünfte oder sechste unter den Planeten, die einem Stern mittlerer Größe in der Milchstraße angehören. Allein innerhalb unserer Milchstraße gibt es vielleicht 1000 Millionen Sterne, die so groß und so hell sind wie die Sonne. Und diese Milchstraße ist nur eine von vielen Millionen, die einen Teil der gleichen Schöpfung bilden, die aber jetzt voneinander wegstreben. In dieser Fülle von Welten gibt es vielleicht noch andere Himmelskörper, die von so hochentwickelten Wesen bewohnt sind, wie es der Mensch ist, oder die es früher waren; aber wir glauben nicht, daß sie auch nur einigermaßen häufig sind. Nach allem, was wir heute wissen, ist es ein höchst seltener Zufall, wenn einem Stern das gleiche widerfährt, was die Entstehung des Sonnensystems veranlaßt hat. Es scheint, daß sich die Materie unter gewöhnlichen Umständen zu großen Massen von äußerst hoher Temperatur sammelt und daß die Bildung kleiner, kühler Himmelskörper, die für den Aufenthalt von Lebewesen geeignet sind, ein sehr seltenes Ereignis ist. Die Natur scheint auf eine ungeheure Entwicklung feuriger Welten bedacht gewesen zu sein, auf ein Epos für Jahrmillionen. Was den Menschen betrifft, so scheint es unbillig, der Natur immer wieder ihren einen Fehltritt vorzuhalten. Infolge einer winzigen Störung in der Maschine – völlig belanglos für die Entwicklung des Weltalls – wurden ganz zufällig einige Stückchen Materie von falscher Größe gebildet. Ihnen mangelt der reinigende Schutz einer hohen Temperatur oder die gleich wirksame ungeheure Kälte des Raumes. Der Mensch ist eines der grauenvollen Ergebnisse dieses Versagens der antiseptischen Vorsichtsmaßnahmen.

Es mag heilsam sein, wenn wir uns der Nichtigkeit des Menschengeschlechtes vor der Majestät des Weltalls einmal bewußt werden; aber es bringt uns auf einen beunruhigenden Gedanken. Denn der Mensch ist der berufene Hüter gewisser Qualitäten oder Illusionen, die die Bedeutung der Dinge in einem grundsätzlich neuen Licht erscheinen lassen. Er breitet Zweckhaftigkeit über eine Welt des Zufalls. Er weiß um Wahrheit, Rechtschaffenheit und Opfersinn. In ihm lebt für einige kurze Jahre ein Funke des göttlichen Geistes. Ist das im Weltall ebenso belanglos wie er selbst?

Es geht vielleicht zu weit, wenn ich sage, daß unsere Leiber Stücke aus Sternenstoff sind, der durch einen Zufall, gegen den die Natur nicht genügend vorgesorgt hatte, seinem eigentlichen Schicksal entging und der sich den Umstand einer niedrigen Temperatur zunutze machte, um sich außergewöhnlich verwickelt zu gestalten und die Streiche zu spielen, die wir «Leben» nennen. Ich will diese Ansicht weder vertreten noch bestreiten; aber ich halte das so sehr für eine offene Frage, daß ich mich weigere, meine Philosophie oder meine Religion auf die Annahme zu gründen, daß sie sicher verneint werden muß. Man kann sich dem Problem aber auch auf andere Weise nähern. Die Naturwissenschaft ist ein Versuch, das Kryptogramm der Erfahrung zu entziffern; sie bringt die Sachverhalte der sinnlichen Erfahrungen menschlicher Wesen in eine Ordnung. Niemand wird leugnen, daß dieser Versuch einen beträchtlichen Erfolg gehabt hat; er knüpft aber nicht unmittelbar an den Anfang des Erfahrungsproblems an. Die erste Frage, die man über wissenschaftliche Sachverhalte und Theorien, wie sie in diesem Buch besprochen sind, stellt, lautet: «Sind sie wahr?» Ich möchte Wert darauf legen, daß bezeichnender als die wissenschaftlichen Schlüsse selbst die Tatsache ist, daß diese Frage über sie sich so unabweislich aufdrängt. Die Frage: «Ist es wahr?» gibt der Erfahrungswelt ein anderes Gesicht – nicht weil sie *über* die Welt, sondern weil sie *in* der Welt gestellt wird. Wenn wir wirklich ganz auf den Ursprung zurückgehen, so ist das erste, was wir in der Erfahrungswelt anerkennen müssen, ein Etwas, das auf die Wahrheit bedacht ist – ein Etwas, dessen dringendstes Anliegen es ist, daß Überzeugungen wahr seien. Das ist kein trügerisches Kryptogramm; das ist nicht in der symbolischen Sprache geschrieben, in der wir die nicht kennbaren Betätigungen unbekannter Handelnder im physikalischen Weltall darstellen. Bevor wir überhaupt die Naturwissenschaft veranlassen, das Problem in ihre Hand zu nehmen und die Sachverhalte der sinnlichen Erfahrung zu ordnen, haben wir schon den ersten Bestandteil der Erfahrungswelt festgestellt. Wenn die Naturwissenschaft bei ihrer Bestandsaufnahme diesen Bestandteil von neuem entdeckt, dann ist es schön und gut. Wenn aber nicht, dann mag die Naturwissenschaft den Anspruch erheben, für das Weltall aufzukommen, wer aber wird für die Naturwissenschaft aufkommen?

Was ist die letzte Wahrheit über uns selbst? Die verschiedensten Antworten drängen sich uns auf. Wir sind ein bißchen Sternenstoff, der seinen Weg verfehlt hat. Wir sind ein physikalisches Hebelwerk – Puppen, die einherstolzieren und reden und lachen und sterben, je nachdem die Hand der Zeit an den Fäden zieht. Es gibt aber eine unausweichliche Antwort. *Wir sind das Etwas, das die Frage stellt.* Was sonst auch immer in unserem Wesen einbeschlossen sein mag, das Verantwortungsgefühl gegenüber der Wahrheit ist eines seiner Merkmale. Diese Seite unseres Wesens liegt außerhalb der Zuständigkeit des Physikers. Ich glaube nicht, daß es erschöpfend ist, wenn man eine geistige Seite unseres Seins zugibt. Es handelt sich mehr um das Gewissen als um das Bewußtsein. Das Bedürfnis nach Wahrheit ist eins von den Dingen, die das geistige Wesen des Menschen ausmachen. Es gibt andere Teile unseres geistigen Wesens, die vielleicht ebenso selbstverständlich sind; aber es ist nicht so leicht, ihr Dasein als so zwingend zu erkennen. Wir können ein Erfahrungsproblem nicht anerkennen, ohne daß wir gleichzeitig uns selbst als Wahrheitssucher anerkennen, die ihre Rolle in dem Problem spielen. Die seltsame Verbindung von Seele und Leib – eines Verantwortungsbewußtseins gegenüber der Wahrheit und einer bestimmten Gruppe von Kohlenstoffverbindungen – ist ein Problem, das natürlich unsere größte Anteilnahme erweckt; es ist aber keine mit Furcht gepaarte Anteilnahme, so als stehe das Dasein einer geistigen Bedeutung der Erfahrung in Frage. Diese Bedeutung ist vielmehr als eine Gegebenheit des Problems anzusehen, und die Lösung muß zu den

Gegebenheiten passen. Wir dürfen nicht die Gegebenheiten vergewaltigen, auf daß sie zu einer vorweggenommenen Lösung passen.

Ich bin nicht der Ansicht, daß die Erscheinung des Lebens (soweit es von der Erscheinung des Bewußtseins getrennt werden kann) außerhalb des Bereiches der Physik und Chemie liegt. Gründe wie der, daß ein lebendes Wesen, weil es ein Organismus ist, aus eben diesem Grunde etwas an sich hat, was in der Ausdrucksweise der Physik nie begriffen werden kann, machen auf mich keinen Eindruck. Man hat wohl noch nicht genügend erkannt, daß sich die heutige theoretische Physik sehr stark mit der Erforschung der Organisation beschäftigt; und der Schritt von der Organisation zum Organismus scheint nicht unmöglich. Es wäre aber nicht weniger töricht, die tiefe Kluft zu leugnen, die unser Verständnis für die verwickeltste Form anorganischer Materie von unserem Verständnis für die einfachste Form des Lebendigen trennt. Wir wollen aber einmal annehmen, diese Kluft sei eines Tages überbrückt und die Wissenschaft sei imstande zu zeigen, wie aus den Wesenheiten der Physik Geschöpfe gestaltet werden können, die ein Gegenstück unserer selbst sind, sogar darin, daß sie mit Leben begabt sind. Der Forscher wird vielleicht auf das Nervensystem des Geschöpfes hinweisen, auf seine Fähigkeit, sich zu bewegen, zu wachsen, Nachkommenschaft zu zeugen, und schließlich sagen: «Das bist du.» Aber es hat noch die unabweisliche Probe zu bestehen. Hat es, so wie ich, mit der Wahrheit zu schaffen? Dann will ich anerkennen, daß es wirklich meinesgleichen ist. Der Forscher wird vielleicht auf Bewegungen im Hirn hinweisen und sagen, daß sie wirklich Empfindungen, Regungen, Gedanken bedeuten; und vielleicht wird er uns einen Schlüssel liefern, um die Bewegungen in die entsprechenden Gedanken zu übersetzen. Selbst wenn wir diesen wenig angemessenen Ersatz für ein Bewußtsein von der Art, wie es uns wohl vertraut ist, anerkennen könnten, müßten wir immer noch Einspruch erheben: «Du hast uns ein Geschöpf gezeigt, *dem es darauf ankommt, daß das, was es denkt und glaubt, auch wahr ist.*» Das innerste Ich, dem das zukommt, was ich ein unabweisliches Merkmal genannt habe, kann nie ein Teil der physikalischen Welt sein, es sei denn, wir änderten die Bedeutung des Wortes «physikalisch» so, daß es mit «geistig» gleichbedeutend würde – eine Änderung, die für ein klares Denken kaum von Vorteil wäre. Wenn wir aber unseren angeblichen Doppelgänger so verleugnet haben, können wir dem Forscher sagen: «Gib diesen Robot, der sagt, er sei meinesgleichen, noch einmal zurück; lasse ihm das

Merkmal verleihen, das ihm noch mangelt, dazu vielleicht noch andere geistige Merkmale, die ich als selbstverständlich verlangen muß. Vielleicht bekommen wir dann etwas, was in der Tat meinesgleichen ist.»

Vor einigen Jahren wäre der Gedanke, den physikalisch hergestellten Menschen zu nehmen und ihn zu einem geistigen Wesen zu vervollständigen, indem man irgend etwas zu ihm hinzutäte, eine reine Redensart gewesen – ein Hinweggleiten mit Worten über eine unüberwindliche Schwierigkeit. Etwa ebenso sprechen wir oberflächlich von einem Robot, dem wir dann Leben einblasen. Ein Robot ist vermutlich nicht so beschaffen, daß er solche Änderungen seiner Planung in letzter Minute vertragen könnte; er ist ein empfindliches mechanisches Kunstwerk, zum mechanischen Arbeiten geschaffen, und es würde eine völlige Umarbeitung erfordern, wenn man ihm weitere Fähigkeiten verleihen wollte. Um es ganz einfach zu sagen: Wenn man ein Gefäß mit irgend etwas füllen will, so muß man es hohl machen, und der altmodische materielle Leib war nicht hohl genug, um ein Gefäß für geistige oder seelische Merkmale zu sein. Die Folge war, daß man das Bewußtsein in die Lage eines Störenfrieds in der physikalischen Welt versetzte. Wir standen vor der Wahl, ob wir es als eine Einbildung oder als ein widernatürliches Mißverständnis dessen, was wirklich im Gehirn vor sich geht, wegerklären wollten oder ob wir eine Lenkung von außen her anerkennen wollten, die die Macht besäße, die sonst geltenden Naturgesetze außer Kraft zu setzen, und die sich durch grobe Eingriffe in das Verhalten der Atome und Moleküle kundtäte, mit denen sie in Berührung kommt.

Unser derzeitiger Begriff der physikalischen Welt ist *hohl genug*, um so ziemlich alles in sich aufzunehmen. Ich glaube, der Leser wird mir darin beistimmen. Doch vielleicht ist diese freudige Zustimmung etwas voreilig. Was wir als die Grundlage aller Erscheinungen ans Tageslicht bringen, ist ein Schema von Symbolen, die durch mathematische Gleichungen verknüpft sind. Denn hierzu verdichtet sich die physikalische Wirklichkeit, wenn man sie mit denjenigen Methoden prüft, die dem Physiker zur Verfügung stehen. Ein skelettartiges Schema von Symbolen trägt seine eigene Hohlheit offen zur Schau. Es kann mit etwas ausgefüllt werden, was ein Skelett in einen Körper, einen Plan in seine Ausführung, ein Symbol in eine Auslegung der Symbole verwandelt – ja, es schreit nach solcher Ausfüllung. Und wenn der Physiker das Problem des lebenden Körpers je lösen sollte, so wäre er nicht mehr in Versuchung, voll Stolz auf sein Ergebnis hinzuweisen und zu sagen: «Das bist du!» Er sollte eher sagen: «Das ist eine Anhäufung von Symbolen, die in meiner Beschreibung und Erklärung derjenigen deiner Eigenschaften, die ich beobachten und messen kann, deine Stelle vertritt. Wenn du behauptest, eine tiefere Einsicht in dein Wesen zu besitzen, durch die du diese Symbole auslegen kannst – ein eingehenderes Wissen von der Wirklichkeit, mit der ich nur auf symbolische Weise umzugehen vermag –, so kannst du beruhigt sein, daß ich dem keine gleichwertige Auslegung entgegenzustellen weiß.» Das Skelett ist der Beitrag der Physik zum Problem der Erfahrung; mit der Bekleidung des Skeletts hat sie nichts zu tun.

II

Der naturwissenschaftliche Begriff von der Welt hat sich von dem Alltagsbegriff mehr und mehr entfernt, und wir standen schließlich vor der Frage, was denn nun eigentlich das Ziel dieser Umformung ist. Die Lehre, daß die Dinge nicht das sind, als was sie uns erscheinen, ist noch ziemlich maßvoll; es ist aber so weit gekommen, daß wir uns einmal wieder daran erinnern müssen, daß es die Erscheinungswelt ist, nach der wir unser äußeres Leben tatsächlich auszurichten haben. Das ist nicht immer so gewesen. Anfänglich bestand der Fortschritt des wissenschaftlichen Denkens darin, daß man grobe Irrtümer in den altgewohnten Auffassungen von den Dingen richtigstellte. Wir erfuhren, daß die Erde eine Kugel und nicht eben ist. Das bezieht sich nicht auf irgendeine abstrakte, wissenschaftliche Erde, sondern auf die uns so wohlbekannte heimatliche Erde. Es bereitet wohl niemandem unter uns eine Schwierigkeit, sich die Erde als eine Kugel vorzustellen. Ich muß gestehen, daß mir dieser Gedanke so geläufig ist, daß er sich mir ganz von selbst aufdrängt; und es kann vorkommen, daß ein Wettkampf, der in Australien ausgefochten wird, meinem geistigen Auge so erscheint, als werde er kopfüber ausgetragen. Wir haben erfahren, daß die Erde sich dreht. Für gewöhnlich erkennen wir diesen Schluß mit unserem Verstande an, ohne den Versuch zu machen, ihn in unsere Alltagsvorstellung zu übernehmen; wenn wir es aber versuchen, so können wir uns das sehr gut vorstellen. In Rossettis Gedicht schaut der Engel vom goldenen Altan des Himmels herab und überschaut

Die Weite, bis in jene Ferne wo
Die Erde wirbelt, einer Mücke gleich.

Da er von der Stätte der Wahrheit herabblickt, so kann nichts als die vollkommene Wahrheit sich ihm offenbaren. Er muß die Erde sehen, wie sie wirklich ist – einem wirbelnden Insekt gleich. Jetzt aber wollen wir ihn mit etwas einigermaßen Neuzeitlichem in Versuchung führen. Nach der Einsteinschen Theorie ist die Erde, wie jegliche Materie, eine Krümmung der Raum–Zeit–Welt, und das, was wir gewöhnlich ihren Drehimpuls nennen, ist das Verhältnis zweier Krümmungskomponenten. Was soll der Engel in aller Welt damit anfangen? Ich fürchte, er muß ein wenig blaustrümpfig werden. Vielleicht ist das gar nicht so schlimm. Ich glaube, es ist keine kränkende Zumutung, daß ein himmlisches Wesen etwas von der Einsteinschen Theorie versteht. Mein Einwand ist ernster. Wenn der Engel die Erde mit Einsteins Augen sehen würde, so würde er sie auf wahre Weise erblicken – das scheint mir so gut wie sicher –, aber er würde *das Wesentliche übersehen*. Es ist so, als führten wir ihn in eine Gemäldegalerie, und er sähe dort (mit jenem schmerzvollen Blick für die Wahrheit, der nichts sieht, was nicht wirklich da ist) nichts als zehn Quadratmeter gelbe Farbe, fünf Quadratmeter rote Farbe usw.

Solange die Physik bei ihrer Bastelei an der Alltagswelt ihr noch diejenigen Züge erhalten konnte, die die ästhetische Seite unseres Wesens mitklingen lassen, konnte sie mit einem Schein des Rechts den Anspruch erheben, daß sie die Gesamtheit der Erfahrung umfaßt. Und wer beanspruchte, daß es eine andere, religiöse Seite unseres Daseins gibt, mußte seinen Anspruch verfechten. Nachdem aber jetzt das von ihr entworfene Bild so vieles nicht enthält, was offensichtlich bedeutsam ist, ist keine Rede mehr davon, daß es die ganze Wahrheit über die Erfahrung darstellt. Wollte sie diesen Anspruch erheben, so würde sie nicht nur auf den Widerspruch aller religiös gesinnten Menschen stoßen, sondern auch auf den Widerspruch derer, die da glauben, der Mensch sei doch auch noch etwas anderes als ein physikalisches Meßgerät.

Die Physik gibt eine Antwort von hoher Vollkommenheit auf eine ganz bestimmte Frage, der wir in unserer Erfahrung gegenübergestellt sind. Es liegt mir völlig fern, die Bedeutung des Problems und den Wert seiner Lösung zu verkleinern ... Für den Physiker ist der Beobachter zu einem Symbol geworden, der in einer Welt von Symbolen lebt. Aber noch bevor wir das Problem dem Physiker überantworteten, schauten wir es mit Menschenaugen, mit den Augen eines Geistes, dessen Umwelt diesem Geist verwandt ist.

Soweit ich mich auf eine Erfahrung berufe, die über die symbolischen Gleichungen der Physik hinausreicht, hat das mit einem bestimmten physikalischen Wissen nichts zu tun. Ich bin dabei, wie jeder andere, von dem abhängig, was das allgemeine Erbteil des menschlichen Denkens ist.

Wir müssen anerkennen, daß das besondere Wissen, um das die Physik ringt, viel zu eng begrenzt und auf zu weniges beschränkt ist, als daß es ein vollständiges Verständnis für die Umwelt des Menschengeistes vermitteln könnte. Sehr viele Seiten unseres alltäglichen Lebens und Tuns entführen uns dem Blickfeld der Physik. Im wesentlichen besteht keinerlei Meinungsverschiedenheit über die Zulässigkeit und die Bedeutung dieser Seiten. Wir betrachten ihre Geltung als gewährleistet und richten, ohne viel zu fragen, unser Leben nach ihnen ein. Jegliche Erörterung darüber, ob sie mit der von der Physik enthüllten Wahrheit verträglich sind, steht nur auf dem Papier; denn was bei solchen Erörterungen auch herauskommen mag, wir werden diese Seiten unseres Lebens nicht opfern, denn wir wissen von vornherein, daß das menschliche Wesen ohne diese Wege ins Freie unvollständig wäre. Es wäre deshalb einigermaßen sonderbar, wenn unter den zahlreichen außerphysikalischen Seiten der Erfahrung gerade einzig und allein die Religion einer Versöhnung mit dem in der Naturwissenschaft zusammengefaßten Wissen bedürfte. Mit welchem Recht darf man denn erwarten, daß alles, was das Wesen des Menschen betrifft, mit der Elle gemessen oder als ein Schnittpunkt von Weltlinien ausgedrückt werden kann? Wenn es überhaupt einer Verteidigung bedarf, so muß meines Erachtens ein religiöser Standpunkt nach den gleichen Grundsätzen verteidigt werden wie ein ästhetischer Standpunkt. Ihre Rechtfertigung scheint in dem Gefühl eines seelischen Wachstums und einer seelischen Vervollkommnung zu liegen, das man ebenso stark bei der Betätigung einer ästhetischen Begabung wie bei der Betätigung einer religiösen Begabung empfindet. Es ist dem inneren Gefühl des Forschers verwandt, das ihm die Überzeugung verleiht, daß wir durch die Betätigung einer anderen geistigen Begabung, der Fähigkeit, Schlüsse zu ziehen, etwas erreichen, was dem menschlichen Geist durch einen inneren Drang zu erstreben auferlegt ist.

Durch eine Einsicht in unser eigenes Wesen erkennen wir zuerst, daß das physikalische Weltall sich unmöglich mit unserem Erlebnis der Wirklichkeit in seinem ganzen Umfange decken kann. Das «Etwas, dem es auf die Wahrheit ankommt», muß gewiß auch seinen Platz in der Wirklichkeit haben, wie auch immer wir die Wirklichkeit definieren. Innerhalb unserer eigenen inneren Natur oder infolge der Berührung unseres Bewußtseins mit einer Natur, die die Grenzen der unsrigen überschreitet, gibt es für uns Dinge, die in gleicher Weise einen Anspruch auf Anerkennung haben – das Schöne, das Sittliche, und schließlich an der Wurzel jeder geistigen Religion jenes Erlebnis, das wir als die Gegenwart Gottes beschreiben. Wenn ich sage, daß diese Dinge eine geistige Welt darstellen, so versuche ich nicht, sie zu vergegenständlichen oder zu objektivieren – sie anders zu betrachten als so, wie wir sie in unserer Erfahrung erleben. Ich möchte vielmehr sagen, wenn in dem vom Geheimnis des Daseins überwältigten Menschenherzen der Schrei erklingt: «Um was geht dies alles?», dann ist es keine ehrliche Antwort, wenn man nur den Teil der Erfahrung beachtet, der unseren Sinneswerkzeugen zugänglich ist, und erwidert: «Es geht um Atome und um Chaos; es geht um ein Weltall glühender Kugeln, die ihrem drohenden Verderben entgegenrollen; es geht um Tensoren und nicht-kommutative Algebra.» Es geht vielmehr um einen Geist, in dem die Wahrheit wie in einem Schrein beschlossen ist, mit allen Möglichkeiten der Selbstvollendung in seiner Verantwortung für das Schöne und das Gute. Sollte ich nicht auch noch sagen, daß ebenso wie das Licht und die Farben und die Klänge als die Eingebungen einer außer uns befindlichen Welt zu unserem Geist gelangen, so auch diese anderen Regungen unseres Bewußtseins von etwas herrühren, das, ob wir es nun als außerhalb unserer selbst oder als in unserem tiefsten Innern verborgen beschreiben, größer ist als unser eigenes Selbst?

Es ist der eigentliche Wesenskern der Religion, daß sie uns diese Seite unserer Erfahrung als eine Angelegenheit des Alltagslebens nahebringt. Damit wir dieses Leben leben können, müssen wir es in der uns geläufigen Gestalt begreifen, und nicht als eine Folge abstrakter physikalischer Feststellungen. Es wäre unerträglich, wenn ein Mensch von seiner gewöhnlichen Umwelt ständig in der Sprache der Physik reden würde. Wenn Gott in unserem täglichen Leben irgend etwas zu bedeuten hat, so sollten wir es nicht als einen Verrat an der Wahrheit empfinden, wenn wir ganz unwissenschaftlich von ihm denken und über ihn reden, ebensowenig wie wenn wir über unsere Mitmenschen unwissenschaftlich denken und reden.

Es könnte so scheinen, als ließe eine solche Einstellung einer Selbsttäuschung allzu weiten Spielraum. Wenn wir es unternähmen, das, was wir das religiöse Erlebnis nennen, nach physikalischen Methoden zu analysieren, so könnte es geschehen, daß wir in dem Gott, der uns alsdann entgegenzutreten scheint, nichts als eine Verpersönlichung gewisser abstrakter Begriffe entdecken würden. Ich gebe zu, daß die Anwendung jeglicher Methode, die man im gewöhnlichen Sinne als eine physikalische bezeichnen würde, wahrscheinlich dieses Ergebnis haben würde. Aber was können wir denn auch anderes erwarten? Wenn wir uns auf die Methoden der Physik beschränken, so müssen wir notwendig zur *Gruppenstruktur* der religiösen Erfahrung kommen – wenn sie eine solche besitzt. Wenn wir die weniger exakten Wissenschaften heranziehen, so führen sie zu entsprechenden Abstraktionen und Einordnungen. Wenn unsere Methode in einer Einordnung besteht, was können wir dann anderes erlangen als einen Schlüssel? Wenn es sich erweist, daß die physikalische Methode Gott auf einen Schlüssel zur Entzifferung der Sittlichkeit zurückführt, so beleuchtet das zwar das Wesen der physikalischen Methode; ich hege aber lebhafte Zweifel, ob es irgendein Licht auf das Wesen Gottes wirft. Wenn eine Betrachtung des religiösen Erlebnisses im Lichte der Psychologie aus unserem Gottesbegriff alles zu beseitigen scheint, was Ehrfurcht und Andacht heischt, so tun wir gut, einmal darüber nachzudenken, ob das gleiche nicht auch unseren menschlichen Freunden widerfährt, wenn man sie mit den Mitteln der Psychologie analysiert und sozusagen in eine Kartei einordnet.

Doch darf eine Verpersönlichung nicht unbedingt als ein Hirngespinst verurteilt werden. Bin ich denn nicht selbst eine Verpersönlichung jenes Strukturschemas, das alles einbegreift, was die Physik an mir zu erkennen vermag?

III

Wir wollen nun die Antwort auf die Frage betrachten, ob das Wesen der Wirklichkeit materieller oder geistiger Art oder eine Vereinigung beider ist. Ich habe oft gesagt, daß ich das Wort «Wirklichkeit», das den eigentlichen Sinn so oft verdunkelt, nicht liebe. Ich stelle aber die Frage in ihrem üblichen Wortlaut, und ich antworte auf das, was ich für die Meinung des Fragestellers halte.

Zunächst will ich eine andere Frage beantworten. Besteht das Weltmeer aus Wasser oder aus Wellen oder aus beidem? Einige meiner Reisegefährten auf der Fahrt über den Ozean waren ganz entschieden der Ansicht, er bestehe aus Wellen; die unvoreingenommene Antwort ist aber doch wohl, daß er aus Wasser besteht. Jedenfalls wird uns, wenn wir erklären, daß das Wesen des Weltmeeres wässerig sei, wahrscheinlich niemand widersprechen und behaupten, sein Wesen sei im Gegenteil wellenhaft, oder es sei zwiespältigen Wesens, teils wässerig und teils wellenhaft. Ebenso behaupte ich, daß das Wesen der Wirklichkeit geistig ist, weder materiell noch eine Zweiheit aus Materie und Geist. Die Hypothese, daß ihr Wesen irgend etwas Materielles an sich haben könne, geht in meine Berechnung überhaupt nicht ein. Denn so, wie wir heute die Materie auffassen, ergibt die Verbindung des Eigenschaftsworts «materiell» mit dem Hauptwort «Wesen» im Sinne dessen, was etwas im Innersten bedeutet oder darstellt, keinen vernünftigen Sinn.

Wenn wir jetzt den Ausdruck materiell (oder genauer physikalisch) im weitesten Sinne als das auslegen, dessen wir in der Außenwelt auf Grund unserer sinnlichen Erfahrung habhaft werden können, so erkennen wir, daß es den Wellen, nicht dem Wasser des Weltmeers der Wirklichkeit entspricht. Meine Antwort leugnet nicht das Dasein der physikalischen Welt, ebensowenig wie die Antwort, daß das Weltmeer aus Wasser besteht, das Dasein der Meereswellen leugnet. Nur gelangen wir auf diese Weise nicht bis an das innerste Wesen der Dinge. Wie die symbolische Welt der Physik, so ist auch die Welle ein Begriff, der geräumig genug ist, um so ziemlich alles in sich aufzunehmen. Es gibt Wasserwellen, Luftwellen, Ätherwellen und (in der Quantentheorie) Wahrscheinlichkeitswellen. Nachdem uns die Physik die Wellen gezeigt hat, müssen wir immer noch den inneren Gehalt der Wellen aus irgendeinem anderen Bezirk unseres Wissens ermitteln. Wenn ihr damit einverstanden seid, daß die geistige Seite der Erfahrung zur physikalischen Seite in einem Verhältnis gleicher Art steht wie das Wasser zur Gestalt der Wellen, so kann ich es euch selbst überlassen, daß ihr euch eine Antwort auf die zu Beginn dieses Abschnittes gestellte Frage bildet, und ich kann so eine mißverständliche Auslegung meiner Worte verhindern. Wichtiger aber ist es, daß ihr erkennen werdet, wie ungezwungen sich die beiden Seiten der Erfahrung nunmehr ineinanderfügen und wie keine der anderen ihren Platz und Rang streitig macht. Es ist beinahe so, als habe der heutige Begriff der physikalischen Welt mit feinem Verständnis Raum für die Wirklichkeit von Geist und Bewußtsein gelassen.

Wenn wir nur zwei Möglichkeiten anerkennen, geistig und materiell, so müssen wir diese Ausdrücke natürlich in einem sehr allgemeinen Sinne verwenden. Wir können nicht annehmen, daß der nichtmaterielle Untergrund der physikalischen Symbole auch sonst so bis ins einzelne entwickelt ist, wie wir es in dem Untergrund derjenigen physikalischen Symbole erkennen, die an der Stelle unserer selbst stehen. Wenn wir uns aber nicht in hypothetische Verallgemeinerungen versteigen wollen, können wir ihn kaum anders als geistig nennen, im Einklang mit dem einzigen Faden, der von uns zur Natur hinführt.

Wollt ihr diese Vorstellung als ein Ganzes sehen, so bedenkt, wie ihr selbst in das Schema des Wissens eingeht. Auf Grund einer wissenschaftlichen Untersuchung kann ich euch als einen Teil des physikalischen Weltalls beschreiben, euch einen Platz in Raum und Zeit anweisen, eure chemische Zusammensetzung feststellen, usw. Dies alles ist ein mittelbares Wissen, denn es ist (wie meine gesamte sinnliche Erfahrung) erst durch physikalische Veränderungen, die sich längs meines Nervensystems fortgepflanzt haben, in meinen Besitz gelangt. Um diesem Wissen die genaueste Gestalt zu geben, muß ich die Symbole der mathematischen Physik und die Gleichungen, die sie miteinander verknüpfen, anwenden. Doch ist damit mein Wissen von euch noch keineswegs erschöpft. Ich bin davon überzeugt, daß es in Verbindung mit jenem Teil eures Hirns, den die Physiologen im besonderen mit eurem «Ich» identifizieren, noch einiges mehr gibt. Ihr seid nicht nur das, was die physikalischen Symbole beschreiben, sondern auch «das Etwas, dem es auf die Wahrheit ankommt», und dessen Dasein in der Erfahrungswelt wir im Anbeginn unserer Untersuchung zugeben mußten. Ich würde hier nicht zu euch sprechen, wenn ich hiervon nicht überzeugt wäre. Als eine Folgerung ist dieses mein Wissen von euch sogar noch weiter hergeholt als mein Wissen über eure physikalische Struktur; denn zum Teil ist es aus euren physikalischen Lebensäußerungen und eurem physikalischen Verhalten hergeleitet, zum anderen Teil aus meinem unmittelbaren Wissen davon, was solche Lebensäußerungen und ein solches Verhalten in meinem eigenen Fall zu bedeuten haben. Zwar ist die Reise länger, aber das Reiseziel liegt näher. Denn dieses ist nicht mehr ein Wissen symbolischer Art; ein solches Wesen, wie ich es euch zuschreibe, ist aus lauter Eigenschaften zusammengesetzt, die mir ohne Zutun des Mechanismus der Sinne an meinem eigenen Geiste bekannt sind.

In welchem Umfang geht dieser Standpunkt die heutigen Anschauungen der Physik an? Sie werden auf die folgende Weise mit betroffen. Ein Philosoph, der nicht allzutief nachdenkt, nimmt an, daß das Wesen eines Tisches mir «in meinem Geiste ohne das Zutun eines sinnlichen Mechanismus bekannt ist». Ein jeder, dem es obliegt, Vorträge über die Relativitätstheorie zu halten, sieht sich dem weitverbreiteten Glauben gegenüber, daß das Wesen des Raumes* uns ohne Zutun des sinnlichen Mechanismus im Geiste bekannt ist. Wir haben es der Relativitätstheorie und der Quantentheorie zu verdanken, daß diese Annahmen aus der Physik beseitigt und durch den Begriff eines symbolischen Wissens ersetzt wurden, der in meinen Ausführungen eine so große Rolle spielt.

Man mag vielleicht die Frage stellen: Glaubst du dann, daß das gleiche geistige Wesen, das den Atomen und Elektronen im lebendigen Hirn zugrunde liegt, überhaupt alle Atome und Elektronen beseelt? Darauf würde ich erwidern, daß es unpassend ist, in diesem Zusammenhang von Atomen und Elektronen zu reden. Wir haben Beweise dafür, daß unser Bewußtsein mit einem bestimmten Bereich unseres Hirns verknüpft ist; wir gehen aber nicht so weit, anzunehmen, daß ein bestimmtes Element unseres Bewußtseins mit einem ganz bestimmten Atom unseres Hirns verknüpft ist. Die Elemente unseres Bewußtseins werden durch bestimmte Gedanken und Empfindungen gebildet; die Elemente der Hirnzellen sind Atome und Elektronen; aber diese beiden Analysen laufen einander nicht parallel. Wenn ich daher einen Bereich des Geistes betrachte, der als Ganzes der physikalischen Welt angehört, so denke ich ihn mir nicht so eingeteilt, daß es für jedes Element von Zeit und Raum ein entsprechendes Teilstück im geistigen Untergrund gibt. Meine Folgerung geht dahin, daß unser Forschen über das Erfahrungsproblem zum größten Teil in einem Schleier von Symbolen endet, daß es aber in den Geistern bewußter Wesen ein unmittelbares Wissen gibt, das hier und da den Schleier lüftet; was wir aber durch diese Gucklöcher zu unterscheiden vermögen, ist geistiger und seelischer Art. An allen anderen Stellen sehen wir nichts als den Schleier.

Wie fern sind uns jene beschaulichen Zeiten, wo trotz der deutlichen Empfindung von unserer Unwissenheit über die Einzelheiten des Baues

---

* Ich sage nicht, das Wesen der Zeit, denn ich glaube, daß wir in unserem Bewußtsein ein *unmittelbares* Wissen vom Zeitablauf besitzen; und es hat zu den Aufgaben der Physik gehört, das Verhältnis zwischen diesem unmittelbaren Wissen von der Zeit und unserem symbolischen Wissen von der Zeit in der Außenwelt, das wir durch unseren Sinnesmechanismus erlangt haben, aufzuklären.

der Materie jedermann davon durchdrungen war, er sei über ihr Wesen im Grundsätzlichen vollkommen im Bilde. Was sind meine Gefühle, was meine Gedanken? Was bin ich selbst? Geheimnisse, zu tief für das menschliche Fassungsvermögen. Was aber ist dieser Tisch? Oh, das weiß ein jeder; er ist eben Substanz, Wirklichkeit des gesunden Verstandes, und inmitten des Phantasienflugs unserer Gedanken so beruhigend verständlich. Nein! Es ist ein Gemeinplatz, daß wir höchst wenig von unserem eigenen Geist verstehen, aber, wenn irgendwo, so liegt hier überhaupt der Anfang alles Wissens. Die außer uns befindlichen Dinge werden von der Wissenschaft erbarmungslos seziert, erforscht und gemessen, nie aber werden sie *erkannt*. Bei ihrer Verfolgung sind wir von zusammenhängender Materie zu Molekülen, von Molekülen zu spärlich im Raum verteilten elektrischen Ladungen, von elektrischen Ladungen zu Wahrscheinlichkeitswellen gelangt. Was wird das nächste sein?

Das führt nicht zu einem reinen Subjektivismus. Das physikalische Ding in meiner Wahrnehmungswelt besteht auch in eurer Wahrnehmungswelt. Es *gibt* eine Außenwelt, die weder ein Teil von euch noch von mir ist, sondern neutraler Boden, auf dem der Grundstein jener Erfahrung ruht, die unser gemeinsamer Besitz ist. Aber man kann wohl nicht zweifeln, daß die Naturwissenschaft heute einen sehr viel mystischeren Begriff von der Außenwelt hat als im vergangenen Jahrhundert, wo jede physikalische «Erklärung» von der Annahme ausging, es könne nichts wahr sein, wovon nicht der Mechaniker ein Modell bauen könnte. Die rohere Spielart des Materialismus, die im Weltall alles, ob organisch oder anorganisch, auf einen Mechanismus aus Schwungrädern und Wirbeln oder ähnlichen Vorrichtungen zurückzuführen suchte, ist vom Erdboden verschwunden. Mechanische Erklärungen der Gravitation oder der Elektrizität findet man heute nur lächerlich. Ihr könntet heute den menschlichen Verstand getrost der Gnade des Physikers überantworten, ohne befürchten zu müssen, er werde in seinem Getriebe das Knirschen von Zahnrädern feststellen. Wir dürfen aber von diesen Gnadenbeweisen der heutigen Physik nicht allzuviel Aufhebens machen. Denn die Gewaltherrschaft des Mechanikers ist nur durch die Gewaltherrschaft des Mathematikers abgelöst worden. Wenigstens ist das eine sehr weitverbreitete Ansicht. Danebenher geht aber die ständig wachsende Erkenntnis, daß der Mathematiker ein weniger tyrannischer Herr ist als der Mechaniker, denn er stellt nicht den Anspruch, daß seine Einsicht irgend tiefer reicht als bis zu seinen eigenen Symbolen.

In einem früheren Buch* habe ich auf die unbewußte Gewohnheit der heutigen Physiker hingewiesen, die Schöpfung so zu betrachten, als sei sie das Werk eines Mathematikers. Die Ironie dieser Zeilen liegt vielleicht heute nicht mehr so auf der Hand wie damals. Ich konnte damals nicht voraussehen, daß einige Jahre später ein Fachgenosse die Ansicht vertreten würde, «daß der große Baumeister des Weltalls auf Grund eines bis in die Tiefe gehenden Einblicks in seine Schöpfung wie ein reiner Mathematiker auszusehen beginnt».** Jeans hat vorher eine andere Erklärung in Betracht gezogen, sie aber verworfen. «So könnte man behaupten, daß der Mathematiker die Natur nur durch die mathematische Brille sieht, die er für sich selbst geschliffen hat.»

Indem Jeans diejenige Erklärung verwirft, die ich für die richtige halte, verbreitet er sich über die Fehlschläge anthropomorpher Theorien sowie der mechanischen Modelle zur Erklärung der Welt, denen er die Erfolge der mathematischen Betrachtungsweise gegenüberstellt. Es sind zwei Umstände, die nach meinem Dafürhalten den verhältnismäßig großen Erfolg des Mathematikers erklären. Erstens ist der Mathematiker ein Mann, der es berufsmäßig mit Symbolen zu tun hat; er weiß mit unbekannten Größen und sogar mit unbekannten Operationen fertig zu werden. Daher ist er offenbar der rechte Mann am rechten Platz, wenn es gilt, ein wenig Wissen aus einem unermeßlichen Nichtwissen zu schöpfen. Der Hauptgrund aber, weswegen der Mathematiker seine Nebenbuhler aus dem Felde geschlagen hat, ist, daß wir es ihm überlassen haben, die Bedingungen des Zweikampfes zu stellen. Das Schicksal jeder Theorie des Weltalls wird durch die zahlenmäßige Prüfung entschieden. Geht die Rechnung auf? Ich bin keineswegs überzeugt, daß der Mathematiker diese unsere Welt besser begreift als der Dichter und der mystische Schwärmer. Vielleicht ist es nur das, daß er sich besser aufs Rechnen versteht.

---

* *The Nature of the Physical World.* S. 104 und 209. Das Weltbild der Physik, S. 107 und 208–209.
** Sir James Jeans, *The Mysterious Universe,* S. 134.

IV

Ich hoffe, der Leser wird den Nachdruck, den ich hier auf die der Physik gezogenen Grenzen lege, nicht falsch verstehen. Es ist nicht davon die Rede, daß der Stern der Physik im Verbleichen ist; wohl aber können wir heute den Beitrag besser abschätzen, den sie, jetzt und künftig, zur menschlichen Entwicklung und Kultur beizusteuern vermag. Innerhalb ihrer eigenen Grenzen hat die Physik durch diesen Umschwung außerordentlich an Kraft gewonnen. Sie ist ihrer Ziele sicherer geworden – und ihrer Leistungen vielleicht weniger sicher. Nach dem letzten verwirrenden Umsturz der physikalischen Theorie (durch die Wellenmechanik) kam ein Zeitraum von einigen Jahren, während derer die Pflege eines stetigen Fortschritts möglich war. Die überraschendsten Entwicklungen der jüngsten Zeit haben sich auf der Seite der Experimentalphysik vollzogen. In schneller Folge hat die künstliche Umwandlung der Elemente, die Entdeckung des Neutrons und die Entdeckung des positiven Elektrons die wissenschaftliche Welt in Staunen versetzt und der Forschung neue Bereiche zugänglich gemacht. Das jedoch ist in meinen Augen nur ein Zeichen für ein natürliches Gedeihen, aber kein Umsturz.

Wenn wir die schrittweise Entwicklung unseres physikalischen Erkenntnisschemas überschauen, die nie in irgendeiner Richtung zu etwas Endgültigem zu gelangen scheint, so gibt es Zeiten, in denen wir versucht sind, die Dauerhaftigkeit dessen, was wir gewonnen haben, anzuzweifeln. Fragen, die geklärt schienen, werden wieder zu offenen Fragen:

> In Dunkel barg Natur ihr Angesicht.
> Gott sprach: «Es werde Newton!» Da ward Licht.
> Nicht lange. Denn des Satans heulend «Ho!
> Es werde Einstein!» stellte her den Status quo.

In meinem eigenen Fach, der Astronomie, ist es ganz besonders schwierig zu wissen, in welchem Grade man wirklich festen Boden unter den Füßen hat. So manche Folgerung muß mit dem Warnungssignal «wenn» versehen werden. Und oft haben sich gerade diejenigen Ergebnisse, die sich der größten Anerkennung erfreuten, hinterher als die am wenigsten sicheren erwiesen. Wenn wir uns als unfähig erkennen, einige jener einfachen Grundfragen zu entscheiden, die in hohem Grade die Richtung bestimmen, die die astronomische Theorie einschlägt, so beschleichen uns Zweifel, ob ein Fortschritt im eigentlichen Sinne wirklich erzielt wurde. Dann aber erkennen wir blitzartig, daß wir zehn Jahre früher noch nicht einmal genug wußten, um überhaupt die Zweifel auszudrücken, die uns heute plagen. Manchmal dünkt es mich, daß das wahre Maß des Fortschritts unseres Wissens nicht in den Fragen liegt, die es zu beantworten gestattet hat, sondern in den Fragen, die es uns zu stellen veranlaßt.

Wenn ich von den neuen Bahnen der Naturwissenschaft spreche, so ist es ganz natürlich, daß ein größerer Nachdruck auf den Wandlungen liegt als auf der lückenlosen Anknüpfung an das Vergangene. Oft mag es scheinen, daß wir in einem Zeitalter leben, das nur wenig Ehrfurcht vor der Überlieferung hat und das alles niederreißt, was unsere Vorgänger in mühevoller Arbeit errichteten. Wir müssen ohne jede Schonung enthüllen, wie es gekommen ist, wenn die Forscher einer früheren Generation durch falsche Annahmen in die Irre geleitet wurden und in welcher Hinsicht ihre Begriffe vom Weltall sich als unzutreffend erwiesen haben. Das aber, was sie uns an Bleibendem hinterlassen haben, das nutzen wir, und so kommen wir dem letzten Ziel Schritt für Schritt näher. Der Fortschritt hat etwas Unerbittliches, aber in dieser Unerbittlichkeit liegt nichts Willkürliches. Wir hegen die Saat, die unsere Vorgänger säten, nicht weniger zärtlich, wenn wir sie von Zeit zu Zeit in ein neues Erdreich pflanzen, auf daß sie freier aufwachsen möge. Das und nichts anderes bedeutet eine Umwälzung in der Naturwissenschaft. Als Einstein Newtons Theorie über den Haufen warf, nahm er Newtons Pflanze, der ihr Topf zu eng geworden war, und verpflanzte sie auf ein freies Feld.

Dieses ganze neue Wachstum der Naturwissenschaft streckt seine Wurzeln in die Vergangenheit. Wenn unser Blick weiter reicht als der Blick unserer Vorgänger, so danken wir es dem, daß wir auf ihren Schultern stehen – und wenn sie hier und da einen kleinen Stoß bekommen, während wir hinaufklettern, so ist das weiter nicht verwunderlich. Heute steigt ein jüngeres Geschlecht auf die Schultern der Generation, die die meine ist; und so wird es auch künftig immer wieder geschehen. Eine jede Stufe der Entwicklung der Wissenschaft hat ihren Beitrag zu dem geliefert, was auf der nächsten Stufe von Bestand gewesen ist. Und das gibt uns die gewisse Zuversicht, daß das kommende Geschlecht in den heutigen Gedanken über das Weltall, die wir ihm hinterlassen, etwas vorfinden wird, was des Erhaltens wert ist – etwas, das mehr ist als Schall und Rauch.

Diese künftigen Entwicklungen, die wir vorahnend schauen, gleichen der natürlichen Entfaltung einer Blume:

> Denn aus dem alten Acker sieht entkeimen
> Der Mensch von Jahr zu Jahr das neue Korn.
> Und alte Schrift, in Treue aufgeschrieben,
> Ist aller neuen Menschenweisheit Born.

NIELS BOHR

Einheit des Wissens

Bevor wir versuchen, die Frage zu beantworten, inwieweit wir von einer Einheit des Wissens sprechen können, sollten wir nach der Bedeutung des Wortes Wissen selbst fragen. Es liegt nicht in meiner Absicht, einen akademisch-philosophischen Vortrag zu halten, für den ich kaum die erforderlichen Voraussetzungen besitze. Jeder Wissenschaftler begegnet indessen immer wieder der Frage nach einer objektiven Beschreibung von Erfahrungen, worunter wir schlechthin eindeutige Mitteilungen verstehen wollen. Unser Hauptwerkzeug ist selbstverständlich die Umgangssprache, die den Bedürfnissen des praktischen Lebens angepaßt ist und dem gesellschaftlichen Verkehr dient. Wir wollen uns hier jedoch nicht mit Studien über den Ursprung der Sprache beschäftigen, sondern mit ihrer Tragweite bei wissenschaftlichen Mitteilungen und im besonderen mit dem Problem, inwiefern die Objektivität der Beschreibung beibehalten werden kann, wenn der Erfahrungsbereich über die Begebenheiten des täglichen Lebens hinausgeht.

Als Ausgangspunkt müssen wir uns klarmachen, daß alle Kenntnisse anfänglich innerhalb eines der Beschreibung früherer Erfahrungen angepaßten begrifflichen Rahmens ausgedrückt werden und daß sich jeder solcher Rahmen mit der Zeit als zu eng erweisen kann, um neue Erfahrungen zu umfassen. Wissenschaftliche Forschung hat auf vielen Wissensgebieten immer wieder die Notwendigkeit gezeigt, Gesichtspunkte aufzugeben, die dank ihrer Fruchtbarkeit und scheinbar uneingeschränkten Anwendbarkeit ursprünglich als unentbehrlich für widerspruchsfreie Erklärung angesehen wurden. Obgleich diese Entwicklung von speziellen Untersuchungen ausgeht, birgt sie eine allgemeine Lehre in sich, die für das Problem der Einheit des Wissens wichtig ist. Die

Ausweitung des begrifflichen Rahmens hat ja nicht nur Ordnung innerhalb der einzelnen Zweige der Wissenschaft geschaffen, sondern auch Ähnlichkeiten unserer Stellung bei der Analyse und Synthese von Erfahrungen innerhalb anscheinend getrennter Wissensgebiete enthüllt und dabei die Möglichkeit einer immer umfassenderen objektiven Beschreibung aufgezeigt.

Wenn wir von einem begrifflichen Rahmen sprechen, meinen wir nur die unzweideutige, logische Darstellung von Beziehungen zwischen Erfahrungen. Diese Einstellung kommt auch klar in der historischen Entwicklung zum Ausdruck, wo man nicht mehr scharf zwischen formaler Logik und semantischen Studien oder sogar philologischer Syntax unterscheidet. Eine besondere Rolle spielt die Mathematik, die ja entscheidend zur Entwicklung logischen Denkens beigetragen hat und deren wohldefinierte Abstraktionen ein unentbehrliches Hilfsmittel zum Ausdruck harmonischer Zusammenhänge bieten. In unserer Diskussion wollen wir jedoch die Mathematik nicht als ein besonderes Wissensgebiet betrachten, sondern vielmehr als eine Verfeinerung der Umgangssprache, die diese mit passenden Werkzeugen zur Darstellung von Beziehungen versieht, für welche die gewöhnliche Ausdrucksweise in Worten zu ungenau oder zu umständlich ist. In diesem Zusammenhang möchte ich betonen, daß – eben durch das Vermeiden solcher Hinweise auf das bewußte Subjekt, mit denen die Umgangssprache so stark durchsetzt ist – die Anwendung mathematischer Symbole insbesondere dazu dient, die für eine objektive Beschreibung unentbehrliche Eindeutigkeit der Definitionen sicherzustellen.

Die Entwicklung der sogenannten exakten Naturwissenschaften, die durch die Auffindung numerischer Zusammenhänge zwischen Messungen charakterisiert ist, wurde entscheidend gefördert durch die Anwendung abstrakter mathematischer Methoden, die oft ohne Rücksicht auf eine solche Anwendung entwickelt wurden und einzig und allein dem Streben nach einer Verallgemeinerung logischer Konstruktionen entsprangen. Diese Situation tritt besonders deutlich in der Physik zutage, unter der man ursprünglich alles Wissen von der Natur, deren wir selbst ein Teil sind, verstand, später aber speziell das Studium der die Eigenschaften unbelebter Stoffe beherrschenden Grundgesetze. Die Notwendigkeit, selbst in diesem verhältnismäßig einfachen Aufgabenkreis stets das Problem der objektiven Beschreibung im Auge zu behalten, hat im Laufe der Jahrhunderte die Haltung der philosophischen Schulen stark beeinflußt. In unserer Zeit hat die Erforschung neuer Erfahrungsgebiete unvermutete Voraussetzungen für die eindeutige Anwendung unserer elementarsten Begriffe enthüllt und uns dadurch eine erkenntnistheoretische Lehre vermittelt, deren Auswirkungen bis zu Problemen weit jenseits des Bereiches physikalischer Wissenschaft reichen. Es mag daher angebracht sein, mit einem kurzen Überblick über diese Entwicklung zu beginnen.

Es würde uns zu weit führen, wenn wir im einzelnen daran erinnern wollten, wie – durch die Ausschaltung mythischer kosmologischer Vorstellungen und Schlußfolgerungen hinsichtlich des Zieles unserer eigenen Handlungen – auf der Grundlage von *Galileis* bahnbrechenden Arbeiten ein folgerichtiges Schema der Mechanik aufgebaut wurde, das durch *Newtons* Meisterhand seine Vollendung erfuhr. Die Prinzipien der *Newton*schen Mechanik bedeuteten vor allem eine weitgehende Klärung der Probleme von Ursache und Wirkung, da mit ihrer Hilfe aus dem durch meßbare Größen bestimmten Zustande eines physikalischen Systems zu einem gegebenen Zeitpunkt die Voraussage seines Zustandes zu jedem beliebigen späteren Zeitpunkt möglich wurde. Es ist bekannt, wie eine deterministische oder kausale Beschreibung dieser Art zu der mechanischen Naturvorstellung führte und als Ideal wissenschaftlicher Erklärung auf allen Wissensgebieten galt, unabhängig von der Art und Weise, wie das Wissen gewonnen wurde. In diesem Zusammenhang ist es deshalb wichtig, daß das Studium umfassender Gebiete physikalischer Erfahrung eine nähere Untersuchung des Beobachtungsproblems erforderlich machte.

Innerhalb ihres weiten Anwendungsbereiches stellt die klassische Mechanik insofern eine objektive Beschreibung dar, als sie auf dem wohldefinierten Gebrauch von Bildern und Vorstellungen beruht, die sich auf Begebenheiten des täglichen Lebens beziehen. Wie zweckmäßig die in der *Newton*schen Mechanik benutzten Idealisierungen auch erscheinen, so gingen sie doch weit über den Erfahrungsbereich hinaus, dem unsere Grundbegriffe angepaßt sind. So ist der zweckmäßige Gebrauch selbst der Begriffe absoluter Raum und absolute Zeit untrennbar verbunden mit der praktisch momentanen Ausbreitung des Lichtes, die uns gestattet, die Lage der Körper unserer Umgebung unabhängig von ihrer Geschwindigkeit zu bestimmen und alle Ereignisse in eine eindeutige zeitliche Reihenfolge einzuordnen. Der Versuch einer konsistenten Beschreibung elektromagnetischer und optischer Phänomene enthüllte jedoch die Tatsache, daß mit großer Geschwindigkeit relativ zueinander bewegte Beobachter Ereignisse in verschiedener Weise koordinieren. Solche Beobachter werden nicht nur Form und Lage fester Körper verschieden beurteilen, vielmehr können auch Ereignisse an verschiedenen Punkten im Raum, die dem einen Beobachter als gleichzeitig erscheinen, von einem anderen als zu verschiedenen Zeiten auftretend beurteilt werden.

Weit davon entfernt, Verwirrung und Verwicklungen hervorzurufen, hat sich die Untersuchung des Problems, inwieweit die Beschreibung physikalischer Phänomene von dem Standpunkte des Beobachters abhängt, als unschätzbare Richtschnur bei der Entdeckung allgemeiner physikalischer Gesetze erwiesen, die für alle Beobachter gelten. Dadurch, daß *Einstein* die Forderungen des Determinismus beibehielt, sich im übrigen aber nur auf Beziehungen zwischen eindeutigen Messungen verließ, die sich letztlich auf die Koinzidenz von Ereignissen beziehen, gelang es ihm, das ganze Gebäude der klassischen Physik umzubilden und zu verallgemeinern, wobei er unserem Weltbild eine Einheit verlieh, die alle früheren Erwartungen übertraf. In der allgemeinen Relativitätstheorie beruht die Beschreibung auf einer vierdimensionalen raumzeitlichen Metrik, die automatisch eine Erklärung der Gravitationseffekte und der besonderen Rolle der Geschwindigkeit von Lichtsignalen als eine obere Grenze für den widerspruchsfreien Gebrauch des physikalischen Begriffes der Geschwindigkeit gibt. Die Einführung solcher ungewohnten und doch wohldefinierten mathematischen Abstraktionen birgt keinerlei Mehrdeutigkeit in sich; sie veranschaulicht vielmehr in lehrreicher Weise, wie eine Ausweitung des begrifflichen Rahmens das geeignete Hilfsmittel zur Ausmerzung subjektiver Elemente und zur Vergrößerung des Bereiches objektiver Beschreibung schafft.

Neue, unvermutete Seiten des Beobachtungsproblems wurden durch die Erforschung des atomaren Aufbaus der Materie aufgedeckt. Die Vorstellung von einer begrenzten Teilbarkeit der Stoffe, die bekanntlich eingeführt wurde, um – trotz der Vielfältigkeit der Naturerscheinungen – die Beständigkeit ihrer charakteristischen Eigenschaften zu erklären, geht bis ins Altertum zurück. Solche Anschauungen wurden fast bis zum heutigen Tage als wesentlich hypothetisch angesehen, da sie sich infolge der Grobheit unserer Sinnesorgane und der Werkzeuge, die selbst aus unzähligen Atomen zusammengesetzt sind, einer unmittelbaren Bestätigung durch die Beobachtung zu entziehen schienen. Infolge der großen Fortschritte auf dem Gebiet von Physik und Chemie erwiesen sich jedoch in den letzten Jahrhunderten Atomvorstellungen als immer fruchtbarer. Insbesondere führte die unmittelbare Anwendung der klassischen Mechanik auf die Wechselwirkung von Atomen mit Molekülen bei ihrer fortwährenden Bewegung zu einem allgemeinen Verständnis der Prinzipien der Thermodynamik.

In unserem Jahrhundert hat das Studium neuentdeckter Eigenschaften der Materie, wie zum Beispiel der natürlichen Radioaktivität, die Grundlagen der Atomtheorie überzeugend bestätigt, und vor allem die Konstruktion von Verstärkeranordnungen hat es ermöglicht, wesentlich auf der Wirkung einzelner Atome beruhende Phänomene zu studieren und sogar eine umfassende Kenntnis der Struktur atomarer Systeme zu gewinnen. Der erste Schritt hierzu war die Erkenntnis, daß das Elektron ein allen Stoffen gemeinsamer Bestandteil ist, und *Rutherfords* Entdeckung des Atomkerns, der in einem außerordentlich kleinen Volumen nahezu die ganze Masse des Atoms enthält, führte zu einer weitgehenden Vervollständigung unserer Vorstellungen vom Aufbau der Atome. Die Unveränderlichkeit der Eigenschaften der Elemente bei gewöhnlichen physikalischen und chemischen Vorgängen wird unmittelbar erklärt durch die Tatsache, daß, wenn auch bei solchen Vorgängen die Bindung der Elektronen weitgehend beeinflußt werden mag, der Kern doch unverändert bleibt. Durch den Nachweis der Umwandlung von Atomkernen unter Benutzung wirkungsvoller Hilfsmittel hat *Rutherford* ein ganz neues Forschungsgebiet erschlossen, das oft als moderne Alchimie bezeichnet wird und schließlich die Möglichkeit eröffnen sollte, die in den Atomkernen gebundenen ungeheuren Energiemengen freizumachen.

Obgleich viele Grundeigenschaften der Materie mit Hilfe des einfachen Atombildes erklärt werden konnten, war es von Anfang an klar, daß die klassischen Vorstellungen der Mechanik und des Elektromagnetismus zur Erklärung der wesentlichen Stabilität atomarer Strukturen, welche in den spezifischen Eigenschaften der Elemente zum Ausdruck kommt, nicht ausreichen. Ein Schlüssel zur Aufklärung dieses Problems wurde durch die Entdeckung des universellen Wirkungsquantums gefunden, zu der *Planck* im ersten Jahr unseres Jahrhunderts durch seine tiefschürfende Untersuchung der Wärmestrahlungsgesetze geführt wurde. Diese Entdeckung enthüllte einen Zug von Ganzheit bei atomistischen Prozessen, der der mechanischen Naturvorstellung ganz fremd ist; gleichzeitig bewies sie, daß die Theorien der klassischen Physik Idealisierungen sind, die nur für die Beschreibung von Phänomenen gelten, bei denen alle in Betracht kommenden Wirkungen genügend groß sind, um die Existenz des Wirkungsquantums außer acht zu lassen. Während diese Bedingungen bei Phänomenen im gewohnten Maßstab durchaus erfüllt sind, begegnen wir bei Atomphänomenen Gesetzmäßigkeiten ganz neuer Art, die eine anschauliche deterministische Beschreibung verhindern.

Eine widerspruchsfreie Verallgemeinerung der klassischen Physik, welche einerseits das Bestehen des Wirkungsquantums berücksichtigt, andererseits aber die unzweideutige Interpretation experimenteller Erfahrungen über träge Masse und elektrische Ladung des Elektrons und der Kerne beibehält, erwies sich als eine sehr schwierige Aufgabe. Durch die Beiträge einer ganzen Generation theoretischer Physiker gelang es jedoch, allmählich eine folgerichtige und innerhalb eines weiten Rahmens erschöpfende Beschreibung atomarer Phänomene zu entwickeln. Diese Beschreibung bedient sich eines mathematischen Formalismus, in dem die Variabeln der klassisch-physikalischen Theorien durch Symbole ersetzt werden, welche einem nicht-kommutativen Algorithmus unterliegen, der wesentlich die *Planck*sche Konstante enthält. Infolge des spezifischen Charakters solcher mathematischer Abstraktionen gestattet der Formalismus allerdings keine anschauliche Beschreibung im gewohnten Sinne, sondern zielt direkt auf die Formulierung von Beziehungen zwischen Beobachtungen ab, die unter wohldefinierten Versuchsbedingungen gemacht wurden. Entsprechend der Tatsache, daß in einer gegebenen Versuchsanordnung verschiedene individuelle Quantenprozesse auftreten können, sind diese Beziehungen wesentlich statistischer Natur.

Mit Hilfe des quantenmechanischen Formalismus wurde eine ins einzelne gehende Beschreibung zahlreicher experimenteller Erfahrungen über die physikalischen und chemischen Eigenschaften der Materie erreicht. Durch die Anpassung des Formalismus an die Erfordernisse relativistischer Invarianz ist es ferner möglich geworden, die sich rasch vermehrenden Kenntnisse hinsichtlich der Eigenschaften der Elementarteilchen und des Baues der Atomkerne weitgehend zu ordnen. Trotz der erstaunlichen Leistungsfähigkeit der Quantenmechanik hat der radikale Verzicht auf gewohnte physikalische Erklärung, und besonders der Verzicht auf deterministische Vorstellungen, ein Gefühl des Zweifels in den Gemütern mancher Physiker und Philosophen hinterlassen, ob wir es hier mit einem vorübergehenden Ausweg zu tun haben oder ob wir einem unwiderruflichen Schritt hinsichtlich objektiver Beschreibung gegenüberstehen. Die Klärung dieser Frage machte eine gründliche Nachprüfung der Grundpfeiler für die Beschreibung und Zusammenfassung physikalischer Erfahrungen erforderlich.

In diesem Zusammenhang müssen wir uns vor allem vergegenwärtigen, daß – selbst wenn die Phänomene über den Rahmen der Theorie der klassischen Physik hinausgehen – die Beschreibung der Versuchsanordnung sowie der Beobachtungen in einfacher, mit technisch-physikalischen Ausdrücken passend ergänzter Sprache zu geschehen hat. Dies ist eine klare logische Forderung, da sich das Wort «Experiment» auf eine Situation bezieht, in der wir anderen berichten können, was wir getan und beobachtet haben. Der Hauptunterschied zwischen der Untersuchung von Phänomenen in der klassischen Physik und in der Quantenphysik ist jedoch, daß in der ersteren die Wechselwirkung zwischen den Objekten und den Meßgeräten außer acht gelassen oder kompensiert werden kann, während in der letzteren diese Wechselwirkung einen integrierenden Bestandteil der Phänomene bildet. Die wesentliche Ganzheit eines Quantenphänomens findet ihren logischen Ausdruck in dem Umstande, daß jeglicher Versuch einer wohldefinierten Unterteilung eine Veränderung der Versuchsanordnung verlangen würde, die mit dem Auftreten des Phänomens selbst unvereinbar wäre.

Die Unmöglichkeit einer getrennten Kontrolle der Wechselwirkung zwischen den atomaren Objekten und den für die Definition der Versuchsbedingungen notwendigen Geräten verhindert im besonderen die uneingeschränkte Kombinierung raumzeitlicher Koordinierung und dynamischer Erhaltungsgesetze, auf denen die deterministische Beschreibung in der klassischen Physik beruht. Jeder unzweideutige Gebrauch der Begriffe Raum und Zeit bezieht sich auf eine Versuchsanordnung, die eine prinzipiell unkontrollierbare Übertragung von Impuls und Energie auf die für die Definition des Bezugssystems erforderlichen Geräte – wie feststehende Maßstäbe und synchronisierte Uhren – in sich schließt. Umgekehrt setzt die Beschreibung von Phänomenen, die durch die Erhaltung von Impuls und Energie charakterisiert werden, einen prinzipiellen Verzicht auf eine ins einzelne gehende raumzeitliche Koordinierung voraus. Diese Umstände finden ihren quantitativen Ausdruck in *Heisenbergs* Unbestimmtheitsrelationen, welche den wechselseitigen Spielraum für die Festlegung kinematischer und dynamischer Variabeln bei der Definition des Zustandes eines physikalischen Systems darstellen. In Übereinstimmung mit dem quantenmechanischen Formalismus können solche Beziehungen jedoch nicht mit Hilfe von Eigenschaften der Objekte erklärt werden, die sich auf klassische Bilder beziehen. Es handelt sich hier vielmehr um sich gegenseitig ausschließende Bedingungen für den unzweideutigen Gebrauch des Raum-Zeitbegriffs einerseits und der dynamischen Erhaltungsgesetze andrerseits.

In diesem Zusammenhang spricht man zuweilen von der «Störung der Phänomene durch Beobachtung» oder von einer «Herstellung physikalischer Eigenschaften atomarer Objekte durch Messungen». Solche Aussprüche sind jedoch irreführend, da Worte wie Phänomene und Beobachtung, ebenso wie Eigenschaften und Messungen, hier in einer Weise gebraucht werden, die sowohl mit der Umgangssprache als auch mit zweckmäßiger Definition unvereinbar ist. Für die objektive Beschreibung ist es angebrachter, das Wort Phänomen nur in bezug auf Beobachtungen anzuwenden, die unter genau beschriebenen Umständen gewonnen wurden und die die Beschreibung der ganzen Versuchsanordnung umfassen. Mit einer solchen Terminologie ist das Beobachtungsproblem in der Quantenphysik von allen speziellen Schwierigkeiten befreit; wir werden ferner daran erinnert, daß jedes Atomphänomen in sich selbst abgeschlossen ist in dem Sinne, daß seine Beobachtung auf Aufzeichnungen beruht, die mit Hilfe passender Verstärkungsapparate mit irreversiblen Wirkungen erreicht wurden, wie zum Beispiel die Messung bleibender Spuren auf einer fotografischen Platte, die durch das Eindringen von Elektronen in die Emulsion entstanden sind. In dieser Verbindung ist es wichtig, sich zu vergegenwärtigen, daß der quantenmechanische Formalismus nur in bezug auf solche abgeschlossenen Phänomene eine wohldefinierte Anwendung gestattet. Auch in dieser Beziehung stellt er eine konsequente Verallgemeinerung der klassischen Physik dar, in der jede Phase im Verlauf der Ereignisse durch meßbare Größen beschrieben wird.

Die in der klassischen Physik vorausgesetzte Freiheit, Experimente zu machen, wird natürlich beibehalten und entspricht der freien Wahl von Versuchsanordnungen, für welche die mathematische Struktur des quantenmechanischen Formalismus die angemessene Möglichkeit bietet. Der Umstand, daß im allgemeinen ein und dieselbe Versuchsanordnung verschiedene Einzelergebnisse liefern kann, wird manchmal bildhaft als eine «freie Wahl der Natur» zwischen solchen Möglichkeiten ausgedrückt. Es braucht nicht betont zu werden, daß ein solcher Ausdruck nicht etwa eine Personifizierung der Natur andeutet, sondern einfach die Unmöglichkeit, in gewohnter Weise Direktiven für den Ablauf unteilbarer Phänomene anzugeben. Hier kann logische Beschreibung nicht über die Herleitung der relativen Wahrscheinlichkeiten für das Auftreten individueller Phänomene unter gegebenen Versuchsbedingungen hinausgehen. In dieser Beziehung stellt die Quantenmechanik eine folgerichtige Verallgemeinerung der deterministischen mechanischen Beschreibung dar, die sie asymptotisch umfaßt, sofern es sich um physikalische Phänomene handelt, die in einem so großen Maßstab ablaufen, daß das Wirkungsquantum vernachlässigt werden kann.

Eines der beachtenswertesten Merkmale der Atomphysik ist die neuartige Beziehung zwischen Phänomenen, die unter Versuchsbedingungen beobachtet wurden, deren Beschreibung verschiedenartige Grundbegriffe verlangt. Wie gegensätzlich solche Erfahrungen auch erscheinen mögen, wenn wir den Verlauf atomarer Prozesse mit klassischen Begriffen zu beschreiben versuchen, müssen sie in dem Sinne als komplementär betrachtet werden, daß sie gleichermaßen wesentliche Kenntnis über atomare Systeme darstellen und in ihrer Gesamtheit diese Kenntnis erschöpfen. Der Begriff Komplementarität bedeutet in keiner Weise ein Verlassen unserer Stellung als außenstehende Beobachter, er muß vielmehr als logischer Ausdruck für unsere Situation bezüglich objektiver Beschreibung in diesem Erfahrungsbereich angesehen werden. Die Erkenntnis, daß die Wechselwirkung zwischen den Meßgeräten und den untersuchten physikalischen Systemen einen integrierenden Bestandteil der Quantenphänomene bildet, hat nicht nur eine unvermutete Begrenzung der mechanistischen Naturauffassung, welche den physikalischen Objekten selbst bestimmte Eigenschaften zuschreibt, enthüllt, sondern hat uns gezwungen, bei der Ordnung der Erfahrungen dem Beobachtungsproblem besondere Aufmerksamkeit zu widmen.

Wenn wir uns erneut der vielumstrittenen Frage zuwenden, was man von einer physikalischen Erklärung verlangen muß, dürfen wir nicht vergessen, daß die klassische Mechanik bereits einen Verzicht auf die Ursache gleichförmiger Bewegung enthält und daß fernerhin die Relativitätstheorie uns gelehrt hat, wie die Argumente der Invarianz und Äquivalenz als Kategorien für widerspruchsfreie Beschreibung zu behandeln sind. Ähnlich haben wir es in der komplementären Beschreibung der Quantenphysik mit einer weiteren konsequenten Verallgemeinerung zu tun, die es gestattet, Gesetzmäßigkeiten miteinzubeziehen, die einerseits für die Beschreibung der fundamentalen Eigenschaften der Materie entscheidend sind, andrerseits aber die Grenzen deterministischer Beschreibung überschreiten. So veranschaulicht die Geschichte der Physik, wie die Erforschung immer umfassenderer Erfahrungsgebiete durch die Enthüllung unvermuteter Begrenzungen gewohnter Begriffe neue Wege zur Wiederherstellung logischer Ordnung eröffnet. Wie wir im folgenden zeigen werden, erinnert die in der Entwicklung der Atomphysik zum Ausdruck kommende erkenntnistheoretische Lehre an ähnliche Situationen bei der Beschreibung und Zusammenfassung von Erfahrungen weit außerhalb der Grenzen der physikalischen Wissenschaft.

Das erste Problem, dem wir begegnen, wenn wir den eigentlichen Bereich der Physik verlassen, ist die Frage, welchen Platz die lebenden Organismen in der Beschreibung der Naturerscheinungen einnehmen. Ursprünglich wurde keine scharfe Unterscheidung zwischen belebter und unbelebter Materie gemacht, und es ist wohlbekannt, daß sich *Aristoteles* durch Betonung der Ganzheit individueller Organismen der Ansicht der Atomisten entgegenstellte und sogar in der Diskussion der Grundlagen der Mechanik Begriffe wie Zweck und Potenz beibehielt. Die großen Entdeckungen auf den Gebieten der Anatomie und Physiologie zur Zeit der Renaissance – und besonders der Ausbau der klassischen Mechanik, in deren deterministischer Darstellung jeder Hinweis auf einen Zweck eliminiert ist – gaben jedoch Anlaß zu einer rein mechanistischen Auffassung der Natur. Viele organische Funktionen konnte man tatsächlich mit den gleichen physikalischen und chemischen Eigenschaften der Materie beschreiben, die mit Hilfe einfacher Atomvorstellungen so weitgehend erklärt worden waren. Es ist richtig, daß Struktur und Funktion der Organismen eine Ordnung der atomaren Prozesse enthalten, die zuweilen schwer vereinbar mit den Gesetzen der Thermodynamik war, auf Grund derer eine ständige Tendenz zur Unordnung der Atome eines abgeschlossenen physikalischen Systems vorhanden sein sollte. Wenn man jedoch dem Umstand Rechnung trägt, daß die zur Erhaltung und Entwicklung organischer Systeme notwendige freie Energie dauernd durch Ernährung und Atmung aus deren Umgebung geliefert wird, so zeigt es sich deutlich, daß in dieser Hinsicht keine Rede von einer Verletzung der allgemeinen physikalischen Gesetze ist.

Unsere Kenntnis vom Aufbau und von der Funktion der Organismen hat im Laufe der letzten Jahrzehnte große Fortschritte gemacht, und es hat sich insbesondere gezeigt, daß quantenmechanische Gesetzmäßigkeiten hierbei eine fundamentale Rolle spielen. Solche Gesetzmäßigkeiten sind nicht nur entscheidend für die eigentümliche Stabilität der äußerst komplexen Molekülstrukturen, die die für die Erbeigenschaften bei Arten verantwortlichen Bestandteile der Zellen bilden; auch bei Untersuchungen über Mutationen, die man beobachtet, wenn man die Organismen durchdringender Strahlung aussetzt, finden die statistischen quantenmechanischen Gesetze eine interessante Anwendung. Es ist außerdem erwiesen, daß die für die Integrität der Organismen so wichtige Empfindlichkeit der Wahrnehmungsorgane oftmals fast die Größenordnung individueller Quantenprozesse erreicht, und Verstärkungsmechanismen spielen besonders bei der Übertragung von Nervensignalen eine wichtige Rolle. Die ganze Entwicklung hat wiederum, wenn auch auf eine neue Art, eine mechanistische Einstellung gegenüber biologischen Problemen in den Vordergrund gerückt. Gleichzeitig ist jedoch die Frage aktuell geworden, ob ein Vergleich mit komplizierten physikalischen Systemen, wie modernen industriellen Anlagen oder elektronischen Rechenmaschinen, die hinreichende Grundlage für eine objektive Beschreibung solcher selbstregulierenden Ganzheiten wie die lebenden Organismen darbietet.

Um auf die allgemeine, uns durch die Atomphysik zuteil gewordene erkenntnistheoretische Belehrung zurückzukommen, müssen wir uns vor allem vergegenwärtigen, daß die in der Quantenphysik untersuchten, abgeschlossenen Prozesse kein unmittelbares Analogon zu biologischen Funktionen sind, deren Aufrechterhaltung einen unaufhörlichen Austausch von Stoff und Energie zwischen dem Organismus und seiner Umgebung verlangt. Ferner würde jede Versuchsanordnung, welche eine Kontrolle solcher Funktionen in dem zu ihrer wohldefinierten Beschreibung mittels physikalischer Begriffe erforderlichen Ausmaß gestattet, offenbar die freie Entfaltung des Lebens verhindern. Gerade dieser Umstand impliziert jedoch eine Einstellung gegenüber dem Problem des organischen Lebens, die ein angemesseneres Gleichgewicht zwischen mechanistischen und finalistischen Gesichtspunkten zuläßt. Ebenso wie das Wirkungsquantum bei der Beschreibung atomarer

Erscheinungen als ein Element auftritt, dessen Erklärung weder möglich noch notwendig ist, so ist der Begriff «Leben» elementar in der Biologie, wo wir es bezüglich Existenz und Entwicklung lebender Organismen eher mit Manifestationen von Möglichkeiten der Natur, der wir angehören, zu tun haben, als mit Ergebnissen von Versuchen, die wir selbst anstellen können. Wir müssen in der Tat zugeben, daß die Forderung nach objektiver Beschreibung zumindest der Tendenz nach durch die charakteristisch komplementäre Weise erfüllt wird, in welcher sowohl Argumente, die auf sämtlichen Hilfsmitteln der Physik und Chemie beruhen, als auch Begriffe, die sich direkt auf die Integrität der Organismen beziehen und über den Rahmen dieser Wissenschaften hinausgehen, praktisch in der biologischen Forschung benutzt werden. Der entscheidende Punkt ist, daß nur der Verzicht auf eine Erklärung des Lebens im üblichen Sinne uns die Möglichkeit schafft, den charakteristischen Merkmalen des Lebens Rechnung zu tragen.

Wie in der Physik halten wir selbstverständlich auch in der Biologie an unserer Stellung als außenstehende Beobachter fest, und es bleibt nur die Frage nach den verschiedenen Bedingungen für die logische Zusammenfassung von Erfahrungen. Dies gilt auch für das Studium des angeborenen und bedingten Verhaltens von Tieren und Menschen, zu dessen Beschreibung sich psychologische Begriffe unmittelbar darbieten. Selbst bei einer betont behavioristischen Betrachtungsweise ist es kaum möglich, solche Begriffe zu umgehen. Es drängt sich uns ja der Begriff Bewußtsein auf, wenn ein so kompliziertes Verhalten vorliegt, daß dessen Beschreibung direkt auf Introspektion des individuellen Organismus hinweist. Wir haben es hier mit dem sich gegenseitig ausschließenden Gebrauch der Worte Instinkt und Vernunft zu tun, veranschaulicht durch das Ausmaß, in dem instinktives Verhalten in der menschlichen Gesellschaft unterdrückt wird. Obgleich wir bei einem Versuch der Darstellung unseres Gedankenlebens immer größeren Schwierigkeiten begegnen, als Beobachter unbeteiligt zu bleiben, ist es doch möglich, auch in der menschlichen Psychologie die Erfordernisse objektiver Beschreibung weitgehend beizubehalten. In diesem Zusammenhang ist es beachtenswert, daß – während man sich in den früheren Stadien der Physik unmittelbar auf solche Züge alltäglicher Begebenheiten verlassen konnte, die eine einfache Kausalbeschreibung zuließen – von jeher zur Beschreibung unseres Gedankenlebens eine im wesentlichen komplementäre Ausdrucksweise gebraucht wurde. Der reiche, solchen Mitteilungen angepaßte Wortgebrauch weist ja nicht auf eine ununterbrochene Kette von Ereignissen hin, sondern dient vielmehr zur Beschreibung sich gegenseitig ausschließender Erfahrungen, die durch verschiedene Trennungsschnitte zwischen dem Inhalt, auf den die Aufmerksamkeit gerichtet ist, und dem durch das Wort «wir selbst» angedeuteten Hintergrund charakterisiert werden.

Ein besonders schlagendes Beispiel stellt die Beziehung zwischen Situationen dar, in denen wir über Beweggründe für unsere Handlungen nachdenken und das Gefühl des Willens erleben. Im normalen Leben wird die Verschiebung der Trennungslinie mehr oder weniger intuitiv erkannt, aber in der Psychiatrie sind die als «Verwirrung der Iche» bezeichneten Symptome, die zu einer Spaltung der Persönlichkeit führen können, wohlbekannt. Der Gebrauch von scheinbar widerstreitenden Kennzeichen, die sich auf gleich wichtige Seiten des menschlichen Bewußtseins beziehen, stellt eine bemerkenswerte Analogie zur Situation in der Atomphysik dar, in der die Definition komplementärer Phänomene verschiedene elementare Begriffe verlangt. Der Umstand, daß sich das Wort «bewußt» auf Erfahrungen bezieht, die im Gedächtnis festgehalten werden können, legt einen Vergleich zwischen psychischen Erlebnissen und physikalischen Beobachtungen nahe. Bei einem solchen Vergleich entspricht die Schwierigkeit, der Vorstellung des Unterbewußtseins einen anschaulichen Inhalt zu geben, der prinzipiellen Begrenzung anschaulicher Deutung des quantenmechanischen Formalismus. In diesem Zusammenhang darf auch bemerkt werden, daß die psychoanalytische Behandlung von Neurosen eher das Gleichgewicht im Gedächtnisinhalt des Patienten durch Zuführung neuer bewußter Erlebnisse wiederherstellen als ihm helfen soll, die Abgründe seines Unterbewußtseins auszuloten.

Vom biologischen Standpunkt aus können wir die charakteristischen Züge psychischer Phänomene nur durch den Schluß erklären, daß jedes bewußte Erlebnis eine Spur im Organismus hinterläßt, die einer irreversiblen Registrierung des Endergebnisses von Vorgängen im Nervensystem entspricht, die sich der Introspektion entziehen und mit Hilfe mechanistischer Begriffe kaum erschöpfend beschrieben werden können. Solche Spuren, die auf der Wechselwirkung zwischen zahlreichen Gehirnzellen beruhen, sind wesentlich verschieden von den mit der genetischen Fortpflanzung verbundenen beständigen Strukturen in den einzelnen Zellen des Organismus. Vom finalistischen Gesichtspunkt aus dürfen wir jedoch nicht nur die Nützlichkeit unvergänglicher Spuren durch ihren Einfluß auf unsere Reaktionen gegenüber nachfolgenden Reizen betonen; wir müssen also auf die Bedeutung der Tatsache hinweisen, daß spätere Generationen nicht durch die Erlebnisse von Einzelindividuen beschwert werden, sondern sich lediglich auf die Reproduktion solcher Eigenschaften des Organismus stützen, die sich der Erwerbung und Anwendung von Erfahrungen dienlich erwiesen haben. Wenn wir diese Betrachtungen weiterverfolgen, müssen wir natürlich damit rechnen, daß jeder Schritt zunehmende Schwierigkeiten mit sich bringt, und es ist klar, daß die einfachen Begriffe der Physik in wachsendem Grade ihre unmittelbare Anwendbarkeit verlieren, je mehr wir uns den an das Bewußtsein gebundenen Zügen lebender Organismen nähern.

Zur Illustration dieses Gedankenganges wollen wir kurz an das alte Problem des freien Willens erinnern. Aus dem bisher Gesagten geht deutlich hervor, daß das Wort Willen bei einer erschöpfenden Beschreibung psychischer Phänomene unentbehrlich ist. Es bleibt aber die Frage, wie weit wir von einer Handlungsfreiheit im Rahmen unserer Möglichkeiten sprechen können. Von einem rein deterministischen Gesichtspunkt aus ist eine solche Freiheit natürlich ausgeschlossen. Die allgemeine Belehrung der Atomphysik und insbesondere der begrenzten Reichweite mechanistischer Beschreibung biologischer Phänomene legt jedoch die Annahme nahe, daß die Fähigkeit des Organismus, sich seiner Umgebung anzupassen, das Vermögen in sich schließt, den für diesen Zweck am besten geeigneten Weg zu wählen. Angesichts der Unmöglichkeit, solche Fragen auf rein physikalischer Grundlage zu betrachten, ist es wichtig zu erkennen, daß psychische Erlebnisse selber das Problem in klares Licht stellen dürften. Der entscheidende Punkt ist, daß wir bei einem Versuch vorauszusagen, wozu eine andere Person sich in einer gegebenen Situation entschließen wird, uns nicht nur bemühen, ihren ganzen Hintergrund zu verstehen – mit Einschluß ihrer Lebensgeschichte unter Berücksichtigung aller Einflüsse, die zu ihrer Charakterbildung beigetragen haben –, sondern uns auch klarmachen müssen, daß wir letzten Endes danach streben, uns in ihre Lage zu versetzen. Es ist natürlich nicht möglich zu sagen, ob ein Mensch etwas tun will, weil er glaubt, es zu können, oder ob er es kann, weil er will; es kann aber kaum bestritten werden, daß wir das Gefühl haben, sozusagen aus den gegebenen Umständen das Bestmögliche herauszuholen. Vom Standpunkt objektiver Beschreibung aus kann hierzu nichts hinzugefügt oder davon weggelassen werden, und in diesem Sinne dürfen wir sowohl praktisch als logisch von der «Freiheit unseres Willens» in einer Weise sprechen, die angemessenen Spielraum für den Gebrauch von Wörtern wie Verantwortung und Hoffnung läßt, wobei jedes für sich so wenig definierbar ist wie andere im menschlichen Verkehr unentbehrliche Worte.

Solche Betrachtungen weisen auf die Folgen der Belehrung über unsere Lage als Beobachter hin, die uns die Entwicklung der Physik gegeben hat. An Stelle des Verzichtes auf gewohnte Forderungen nach Erklärung bietet sie uns logische Mittel zur Ordnung weiterer Erfahrungsgebiete, die eine angemessene Beachtung der Trennungslinie zwischen Objekt und Subjekt notwendig macht. Da in der philosophischen Literatur zuweilen auf verschiedene Stufen von Objektivität oder Subjektivität, ja sogar von Realität hingewiesen wird, darf hier betont werden, daß der Begriff eines letzten Subjektes – ebenso wie Begriffe wie Realismus und Idealismus – in einer objektiven Beschreibung, wie wir sie definiert haben, keinen Platz hat. Dieser Umstand bedeutet jedoch keine Begrenzung der Reichweite unserer Betrachtungen.

Nachdem ich einige rein wissenschaftliche, mit der Einheit des Wissens in Zusammenhang stehende Probleme berührt habe, will ich mich jetzt der in unserem Programm aufgeworfenen Fragen zuwenden, ob es neben der wissenschaftlichen eine poetische oder geistige oder kulturelle Wahrheit gibt. Mit all der Zurückhaltung, die einem Naturwissenschaftler geziemt, wenn er sich auf solche Gebiete begibt, will ich es wagen, einige Bemerkungen zu dieser Frage zu machen, indem ich von der im vorstehenden angedeuteten Einstellung ausgehe. Der Zusammenhang zwischen unseren Ausdrucksmitteln und dem uns beschäftigenden Erfahrungsbereich stellt uns unmittelbar vor die Beziehung zwischen Kunst und Wissenschaft. Die Bereicherung, die die Kunst uns geben kann, beruht auf ihrer Fähigkeit, uns Harmonien zu vermitteln, die jenseits systematischer Analyse bestehen. Man kann sagen, daß Dichtung, bildende Kunst und Musik eine Folge von Ausdrucksformen darstellen, in der ein immer weitergehender Verzicht auf die die wissenschaftliche Mitteilung kennzeichnende Forderung nach Definition der Phantasie freieren Spielraum läßt. Besonders in der Poesie wird dieses Ziel durch Zusammenstellung von Worten erreicht, die sich auf wechselnde Beobachtungssituationen beziehen und dadurch mannigfaltige Seiten menschlicher Erfahrung gefühlsmäßig verbinden.

Trotz der zu aller künstlerischen Leistung notwendigen Inspiration dürfen wir, ohne anmaßend zu sein, bemerken, daß der Künstler auch auf dem Höhepunkt seines Schaffens auf dem uns allen gemeinsamen menschlichen Fundament steht. Wir müssen uns im besonderen vergegenwärtigen, daß ein Wort wie Improvisation, das uns so leicht auf der Zunge liegt, wenn wir von künstlerischer Leistung sprechen, auf einen für jede Mitteilung wesentlichen Zug hinweist. Nicht nur bleibt es uns in einer gewöhnlichen Unterhaltung unbewußt, welche Worte wir wählen, um auszudrücken, was wir auf dem Herzen haben; sogar bei schriftlichen Arbeiten, wo wir die Möglichkeit der Überprüfung jedes Ausdrucks haben, verlangt die Beantwortung der Frage, ob ein Wort stehenbleiben darf oder ob wir es verändern sollen, einen Entschluß, der einer künstlerischen Improvisation entspricht. Das für jede künstlerische Äußerung charakteristische Gleichgewicht zwischen Ernst und Scherz erinnert uns an komplementäre Züge, die uns beim Spiel von Kindern ins Auge fallen und im reifen Alter nicht weniger geschätzt werden. Würden wir uns bemühen, immer ganz ernsthaft zu reden, liefen wir Gefahr, recht bald unseren Zuhörern und uns selbst unausstehlich zu erscheinen; versuchen wir aber die ganze Zeit zu scherzen, so bringen wir uns selbst und unsere Zuhörer in die verzweifelte Stimmung der Narren in Shakespeares Dramen.

Bei einem Vergleich zwischen Wissenschaft und Kunst dürfen wir natürlich nicht vergessen, daß wir es bei der ersteren mit systematischen Bestrebungen zu tun haben, unsere Erfahrungen zu erweitern und geeignete Begriffe zu ihrer Ordnung zu entwickeln, so etwa wie man beim Bau eines Hauses die Steine herbeiträgt und zusammenfügt; in der Kunst begegnen wir dagegen mehr individuellen Bestrebungen, Gefühle zu erwecken, welche an die Ganzheit unserer Situation erinnern. Hier sind wir an einem Punkt angelangt, wo die Frage nach der Einheit des Wissens offenbar gleich dem Worte «Wahrheit» selbst eine Mehrdeutigkeit enthält. Auch wenn wir von geistigen und kulturellen Werten sprechen, werden wir an erkenntnistheoretische Probleme erinnert, die verbunden sind mit dem Gleichgewicht zwischen unserem Wunsche nach einer allumfassenden Schau auf das Leben in seiner Vielfalt und unseren Möglichkeiten, uns in einer logisch widerspruchsfreien Weise auszudrücken.

Die nach der Entwicklung allgemeiner Methoden zur Ordnung gemeinsamer menschlicher Erfahrungen strebenden Naturwissenschaften und die in dem Bemühen nach Förderung von Harmonie in Weltanschauung und Verhalten innerhalb menschlicher Gemeinschaften wurzelnden Religionen gehen von wesentlich verschiedenen Punkten aus. In jeder Religion war selbstverständlich das ganze damalige Wissen der betreffenden Gemeinschaft in den allgemeinen Rahmen eingefügt, dessen Hauptinhalt die in Kult und Anbetung betonten Werte und Ideale darstellten. Deshalb zog die unlösliche Verbindung von Inhalt und Rahmen die Aufmerksamkeit kaum auf sich, bevor der Fortschritt der Naturwissenschaften eine neue kosmologische oder erkenntnistheoretische Lehre mit sich gebracht hatte. Die Geschichte bietet viele Beispiele dafür dar, und wir möchten im besonderen auf das tiefe Schisma zwischen Naturwissenschaften und Religion hinweisen, das die Entwicklung des mechanistischen Naturbegriffes zur Zeit der europäischen Renaissance begleitete. Viele Phänomene, die bis dahin als Offenbarungen göttlicher Vorsehung betrachtet worden waren, erschienen alsbald als Folgen allgemeiner unveränderlicher Naturgesetze. Andererseits waren die physikalischen Methoden und Gesichtspunkte weit entfernt von der für die Religionen wesentlichen Betonung menschlicher Werte und Ideale. Den Schulen der sogenannten empirischen und kritischen Philosophie war daher eine Einstellung gemeinsam, die einer mehr oder weniger klaren Unterscheidung zwischen objektivem Wissen und subjektivem Glauben entsprach.

Die moderne Entwicklung der Naturwissenschaften hat jedoch mit ihrer Hervorhebung der Notwendigkeit, bei einer eindeutigen Beschreibung die Festlegung der Objekt-Subjekt-Trennung gebührend zu berücksichtigen, eine neue Grundlage für den Gebrauch von Worten wie Wissen und Glauben geschaffen. Vor allem hat die Erkenntnis der Grenzen des Kausalitätsbegriffes einen Rahmen geschaffen, innerhalb dessen die Vorstellung von einer universellen Vorausbestimmung durch den Begriff der natürlichen Entwicklung ersetzt wird. Was die Organisation menschlicher Gesellschaften angeht, können wir besonders unterstreichen, daß die Beschreibung der Stellung des Individuums innerhalb seiner Gemeinschaft typisch komplementäre Seiten aufweist, die der wechselnden Abgrenzung zwischen Einschätzung von Werten und dem Hintergrund, von dem aus sie beurteilt werden, entsprechen. Gewiß verlangt jede gefestigte menschliche Gesellschaft ehrliches Spiel, ausgedrückt in Gesetzesvorschriften. Gleichzeitig aber würde ein Leben ohne Bindung an Verwandte und Freunde einiger seiner kostbarsten Werte beraubt sein. Wenn auch die engstmögliche Verbindung von Gerechtigkeit und Nächstenliebe ein allen Kulturen gemeinsames Ziel darstellt, muß doch erkannt werden, daß jeglicher Fall, der die strikte Anwendung des Gesetzes verlangt, keinen Raum für die Entfaltung der Nächstenliebe läßt und daß umgekehrt Wohlwollen und Mitleid allen Vorstellungen von Gerechtigkeit widersprechen können. Dieser Punkt, der in vielen Religionen mythisch im Kampf zwischen solche Ideale personifizierenden Gottheiten dargestellt wird, wird in der alten orientalischen Philosophie in der Mahnung ausgedrückt, daß man auf der Suche nach Harmonie im menschlichen Dasein nie vergessen soll, daß wir auf der Bühne des Lebens sowohl Schauspieler als auch Zuschauer sind.

Bei einem Vergleich verschiedener Kulturen, die auf von historischen Ereignissen geschaffenen Traditionen beruhen, begegnen wir der Schwierigkeit, daß wir die kulturellen Traditionen einer Nation im Lichte der Traditionen einer anderen beurteilen. In dieser Hinsicht ist die Beziehung zwischen nationalen Kulturen zuweilen als komplementär bezeichnet worden, obgleich dieses Wort hier nicht in dem strengen Sinn aufgefaßt werden kann, in dem es in der Atomphysik oder in der Psychologie angewandt wird, wo wir uns mit unveränderlichen Merkmalen unserer Situation befassen. Oft hat die Berührung zwischen Nationen eine Verschmelzung von Kulturen mit sich gebracht, bei der wertvolle Bestandteile nationaler Tradition erhalten blieben, und die anthropologische Forschung wird stetig eine immer wichtigere Quelle zur Beleuchtung gemeinsamer Züge in der Entwicklung verschiedener Kulturen. Das Problem der Einheit des Wissens steht also in engem Zusammenhang mit unserem Streben, durch gegenseitiges Verständnis ein Mittel zur Hebung der menschlichen Kulturen zu schaffen.

Bei Beendigung dieses Vortrages fühle ich, daß es vielleicht einer Entschuldigung bedarf, bei der Besprechung so allgemeiner Fragen auf das begrenzte Wissensgebiet der Physik so häufig hingewiesen zu haben. Ich habe jedoch versucht, eine allgemeine Einstellung anzudeuten, die uns durch die eindringliche Belehrung, die wir in unseren Tagen auf diesem Gebiete empfangen haben, nahegelegt wird und die mir für das Problem der Einheit des Wissens von Bedeutung erscheint. Diese Einstellung dürfte charakterisiert sein durch das Streben nach harmonischer Zusammenfassung immer weiterer Seiten unserer Situation, in der Erkenntnis, daß keine Erfahrung ohne logischen Rahmen definierbar ist und daß jede scheinbare Disharmonie daher nur durch eine Erweiterung des begrifflichen Rahmens beseitigt werden kann.

ERNST SCHRÖDINGER

Das arithmetische Paradoxon –
Die Einheit des Bewußtseins

Der Grund dafür, daß unser fühlendes, wahrnehmendes und denkendes Ich in unserm naturwissenschaftlichen Weltbild nirgends auftritt, kann leicht in fünf Worten ausgedrückt werden: Es ist selbst dieses Weltbild. Es ist mit dem Ganzen identisch und kann deshalb nicht als ein Teil darin enthalten sein. Hierbei stoßen wir freilich auf das arithmetische Paradoxon: Es gibt scheinbar eine sehr große Menge solcher bewußten Iche, aber nur eine einzige Welt. Das beruht auf der Art der Entstehung des Weltbegriffs. Die einzelnen privaten Bewußtseinsbereiche überdecken einander teilweise. Der ihnen allen gemeinsame Inhalt, in dem sie sich sämtlich decken, ist die «reale Außenwelt». Bei alledem bleibt aber ein unbehagliches Gefühl, das Fragen auslöst wie: Ist meine Welt wirklich die gleiche wie die deine? Gibt es *eine* reale Welt, verschieden von den Bildern, die auf dem Weg über die Wahrnehmung in einen jeden von uns hineinprojiziert werden? Und wenn es so ist, gleichen diese Bilder der realen Welt, oder ist diese, die Welt «an sich», vielleicht ganz anders als die Welt, die wir wahrnehmen?

Solche Fragen sind sehr geistreich, aber nach meiner Meinung sehr dazu angetan, in die Irre zu führen. Es gibt keine angemessene Antwort auf sie. Sie sind durchweg Antinomien oder führen auf solche, und diese entspringen aus einer Quelle, die ich das arithmetische Paradoxon nenne: den *vielen* Bewußtseins-Ichen, aus deren sinnlichen Erfahrungen die *eine* Welt zusammengebraut ist. Die Lösung des Zahlenparadoxons würde alle solche Fragen beiseite schaffen und sie nach meiner Überzeugung als Scheinprobleme entlarven.

Aus diesem Zahlenparadoxon gibt es zwei Auswege, die beide vom Standpunkt unsres heutigen naturwissenschaftlichen Denkens aus (das sich auf altes griechisches Denken gründet, also rein westlich ist) reichlich unsinnig aussehen. Der eine ist die Vervielfachung der Welt in *Leibniz'* schrecklicher Monadenlehre, in der jede Monade eine Welt für sich ist, es ist keine Verbindung zwischen ihnen. Die Monade «hat keine Fenster», sie ist *«incomunicado»*. Daß sie dennoch alle miteinander in Einklang sind, nennt man die «prästabilisierte Harmonie». Es gibt wohl nur wenige, denen diese Lösung zusagt oder die darin auch nur eine Milderung des Problems der numerischen Antinomie erblicken.

Offenbar gibt es nur *einen* anderen Ausweg: die Vereinigung aller Bewußtseine in eines. Die Vielheit ist bloßer Schein; in Wahrheit gibt es nur *ein* Bewußtsein. Das ist die Lehre der Upanishaden, und nicht nur der Upanishaden allein. Das mystische Erlebnis der Vereinigung mit Gott führt stets zu dieser Auffassung, wo nicht starke Vorurteile entgegenstehen; und das bedeutet: leichter im Osten als im Westen. Als ein Beispiel neben den Upanishaden zitiere ich *Aziz Nasafi*, einen islamisch-persischen Mystiker aus dem 13. Jahrhundert, in der Übersetzung von *Fritz Meyer.**

«Beim Tod jedes Lebewesens kehrt der Geist in die Geisterwelt und der Körper in die Körperwelt zurück. Dabei verändern sich aber immer nur die Körper. Die Geisterwelt ist ein einziger Geist, der wie ein Licht hinter der Körperwelt steht und durch jedes entstehende Einzelwesen wie durch ein Fenster hindurchscheint. Je nach der Art und Größe des Fensters dringt weniger oder mehr Licht in die Welt. Das Licht aber bleibt unverändert.»

Vor einer Reihe von Jahren hat *Aldous Huxley* ein wertvolles Werk veröffentlicht, *The Perennial Philosophy*, eine Blütenlese aus den Mystikern der verschiedensten Zeiten und Völker. Wo immer man es aufschlägt, findet man viele schöne Äußerungen ähnlicher Art. Man ist beeindruckt durch die wunderbare Übereinstimmung zwischen Menschen verschiedener Rasse, verschiedener Religion, von denen keiner von der Existenz des anderen wußte und zwischen denen Jahrhunderte und Jahrtausende und die größten Entfernungen auf unserm Erdball lagen.

Aber man muß doch sagen, daß diese Lehre unser westliches Denken wenig anspricht, ihm wenig schmackhaft ist und von ihm als phanta-

---

* *Eranos Jahrbuch*, 1946.

stisch und unwissenschaftlich abgelehnt wird. Das beruht darauf, daß unsre – die griechische – Wissenschaft sich auf Objektivierung gründet und sich damit den Weg zu einem angemessenen Verständnis für das erkennende Subjekt, den Geist, versperrt hat. Ich glaube aber, daß hier genau der Punkt ist, in dem unsre gegenwärtige Art zu denken verbessert werden muß, vielleicht durch eine kleine Bluttransfusion von seiten östlichen Denkens. Leicht wird das aber nicht sein, und wir müssen uns vor Fehlgriffen hüten. Bluttransfusionen erfordern ja immer große Vorsicht, wenn kein Gerinnen eintreten soll. Wir möchten doch die logische Exaktheit nicht aufgeben, zu der unser Denken gelangt ist und die zu keiner Zeit je ihresgleichen gehabt hat.

Eines kann jedoch zugunsten der mystischen Lehre von der «Identität» aller Bewußtseine untereinander und mit dem höchsten Bewußtsein angeführt werden gegenüber *Leibniz'* schrecklicher Monadenlehre. Die Identitätslehre kann sich darauf berufen, daß sie durch die Erfahrungstatsache gestützt wird, daß das Bewußtsein nie in der Mehrzahl, immer nur in der Einzahl erlebt wird. Niemand von uns hat je mehr als ein einziges Bewußtsein erlebt, und es gibt auch nicht die Spur eines Indizienbeweises, daß dies je in der Welt stattgehabt hätte. Wenn ich sage, daß im gleichen Geiste nie mehr als *ein* Bewußtsein sein kann, so sieht das wie eine plumpe Tautologie aus; wir sind ganz außerstande, uns das Gegenteil vorzustellen.

Dennoch gibt es Fälle oder Umstände, wo wir erwarten oder fast fordern könnten, daß dieses Unvorstellbare sich ereignen sollte, sofern es sich überhaupt ereignen kann. Diesen Punkt will ich jetzt in einiger Breite und unter Berufung auf Zitate von *Sir Charles Sherrington* behandeln. Dieser war gleichzeitig – seltener Fall – ein Genie erster Ordnung und ein nüchterner Gelehrter. Nach allem, was ich von ihm weiß, hatte er für die Philosophie der Upanishaden nicht viel übrig. Im folgenden habe ich die Absicht, vielleicht den Weg zu ebnen für eine künftige Verschmelzung des Identitätsprinzips mit unserm eigenen naturwissenschaftlichen Weltbild, ohne dafür mit einem Verlust an Sachlichkeit und logischer Genauigkeit zahlen zu müssen.

Ich sagte eben, daß wir uns eine Mehrzahl von Bewußtseinen in einem einzigen Geist nicht einmal vorstellen können. Wir können diese Worte immerhin aussprechen, aber sie beschreiben keine irgend denkbare Erfahrung. Selbst im pathologischen Fall einer «gespaltenen Persönlichkeit» wechseln die beiden Personen miteinander ab, treten aber nie gemeinsam auf. Im Gegenteil; es ist gerade der charakteristische Zug, daß sie voneinander nichts wissen.

Wenn wir im Puppenspiel des Traumes die Fäden mehrerer Darsteller in Händen halten und über ihre Handlungen und ihre Reden verfügen, so wissen wir nicht darum. Nur einer von ihnen bin ich selbst, der Träumende. In ihm handle und spreche ich unmittelbar selbst, während ich ängstlich und gespannt darauf warte, was ein andrer antworten, ob er meine dringende Bitte erfüllen wird. Es kommt mir nicht bei, daß ich ihn eigentlich tun und sagen lassen könnte, was ich will, und ganz so ist es auch nicht. Denn in einem solchen Traum ist «der andre» wohl meist die Verkörperung einer ernsten Schwierigkeit, die mir im wachen Zustande im Wege steht und über die ich tatsächlich keine Macht habe. Dieser seltsame Umstand ist offenbar die Ursache dafür, daß in alten Zeiten die meisten Menschen fest davon überzeugt waren, sie seien wirklich in Verbindung mit den Personen, die ihnen im Traum begegneten, seien sie nun tot oder lebendig oder vielleicht Götter oder Heroen. Dieser Aberglauben hat ein sehr zähes Leben. Um die Wende des 6. Jahrhunderts v. Chr. hat sich *Heraklit von Ephesus* ganz entschieden gegen ihn ausgesprochen, mit einer Klarheit, wie sie in seinen manchmal sehr dunklen Fragmenten selten ist. Aber *Lucretius Carus*, der sich selbst für ein Vorbild erleuchteten Denkens hielt, beharrt noch im 1. Jahrhundert v. Chr. auf diesem Aberglauben. Heutzutage ist er wohl selten geworden; doch bezweifle ich, daß er ganz erloschen ist.

Nun zu etwas ganz anderem. Ich kann mir durchaus nicht vorstellen, wie mein einheitliches und als einheitlich empfundenes Bewußtsein durch eine Integration der Bewußtseine der Zellen, die meinen Leib bilden (oder einiger von ihnen), entstanden sein sollte oder wie er in jedem Augenblick gleichsam ihre Resultante sein sollte. Ein solcher Zellstaat, wie jeder von uns ist, wäre doch für das Bewußtsein geradezu die gegebene Gelegenheit, eine Vielfalt zu manifestieren, wenn es dazu überhaupt fähig wäre. Den Ausdruck Zellstaat dürfen wir heute durchaus nicht mehr als eine bloße Redensart betrachten. *Sherrington* sagt:

«Wenn man erklärt, daß von den *Zellen*, die im Aufbau unsres Leibes vereinigt sind, jede einzelne ein auf sich selbst eingestelltes individuelles Leben ist, so ist das keine bloße Redensart. Es ist keine bloße zum Zweck der Beschreibung bequeme Ausdrucksweise. Die Zelle als Bestandteil des Körpers ist nicht lediglich eine sichtbarlich abgegrenzte Einheit, vielmehr eine auf sich selbst als Mittelpunkt abstellende Lebenseinheit.

Sie führt ihr Eigenleben... Die Zelle ist eine Lebenseinheit, und unser Leben, welches seinerseits ebenfalls ein einheitliches ist, besteht ganz und gar aus jenen Zell-Leben.»*

Aber man kann diesen Gedanken noch viel konkreter fassen. Hirnpathologie und sinnesphysiologische Untersuchungen sprechen einhellig und eindeutig für eine örtliche Unterteilung des Sensoriums in Bereiche, deren weitgehende Unabhängigkeit uns überrascht, weil man darnach naiverweise erwarten würde, daß ihnen selbständige Bewußtseinssphären entsprechen sollten. Aber es verhält sich nicht so. Ein besonders charakteristisches Beispiel ist das folgende. Wenn ich eine ferne Landschaft zuerst auf die gewöhnliche Weise mit zwei offenen Augen betrachte, dann bei geschlossenem linken Auge nur mit dem rechten Auge und dann umgekehrt, so bemerke ich so gut wie keinen Unterschied. Der psychische Sehraum ist in allen drei Fällen identisch der gleiche. Nun könnte das sehr wohl darauf beruhen, daß die Reizleitungen von einander entsprechenden Netzhautstellen zu dem gleichen zentralen Mechanismus führen, der «die Wahrnehmung besorgt» – genau wie etwa der Klingelknopf an meiner Haustür und der im Schlafzimmer meiner Frau die gleiche Klingel betätigen, die über der Küchentür hängt. Das wäre die einfachste Erklärung; nur ist sie falsch.

Sherrington erzählt uns von sehr interessanten Versuchen über den Schwellenwert der Flickerfrequenz, die ich so kurz wie möglich mitteilen will. Man denke sich in einem Laboratorium einen winzigen Leuchtturm, der in jeder Sekunde sehr viele Lichtblitze aussendet, etwa 40 oder 60 oder 80 oder 100. Wenn man die Frequenz der Blitze steigert, so verschwindet das Flickern bei einer bestimmten, von den Einzelheiten des Versuchs abhängigen Frequenz, und der Beobachter, von dem wir voraussetzen, daß er wie gewöhnlich mit beiden Augen beobachtet, erblickt nun eine stetige Lichterscheinung.** Unter gegebenen Umständen sei der Schwellenwert 60 in jeder Sekunde. Nun machen wir einen zweiten Versuch, bei dem nichts verändert ist, außer daß irgendwie dafür gesorgt ist, daß nur jeder zweite Blitz das rechte Auge und jeder andere Blitz das linke Auge trifft, so daß jedes Auge nur 30 Blitze in jeder Sekunde erhält. Sofern die Reize zu dem gleichen physiologischen Zentrum geleitet würden, sollte das nichts ausmachen. Wenn ich bei-

---

* *Man on his Nature*, S. 73.
** So kommt die Verschmelzung der aufeinanderfolgenden Bilder im Kinobild zustande.

spielsweise den Klingelknopf an meiner Haustür jede zweite Sekunde drücke und meine Frau das gleiche tut, aber immer abwechselnd mit mir, so wird die Klingel bei der Küche in jeder Sekunde einmal anschlagen, genauso als hätte einer von uns beiden seinen Knopf in jeder Sekunde betätigt oder als hätten wir beide das in jeder Sekunde zugleich getan. So verhält es sich aber beim zweiten Flickerversuch nicht. 30 Blitze in der Sekunde für das rechte Auge und abwechselnd damit 30 Blitze für das linke Auge reichen nicht entfernt aus, um die Empfindung des Flickerns zu beseitigen. Dafür ist die doppelte Frequenz nötig, 60 für das rechte und 60 für das linke Auge, wenn beide Augen offen sind und getrennte Lichtblitze empfangen. Ich gebe die wichtigste Schlußfolgerung mit *Sherringtons* eignen Worten:

«Nicht räumliche Vereinigung im Gehirn ist es, was sie (nämlich die beiden Nachrichten) verschmilzt. Es macht ganz den Eindruck, als würde das vom rechten und das vom linken Auge kommende Bild von je einem Beobachter erblickt und als würden die Bewußtseine der beiden Beobachter zu einem einzigen Bewußtsein verschmelzen. Es ist, als würden die Wahrnehmungen des rechten und des linken Auges einzeln verarbeitet und erst geistig zu einer einzigen verschmolzen... Es ist, als wäre jedem Auge ein Sensorium von erheblichem Rang zu eigen, in welchem die auf das betreffende Auge sich stützenden geistigen Vorgänge bis an die Schwelle ganz voller Wahrnehmung ausgearbeitet werden. Deren würde es zwei geben, eines für das rechte und eines für das linke Auge. Für ihr Zusammenarbeiten im Bewußtsein scheint nicht durch strukturelle Verbindung, sondern dadurch vorgesorgt zu sein, daß sie gleichzeitig in Aktion treten.»*

Hierauf folgen sehr allgemeine Überlegungen, aus denen ich wieder nur die charakteristischsten Sätze herausgreifen will:

«Gibt es dann also quasi-unabhängige Partialgehirne, die sich auf die gesonderten Sinnessphären stützen? Die alten ‹fünf› Sinne – anstatt in einem Großhirn etwa unentwirrbar miteinander verflochten zu sein und selber in einem übergeordneten Mechanismus aufzugehen – sind dort noch reinlich gegeneinander abgegrenzt anzutreffen, jeder in seinem besonderen Distrikt. – Inwieweit ist das Bewußtsein ein Kollektiv quasi-unabhängiger Wahrnehmungssphären, deren geistige Integration weitgehend auf der Gleichzeitigkeit des Erlebnisablaufs beruht?... Sobald

---

* *Man on his Nature*, S. 273–275.

das ‹Geistige› in Frage kommt, baut das Nervensystem sich zur Ganzheit auf, nicht dadurch, daß eine zentrale Zelle den Oberbefehl übernimmt, sondern es bildet sich eine millionenfache Demokratie, deren konstituierende Einheit die Zelle ist... Das Gesamtleben, aus Partialleben zusammengeschweißt, verrät, obgleich zur Ganzheit geworden, seinen summativen Charakter, es offenbart sich als eine Angelegenheit winzigster Lebenszentren, die zusammenwirken... Betrachten wir nun aber den Geist, so findet sich nichts dergleichen. Die einzelne Nervenzelle ist niemals ein Miniaturgehirn. Dafür, daß der Leib sich aus Zellen aufbaut, gibt die Beschaffenheit des Bewußtseins nicht den leisesten Anhaltspunkt... Eine einzige Führerzelle im Gehirn könnte dem Seelenleben keinen einheitlicheren, weniger atomistischen Charakter sichern, als das Großhirn mit seiner Rinde aus Millionen Zellen es tut. Materie und Energie scheinen eine körnige Struktur zu haben, und das Leben gleichfalls, aber nicht der Geist.»*

Ich habe diejenigen Stellen angeführt, die mir den stärksten Eindruck gemacht haben. Man sieht, wie *Sherrington*, im Besitz eines souveränen Wissens von den tatsächlichen Vorgängen im lebenden Körper, mit einem Paradoxon ringt, das er bei der Klarheit seines Denkens und seiner intellektuellen Redlichkeit nicht zu verbergen oder wegzuerklären versucht (wie es manche andere tun würden, ja getan haben). Er stellt es vielmehr unerbittlich heraus, da er sehr genau weiß, daß das der einzige Weg ist, auf dem man jegliches Problem in Naturwissenschaft und Philosophie seiner Lösung näherbringen kann, während man den Fortschritt verhindert und den Widerspruch verewigt (nicht für immer, doch so lange, bis jemand auf den Schwindel drauf kommt), wenn man ein Pflästerchen von niedlichen Phrasen darüber breitet. Auch *Sherringtons* Paradoxon ist ein arithmetisches, ein Zahlenparadoxon, und mir scheint, es hat sehr viel mit jenem zu tun, das ich vorhin so genannt habe, obgleich es mit ihm keineswegs identisch ist. Das frühere Paradoxon war, kurz gesagt, die *eine* Welt, herauskristallisiert aus den vielen Bewußtseinen. *Sherringtons* Paradoxon ist der eine Geist, der scheinbar auf den vielen Zell-Leben beruht oder, anders betrachtet, auf den mannigfachen Unter-Gehirnen, deren jedes einen so hohen, ihm eigentümlichen Rang zu haben scheint, daß wir uns genötigt sehen, es mit einem Unter-Geist zu verknüpfen. Wir wissen aber, daß ein Unter-Geist eine ebenso

---

* *Man on his Nature*, S. 275–278.

abscheuliche Mißgeburt ist wie ein Vielfach-Geist, da beide weder ein Gegenstück in irgendeines Menschen Erfahrung haben noch irgend vorstellbar sind.

Ich wage zu glauben, daß man beide Paradoxa lösen wird (ich gebe nicht vor, sie hier und jetzt zu lösen), indem man dem Bau unsrer westlichen Naturwissenschaft die östliche Identitätslehre einverleibt. Bewußtsein gibt es seiner Natur nach nur in der Einzahl. Ich möchte sagen: Die Gesamtzahl aller «Bewußtheiten» ist immer bloß «eins». Ich wage, den Geist unzerstörbar zu nennen, denn er hat sein eigenes und besonderes Zeitmaß; nämlich er ist jederzeit *jetzt*. Für ihn gibt es in Wahrheit weder früher noch später, sondern nur ein Jetzt, in das die Erinnerungen und die Erwartungen einbeschlossen sind. Doch gebe ich zu, daß unsre Sprache das nicht auszudrücken vermag; und ich gebe auch zu – sofern jemand daran liegt, das festzustellen –, daß ich jetzt von Religion, nicht von Naturwissenschaft, spreche, doch von einer Religion, die der Naturwissenschaft nicht widerspricht, sondern ihre Stütze in dem findet, was unvoreingenommene Naturwissenschaft ans Licht gebracht hat.

Sherrington sagt: «Der menschliche Geist ist ein sehr junges Erzeugnis der Oberfläche unseres Erdballs.» Natürlich stimme ich dem bei. Würde das zweite Wort («menschliche») fehlen, so täte ich es nicht... Es wäre sonderbar, ja lächerlich, wollte man meinen, der anschauende, bewußte Geist, der als einziger über das Weltgeschehen nachsinnt, habe erst irgendwann im Laufe dieses Werdens die Bühne betreten; er sei ganz zufällig aufgetreten, im Zusammenhang mit einer sehr speziellen biologischen Ausrüstung, die ganz offenbar die Aufgabe erfüllt, gewissen Formen des Lebens die Behauptung in ihrer Umwelt zu erleichtern und so ihre Erhaltung und Fortdauer zu begünstigen; Lebensformen, die erst spät gekommen und denen viele andere vorangegangen sind, die sich erhielten ohne jene besondere Ausrüstung (ein Gehirn). Nur ganz wenige von ihnen (nach Arten gerechnet) haben den besonderen Weg eingeschlagen, «sich ein Gehirn anzuschaffen». Und bevor das geschah, sollte das Ganze ein Spiel vor leeren Bänken gewesen sein? Ja, können wir denn eine Welt, die niemand wahrnimmt, überhaupt so nennen? Wenn ein Archäologe eine längst versunkene Stadt oder Kultur rekonstruiert, so interessiert er sich für menschliches Leben, Handeln, Schauen, Denken, Fühlen, für Freud und Leid in der Vergangenheit, die sich ihm dort und dann entschleiert. Aber eine Welt, die viele Millionen

Jahre bestanden hat, ohne daß irgendein Bewußtsein sie gewahr wurde und angeschaut hat, ist das überhaupt irgend etwas? *Gab* es sie? Wir wollen doch dies nicht vergessen: Wenn wir oben gesagt haben, daß das Werden der Welt sich in einem bewußten Geist spiegelt, so ist das nur ein Klischee, eine Redensart, eine Metapher, die Bürgerrecht erworben hat. Nichts spiegelt sich! Die Welt ist nur einmal gegeben. Urbild und Spiegelbild sind eins. Die in Raum und Zeit ausgedehnte Welt existiert nur in unsrer Vorstellung. Daß sie außerdem noch etwas anderes sei, dafür bietet jedenfalls die Erfahrung – wie schon *Berkeley* wußte – keinen Anhaltspunkt.

Aber das Idyll einer Welt, die erst, nachdem sie viele Millionen Jahre ungeschaut existiert hatte, ehe sie auf den Einfall kam, sich Gehirne anzuschaffen, um sich damit selbst zu betrachten, hat noch eine recht tragische Fortsetzung, die ich wieder mit *Sherringtons* Worten schildern will:

«Die energetische Welt, so wird uns gesagt, steht im Begriff, sich totzulaufen. Sie strebt unaufhaltsam einem Gleichgewicht zu, welches endgültig sein wird. Einem Gleichgewicht, bei dem es kein Leben geben kann. Doch entwickelt sich Leben ohne Unterlaß. Unser Planet in seiner Umgebung hat es entwickelt und entwickelt es weiter. Mit ihm entwickelt sich Bewußtsein. Wenn Bewußtsein kein energetisches System ist, wie wird das Totlaufen der Welt ihm bekommen? Kann es dabei unversehrt bleiben? Immer ist, nach allem, was wir wissen, das endliche Bewußtsein irgendwie geknüpft an ein funktionierendes energetisches System. Wenn dieses nun die Funktion einstellt, was dann mit dem begleitenden Bewußtsein? Wird die Welt, welche das endliche Bewußtsein ausgebildet hat und fortfährt, es auszubilden, es dann zugrunde gehen lassen?»[*]

Solche Überlegungen sind in mancher Hinsicht verwirrend. Uns verwirrt die seltsame Doppelrolle, die das Bewußtsein (oder der Geist) spielt. Einerseits ist es der Schauplatz, und zwar der einzige Schauplatz, auf dem sich dieses ganze Weltgeschehen abspielt, oder das Gefäß, das alles in allem enthält und außerhalb dessen nichts ist. Andrerseits gewinnen wir den, vielleicht irrigen, Eindruck, daß das Bewußtsein inmitten dieses Weltgetriebes an gewisse, sehr spezielle Organe gebunden ist, welche, obgleich sicher das Interessanteste, was die Tier- und

---

[*] *Man on his Nature*, S. 232.

Pflanzenphysiologie kennt, doch nicht einzig in ihrer Art, nicht *sui generis* sind. Denn gleich manchen anderen Organen dienen sie ja schließlich nur der Lebensbehauptung ihrer Träger, und dem allein ist es zuzuschreiben, daß sie sich im Prozeß der Artbildung durch natürliche Auslese entwickelt haben.

Zuweilen stellt ein Maler in sein großes Gemälde oder ein Dichter in sein langes Gedicht eine unscheinbare Nebenfigur, die er selbst ist. So hat wohl der Dichter der Odyssee mit dem blinden Barden, der in der Halle der Phäaken Troja besingt und den vielgeprüften Helden zu Tränen rührt, bescheiden sich selbst gemeint. Auch im Nibelungenlied begegnet uns auf dem Zuge durch die österreichischen Lande ein Poet, den man im Verdacht hat, der Dichter des Epos zu sein. Auf Dürers Allerheiligenbild scharen sich zwei große Zirkel von Gläubigen anbetend um die hoch in Wolken schwebende Dreifaltigkeit, ein Kreis von Seligen in den Lüften, ein Kreis von Menschen auf Erden, unter ihnen Könige und Kaiser und Päpste, und, wenn ich mich recht erinnere, der Künstler selbst, eine bescheidene Nebenfigur, die ebensogut fehlen könnte.

Mir scheint dies das beste Gleichnis für die verwirrende Doppelrolle des Geistes. Einerseits ist er der Künstler, der alles geschaffen hat; im vollendeten Werk dagegen ist er nur eine unbedeutende Staffage, die getrost fehlen könnte, ohne die Gesamtwirkung zu beeinträchtigen.

Wenn wir aber nicht in Gleichnissen reden wollen, so müssen wir bekennen, daß wir es hier mit einer jener typischen Antinomien zu tun haben, die darauf zurückgehen, daß es uns jedenfalls bisher nicht gelungen ist, ein einigermaßen verständliches Weltbild aufzubauen, ohne unsern eignen Geist, den Schöpfer des ganzen Weltbildes, daraus zu verbannen, derart, daß darin für ihn kein Platz ist. Der Versuch, ihn hineinzuwängen, führt notwendig zu Ungereimtheiten.

Ich habe schon früher die Tatsache erörtert, daß aus dem gleichen Grunde im physikalischen Weltbild alle Sinnesqualitäten fehlen, aus denen das Subjekt der Erkenntnis sich eigentlich zusammensetzt. Dem Modell fehlen Farben, Töne, Greifbarkeit. Ebenso und aus dem gleichen Grunde mangelt der Welt der Naturwissenschaft alles, was eine Bedeutung in bezug auf das bewußt anschauende, wahrnehmende und fühlende Wesen hat; von alledem enthält sie nichts. Vor allem denke ich an die sittlichen und ästhetischen Werte, Werte von jeder Art, an alles, was auf Sinn und Zweck des ganzen Geschehens Bezug hat. Nicht nur fehlt dieses alles, sondern es kann von einem rein naturwissenschaftlichen Standpunkt aus überhaupt nicht organisch eingebaut werden. Wenn man es einzubauen versucht, wie ein Kind seine schwarzweiße Malvorlage koloriert, so paßt es nicht hinein. Denn alles, was man in dieses Weltmodell eingehen läßt, nimmt stets die Form einer naturwissenschaftlichen Aussage an, ob man will oder nicht; als solche aber wird es falsch.

Leben ist ein Wert an sich. «Hegt Ehrfurcht vor dem Leben!» Etwa so hat *Albert Schweitzer* das Grundgebot aller Sittlichkeit formuliert. Die Natur aber kennt keine Ehrfurcht vor dem Leben. Sie verfährt mit ihm, als sei es das Wertloseste in der Welt. Millionenfach gezeugt, wird es zum größten Teil sehr schnell wieder vernichtet oder anderem Leben als Beute vorgeworfen. Gerade das ist ihr Königsweg, immer neue Lebensformen zu erzeugen. «Du sollst nicht quälen! Tue niemand ein Leides an!» Die Natur weiß hiervon nichts. Ihre Geschöpfe sind darauf angewiesen, einander in stetem Kampf zu martern.

«Es ist nichts weder gut noch böse. Das Denken erst macht es dazu.» Kein natürliches Geschehen ist gut oder böse an sich, und ebenso ist es an sich weder schön noch häßlich. Es fehlen die Werte, und insbesondere fehlen Sinn und Zweck. Die Natur handelt nicht nach Zwecken. Wenn wir von zweckmäßiger Anpassung eines Organismus an seine Umwelt sprechen, so wissen wir, daß das nur eine bequeme Redeweise ist. Nehmen wir sie wörtlich, so irren wir, jedenfalls im Rahmen unsres Weltbildes. In ihm gibt es nur ursächliche Verknüpfung.

Am schmerzlichsten ist das völlige Schweigen unseres ganzen naturwissenschaftlichen Forschens auf unsere Fragen nach Sinn und Zweck des ganzen Geschehens. Je genauer wir hinsehen, um so zweckloser und sinnloser kommt es uns vor. Das Spektakel, das sich da abspielt, erhält einen Sinn offenbar nur in bezug auf den Geist, der ihm zuschaut. Was uns die Naturwissenschaft über diesen Bezug zu melden weiß, ist ausgemacht ungereimt. Als sei der Geist nur durch eben dieses Spektakel entstanden, dem er nun zuschaut, und als werde er mit ihm wieder vergehen, wenn die Sonne schließlich erkaltet sein und die Erde sich in eine Wüste von Eis und Schnee verwandelt haben wird.

Nur kurz will ich den notorischen Atheismus der Naturwissenschaft erwähnen, der natürlich zum gleichen Thema gehört. Wieder und wieder erfährt die Naturwissenschaft diesen Vorwurf, aber zu Unrecht. Der persönliche Gott kann in einem Weltbild nicht vorkommen, das nur zugänglich geworden ist um den Preis, daß man alles Persönliche daraus entfernt hat. Wir wissen: Wenn Gott erlebt wird, so ist das ein Erlebnis, genauso real wie eine unmittelbare Sinnesempfindung oder wie die eigene Persönlichkeit. Wie diese muß er im raum-zeitlichen Bilde fehlen. «Ich finde Gott nicht vor in Raum und Zeit», so sagt der ehrliche naturwissenschaftliche Denker. Und dafür wird er von denen gescholten, in deren Katechismus geschrieben steht: Gott ist Geist.

Naturwissenschaft und Religion

Kann die Naturwissenschaft uns Einsichten in Fragen der Religion liefern? Können die Ergebnisse naturwissenschaftlicher Forschung uns irgend helfen, eine vernünftige und befriedigende Haltung gegenüber jenen brennenden Fragen zu gewinnen, die zu Zeiten einen jeden von uns bedrängen? Manche von uns, vor allem die gesunde und glückliche Jugend, vermögen diese Fragen für lange Zeit beiseite zu schieben. Andere, in höherem Alter, haben sich damit abgefunden, daß es keine Antwort auf sie gibt, und haben es aufgegeben, nach einer solchen zu suchen, während wieder andere ihr Leben lang verfolgt werden von der Unzulänglichkeit unsres Verstandes, verfolgt auch von tiefen Ängsten, welche uralte und weitverbreitete abergläubische Vorstellungen in ihnen erregen. Vor allem denke ich an die Fragen, welche «die andre Welt», «das Leben nach dem Tode» und alles, was damit zusammenhängt, betreffen. Wohlgemerkt, ich werde natürlich nicht versuchen, *diese* Fragen zu beantworten, sondern nur die weitaus bescheidenere Frage, ob die Naturwissenschaft uns irgendeine Auskunft über sie geben oder unserem Nachsinnen über sie – dessen sich ja die meisten von uns nicht entschlagen können – zur Hilfe kommen kann.

Vorweg sei gesagt, daß die Naturwissenschaft das auf eine sehr primitive Weise ganz gewiß zu tun vermag und es auch getan hat, ohne viel Aufhebens davon zu machen. Ich entsinne mich alter Darstellungen, ich glaube, geographischer Weltkarten, auf denen auch die Hölle, das Fegefeuer und der Himmel nicht fehlten; erstere beide tief unter der Erde, letzterer hoch droben über ihr. Darstellungen dieser Art waren nicht einfach allegorisch gemeint (wie vielleicht in späteren Zeiten, so auf Dürers berühmtem Allerheiligen-Bild); sie zeugen von einem ganz primitiven und zu jener Zeit weitverbreiteten Glauben. Heute verlangt keine Kirche mehr, daß ihre Gläubigen ihre Dogmen so grob anschaulich auslegen, sie wird im Gegenteil einer solchen Einstellung entschieden widersprechen. Diesem Fortschritt ist sicher unser – wenn auch dürftiges – Wissen vom Innern unseres Planeten, vom Wesen der Vulkane, von der Zusammensetzung unsrer Atmosphäre, von der vermutlichen Geschichte des Sonnensystems und vom Bau der Milchstraße und des Weltalls zugute gekommen. Kein gebildeter Mensch wird noch erwarten, jene dogmatischen Phantasiegebilde irgendwo in dem Raumbereich zu finden, der unsrer Erforschung zugänglich ist, ja nicht einmal in einem jenseits dieses Bereichs liegenden und unsrer Forschung nicht zugänglichen Bereich. Auch wenn er von ihrer Wirklichkeit überzeugt wäre, würde er ihnen eine rein geistige Rolle zuweisen. Ich will nicht behaupten, daß tief religiöse Menschen für eine solche Erleuchtung auf die genannten Entdeckungen der Wissenschaft hätten zu warten brauchen; doch haben diese sicher dazu beigetragen, materialistischen Aberglauben in diesen Dingen auszumerzen.

Das bezieht sich indessen auf einen ziemlich primitiven Geisteszustand. Es gibt interessantere Dinge. Der wichtigste Beitrag der Naturwissenschaft zur Überwindung der verwirrenden Fragen: «Wer sind wir denn wirklich? Woher bin ich gekommen, und wohin gehe ich?» – oder wenigstens zu einer Beruhigung unsres Gemütes –, die wirksamste Hilfe, die uns die Naturwissenschaft in dieser Hinsicht geleistet hat, ist in meinen Augen die schrittweise Idealisierung der Zeit. Wenn wir das überdenken, drängen sich uns die Namen dreier Männer auf, obgleich auch viele andere, auch Ungelehrte, schon ähnliches gedacht haben, so der heilige *Augustinus von Hippo* und *Boethius*. Jene drei aber sind *Plato*, *Kant* und *Einstein*.

Die ersten beiden waren keine Naturwissenschaftler; aber ihr eifriges Bemühen um philosophische Fragen, ihr sie ganz erfüllendes Interesse an der Welt, hatten ihren Ursprung in der Naturwissenschaft. Bei *Plato* wurzelte das in der Mathematik und der Geometrie. (Das «und» wäre heute nicht mehr am Platze, aber doch wohl noch zu *Platos* Zeit.) Was hat dem Lebenswerk *Platos* einen so unvergleichlichen Glanz verliehen, daß es nach mehr als zweitausend Jahren noch unvermindert strahlt? Soweit wir wissen, verdanken wir ihm keine spezielle Entdeckung im Bereich der Zahlen oder der geometrischen Figuren. Seine Ansichten über die materielle Welt in Physik und Leben sind manchmal phantastisch und durchaus denen andrer (der Weisen von *Thales* bis *Demokrit*) unterlegen, von denen einzelne mehr als hundert Jahre vor ihm gelebt haben. Im Wissen von der Natur haben ihn sein Schüler *Aristoteles* sowie *Theophrast* weit hinter sich gelassen. Einem jeden, außer seinen unbedingten Bewunderern, erscheinen lange Abschnitte seiner Dialoge als ein bloßes Spiel mit Worten, weit entfernt von dem Bedürfnis, den Sinn der Worte zu definieren, vielmehr eher von dem Glauben getragen, das Wort werde schon ganz von selbst sein Inneres offenbaren, wenn man es nur lange genug um und um wendet. Seine soziale und politische Utopie, die fehlschlug und ihn in ernste Gefahr brachte, als er versuchte, sie praktisch zu verwirklichen, findet in unseren Tagen wenig Bewunderer, nachdem man mit ihresgleichen traurige Erfahrungen gemacht hat. Aber auf was gründet sich dann sein Ruhm?

Nach meiner Meinung war es dies, daß er als erster die Idee einer zeitlosen Existenz ins Auge gefaßt und diese – scheinbar gegen jede Vernunft – als Wirklichkeit verfochten hat, wirklicher als jede tatsächliche Erfahrung. Diese, so sagt er, ist nur ein Schatten jener zeitlosen Existenz, von der alle Erfahrungswirklichkeit nur geborgt ist. Ich meine seine Ideenlehre. Wie ist sie entstanden? Ohne Zweifel kam ihm diese Erleuchtung aus den Lehren des *Parmenides* und der Eleaten. Aber es ist ebenso deutlich, daß diese Lehren bei *Plato* auf eine lebendige geistesverwandte Ader stießen. Dieses Ereignis liegt sehr auf der Linie von *Platos* eignem schönen Gleichnis, daß das Lernen mit Hilfe des Verstandes mehr von der Art eines Erinnerns an ein früher besessenes, aber zur Zeit schlummerndes Wissen ist als eine Entdeckung völlig neuer Wahrheiten. Doch hat sich des *Parmenides* ewig beständiges, allgegenwärtiges und unveränderliches Eine in *Platos* Geist in einen viel mächtigeren Gedanken verwandelt, in das Reich der Ideen, das die Einbildungskraft anspricht, obgleich es notwendig ein Mysterium bleiben muß. Aber dieser Gedanke entsprang, wie mir scheint, einer sehr realen Erfahrung, nämlich aus der Bewunderung und Ehrfurcht, die ihn ergriff angesichts der Entdeckungen im Bereich der Zahlen und der geometrischen Figuren – wie gar manchen nach ihm und die Pythagoräer vor ihm. Er erkannte den Wesenskern dieser Enthüllungen und wurde bis in die Tiefe seines Geistes von ihnen ergriffen, nämlich davon, daß sie sich dem rein logischen Denken offenbaren, das uns wahre Beziehungen erkennen läßt, deren Wahrheit nicht nur unanfechtbar ist, sondern für alle Zeiten Geltung behält. Diese Beziehungen gelten bis auf den heutigen

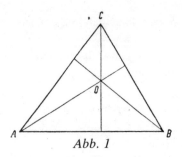

Abb. 1

Tag und werden auch weiterhin gelten, ganz unberührt davon, ob wir nach ihnen fragen oder nicht. Eine mathematische Wahrheit ist zeitlos und wird nicht erst in dem Augenblick geboren, in dem wir sie entdecken. Dennoch ist ihre Entdeckung ein sehr reales Ereignis und vermag das Gemüt zu bewegen gleich dem großen Geschenk einer Fee.

Die drei Höhen eines Dreiecks (*ABC*, Abb. 1) schneiden sich stets in einem Punkt (0). (Höhe heißt das Lot von einer Ecke eines Dreiecks auf die gegenüberliegende Seite oder ihre Verlängerung.) Auf den ersten Blick erkennt man nicht, weshalb das so sein muß. Drei beliebige Gerade tun es nicht, sondern bilden im allgemeinen ein Dreieck. Nun ziehen wir durch jede der drei Ecken die Parallele zur gegenüberliegenden Seite, so daß das größere Dreieck *A'B'C'* entsteht (Abb. 2).

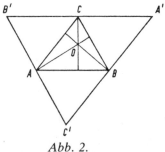

Abb. 2.

Es besteht aus vier kongruenten Dreiecken. Die drei Höhen von *ABC* sind in dem größeren Dreieck die Mittellote seiner Seiten, ihre Symmetrielinien. Nun muß das in *C* errichtete Lot alle Punkte enthalten, die gleiche Abstände von *A'* und *B'* haben, das in *B* errichtete Lot alle Punkte mit gleichen Abständen von *A'* und *C'*. Demnach hat der Schnittpunkt dieser beiden Lote gleichen Abstand von allen drei Ecken *A'*, *B'*, *C'*. Er muß deshalb auch auf dem in *A* errichteten Lot liegen, weil dieses alle Punkte enthält, die gleiche Abstände von B' und C' haben. Was zu beweisen war.

Jede ganze Zahl, außer 1 und 2, liegt in der Mitte zwischen zwei Primzahlen, ist also ihr arithmetisches Mittel, zum Beispiel:

$$8 = \tfrac{1}{2}(5 + 11) = \tfrac{1}{2}(3 + 13),$$
$$17 = \tfrac{1}{2}(3 + 31) = \tfrac{1}{2}(11 + 23) = \tfrac{1}{2}(5 + 29),$$
$$20 = \tfrac{1}{2}(11 + 29) = \tfrac{1}{2}(3 + 37).$$

Wie man sieht, gibt es im allgemeinen mehrere Lösungen. Dieses nach *Goldbach* benannte Theorem wird für wahr gehalten, obgleich es noch nicht allgemein bewiesen ist.

Wenn man aufeinanderfolgende ungerade Zahlen addiert, immer mit 1 beginnend, also $1 + 3 = 4$, $1 + 3 + 5 = 9$, $1 + 3 + 5 + 7 = 16$ usw., so erhält man stets eine Quadratzahl, und zwar die lückenlose Folge der Quadratzahlen, nämlich die Quadrate der Anzahlen ungerader Zahlen, die man addiert hat. Um die Allgemeingültigkeit dieser Beziehung zu verstehen, ersetze man in der Summe jedes zweier Glieder, die gleich weit von der Mitte der Reihe entfernt sind (also das erste und letzte, das zweite und vorletzte usw.) durch deren arithmetisches Mittel. Dieses ist offensichtlich stets genau gleich der Anzahl der Summanden. So ist in unserem letzten Beispiel

$$1 + 3 + 5 + 7 = 4 + 4 + 4 + 4 = 4 \times 4.$$

Wenden wir uns nun *Kant* zu. Es ist bereits ein Gemeinplatz geworden, daß er die Idealität von Raum und Zeit lehrte und daß dies ein fundamentaler, wenn nicht der fundamentalste Teil seiner Lehre war. Wie das meiste an dieser kann es weder bewiesen noch widerlegt werden; doch verliert es darum nicht an Interesse. (Eher wird es erst dadurch interessant; denn könnte man es beweisen oder widerlegen, so wäre es trivial.) *Kants* Meinung ist die folgende: Die Erstreckung von Körpern im Raum und der Ablauf von Ereignissen in einer wohldefinierten Folge von «früher und später» ist keine Qualität der von uns wahrgenommenen Welt, sondern ist dem wahrnehmenden Geiste eigentümlich, der – jedenfalls bei seiner derzeitigen Beschaffenheit – gar nicht anders kann, als daß er jegliches, was ihm dargeboten wird, gemäß diesen beiden Kategorien, nämlich Raum und Zeit, registriert. Es bedeutet nicht, daß der Geist diese beiden Ordnungsschemata unabhängig von jeder Erfahrung oder schon vor ihr begreift, sondern daß er gar nicht anders kann, als sie entwickeln und auf die fortschreitende Erfahrung anwenden. Insbesondere beweist es nicht und legt nicht einmal nahe, daß Raum und Zeit ein Ordnungsschema bilden, das jenem «Ding an sich» innewohnt, das, wie manche glauben, unsre Erfahrungen verursacht.

Es ist nicht schwer zu vertreten, daß das Unsinn ist. Kein Einzelmensch kann einen Unterschied machen zwischen dem Bereich seiner Wahrnehmungen und dem Bereich der Dinge, welche diese verursachen. Denn so genaue Kenntnis er auch von alledem erworben haben mag, so spielt es sich doch bloß einmal ab, nicht zweimal. Die Verdoppelung ist etwas rein Formales, nahegelegt hauptsächlich durch die Verständigung mit anderen Menschen, ja sogar mit Tieren; wir bemerken, daß deren Wahrnehmungen in der gleichen Situation unsern eigenen sehr ähnlich zu sein scheinen, abgesehen von unwesentlichen Unterschieden des Standortes – im wörtlichen Sinne des Blickpunktes. Aber selbst wenn uns das zwingen sollte, eine objektiv existierende Welt als Ursache unserer Wahrnehmungen zu setzen (wie das ja die meisten tun), wie in aller Welt wollen wir entscheiden, ob ein allgemeiner Zug unsrer gesamten Erfahrung eher durch die Beschaffenheit unsres Geistes bedingt ist als durch eine Eigenschaft, die allen diesen objektiv existierenden Dingen in gleicher Weise eigentümlich ist? Anerkanntermaßen bilden unsre Sinnesempfindungen unser einziges Wissen von den Dingen. Jene objektive Welt bleibt eine Hypothese, so natürlich sie auch sein mag. Wenn wir sie aber annehmen, ist es dann nicht weitaus am natürlichsten, dieser Außenwelt und nicht uns selbst alle jene Merkmale zuzuschreiben, die unsre sinnliche Wahrnehmung in ihr findet?

Indessen liegt die überragende Bedeutung von *Kants* Behauptung gar nicht in einer richtigen Verteilung der Rollen auf den Geist und auf sein Objekt – die Welt – in dem Prozeß, in dem «sich der Geist eine Vorstellung von der Welt bildet». Denn es ist, wie ich eben betont habe, kaum möglich, die beiden auseinanderzuhalten. Das Große war, den Gedanken zu fassen, daß dieses *eine Ding* – Geist oder Welt – sehr wohl andrer Erscheinungsformen fähig sein kann, die wir nicht zu erfassen vermögen und die die Begriffe Raum und Zeit nicht enthalten. Das bedeutet eine eindrucksvolle Befreiung von einem eingewurzelten Vorurteil. Wahrscheinlich gibt es andere Arten, die Erscheinungswelt zu ordnen, als die raum-zeitliche. Ich glaube, es war *Schopenhauer,* der

Kant zuerst so verstanden hat. Dieser Befreiungsakt macht die Bahn frei für den Glauben im religiösen Sinne, ohne daß dieser immerfort mit den klaren Ergebnissen in Konflikt gerät, wie die Erfahrungen über die uns bekannte Welt und schlichtes Denken sie unmißverständlich verkünden. So drängt uns – um nur das wichtigste Beispiel zu nennen – die Erfahrung, so wie wir sie kennen, unmißverständlich die Überzeugung auf, daß sie die Vernichtung des Leibes nicht überdauern kann, mit dessen Leben, so wie wir es kennen, sie untrennbar verbunden ist. So soll also nach diesem Leben nichts mehr sein? Nein! Nicht auf dem Wege der Erfahrung, wie wir sie kennen, da solche notwendig in Raum und Zeit erfolgen muß. Aber bei einer Ordnung der Erscheinungswelt, in der der Zeit keine Rolle mehr zufällt, ist der Begriff «nachher» sinnleer. Natürlich liefert uns reines Denken keine Gewähr dafür, daß es derlei *gibt*. Aber es kann die scheinbaren Hindernisse beseitigen, die einem Begreifen solcher Möglichkeit im Wege stehen. Das ist es, was *Kant* durch seine Analyse geleistet hat, und darin liegt meines Erachtens seine Größe als Philosoph.

Im gleichen Zusammenhang komme ich nun auf *Einstein* zu sprechen. *Kants* Einstellung gegenüber der Naturwissenschaft war unglaublich naiv, wie man zugeben wird, wenn man in seinen *Metaphysischen Anfangsgründen der Naturwissenschaft* blättert. Er hielt die Physik in der Gestalt, die sie während seines Lebens (1724–1804) erlangt hatte, für etwas mehr oder weniger Endgültiges und war eifrig bemüht, ihre Aussagen philosophisch zu untermauern. Daß solches sich bei einem großen Genius ereignete, möge den Philosophen aller Zeiten zur Warnung dienen. Er glaubte, klipp und klar beweisen zu können, daß der Raum notwendig unendlich sein müsse, und er war fest überzeugt, es sei in der Natur des menschlichen Geistes begründet, daß er den Raum mit den geometrischen Eigenschaften ausstatte, wie sie *Euklid* zusammengefaßt hat. In diesem euklidischen Raum bewegte sich eine Molluske von Materie, das heißt, sie ändert ihre Gestalt mit fortschreitender Zeit. Für *Kant*, wie für jeden Physiker seiner Zeit, waren Raum und Zeit zwei völlig verschiedene Begriffe, so daß er keine Bedenken trug, den Raum die Form unsrer äußeren Anschauung und die Zeit die Form unsrer inneren Anschauung zu nennen. Die Erkenntnis, daß *Euklids* unendlicher Raum kein naturnotwendiges Mittel zur Beschreibung unsrer Erfahrungswelt ist und daß man besser Raum und Zeit als ein vierdimensionales Kontinuum ansieht, schien *Kants* Grundlagen zu erschüttern, tat aber in Wirklichkeit dem wertvolleren Teil seiner Philosophie keinen Abbruch.

Die eben genannte Erkenntnis blieb *Einstein* (und einigen anderen, so *H. A. Lorentz, Poincaré, Minkowski*) vorbehalten. Der gewaltige Eindruck ihrer Entdeckungen auf die Philosophen, den einfachen Mann und die vornehmen Damen beruht darauf, daß sie folgendes ganz klar herausstellen: Sogar im Bereich unsrer Erfahrung sind die raum-zeitlichen Beziehungen weitaus verwickelter, als *Kant* es sich hatte träumen lassen, der in diesem Punkt allen früheren Physikern, einfachen Leuten und vornehmen Damen gefolgt war.

Den stärksten Stoß versetzte die neue Anschauung dem bis dahin geltenden Begriff der Zeit. Die Zeit ist der Begriff des «früher und später». Die neue Einstellung entspringt aus den folgenden beiden Wurzeln:

1. Der Begriff des «früher und später» gründet sich auf die Beziehung zwischen «Ursache und Wirkung». Wir wissen oder haben uns wenigstens die Meinung gebildet, daß ein Ereignis A ein andres Ereignis B bewirken oder wenigstens beeinflussen kann, derart, daß wenn A nicht wäre auch B nicht wäre, zumindest nicht in der veränderten Form. Wenn etwa eine Granate explodiert, so tötet sie einen Menschen, der auf ihr gesessen hatte; ferner hört man die Explosion an entfernten Orten. Die Tötung kann gleichzeitig mit der Explosion erfolgen, den Schall aber wird man an entfernteren Orten erst später hören; doch kann keine der Wirkungen vor der Explosion eintreten. Das ist eine ganz grundsätzliche Meinung, und in der Tat ist sie es, auf Grund deren wir auch im täglichen Leben die Frage entscheiden, welches von zwei Ereignissen später eintrat oder zumindest nicht früher als das andere. Die Unterscheidung gründet sich durchaus auf den Gedanken, daß die Wirkung der Ursache nicht zeitlich vorangehen könne. Hat man Gründe zu meinen, daß B durch A verursacht worden ist oder zumindest Spuren eines Einflusses von A zeigt, oder sogar wenn es (auf Grund irgendwelcher Indizien) auch nur denkbar ist, daß es solche Spuren zeigte, so wird man schließen, daß B ganz gewiß nicht früher war als A.

2. Halten wir dies fest. Die zweite Wurzel ist nun die durch Beobachtung und Messung erhärtete Erfahrung, daß keine Wirkung sich je mit beliebig hoher Geschwindigkeit ausbreitet. Es gibt eine obere Grenze, die unter anderem gleich der Geschwindigkeit des Lichtes im leeren Raum ist. Nach menschlichen Begriffen ist sie sehr groß, und ein so schneller Körper würde den Äquator mehr als siebenmal in der Sekunde

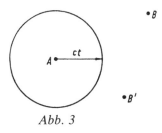

Abb. 3

umkreisen. Sie ist also sehr groß, aber eben doch nicht unendlich groß. Wir wollen diese Höchstgeschwindigkeit mit dem Buchstaben c bezeichnen. Unterstellen wir, daß dies ein grundlegendes Faktum ist. Dann ergibt sich aber, daß die oben erwähnte Unterscheidung zwischen «vorher und nachher» oder «früher und später» (gegründet auf die Beziehung zwischen Ursache und Wirkung) nicht ganz allgemein anwendbar ist, sondern in manchen Fällen versagt. Man kann das in nicht mathematischer Ausdrucksweise nicht leicht erklären. Nicht etwa weil das mathematische Schema so kompliziert wäre; aber die Alltagssprache ist darin so voreingenommen, daß sie ganz und gar mit dem Begriff der Zeit durchtränkt ist. Man kann ein Verbum (ein Zeitwort) überhaupt gar nicht anders anwenden als in der einen oder anderen Zeitform.

Die einfachste, aber – wie sich zeigen wird – nicht ganz angemessene Überlegung ist diese: Gegeben sei ein Ergebnis A. Wir betrachten nun zu einer späteren Zeit t ein Ereignis B außerhalb einer Kugelfläche vom Radius ct um A als Mittelpunkt (Abb. 3). Dann kann B keinerlei Spuren eines Einflusses von A zeigen; ebensowenig natürlich A solche eines Einflusses von B. Damit aber versagt unser Merkmal. Freilich haben wir durch unsere Ausdrucksweise B zum späteren Ereignis ernannt. Sind wir aber dazu berechtigt, da unser Merkmal in beiden Zeitrichtungen versagt?

Betrachten wir nun zu einer um t früheren Zeit ein Ereignis B' außerhalb der gleichen Kugelfläche. Genau wie vorher kann keine Spur eines Einflusses von B' auf A vorhanden sein (und natürlich auch keine Spur eines Einflusses von A auf B').

So besteht in beiden Fällen genau die gleiche Beziehung der wechselseitigen Nichtbeeinflussung. Begrifflich gibt es keinen Unterschied zwischen den Ereignisklassen B und B' bezüglich ihrer Ursache-Wirkungsbeziehungen zu A. Wenn wir also diesen Wirkungszusammenhang und nicht sprachliches Vorurteil dem Prinzip «früher und später» zugrunde legen wollen, so bilden B und B' eine Klasse von Ereignissen, die weder früher noch später als A sind. Den raum-zeitlichen Bereich, dem sie angehören, nennt man den Bereich der «potentiellen Gleichzeitigkeit» (bezüglich des Ereignisses A). Man nennt ihn so, weil man jederzeit ein raum-zeitliches Bezugssystem (Koordinatensystem) verwenden kann, bezüglich dessen A gleichzeitig wird mit einem speziellen Ereignis B oder einem anderen speziellen Ereignis B'. Das war Einsteins Entdeckung (1905), die unter dem Namen der Speziellen Relativitätstheorie bekannt ist.

Heutzutage sind diese Dinge für uns Physiker sehr handfeste Wirklichkeit geworden, und wir bedienen uns ihrer bei unsrer täglichen Arbeit genauso wie des Einmaleins oder des Lehrsatzes des *Pythagoras*. Ich habe mich zuweilen gewundert, weshalb sie nicht nur bei den Philosophen, sondern auch in der breiten Öffentlichkeit ein so großes Aufsehen erregt haben. Mir scheint, es liegt daran, daß sie eine Entthronung der Zeit als eines uns von außen aufgezwungenen Tyrannen bedeuten, eine Erlösung von dem starren Gesetz des «vorher und nachher». Denn die Zeit ist wahrlich unser gestrengster Herr, indem sie scheinbar das Dasein eines jeden von uns in enge Grenzen zwängt – 70 bis 80 Jahre, wie im 90. Psalm zu lesen ist.

Wenn es uns nunmehr erlaubt ist, mit dem Plan eines solchen Herrn, der bisher als unangreifbar gegolten hatte, unser Spiel zu treiben, wenn auch nur ein klein wenig, so ist das gewiß eine große Erleichterung. Es scheint zu dem Gedanken zu ermutigen, daß der ganze Zeitplan nicht so unbedingt ernst zu nehmen ist, wie es auf den ersten Blick scheint. Und das ist ein religiöser Gedanke, ja ich möchte ihn *den* religiösen Gedanken überhaupt nennen.

Einstein hat nicht – wie man manchmal hört – *Kants* tiefe Gedanken über die Idealisierung von Raum und Zeit widerlegt. Er hat im Gegenteil einen großen Schritt in Richtung auf ihre Vollendung gemacht.

Ich habe von dem tiefgehenden Einfluß *Platos*, *Kants* und *Einsteins* auf die philosophische und religiöse Weltsicht gesprochen. Nun ist zwischen *Kant* und *Einstein*, etwa eine Generation vor diesem, die Physik der Schauplatz eines Ereignisses gewesen, das wie geschaffen gewesen wäre, um die Köpfe der Philosophen, der einfachen Leute und der vornehmen Damen mindestens ebensosehr aufzuregen wie die Relativitätstheorie, wenn nicht noch mehr. Wenn das nicht eintrat, so beruht das meines Erachtens darauf, daß dieser neue Umschwung des Denkens sogar noch schwerer zu verstehen war und deshalb nur von sehr wenigen Angehörigen jener drei Gruppen begriffen wurde, am ehesten noch von dem einen oder anderen Philosophen. Dieses Ereignis knüpft sich an die Namen des Amerikaners *Josiah Willard Gibbs* und des Österreichers *Ludwig Boltzmann*. Davon will ich nun einiges sagen.

Mit ganz wenigen Ausnahmen (die wirklich Ausnahmen sind) ist der zeitliche Ablauf von Naturvorgängen nicht umkehrbar (irreversibel). Wenn wir versuchen, uns einen zeitlichen Ablauf von Naturereignissen zu denken, der dem tatsächlich beobachteten genau entgegengerichtet ist – wie bei einem in verkehrter Richtung ablaufenden Film –, so ist eine solche umgekehrte Zeitfolge des Geschehens zwar leicht vorstellbar; aber sie wird fast immer wohlbegründeten physikalischen Gesetzen grob widersprechen.

Der allgemein zeitliche Richtungssinn aller Naturvorgänge wird durch die mechanische oder statistische Theorie der Wärme erklärt, und man hat darin mit Recht ihre bewundernswerteste Leistung erblickt. Auf die Einzelheiten dieser Theorie kann ich hier nicht eingehen, und das ist auch nicht nötig, um den springenden Punkt der Erklärung zu begreifen. Diese wäre sehr dürftig, wenn man die Nichtumkehrbarkeit von vornherein als eine Grundeigenschaft der mikroskopischen atomaren und molekularen Mechanismen in die Theorie eingebaut hätte. Das wäre nicht besser gewesen als viele mittelalterliche wörtliche Erklärungen wie: «Feuer ist heiß auf Grund seiner feurigen Qualität.» Nein, nach *Boltzmann* stehen wir vor der Tatsache, daß jeder geordnete Zustand die Tendenz hat, sich ganz von selbst in einen weniger geordneten Zustand zu verwandeln, niemals umgekehrt. Man nehme als eine Art von Gleichnis ein Spiel Karten, das man sorgfältig geordnet hat, 7, 8, 9, 10, Bube, Dame, König, As von Karo, dann ebenso von Cœur und so weiter. Wenn diese wohlgeordnete Folge einmal, zweimal oder dreimal gemischt wird, so wird sie sich mehr und mehr in eine ungeordnete Folge verwandeln. Doch ist das keine dem Mischverfahren eigentümliche Eigenschaft. Liegt bereits eine ungeordnete Folge vor, so ist ein Mischprozeß durchaus vorstellbar, der die Wirkung der vorhergehenden Mischprozesse ganz genau wiederaufhebt und die anfängliche Ordnung wiederherstellt. Indessen wird ein jeder erwarten, daß der erste und nicht der zweite Fall eintritt, eine weitere Vermehrung der Unordnung, nicht der Ordnung. Jedenfalls müßte man hübsch lange warten, bis sich durch Zufall einmal das letztere ereignet.

Das nun ist der springende Punkt in *Boltzmanns* Erklärung für den einseitigen zeitlichen Richtungscharakter alles dessen, was sich in der Natur ereignet (natürlich einschließlich der Lebensgeschichte eines Organismus von der Wiege bis zur Bahre). Seine entscheidende Bedeutung liegt darin, daß der «Zeitpfeil» (wie *Eddington* es genannt hat) nicht in dem Mechanismus der Wechselwirkung steckt, der in unserm Beispiel durch den mechanischen Akt des Mischens dargestellt wird. Dieser Akt, dieser Mechanismus, ist noch gänzlich unberührt von den Begriffen früher und später und an sich vollkommen umkehrbar. Der «Pfeil» – der Begriff früher und später – erwächst erst aus statistischen Überlegungen. Der springende Punkt bei unserm Gleichnis mit den Spielkarten ist folgender: Es gibt nur eine oder nur wenige wohlgeordnete Folgen der Karten, aber Billionen von Billionen ungeordnete.

Dennoch ist die Theorie wieder und wieder auf Widerspruch gestoßen, manchmal sogar seitens sehr kluger Köpfe. Er läuft darauf hinaus, daß sie aus Gründen der Logik fehlerhaft sei. Denn, so hat man gesagt, wenn die zugrunde liegenden Mechanismen nicht zwischen den beiden Richtungen der Zeit unterscheiden, sondern in dieser Hinsicht völlig symmetrisch arbeiten, wie kann dann durch ihr Zusammenwirken ein Verhalten des betroffenen Gebildes als Ganzes zustande kommen, das ganz stark in eine bestimmte Richtung weist? Was für diese Richtung gilt, muß ebenso für die entgegengesetzte Richtung gelten.

Wenn dieses Argument zutrifft, scheint es der Theorie den Todesstoß zu versetzen. Denn es zielt genau auf den Punkt, in dem wir ihr Hauptverdienst sehen, nämlich, daß sie imstande ist, nichtumkehrbare Vorgänge aus umkehrbaren Grundmechanismen abzuleiten.

Nun, das Argument trifft völlig zu, dennoch ist es nicht verhängnisvoll. Es trifft zu, daß das, was für die eine Zeitrichtung gilt, auch für die entgegengesetzte Richtung gilt, da ja die Zeit von vornherein als vollkommen symmetrische Variable eingeführt worden ist. Aber man darf sich nun nicht zu der Behauptung versteigen, daß es ganz allgemein für beide Richtungen gilt. Ganz vorsichtig ausgedrückt muß man sagen, daß es in jedem Einzelfall entweder für die eine oder für die andre Richtung zutrifft. Dazu muß man noch hinzufügen: Im besonderen Fall der uns bekannten Welt erfolgt der «Niedergang» immer in einer bestimmten Richtung, und diese nennen wir die Richtung von der Vergangenheit zur Zukunft. Mit anderen Worten: Man muß der statistischen Theorie erlauben, selbstherrlich, auf Grund ihrer eigenen Definition, darüber zu entscheiden, in welcher Richtung die Zeit fortschreitet. (Das hat eine sehr wichtige Konsequenz für die Methodologie des Physikers. Er darf nie irgend etwas einführen, was unabhängig über den Zeitpfeil entscheidet, da sonst *Boltzmanns* schönes Gebäude einstürzt.) Man könnte befürchten, daß die statistische Zeitdefinition in verschiedenen physikalischen Systemen nicht zur gleichen Zeitrichtung führen könnte. *Boltzmann* hat diese Möglichkeit kühn ins Auge gefaßt. Er behauptete: Sofern das Weltall hinreichend ausgedehnt und/oder schon genügend alt ist, so könnte in der Tat die Zeit in weit voneinander entfernten Teilen des Weltalls in entgegengesetzten Richtungen ablaufen. Hierüber hat man auch diskutiert, aber es lohnt sich kaum, das noch länger zu tun. *Boltzmann* wußte eines nicht, was für uns zumindest äußerst wahrscheinlich ist, nämlich, daß das Weltall, so wie wir es kennen, weder groß genug noch alt genug ist, um solche Umkehrungen in großem Maßstabe hervorzubringen. Man erlaube mir aber, ohne eine ins einzelne gehende Erklärung hinzuzufügen, daß in zeitlich oder räumlich sehr kleinen Bezirken solche Umkehrungen wirklich beobachtet worden sind (*Brownsche* Bewegung, *Smoluchowski*).

In meinen Augen ist die «statistische Theorie der Zeit» noch viel wichtiger für die Philosophie der Zeit als die Relativitätstheorie. So umwälzend letztere auch ist, sie läßt die einseitige Richtung des zeitlichen Ablaufs unangetastet, indem sie sie voraussetzt, während die statistische Theorie sie auf die Reihenfolge der Ereignisse gründet. Das bedeutet eine Befreiung von der Tyrannei von Vater Chronos. Was wir selbst in unserm Geist konstruieren, kann nach meinem Empfinden unmöglich diktatorische Macht über unsern Geist haben, weder die Macht, ihn ins Leben zu rufen, noch die Macht, ihn zu vernichten. Ich bin freilich überzeugt, daß manche von Ihnen das Mystik nennen werden. Dennoch dürfen wir – zumindest glaube ich das – bei aller gebührenden Anerkennung, daß die physikalische Theorie zu allen Zeiten relativ ist, indem sie von bestimmten Grundannahmen abhängt, behaupten, sie lege in ihrem derzeitigen Zustande entschieden nahe, daß der Geist nicht durch die Zeit vernichtet werden kann.

Was ist wirklich?

Die Gründe für das Aufgeben des Dualismus von Denken und Sein oder von Geist und Materie

Wahrscheinlich aus historischen Gründen – Sprache, Schule – liegt dem natürlichen Denken eines einfachen Menschen von heute die dualistische Auffassung der Relation zwischen Geist und Materie (engl. *mind and matter*) am nächsten. Es macht ihm keine Beschwer, sich zu denken, daß wir durch unseren Willen zunächst Teile unseres eigenen Lebens und dann mittels derselben auch andere körperliche Dinge bewegen, ferner daß körperliche Dinge, die mit unserem Leib in Berührung kommen, mittels der Nervenleitung Tastgefühle erzeugen und daß ebenso eine Luftschwingung, die das Ohr trifft, Klang, und Licht, welches das Auge trifft, eine Gesichtsempfindung verursacht und ebenso oder ganz ähnlich für Geruch-, Geschmack-, Wärmeempfindung. Bei sorgfältigerem Hindenken sollten wir aber doch nicht so bereit sein, die Wechselwirkung der Begebenheiten in zwei ganz verschiedenen Bereichen – wenn es wirklich verschiedene Bereiche sind – gelten zu lassen, weil das *eine* (die ursächliche Bestimmung der Materie durch den Geist, engl. *mind*) notwendig die Eigengesetzlichkeit des materiellen Geschehens stören müßte, während das *andere* (die ursächliche Beeinflussung des Geistes durch Körper oder ihnen Gleichzustellendes, wie etwa Licht) sich unserem Verständnis vollkommen verschließt; kurz gesagt, weil wir ganz und gar nicht einsehen, wie materielles Geschehen sich in Empfindung oder Gedanken umsetzen soll, wenn auch, trotz Du Bois-Reymond, in sehr vielen Lehrbüchern davon gefaselt wird.

Diese Unzukömmlichkeiten lassen sich doch wohl nur so vermeiden, daß man den Dualismus aufgibt. Das ist schon öfter vorgeschlagen worden, merkwürdigerweise meistens auf materialistischer Basis. Der erste Versuch dieser Art war wohl der ganz naive des großen Demokrit, der die Seele gleichfalls aus Atomen bestehen ließ, aber aus besonders feinen, glatten, kugelrunden, darum leicht beweglichen. (Das war nicht ganz ohne Rückschläge, wie Diels' berühmtes Fragment 125 zeigt, das erst um 1900 in den Schriften des Galen entdeckt wurde.) Epikur und Lukrez folgten dieser Spur mit der köstlichen «Verbesserung» der «Anwandlungen», meist dem ersteren zugeschrieben, die eingestandenermaßen die Willensfreiheit bei Mensch und Tier erklären sollten und diesbezüglich in allerjüngster Zeit eine bemerkenswerte Parallele gefunden haben. Wenig verzeihlich wird man auch den monistischen Versuch Haeckels und seiner Schule finden, auf deren wissenschaftliche Verdienste dadurch ein Schatten fällt. Spinozas Vereinheitlichung in *einer* Substanz, die er Gott nannte, mit *zwei* uns bekannten Attributen, Ausdehnung und Denken, vermied immerhin den gröbsten Verstoß, indem die Wechselwirkung ausdrücklich abgelehnt wird, will uns aber bei größter Hochschätzung dieses außerordentlich sympathischen, völlig aufrichtigen und selbstlosen Denkers doch mehr formal erscheinen. Bertrand Russell machte in *The Analysis of Mind* einen verheißungsvollen Ansatz, indem er Seelenzustände und Körper aus Elementen gleicher Art zusammengesetzt sein ließ, bloß in verschiedener Weise gebündelt. Dem steht die hier folgende Ausführung am nächsten. Es kommt mir aber so vor, daß Russell schon sehr bald vor dem unbedingt geforderten, aber das Denken für den Alltag doch allzu fremdartig anmutenden, grundsätzlichen Aufgeben des Begriffs der realen Außenwelt zurückscheute, die sehr bald wieder bei ihm auftritt; wohl um die breite Sphäre des Überlappens der verschiedenen persönlichen Erfahrungsbereiche nicht als das Wunder hinnehmen zu müssen, das es doch eben in Wahrheit ist und bleibt.

Es hilft aber nichts. Entschließt man sich, nur *einen* Bereich zu haben, dann muß es, da das Psychische doch jedenfalls da ist (*cogitat – est*), der psychische sein. Und der Annahme einer Wechselwirkung zweier Bereiche haftet etwas Magisch-Geisterhaftes an, oder besser gesagt, schon durch diese Annahme allein werden sie zu einem einzigen vereinigt.

Nach dem eben erwähnten bedeutsamen Ansatz (*The Analysis of Mind*, Lecture V, 4. Aufl. 1933), wonach das Physische und das

Psychische aus gleichen Elementen bestehen, bloß in verschiedener Bündelung, während die Elemente selbst weder als psychisch noch als physisch zu bezeichnen seien, nimmt es einen wunder, den großen Denker 1948 (*Human Knowledge, its Scope and Limits*, Part VI, Chapter VI, p. 480) doch wieder in die Reihe derer treten zu sehen, welche uns mit leisem Spott mitteilen, daß es allerdings Denker gebe, welche *vorgeben*, daß sie an der realen Existenz der Außenwelt zweifeln, wobei Russell fast mit der als *Irish bull* bekannten Ironie hinzufügt, seines Erachtens könne ein solcher Standpunkt zwar nicht widerlegt, aber doch nicht wirklich eingenommen werden, auch nicht von denen, die dafür eintreten. (Mir kommt vor, daß diese zwei Aussagen einander widersprechen, so daß die Richtigkeit beider zugleich auch nicht einmal *vermutet* werden kann.) Dabei ist übrigens nicht etwa *nur* vom Solipsismus und von der Leibnizschen Monadologie die Rede, welche allerdings beide als Beispiele angeführt werden, wohl um durch die Erinnerung an diese zwei schwächsten Formen des monistischen (oder quasi-monistischen) Idealismus die Wirkung der stets unwiderstehlichen Überzeugungskraft dieses unübertroffenen Sprechers ganz außer Frage zu stellen.

Es will mir scheinen, daß der Wunsch, alle Wirklichkeit auf seelisches Erleben zurückzuführen, viel tiefer begründet ist als etwa nur ein eigensinniges Verleugnenwollen einer Vorstellung (nämlich eben von der realen Außenwelt), ohne welche wir im praktischen Leben keinen Schritt vorankommen. Diese *Vorstellung* ist ja selbst ein mentales Gebilde und soll gar nicht in Abrede gestellt werden. Bloß wenden wir uns *erstens* gegen die Behauptung, es müsse außer ihr oder neben ihr noch ein Objekt existieren, wovon sie die Vorstellung ist und/oder von welchem sie verursacht wird. Denn das scheint mir eine ganz überflüssige Verdoppelung, welche gegen Occams Rasierklinge verstößt; ferner wissen wir nicht, was hier «existieren» bedeuten soll, ein Begriff, der für die Vorstellung selber ja nicht benötigt wird, weil sie sich, wenn auch in sehr verwickelter Art, auf schlechthin Gegebenes aufbaut; endlich würde eine Ursache-Wirkungs-Relation zwischen jenem «existierenden» Etwas und der auf schlechthin Gegebenes aufgebauten Vorstellungswelt ein völlig Neues und der Erläuterung Bedürftiges sein, das vorerst mit dem Kausalnexus innerhalb der vorgestellten Welt gar nichts zu tun hätte; welch letzterer überdies, wie wir schon seit George Berkeley und noch klarer seit David Hume wissen, nicht so unmittelbar der Beobachtung zugänglich und viel problematischer ist, als die auf Hume folgender Denker, selbst der große Immanuel Kant, angenommen zu haben scheinen.

Dies war der *erste* Punkt. Der *zweite*, nicht minder wichtige ist dieser: Die in Rede stehende Vorstellung, die abzuleugnen uns wie gesagt nicht einfällt, schließt auch meinen Eigenleib mit ein, trotz des Wörtleins «außen», das üblicherweise in ihrer Beziehung vorkommt. Man sieht daraus – ganz beiläufig –, daß es sich nicht empfiehlt, die Vorstellungen und Gedanken eines Menschen in seinen Kopf zu verlegen, denn damit ließe man neben vielen anderen auch die ganze Außenwelt in einem Teil ihrer selbst enthalten sein, was gewiß nicht angemessen wäre, selbst wenn es solcher Köpfe nur einen einzigen geben würde. – Man überlege nun folgenden sehr allgemeinen Sachverhalt, den ich um der Anschaulichkeit willen an einem konkreten Fall erläutern will. Ich sitze auf einer Bank im Park und hänge meinen Gedanken nach. Plötzlich tritt jemand vor mich hin, greift nach meinem linken Oberschenkel oberhalb des Knies und zwickt mich mäßig stark, was nicht gerade weh tut, aber unangenehm ist. Ich blicke auf, ob es etwa ein Freund ist, der mich mit diesem Scherz begrüßt, sehe aber, es ist ein halbwüchsiger Lausebengel mit widerlichen Gesichtszügen. Einen Augenblick überlege ich, ob eine Ohrfeige am Platz ist, unterlasse sie aber, packe den Buben am Kragen und führe ihn einem Schutzmann zu, der eben am Ende des Laubganges sichtbar wird.

Die meisten von uns sind nun der Meinung, daß dieser ganze Vorgang sich innerhalb der Außenweltvorstellung kausal verfolgen und, wenn diese nur genügend vollkommen wäre, verstehen, das heißt, auf deren allgemein festgestellte Gesetzmäßigkeiten zurückführen ließe, ohne daß es dabei auf die Empfindungen und Gedanken, welche ich während der ganzen kleinen Szene habe, überhaupt ankommt. Wir glauben *nicht,* daß ein Außenweltkörper, nämlich jener Lausbub, in meinem Geist mittels der Nervenleitung das Gefühl des Gezwicktwerdens hervorruft, daß dann besagter Geist, nach Empfang weiterer Informationen von der Außenwelt und kurzer Überlegung, seinem Arm befiehlt, das Schlafittchen jenes Außenweltkörpers zu ergreifen und ihn dem eben am Eingang der Allee bemerkten Polizisten zuzuschleifen. Man *muß* diese Auffassung nicht teilen, man mag immerhin die zuerst angedeutete, sozusagen natürliche Erklärung innerhalb der Außenweltvorstellung allein für ein Vorurteil halten; aber als zulässige heuristische Hypothese muß sie gelten lassen, auch wer sie nicht teilt; viele halten sie für die einfachste und daher – wieder nach der Rasierklinge – gebotene, weil nämlich über die Wechselwirkung zwischen Geist und Leib gar nichts bekannt ist, weder bei der Sinnesempfindung noch bei der Willkürbewegung. Alsdann besteht aber die Gefahr, daß die psychische Erlebnisreihe zu einer bloßen Begleiterscheinung des physischen Geschehens wird, ohne welche das letztere ganz ebenso ablaufen würde wie mit ihr, weil sie für sich selber sorgt und der psychischen Aufsichtsperson nicht bedarf; die Gefahr, daß das für uns Wesentliche und Interessante zu einer überflüssigen Nebensache wird, die auch fehlen könnte, so daß man nicht weiß, wozu es eigentlich da ist, diese Gefahr, sage ich, besteht, wenn man vergißt, daß der besagte Kausalnexus in der Außenwelt*vorstellung* gesetzt wird, wenn man darauf besteht, ihn in eine «existierende» und in sich selbst ruhende, auf unser psychisches Erleben nicht angewiesene Außenwelt zu verlegen. Wir kommen so, wie mir scheint, zu dem ziemlich paradoxen Ergebnis: Die Bedingungen dafür, daß wir, ohne uns in offenbaren Unsinn zu verwickeln, das Geschehen im Leib eines lebenden, fühlenden, denkenden Wesens auf natürliche Art, das heißt, ganz so wie in unbelebten Körpern sich abspielend uns denken dürfen – ohne lenkenden Dämon, ohne Verstoß gegen etwa den Entropiesatz, ohne Entelechie, *vis viva* oder gleichgestellten Plunder –, diese Bedingung, sage ich, ist, daß wir *alles* Geschehen in unserer Welt*vorstellung* vor sich gehend denken, ohne derselben ein materielles Substrat als Objekt zu unterlegen, *von welchem* sie die *Vorstellung wäre und welches* nun wirklich gänzlich überzählig sein würde.

Die vedântische Grundansicht

> Und deines Geistes höchster Feuerflug
> Hat schon am Gleichnis, hat am Bild genug.
>
> Goethe

Die eigentliche Schwierigkeit für die Philosophie liegt in der räumlichen und zeitlichen *Vielheit anschauender und denkender Individuen*. Würde alles Geschehen sich nur in *einem* Bewußtsein abspielen, so wäre der Sachverhalt höchst einfach. Es wäre ein Vorgefundenes, schlechthin Gegebenes da, welches – es möchte im übrigen wie immer beschaffen sein – eine Schwierigkeit von der tatsächlich bestehenden Größenordnung wohl kaum darbieten könnte.

Ich glaube nicht, daß die Lösung des Knotens auf logischem Wege durch folgerichtiges Denken innerhalb unseres Intellekts möglich ist. Wohl aber läßt sie sich sehr leicht in Worten aussprechen, nämlich: Die wahrgenommene Vielheit ist nur *Schein, sie besteht in Wirklichkeit gar nicht*. Die Philosophie des Vedânta hat dieses ihr Grunddogma durch manches Gleichnis zu verdeutlichen gesucht, wovon eines der ansprechendsten das vom Kristall ist, der von einem nur einmal vorkommenden Gegenstand Hunderte von kleinen Abbildern zeigt, ohne daß doch der Gegenstand dadurch wirklich vervielfacht würde. Wir Verstandesmenschen von heute sind nicht gewohnt, bildhafte Gleichnisse für philosophische Erkenntnis gelten zu lassen, wir verlangen eine logische Deduktion. Demgegenüber läßt sich aber vielleicht durch folgerichtiges Denken wenigstens so viel erschließen, daß ein Erfassen des Grundes (franz. *fond*) der Erscheinung durch folgerichtiges Denken aller Wahrscheinlichkeit nach unmöglich sein dürfte, da dieses doch selbst der Erscheinung angehört, ganz in ihr befangen ist; und es läßt sich fragen, ob wir deshalb auf eine bildhafte, gleichnisweise Anschauung des Sachverhaltes verzichten müssen, wenn sich ihr Zutreffen auch nicht streng beweisen läßt. Folgerichtiges Denken führt uns in einer großen Zahl von Fällen bis zu einem bestimmten Punkt, wo es uns im Stich läßt. Gelingt es uns, das direkt nicht erschließbare Gebiet, in das diese Denkwege hinauszuführen scheinen, in solcher Weise zu ergänzen, daß die Wege nicht mehr ins Uferlose führen, sondern nach einer zentralen Stelle dieses Gebiets konvergieren, so kann darin eine höchst schätzenswerte Abrundung unseres Weltbildes liegen, deren Wert nicht mehr nach der Zwangsläufigkeit und Eindeutigkeit zu beurteilen ist, mit der die Ergänzung zunächst vorgenommen. Die Naturwissenschaft verfährt in hundert Einzelfällen auf diese Art und hat sie längst als berechtigt anerkannt.

Wir werden später versuchen, einige Stützen der vêdantischen Grundansicht beizubringen, vornehmlich indem wir einzelne Wege des modernen Denkens aufzeigen, die gegen sie konvergieren. Vorerst sei gestattet, ein konkretes Bild des *Erlebnisses* zu entwerfen, das etwa zu ihr führen kann. Die im Anfang des folgenden geschilderte spezielle Situation könnte dabei füglich durch jede andere ersetzt werden und soll nur daran erinnern, daß die Sache *erlebt* sein will, nicht einfach nur verstandesmäßig zur Kenntnis genommen.

Nimm an, du sitzest in einer Hochalpenlandschaft auf einer Bank am Wege. Rings um dich her Grashalden, mit Felsblöcken durchsprengt, am Talhang gegenüber ein Geröllfeld mit niedrigem Erlengestrüpp. Steil geböschtes Waldgebirge zu beiden Seiten des Tals bis hoch hinauf an die baumlosen Almmatten; und vor dir vom Talgrund aufsteigend der gewaltige firngekrönte Hochgipfel, dessen weiche Schneelenden und scharfkantige Felsgrate jetzt eben der letzte Strahl der scheidenden Sonne in zartestes Rosenrot taucht, wundervoll abgehoben von dem durchsichtig klaren, blaßblauen Firmament.

All das, was dein Auge sieht, ist – nach der bei uns gewöhnlichen Auffassung – mit geringen Veränderungen Jahrtausende lang *vor* dir dagewesen. Über ein Weilchen – nicht lange – wirst du nicht mehr sein, und Wald, Fels und Himmel werden Jahrtausende *nach* dir noch unverändert dastehen.

Was ist's, das dich so plötzlich aus dem Nichts hervorgerufen, um dieses Schauspiel, das deiner nicht achtet, ein Weilchen zu genießen? Alle Bedingungen für dein Sein sind fast so alt wie der Fels. Jahrtausende lang haben Männer gestrebt, gelitten und gezeugt, haben Weiber unter Schmerzen geboren. Vor hundert Jahren vielleicht saß ein anderer an dieser Stelle, blickte gleich dir, Andacht und Wehmut im Herzen, auf zu den verglühenden Firnen. Er war vom Mann gezeugt, vom Weib geboren gleich dir. Er fühlte Schmerz und kurze Freude wie du. *War* es ein anderer? Warst du es nicht selbst? Was ist dies dein Selbst? Welche Bedingung mußte hinzutreten, damit dies Erzeugte *du* wurdest, gerade *du*, und nicht – ein anderer? Welchen klar faßbaren, *naturwissenschaftlichen* Sinn soll denn dieses «ein anderer» eigentlich haben? Hätte sie, die jetzt deine Mutter ist, einem anderen beigewohnt und mit ihm einen Sohn gezeugt, und dein Vater desgleichen, wärst *du* geworden? Oder lebtest du in ihnen, in deines Vaters Vater... schon seit Jahrtausenden? Und wenn auch dies, warum bist du nicht dein Bruder, dein Bruder nicht du, warum nicht einer deiner entfernten Vettern? Was läßt dich einen so eigensinnigen Unterschied entdecken – den Unterschied zwischen dir und einem anderen –, wo objektiv *dasselbe* vorliegt?

Unter solchem Anschaun und Denken kann es geschehn, daß urplötzlich die tiefe Berechtigung jener vedāntischen Grundüberzeugung aufleuchtet: Unmöglich kann die Einheit, dieses Erkennen, Fühlen und Wollen, das du das *deine* nennst, vor nicht allzulanger Zeit in einem angebbaren Augenblick aus dem Nichts entsprungen sein; vielmehr ist dieses Erkennen, Fühlen und Wollen wesentlich ewig und unveränderlich und ist numerisch nur *eines* in allen Menschen, ja in allen fühlenden Wesen. Aber auch nicht *so*, daß du ein Teil, ein Stück bist von einem ewigen, unendlichen Wesen, eine Seite, eine Modifikation davon, wie es der Pantheismus des Spinoza will. Denn das bliebe dieselbe Unbegreiflichkeit: Welcher Teil, welche Seite bist gerade *du*, was unterscheidet, objektiv, sie von den anderen? Nein, sondern so unbegreiflich es der gemeinen Vernunft scheint: Du – und ebenso jedes andere bewußte Wesen für sich genommen – bist alles in allem. Darum ist dieses dein Leben, das du lebst, auch nicht ein Stück nur des Weltgeschehens, sondern in einem bestimmten Sinn das *ganze*. Nur ist dieses Ganze nicht so beschaffen, daß es sich mit *einem* Blick überschauen läßt. – Das ist es bekanntlich, was die Brahmanen ausdrücken mit der heiligen, mystischen und doch eigentlich so einfachen und klaren Formel *Tat twam asi* (das bist du). – Oder auch mit Worten wie: Ich bin im Osten und im Westen, bin unten und bin oben, *ich bin diese ganze Welt*.

So magst du dich hinwerfen auf die Erde, flach angedrückt an ihren Mutterboden in der gewissen Überzeugung: Du bist eins mit ihr und sie mit dir. Du bist so festgegründet und unverletzlich wie sie, ja tausendmal fester und unverletzlicher. So sicher sie dich morgen verschlingen wird, so sicher wird sie dich neu gebären zu neuem Streben und Leiden. Und nicht bloß dereinst; jetzt, heute, täglich gebiert sie dich, nicht *einmal*, sondern tausend- und abertausendmal, wie sie dich täglich tausendmal verschlingt. Denn es ist ewig und immer nur *jetzt*, dieses eine und selbe Jetzt, die Gegenwart ist das einzige, das nie ein Ende nimmt.

Ein (dem handelnden Individuum nur selten bewußtes) Anschaun dieser Wahrheit ist es, was einer jeden sittlich wertvollen Handlung zugrunde liegt. Sie läßt den edlen Menschen für ein als gut erkanntes oder geglaubtes Ziel Leib und Leben nicht aufs Spiel setzen, sondern – in seltenen Fällen – ruhigen Herzens hingeben, auch wo gar keine Aussicht auf Rettung seiner Person besteht. Sie leitet – vielleicht noch seltener – die Hand des Wohltäters, der ohne Hoffnung auf jenseitige Belohnung zur Linderung fremden Leids das hingibt, was er selbst nicht ohne Leid entbehren wird.

WOLFGANG PAULI

Die Wissenschaft und das abendländische Denken

Es ist sicher ein großes Wagnis, in einer so kurzen Zeit über ein Thema wie «Die Wissenschaft und das abendländische Denken» zu sprechen, das ein ganzes Kolleg leicht füllen könnte.

Das abendländische Denken als Ganzes war stets vom Nahen und Fernen Osten in Asien beeinflußt. Doch scheint Einigkeit darüber zu bestehen, daß Wissenschaft mehr als anderes für die abendländische Kultur geradezu charakteristisch ist. Von anderen geistigen Aktivitäten des Menschen sind speziell Mathematik und Naturwissenschaft unterschieden durch Lehrbarkeit und Prüfbarkeit. Beide Eigenschaften erfordern eigentlich eine längere, teilweise kritische Erläuterung. Unter Lehrbarkeit verstehe ich die Mitteilbarkeit von Gedankengängen und Ergebnissen an andere, die eine fortschreitende Tradition ermöglicht, indem das Erlernen des schon Bekannten eine geistige Anstrengung von ganz verschiedener Art erfordert als das Auffinden von etwas Neuem. In diesem kommt das schöpferisch irrationale Element wesentlicher zum Ausdruck als in jenem. In der Naturwissenschaft gibt es keine allgemeine Regel, wie man vom empirischen Material zu neuen mathematisch formulierbaren Begriffen und Theorien kommen kann. Einerseits geben die empirischen Ergebnisse Anregungen zu Gedankengängen, andererseits sind Gedanken, Ideen selbst Phänomene, die oft spontan entstehen, um nachher bei Konfrontation mit den Beobachtungsdaten wieder Modifikationen zu erfahren. Nicht jede Einzelaussage einer naturwissenschaftlichen Theorie kann immer direkt empirisch kontrolliert werden, doch das Gedankensystem als Ganzes muß Möglichkeiten einer Kontrolle durch empirische Methoden enthalten, wenn es den Namen einer naturwissenschaftlichen Theorie verdient. Darin besteht seine Prüfbarkeit.

Die Lehrbarkeit hat die Naturwissenschaft mit der auf logischem Weg prüfbaren Mathematik gemeinsam. Die Möglichkeit des mathematischen Beweises und die Möglichkeit, Mathematik auf die Natur anzuwenden, sind fundamentale Erfahrungen der Menschheit, die zuerst in der Antike entstanden sind. Diese Erfahrungen sind sogleich als rätselhaft übermenschlich, göttlich empfunden worden, und die religiöse Atmosphäre war berührt.

Hier stößt man auf das wesentliche *Problem der Beziehung von Heilserkenntnis und wissenschaftlicher Erkenntnis*. Auf Perioden nüchterner kritischer Forschung folgen oft andere, wo eine Einordnung der Wissenschaft in eine umfassendere, mystische Elemente enthaltende Geistigkeit erstrebt und versucht wird. Im Gegensatz zur Wissenschaft ist die mystische Einstellung nicht für das Abendland charakteristisch, sondern trotz Unterschieden im einzelnen dem Okzident und dem Orient gemeinsam. Ich kann hier zum Beispiel auf das ausgezeichnete Buch von *R. Otto, West-östliche Mystik* (Gotha 1926), verweisen, das die Mystik *Meister Eckharts* (1250–1327) mit der des Inders *Shankara* (um 800), des Begründers der Vedânta-Philosophie, vergleicht. Die Mystik sucht die Einheit aller äußeren Dinge und die Einheit vom Innern des Menschen mit ihnen, indem sie die Vielheit der Dinge als Illusion, als unwirklich zu durchschauen sucht. So entsteht von Stufe zu Stufe die Einheit des Menschen mit der Gottheit, in China das Tao, in Indien Samadhi oder buddhistisch Nirwana. Die letztgenannten Zustände kommen, abendländisch betrachtet, wohl der Auslöschung des Ichbewußtseins gleich. Die konsequente Mystik fragt nicht: «Warum?» Sie fragt: «Wie kann der Mensch dem Übel, dem Leid dieser schrecklichen, bedrohenden Welt entgehen, wie kann sie als Schein erkannt, wie kann die letzte Wirklichkeit, das Brahman, das Eine, die (bei *Eckhart* nicht mehr persönliche) Gottheit geschaut werden?» Es ist dagegen wissenschaftlich-abendländisch, in gewissem Sinne kann man sagen griechisch, zum Beispiel zu fragen: «Warum spiegelt sich das Eine im Vielen? Was ist das Spiegelnde und was das Gespiegelte? Warum ist das Eine nicht allein geblieben? Was verursacht die sogenannte Illusion?» Treffend spricht *Otto* in seinem zitierten Buch (p. 126) vom «Heilsinteresse, das von bestimmten Unheilslagen ausgehend, die man gegeben vorfindet, diese beheben, nicht aber ihr Woher theoretisch lösen will, und das unlösbare Probleme ruhig liegenläßt oder sie mit notdürftigen Hilfstheorien zunagelt, so gut es geht.»

Ich glaube, daß es das Schicksal des Abendlandes ist, diese beiden Grundhaltungen, die kritisch rationale, verstehen wollende auf der einen Seite und die mystisch irrationale, das erlösende Einheitserlebnis suchende auf der anderen Seite, immer wieder in Verbindung miteinander zu bringen. In der Seele des Menschen werden immer *beide* Haltungen wohnen, und die eine wird stets die andere als Keim ihres Gegenteils schon in sich tragen. Dadurch entsteht eine Art dialektischer Prozeß, von dem wir nicht wissen, wohin er uns führt. Ich glaube, als Abendländer müssen wir uns diesem Prozeß anvertrauen und das Gegensatzpaar als komplementär anerkennen; wir können und wollen das die Welt beobachtende Ichbewußtsein nicht gänzlich opfern, wir können aber das Einheitserlebnis als eine Art Grenzfall oder idealen Grenzbegriff auch intellektuell akzeptieren. Indem wir die Spannung der Gegensätze bestehen lassen, müssen wir auch anerkennen, daß wir auf jedem Erkenntnis- oder Erlösungsweg von Faktoren abhängen, die außerhalb unserer Kontrolle sind und die die religiöse Sprache stets als Gnade bezeichnet hat.

Von den im Laufe der Geschichte auftretenden Versuchen, eine Synthese der wissenschaftlichen und der mystischen Grundhaltung zu erzielen, will ich zwei besonders hervorheben. Der eine beginnt mit *Pythagoras* im 5. Jahrhundert v. Chr., setzt sich dann in seinen Schülern fort, wird durch *Plato* weiterentwickelt und erscheint in der Spätantike als Neuplatonismus und Neupythagoräismus. Da vieles von dieser Philosophie in die frühchristliche Theologie übernommen wurde, begleitet sie sodann beständig das Christentum, um in der Renaissance eine neue Blüte zu erleben. Durch Verwerfung der *anima mundi*, der Weltseele, und Zurückgehen auf die Erkenntnislehre *Platos* bei *Galilei*, durch teilweise Wiederbelebung pythagoräischer Elemente bei *Kepler* entsteht im 17. Jahrhundert die Naturwissenschaft der Neuzeit, die wir heute die klassische nennen. Rasch spaltet sie sich nach *Newton* kritisch rational von ihren ursprünglichen mystischen Elementen ab. Der zweite Versuch ist derjenige der Alchemie und hermetischen Philosophie, die seit dem 17. Jahrhundert verfallen ist.

Aus dem langen Prozeß der geistesgeschichtlichen Entwicklung, in der sich dieses Beziehungsproblem immer wieder in neuer Form äußert, kann ich hier nur weniges als Beispiel herausgreifen, das auch für unsere Zeit von Bedeutung ist. Neuere Forschungen haben die starken Einwirkungen der babylonischen Mathematik und Astronomie auf die Anfänge der Wissenschaft in Griechenland klargestellt. Seinen ersten Höhepunkt erreichte jedoch der kritisch wissenschaftliche Geist im klassischen Hellas. Dort entstanden ja die Formulierungen jener Gegensätze und Paradoxien, die auch uns, wenn auch in verwandelter Gestalt, als Probleme bewegen: der Schein und die Wirklichkeit, das Sein und das Werden, die Einheit und die Vielheit, die Sinneserfahrung und das reine Denken, das Kontinuum und die ganze Zahl, das rationale Zahlverhältnis und die Irrationalzahl, die Notwendigkeit und die Zweckhaftigkeit, die Ursächlichkeit und der Zufall. Dort entstand als Triumph der rationalen Denkweise aus der Spekulation über einen Ausweg aus den Schwierigkeiten der Beziehung von Einheit und Vielheit die Idee des Atoms von *Leukipp* (um 440 v. Chr.) und *Demokrit* (um 420 v. Chr.). Es ist wohl nicht richtig, diese Denker im modernen Sinne als Materialisten zu bezeichnen. Seelisches und Stoffliches waren damals nicht so getrennt wie in späterer Zeit, so daß *Demokrit* ebenso Atome der Seele wie der materiellen Körper annahm, zwischen denen das Feuer ein Bindeglied darstellt. In dem jahrhundertelangen Streit über die Frage, ob ein von Materie leerer Raum existieren könne, gehören die Atomisten zu derjenigen Partei, welche die Möglichkeit zuläßt, indem der Raum zwischen den Atomen leer sein soll. *Demokrit* leugnet den Zufall und die Zweckursachen, die Atome fallen im leeren Raum nach den Gesetzen der Notwendigkeit. Wenn ich richtig verstanden habe, soll aber manchmal eine anfängliche Abweichung von der geradlinigen Bewegung der Atome im Sinne einer beginnenden Kreisbewegung eintreten, und nur diese soll zum kosmogonischen (welterzeugenden) Wirbel führen. Diese antike Form der Atomistik enthält nicht das Element der empirischen Prüfbarkeit, ist daher noch keine naturwissenschaftliche Theorie im neuzeitlichen Sinne, sondern als ihr Vorläufer erst noch eine philosophische Spekulation.

Vor dem rational eingestellten *Demokrit* wirkte bereits der schon erwähnte *Pythagoras* (um 530 v. Chr.). Er und seine Schüler gründeten eine ausgesprochen mystische Heilslehre, die aufs innigste mit mathematischem Denken verbunden war und auf der älteren babylonischen Zahlenmystik fußte. Für ihn und die Pythagoräer ist überall, wo die Zahl ist, auch die Seele, Ausdruck der Einheit, die Gott ist. Ganzzahlige Verhältnisse, wie sie in den Proportionen der Schwingungszahlen der einfachen musikalischen Intervalle auftreten, sind Harmonie, das heißt, das, was Einheit in die Gegensätze bringt; als Teil der Mathematik gehört die Zahl auch einer abstrakten, übersinnlichen ewigen Welt an, die nicht mit den Sinnen, sondern nur kontemplativ mit dem Intellekt erfaßt werden kann. So sind bei den Pythagoräern Mathematik und kontemplative Meditation (die ursprüngliche Bedeutung von *theoria*) aufs engste verbunden, mathematisches Wissen und Weisheit *(sophia)* sind für sie nicht zu trennen. Eine spezielle Bedeutung hatte die Tetraktys, die Vierzahl, und ein Schwur der Pythagoräer ist überliefert: «Bei dem, der unserer Seele die Tetraktys überliefert hat, den Urquell und die Wurzel der ewigen Natur.»

Als Reaktion gegen den Rationalismus der Atomisten hat *Plato* (428 bis 348 v. Chr.) viele mystische Elemente der Pythagoräer in seiner Ideenlehre übernommen. Mit ihnen teilt er seine höhere Wertschätzung der Kontemplation, verglichen mit der gewöhnlichen Sinneserfahrung, und seine leidenschaftliche Anteilnahme an Mathematik, besonders an Geometrie mit ihren idealen Objekten. Die Entdeckungen seines Freundes *Theaitetos* über inkommensurable Strecken (nicht durch rationale Brüche darstellbare Verhältnisse) haben ihn tief beeindruckt. Handelt es sich hier doch um eine wesentliche Frage, die nicht durch sinnliches Wahrnehmen, sondern nur durch Denken entschieden werden kann.

Für *Platos* Auffassung dessen, was wir heute Materie nennen, ist eben der Unterschied der idealen geometrischen Objekte von den mit den Sinnen wahrgenommenen Körpern maßgebend. Dieser Unterschied liegt für ihn in einem durch das Denken schwer erfaßbaren, gänzlich passiven Etwas, das er mit verschiedenen weiblichen Wörtern, wie zum Beispiel Aufnehmerin oder Amme für die Ideen bezeichnet. Auch das Wort χωρα für den mit Materie erfüllten Raum ist hier zu erwähnen. *Aristoteles* hat versucht, dieses unbestimmte weibliche X mehr positiv zu fassen. Er nannte es Hyle und betonte gegenüber den Eleaten, es sei nicht eine bloße *privatio*, das heißt nicht ein bloßes Fehlen von etwas, sondern wenigstens «der Möglichkeit nach seiend». Dabei war «seiend» seit *Parmenides* zu verstehen als durch «begriffliches Denken erfaßbar» im Gegensatz zu «nicht seiend», das nicht bedeutete, schlechthin nicht vorhanden, sondern «dem denkenden Verstand unzugänglich». Das spätere aristotelische Wort *hyle* hat *Cicero* mit *materia* ins Lateinische übersetzt, was dann die uns geläufige Begriffsbezeichnung wurde.

Über *Platos* Ideenlehre und seine Theorie der Erkenntnis als Erinnerung *(anamnesis)* der Seele an einen früheren Zustand ist soviel geschrieben worden, daß ich mich hier sehr kurz fassen will. Sie haben wie kaum je etwas anderes einen bleibenden Einfluß auf das abendländische Denken gehabt. Auch der Moderne, der in der Bewertung der Sinnesempfindung und des Denkens eine mittlere Stellung sucht, kann in Anlehnung an *Plato* den Vorgang des Verstehens der Natur deuten als eine Entsprechung, das heißt als ein Zur-Deckung-Kommen von präexistenten inneren Bildern der menschlichen Psyche mit äußeren Objekten und ihrem Verhalten. Der Moderne sieht allerdings, anders als *Plato*, auch die präexistenten Urbilder nicht als unveränderlich, sondern als relativ zur Entwicklung des bewußten Standpunktes an, so daß das von *Plato* vorzugsweise benützte Wort «dialektisch» sich auch auf den Entwicklungsprozeß der menschlichen Erkenntnis anwenden läßt.

In Weiterbildung pythagoräischer Lehren ist *Platos* Mystik eine lichte Mystik, in der das Verstehen in seinen verschiedenen Graden vom Meinen (δόξα) über das geometrische Wissen (διάνυσια) bis zur höchsten Erkenntnis der allgemeinen und notwendigen Wahrheiten (επιοτημη) seinen Platz gefunden hat. Die Mystik ist so licht, daß sie über viele Dunkelheiten hinwegsieht, was wir Heutigen weder dürfen noch können. Dies äußert sich zum Beispiel in der Auffassung des Guten bei *Plato* als identisch mit der in der Meditation erkennbaren höchsten «Wirklichkeit». Des *Sokrates'* These von der Lehrbarkeit der Tugend und von der Unwissenheit als alleiniger Ursache böser Taten wird zu *Platos* Lehre von der Identität der Idee des Guten mit der Ursache des Wissens vom Wahren und der Wissenschaft.

Während sich diese rational zum axiomatischen System der Geometrie in *Euklids* Elementen (um 300 v. Chr.) entwickelt, das so lange jeder Kritik gegenüber standhielt und erst im 19. Jahrhundert wesentlich erweitert wurde, geht aus der mystischen Seite *Platos* allmählich der Neuplatonismus hervor, der bei *Plotin* (204 bis 270 n. Chr.) seine einigermaßen systematische Formulierung findet. Hier findet man die Identität des Guten mit dem Verstehbaren gegenüber *Plato* selbst ins Extreme gezogen und vergröbert durch die Doktrin, daß die Materie *(hyle)* ein bloßes Fehlen *(privatio)* der Ideen, daß sie überdies das Böse sei und dieses daher eine bloße *privatio boni*, ein Fehlen des Guten, das nicht Gegenstand des begrifflichen Denkens sein könne. So entstand eine recht bizarr erscheinende Vermischung des ethischen Gegensatzpaares «gut – böse» mit dem naturalistischen oder logischen «seiend –

nicht seiend», das wir am ehesten durch «rational – irrational» wiedergeben können.

Mehr als andere philosophische Strömungen der Spätantike erwies sich die neuplatonische als geeignet zur Aufnahme in die frühchristliche Theologie. In der Tat war *Augustin* vor seiner Bekehrung zum Christentum Neuplatoniker, und seither gab es stets mehr oder weniger platonisierende Theologen und Philosophen unter den christlichen Denkern.

Indem ich darauf hinweise, daß das Mittelalter in diesem Referat vertreten ist sowohl durch *Eckhart,* den Meister des gotischen Zeitalters, als auch durch die Alchemie, die sich durch das ganze Mittelalter hinzieht, möchte ich nun hier historisch einen Sprung machen und zur Renaissance übergehen.

Es war eine Epoche außerordentlicher Leidenschaft, des *furor,* die im 15. und 16. Jahrhundert in Italien die früheren Schranken zwischen den verschiedenen menschlichen Tätigkeiten durchbrach und früher Getrenntes, wie empirische Beobachtung und Mathematik, manuelle Technik und Denken, Kunst und Wissenschaft, in innigsten Zusammenhang brachte. Die maßgebende Philosophie dieser Epoche ist eben ein wiedererstandener, allerdings auch veränderter Neuplatonismus mystischer Prägung, vertreten durch *Marsilio Ficino* (1443–1499). Unter dem Protektorat *Lorenzos de' Medici* gründete er die Platonische Akademie in Florenz, deren bedeutendes Mitglied außer ihm selbst *Pico della Mirandola* gewesen ist. Diese Akademie ist zugleich eine Art mystische Sekte, welche ein kontemplatives Leben und die göttliche, metaphysische Inspiration als höchste Werte pflegte. Zum Unterschied von *Plato* selbst, dessen Werke *Ficino,* für lange Zeit maßgebend, ins Lateinische übersetzte, hatte dieser Kreis keine Beziehung zur Mathematik. Seine Prinzipien standen in einem gewissen Gegensatz zur naturwissenschaftlichen, positiv zur Mathematik eingestellten Richtung, wie sie zum Beispiel *Leonardo da Vinci* (1452–1519) vertrat. Das Hauptwerk *Ficinos,* die *Theologia platonica,* ist ein großangelegter Versuch einer Synthese zwischen der christlichen Theologie und der antiken, heidnischen Philosophie. Zu ihr gehört auch die Idee der Aphrodite Uranie *(Venus coelestis),* der Vergeistigung des Eros oder Amor, der auch in den ekstatischen Zuständen religiöser Propheten wie Moses und Paulus in Erscheinung tritt und als *amor intellectualis Dei* etwa unserem Erkenntnistrieb entspricht. Diskussionen über Astrologie und Magie, basiert auf der alten plotinischen Idee der *sympatheia,* standen den Mitgliedern der

Platonischen Akademie näher als naturwissenschaftliche Erörterungen. *Agrippa v. Nettesheim* sowie *Paracelsus* waren durch diese Denkweise stark beeinflußt.

Alles, was einst feststand, scheint aufgerührt in dieser einzigartigen Zeit: Man war für oder gegen *Aristoteles,* für oder gegen das Vakuum, für oder gegen das von *Kopernikus* (1473–1543) wiederentdeckte heliozentrische System. Dies alles war zunächst nicht nüchterne Wissenschaft, sondern religiöse Mystik, die einem neuen kosmischen Gefühl entsprungen ist und sich insbesondere auch in einer Vergöttlichung des Raumes ausdrückte. So vertrat *Francesco Patrizzi* (1529–1597) die Gleichwertigkeit aller Punkte des selbständigen Raumes. Daß dieser seit *Nikolaus von Kues* seine Begrenzung verlor und unendlich gedacht wurde, ermöglichte in Weiterbildung der Philosophie der früheren Rennaisanceplatoniker den der Erkenntnis der Welt zugeneigten Pantheismus *Giordano Brunos* (1548–1600). Von hier führte die spätere, nüchternere Betrachtungsweise des 17. Jahrhunderts weiter zu *Descartes'* analytischer Geometrie und zum absoluten Raum in *Newtons* Mechanik.

Damit auch die Schattenseite der außerordentlichen Erweiterung des menschlichen Bewußtseins durch Erschließung ganz neuer Bereiche des Verstehbaren in der Natur nicht vergessen wird, möchte ich nun einen etwas oberflächlichen Vorläufer der neuzeitlichen Naturwissenschaft erwähnen: *Francis Bacon* (1561–1626). Ohne Mathematik sonderlich zu beherrschen, trat er für die Empirie und die induktive Methode ein, was damals neu war. Sein praktisches Ziel war ausdrücklich die Beherrschung der Naturkräfte durch wissenschaftliche Entdeckungen und Erfindungen. Propagandistisch verwendete er hierbei das Schlagwort: «Knowledge is power» (Wissen ist Macht). Ich glaube, daß dieser stolze Wille, die Natur zu beherrschen, tatsächlich hinter der neuzeitlichen Naturwissenschaft steht und daß auch der Anhänger reiner Erkenntnis dieses Motiv nicht ganz leugnen kann. Uns Heutigen wird wieder «vor unserer Gottähnlichkeit bange». In Anwendung eines bekannten Wortes des Historikers *Schlosser* stellt sich uns die bange Frage, ob auch diese Macht, unsere abendländische Macht über die Natur, böse sei.

Zunächst sollte diese die Natur verstehen und damit beherrschen wollende Haltung des Menschen, der sich im Konflikt mit der Einheit der Natur beobachtend und denkend außerhalb stellt, in der Entstehung der neuzeitlichen Naturwissenschaft im «grand siècle», nämlich im 17. Jahrhundert, ihre großen Triumphe feiern. An die Stelle der Weltseele setzte sie das abstrakte mathematische Naturgesetz. Das kopernikanische System führte einerseits zu der noch religiös fundierten, wenn auch bereits empirisch gewordenen Astronomie *Keplers*, andererseits zu sehr nüchternen Fragen, die *Kopernikus* nicht beantworten konnte, wie diesen: «Warum weht nicht fortwährend ein starker Wind, wenn sich die Erde dreht, warum nimmt auch die Atmosphäre an dieser Drehung teil, warum schießt eine Kanone gleich weit nach Westen wie nach Osten?» Erst *Galileis* Trägheitsgesetz konnte diese Fragen sinnvoll beantworten. Auf die mit *Newtons Prinzipien* (1687) abgeschlossene Entwicklung der Mechanik kann ich hier nicht eingehen. In der zur modernen Physik gehörenden Relativitätstheorie *Einsteins* hat sie eine wesentliche Weiterbildung erfahren.

Zu den allgemeinen charakteristischen Erscheinungen des 17. Jahrhunderts gehört die Wiederherstellung neuer Schranken zwischen den einzelnen Disziplinen und Fakultäten und die Spaltung des Weltbildes in die rationale und die religiöse Seite. Diese Dissoziation war unvermeidlich und spiegelt sich sowohl in der Philosophie *Descartes'* als auch in *Newtons* theologischen Schriften besonders deutlich wider.

Ein ähnliches Schicksal hatte um diese Zeit auch der zweite Versuch einer Synthese zwischen einem Heilsweg mit gnostisch-mystischen Elementen und wissenschaftlicher Erkenntnis, derjenige der Alchemie und hermetischen Philosophie. In alter Zeit beginnend, wird sie in der Spätantike seit dem Erscheinen des *Hermes Trismegistos* sehr verbreitet, zieht sich dann, anfangs von arabischen Quellen und ihren lateinischen Übersetzungen gespeist, durch das ganze Mittelalter, um schließlich nach einer Blütezeit im 16. Jahrhundert gegen Ende des 17. Jahrhunderts mit dem Beginn der neuzeitlichen Naturwissenschaft zu verfallen. Auch diesmal erwies sich die Basis der Synthese als zu eng, und das Gegensatzpaar fiel wieder auseinander: in die wissenschaftliche Chemie auf der einen Seite und die von materiellen Vorgängen wieder abgelöste religiöse Mystik, zum Beispiel durch *Jakob Böhme* vertreten, auf der anderen Seite.

Die uns zunächst recht fremdartig anmutenden Voraussetzungen der alchemistischen Philosophie stellen eine gewisse Symmetrie her zwischen Materie und Geist. Dadurch entsteht ein Gegengewicht gegen die einseitig spiritualisierende Tendenz, die der Neuplatonismus gegenüber *Plato* selbst beträchtlich verstärkt hat und die vom Christentum übernommen wurde. Im Gegensatz zur neuplatonischen Identifikation der

Materie mit dem Bösen wohnt nach der alchemistischen Auffassung in der Materie ein Geist, der auf Erlösung harrt. Der alchemistische Laborant ist stets mit einbezogen in den Naturlauf in solcher Weise, daß die wirklichen oder vermeintlichen chemischen Prozesse in der Retorte mit den psychischen Vorgängen in ihm selbst mystisch identifiziert sind und mit denselben Worten bezeichnet werden. Fremd ist uns heute die Identifizierung jedes der sieben Planeten mit einem der sieben Metalle, darunter die Identität des Hermes sowohl mit dem Planeten Merkur wie mit dem *argentum vivum,* dem Quecksilber, das auch seinen Namen *mercury* behalten hat. Geblieben ist ferner von den Identifizierungen leicht verdampfender, flüchtiger Substanzen mit Geist der Name Spiritus für Alkohol, die Essenz (Wesen) auch für das materielle Resultat der Destillation. Der Erlösungsweg, auch selbst wieder durch den Hermes symbolisiert, ist ein *opus* (Werk), beginnend mit der Schwärze (*nigredo* oder *melancholia*) und endend mit der Herstellung des *lapis sapientium*, des Steines der Weisen, der als *filius philosophorum* und *filius macrocosmi* zu Christus, dem *filius microcosmi* parallelisiert wird. Die Erlösung des Stoffes durch den ihn verwandelnden Menschen, die in der Herstellung des Steines gipfelt, ist nach alchemistischer Auffassung, zufolge der mystischen Entsprechung von Makrokosmos und Mikrokosmos, identisch mit der den Menschen erlösenden Wandlung durch das *opus*, das nur *Deo concedente* gelingt.

Es handelt sich bei der Alchemie um einen psychophysischen Monismus, in einer uns sonderbar anmutenden Einheitssprache ausgedrückt, die im konkret Sichtbaren hängenbleibt. Man darf aber die allgemeine, auf das Einheitserlebnis gerichtete Einstellung des Menschen zur Natur, welche die Alchemie ausdrückt, nicht mit deren Auswüchsen einfach identifizieren, zu denen bekanntlich eine stets vergebliche und oft betrügerische Goldmacherei gehörte.

Goethes naturwissenschaftliche Auffassungen, die der offiziellen Wissenschaft so oft entgegengesetzt waren, werden verständlicher durch deren alchemistische Vorlagen, deren Terminologie insbesondere im *Faust* ganz offen zutage tritt. Als einem Gefühlstyp war *Goethe* das Einheitserlebnis – «nichts ist drinnen, nichts ist draußen, denn was innen, das ist außen» – zugänglicher als die kritische Naturwissenschaft, und nur die Alchemie kam hierbei seiner Gefühlshaltung entgegen. Dies ist der Hintergrund von *Goethes* Auseinandersetzung mit *Newton*, über die schon viel geschrieben worden ist. Weniger bekannt ist die ältere

Polemik zwischen *Kepler* als Vertreter der neuentstehenden Naturwissenschaft und dem englischen Arzt *Robert Fludd,* der der Rosenkreutzergesellschaft angehörte und die hermetische Tradition vertrat. Ich glaube, man kann auf *Kepler – Fludd* und *Newton – Goethe* mit gutem Recht das alte Sprichwort anwenden: «Was die Alten sungen, das zwitschern die Jungen.»

Von der Psychologie des Unbewußten her ist neuerdings *C. G. Jung* darangegangen, den psychologischen Gehalt der alten alchemistischen Texte auszugraben und unserer Zeit zu erschließen. Ich hoffe, daß dabei noch einiges wertvolle Material zutage gefördert werden wird, namentlich über die Rolle der Gegensatzpaare im alchemistischen Opus. Auch für die Psychologie des Unbewußten bedeutet die Alchemie ein Gegengewicht gegen zu starke Spiritualisierung, sie bedeutet ihre Begegnung mit der Materie und mit der übrigen Naturwissenschaft.

Hier stellt sich für die Naturwissenschaft unserer Zeit die wesentliche Frage: «Werden wir auf höherer Ebene den alten psychophysischen Einheitstraum der Alchemie realisieren können, durch Schaffung einer einheitlichen begrifflichen Grundlage für die naturwissenschaftliche Erfassung des Physischen wie des Psychischen?» Wir wissen die Antwort noch nicht. Viele Grundfragen der Biologie, insbesondere die Beziehung des Kausalen und des Zweckmäßigen, und damit auch die psychophysischen Zusammenhänge, haben meiner Ansicht nach noch nicht eine wirklich befriedigende Beantwortung und Aufklärung erfahren.

Die heutige Quantenphysik ist jedoch gemäß der Formulierung *Niels Bohrs* ebenfalls auf komplementäre Gegensatzpaare bei ihren atomaren Objekten gestoßen, wie Teilchen – Welle, Ort – Bewegungsgröße, und muß der Freiheit des Beobachters Rechnung tragen, zwischen einander ausschließenden Versuchsanordnungen zu wählen, die in einer im voraus unberechenbaren Weise in den Naturlauf eingreifen. Hat er einmal seine Versuchsanordnung gewählt, so ist aber auch für den Beobachter der heutigen Physik das objektive Resultat der Beobachtung seiner Beeinflussung entzogen. Verschiedene Physiker haben diese für den Laien nicht leicht verständlichen Sachverhalte an anderer Stelle mehrmals ausgeführt, und ich kann hier nur kurz darauf hinweisen.

Die alte Frage, ob unter Umständen der psychische Zustand des Beobachters den äußeren materiellen Naturverlauf beeinflussen kann, findet in der heutigen Physik keinen Platz. Für die alten Alchemisten war die Antwort ganz selbstverständlich bejahend. Im letzten Jahrhundert hat ein so kritischer Geist wie der Philosoph *Arthur Schopenhauer*, ein ausgezeichneter Kenner und Bewunderer *Kants*, in seinem Aufsatz *Animalischer Magnetismus und Magie* sogenannte magische Wirkungen sehr weitgehend für möglich gehalten und in seiner besonderen Terminologie als «direkte, die Schranken von Raum und Zeit durchbrechende Einwirkung des Willens» gedeutet. Daraufhin kann man wohl nicht sagen, daß apriorische philosophische Gründe ausreichend seien, um solche Möglichkeiten von vornherein abzuweisen. In neuerer Zeit gibt es eine empirische Parapsychologie, die den Anspruch exakter Wissenschaftlichkeit erhebt und mit modernen experimentellen Methoden einerseits, mit moderner mathematischer Statistik andererseits arbeitet. Sollten sich die positiven Ergebnisse auf dem noch kontroversen Gebiet der *extra sensory perception (ESP)* endgültig bewahrheiten, so könnte dies zu heute noch gar nicht übersehbaren Entwicklungen führen.

Im Lichte unserer schon aus äußeren Gründen übermäßig knapp zusammengedrängten historischen Übersicht können wir sagen, daß die heutige Zeit wieder einen Punkt erreicht hat, wo die rationalistische Einstellung ihren Höhepunkt überschritten und als zu eng empfunden wird. Außen scheinen alle Gegensätze außerordentlich verschärft. Das Rationale führt einerseits wohl zur Annahme einer nicht direkt sinnlich wahrnehmbaren, durch mathematische oder andere Symbole aber erfaßbaren Wirklichkeit, wie zum Beispiel das Atom oder das Unbewußte. Die sichtbaren Wirkungen dieser abstrakten Wirklichket sind aber andererseits so konkret wie atomare Explosionen und keineswegs notwendig gut, sondern zuweilen das extreme Gegenteil. Eine Flucht aus dem bloß Rationalen, bei dem der Wille zur Macht als Hintergrund niemals ganz fehlt, in dessen Gegenteil, zum Beispiel in eine christliche oder buddhistische Mystik, ist naheliegend und gefühlsmäßig verständlich. Ich glaube jedoch, daß demjenigen, für welchen der enge Rationalismus seine Überzeugungskraft verloren hat und dem auch der Zauber einer mystischen Einstellung, welche die äußere Welt in ihrer bedrängenden Vielheit als illusorisch erlebt, nicht wirksam genug ist, nichts übrigbleibt, als sich diesen verschärften Gegensätzen und ihren Konflikten in der einen oder anderen Weise auszusetzen. Eben dadurch kann auch der Forscher, mehr oder weniger bewußt, einen inneren Heilsweg gehen. Langsam entstehen dann zur äußeren Lage kompensatorisch innere Bilder, Phantasien oder Ideen, welche eine Annäherung der Pole der Gegensatzpaare als möglich aufzeigen. Gewarnt durch den Mißerfolg aller verfrühten Einheitsbestrebungen in der Geistesgeschichte will ich es nicht wagen, über die Zukunft Voraussagen zu machen. Entgegen der strengen Einteilung der Aktivitäten des menschlichen Geistes in getrennte Departemente seit dem 17. Jahrhundert halte ich aber die Zielvorstellung einer Überwindung der Gegensätze, zu der auch eine sowohl das rationale Verstehen wie das mystische Einheitserlebnis umfassende Synthese gehört, für den ausgesprochenen oder unausgesprochenen Mythos unserer eigenen, heutigen Zeit.

Pascual Jordan

Die weltanschauliche Bedeutung der modernen Physik

Wer heute, im letzten Drittel dieses Jahrhunderts und inmitten der heutigen, uns als historische Wirklichkeit bekannten Welt konservative Denkungsart und die Vorstellungswelt christlichen Glaubens als heimatlich empfindet, der steht einer anders denkenden, nichtkonservativen, nichtchristlichen Umgebung gegenüber. Deren bombastische Übermacht ist nicht nur darin fühlbar, daß die ihrem Denkschema entsprechenden Antworten zu allen menschlich bewegenden Fragen uns von der Tagesmode suggeriert werden als die *selbstverständlichen*, gar keine Alternativen zulassenden Antworten. Das Gesamtsystem dieser von der Tagesmode diktierten Antworten ist zudem logisch einheitlich derart, daß man bei jedem Anhänger dieser Tagesmode im voraus die Antwort kennt, die er auf irgendeine Frage von grundsätzlicher Bedeutung geben wird. Und indem dieses System auch vorgeschriebene Antworten zu allen fundamentalen, nicht zur fachspezialistisch, sondern auch menschlich bedeutungsvollen Fragen der Naturwissenschaften umfaßt, gibt es seinen Anhängern die ermutigende Überzeugung, auf dem sicheren Boden des wissenschaftlich Bewiesenen zu stehen und im Unterschied zu allen religiös Gläubigen keiner Glaubensüberzeugung, keiner Hypothese zu bedürfen. Wir erinnern uns ja, welche Rolle dieses Wort «Hypothese» gespielt hat in dem berühmten Bespräch zwischen *Laplace* und *Napoleon*.

Steht aber das Schema der Tagesmeinung wirklich in Übereinstimmung mit den Ergebnissen der Naturwissenschaft? Die Beantwortung dieser Frage erfordert eine sorgfältige Prüfung. Um auf möglichst kurzem Wege zu einer klärenden Antwort zu kommen, ist es – etwas paradox mag das erscheinen – zweckmäßig, daß wir einen scheinbaren

Umweg beschreiten, daß wir uns nicht davor scheuen, auf die historische Entwicklung naturwissenschaftlichen Denkens einzugehen, die ja mehr als zwei Jahrtausende umfaßt.

Sie ist ausgegangen von der antiken Begründung der Atomphilosophie, vor allem durch *Demokrit*, und ist erst in unserem Jahrhundert zur naturwissenschaftlichen Erschließung des Reiches der Atome gelangt. Was *Demokrit* selber vor mehr als zweitausend Jahren – als philosophische Wirklichkeitsdeutung – zur Schaffung der Gedankengänge beigetragen hat, die sich dann später in der abendländischen Naturforschung so erstaunlich entwickelt haben, das ist der Gedanke, daß alles, was wir in unserer Umwelt vorfinden – alles Greifbare, Faßbare, Sichtbare, alles Stoffliche, alles Materielle –, nichts anderes sei als eine ungeheure Vielzahl winziger Körperchen, die er bekanntlich Atome nannte (wörtlich übersetzt: das Unzerschneidbare). Mit dieser Bezeichnung unterstrich er die Überzeugung, daß diese winzigen Bausteine der Materie letzte, unzusammengesetzte Teilchen seien: unzusammengesetzt, daher unveränderlich, unzerstörbar, unerzeugbar. Indem diese Atome sich im sonst leeren Raum dahinbewegen, bei ihren Zusammenstößen miteinander in Wechselwirkung treten – wir könnten heute ganz kurz sagen: *nach den Gesetzen der Mechanik* –, vollzieht sich ein ungeheuer verwickeltes Ganzes von Atombewegung. Diese Bewegung der Atome ist nach *Demokrit* das eigentlich Wirkliche: die objektive Wahrheit, die objektive Wirklichkeit, von der uns unsere groben Sinne ein nur stark getrübtes und bunt verschleiertes Bild geben.

Für uns heutige Menschen ist dieses atomistische Bild der Wirklichkeit nicht mehr überraschend. Deshalb ist es vielleicht gut, daß wir uns Zeit nehmen, uns zurückzudenken in die geistige Umwelt, in welcher *Demokrit* diesen Gedanken entwickelt hat. Seine Zeitgenossen waren gewohnt, in jeder auffallenden Naturerscheinung das launenhafte, willkürliche Walten von Göttern, Halbgöttern, Dämonen, Nymphen und sonstigen mythologischen Wesen zu sehen, die nach ihrer Überzeugung Wald und Flur bewohnten, belebten, beeinflußten und bewegten. Diesem mythologisch belebten Naturbild seiner Zeit stellte *Demokrit* in kühler Klarheit des Denkens ein anderes Bild gegenüber: das Bild einer von *Gesetzlichkeit* beherrschten Natur. Dieser große Gedanke der Naturgesetzlichkeit, maßgebend geblieben für alle spätere Naturforschung, ist in der Atomphilosophie *Demokrits* erstmalig in der Geschichte menschlichen Denkens gedacht und anschaulich ausgemalt worden.

So wundern wir uns nicht darüber, daß der Gedanke berufen war, über mehr als zwei Jahrtausende das menschliche Denken richtunggebend zu beeinflussen.

Wenn auch später in den großen geschichtlichen Krisen die Erinnerung an *Demokrit* und seine Atomphilosophie oft fast verloren schien, sie ist nie ganz verlorengegangen. Als in der Renaissance, im großen Aufbruch abendländischer Geistesentfaltung, das geistige Erbe der Antike im breiteren Ausmaß wieder ans Licht gezogen wurde, da wurden auch seine Gedanken den Gelehrten des Abendlandes weithin bekannt. Sie haben seitdem nicht wieder aufgehört, fruchtbarste Anregung naturwissenschaftlichen Denkens zu sein. Im Zuge dieser erneuten, nunmehr abendländischen Durchdenkung der Atomphilosophie ist auch dasjenige große Prinzip naturwissenschaftlichen Verstehens der Wirklichkeit immer weiter geklärt und verdeutlicht worden, das wir gern mit zwei ganz verschiedenen Worten zu bezeichnen pflegen. Wir sprechen von *Kausalität*, und wir sprechen von *Determinierung*. An dieser Stelle sei es um des besseren Verständnisses willen erlaubt, eine kleine, sozusagen technische Zwischenbemerkung zu machen. Heutige Physiker sind gewohnt, in ihrem fachlichen Sprachgebrauch in der Regel diese beiden Begriffe – Kausalität und Determinierung – als gleichbedeutend zu behandeln. Sie folgen damit den Gedanken, die schon vor langer Zeit der berühmte Engländer *Hume* in einer philosophischen Analyse des Kausalitätsbegriffs ausgeführt hat. Das Ergebnis der Analyse kann man wie folgt zusammenfassen: Nach *Hume* hat der Kausalitätsbegriff keine andere faßbare Bedeutung als der Begriff der Determinierung. Die Physiker von heute entsprechen dieser Auffassung, indem sie, wie schon gesagt, keine Unterscheidung zwischen diesen beiden Begriffen machen. Es ist allerdings in der philosophischen Literatur oft gefordert worden, man müsse doch eine Unterscheidung zwischen den beiden Begriffen machen. Es ist oft gefordert oder mindestens gewünscht worden, dem Begriff der Kausalität irgendwie einen reicheren, tieferen Inhalt zu geben als dem engeren und zugleich schärferen Begriff der Determinierung. Für die Arbeit des Physikers aber ist in der Tat nur dieser Begriff Determinierung etwas Faßbares. Ob wir uns der philosophischen Auffassung Humes anschließen wollen oder nicht – wir können einfach sagen: Wir wollen uns dem terminologischen Gebrauch der Physiker anschließen und beide Begriffe als gleichbedeutend behandeln.

Wir können uns aber auch so einigen: Wir bemühen uns, das Wort

Kausalität ganz beiseite zu lassen und nur von Determinierung zu sprechen. Das, was an diesem Thema wichtig ist, kann mit diesem Wort allein ausgedrückt werden.

Nun wollen wir uns den Inhalt dieses Wortes Determinierung an einem Beispiel vor Augen halten. Wählen wir als Beispiel unser Planetensystem mit seinen verschiedenen Planeten und Monden. Ein Astronom, ein Physiker oder Mathematiker mag wissen, wie der Zustand des Planetensystems jetzt in diesem Augenblick ist. Was gehört zu diesem Wissen? Erstens Kenntnis der Massen dieser verschiedenen Himmelskörper; zweitens Kenntnis ihrer augenblicklichen Orte relativ zur Sonne; drittens Kenntnis ihrer augenblicklichen Geschwindigkeiten, jeweils nach Richtung und Größe. Wenn in diesem Sinne eine erschöpfende Kenntnis des jetzigen Zustands des Planetensystems für einen Sachkundigen gegeben ist, dann ist es für ihn eine Sache bloßer Rechnung, bloßer Mathematik, vorherzusagen, wie die Bewegungen im Planetensystem weiterlaufen werden; wo die Planeten und Monde nach einem Jahr sein werden, oder nach zehn Jahren, oder zu irgendeiner späteren Zeit. Der ganze in die Zukunft hinein sich vollziehende Bewegungsverlauf in diesem System von Himmelskörpern ist also *vorausbestimmt*, kann nicht so oder vielleicht auch anders ausfallen; sondern er ist objektiv in sich für die Zukunft im voraus festgelegt. Diese Tatsache einer vorausberechenbaren, durch Messung und Beobachtung nachprüfbaren *Vorausbestimmtheit* ist genau das, was wir mit dem Worte Determinierung meinen.

Denken wir nun an das Bild der Wirklichkeit zurück, welches uns von *Demokrit* gezeichnet worden ist, und zwar mit dem Anspruch, daß damit die Gesamtwirklichkeit erfaßt sei. *Demokrit* hat einmal gesagt: «Es gibt nichts als die Atome und den leeren Raum. Alles andere ist Meinung.» Dieses wegwerfende Wort «Meinung» sollte offenbar ausdrücken: Alles andere, was Menschen meiner Zeit, meiner Umwelt sich vorzustellen pflegen in bezug auf die Wirklichkeit, das ist nur menschlicher Gedanke, menschliche Phantasie, menschliche Spekulation – fälschlich hineingedeutet in die objektive Wirklichkeit, die in ihrer wahren Gestalt nichts anderes ist als Bewegung der Atome im leeren Raum. Wenn wir daran zurückdenken und uns gleichzeitig halten an den Begriff der Determinierung, wie wir ihn uns am Beispiel des Planetensystems klargemacht haben, dann kommen wir freilich zu einer bestürzenden Folgerung. Zu der Folgerung nämlich, daß dann, wenn *Demokrits* Lehre und Vorstellung der Wirklichkeit entspricht, die gesamte Wirklichkeit in grundsätzlich gleicher Weise, wie das Planetensystem, in allen ihren Verläufen im voraus festgelegt sein müsse. Das bedeutet, daß es eine allumfassende, vom Großen bis zum Kleinsten und bis in die feinsten Einzelheiten aller Naturvorgänge reichende mechanische Determinierung, uhrwerksmäßige Vorausbestimmtheit geben müsse.

An diesen Gedanken hat sich das abendländische Denken, man möchte fast sagen, nur zögernd herangetraut. Eine wichtige Durchgangsstufe der Gedankenentwicklung war die Lehre des berühmten Franzosen *Descartes*, der erklärt hat, daß wir insbesondere auch lebende Organismen, lebende Tiere (erst recht lebende Pflanzen) als Mechanismen ansehen müssen, welche die gleiche Determinierung, die gleiche unabänderliche, zwangsläufige Vorausbestimmung in allen ihren Reaktionen zeigen wie das Planetensystem. Das Planetensystem ist tatsächlich tot, es bietet im Gegensatz zu frühen antiken Vorstellungen keinerlei Spielraum einer lebendigen Willkür: Was die Astronomen vorausberechnen, etwa für Sonnenfinsternisse oder Mondfinsternisse, das tritt auch ein. Es ist nicht, wie bei der Wettervorhersage, mit erheblichen Unsicherheiten behaftet, sondern es trifft auf die Sekunde genau ein.

Descartes also hat behauptet, auch lebende Tiere seien ebenso uhrwerksmäßig determinierte Naturgebilde wie das Planetensystem. Eine kleine spielende Katze erweckt bei uns sicherlich den Eindruck, daß wir völlig außerstande wären vorauszusagen, was sie jetzt tun wird, wie sie reagieren wird. Aber *Descartes* erklärte, daß sie sich unserer Vorausberechnung nur deshalb entziehen kann – daß die kleine Katze in ihrem Spiel den Eindruck von «unberechenbarer» *Spontaneität* nur deshalb erzeugt –, weil die kleine Katze zu *kompliziert* ist, um uns eine Vorausberechnung ihres Verhaltens auch *praktisch* zu ermöglichen. Grundsätzlich müßte auch dieser Naturvorgang vorausberechenbar sein. Nach *Descartes* beruht unsere Unfähigkeit, die kleine Katze ebenso erschöpfend zu verstehen, wie wir das Planetensystem verstehen und seine Bewegung voraussagen können, ausschließlich auf der viel höheren Kompliziertheit der kleinen Katze im Vergleich zum großen Planetensystem. Unsere Unfähigkeit, rechnerisch begründete Voraussagen auch bei der Katze durchzuführen, ist nur dadurch bedingt, daß unsere Wissenschaft noch im Anfang ihrer Entwicklung steht und daß die kleine Katze trotz ihrer räumlichen Kleinheit viel, viel komplizierter ist als das riesige Planetensystem, das nur aus einer sehr begrenzten Anzahl kugelförmiger Himmelskörper besteht. Durch ihre Kompliziertheit stellt die kleine Katze einer erschöpfenden Ausmessung ihres jetzigen Zustands und einer darauf begründeten Vorausberechnung ihres weiteren Reagierens (unter Berücksichtigung der Einflüsse, die sie von außen her erfährt) praktisch unüberwindliche Hindernisse entgegen, obwohl sie grundsätzlich, ebenso wie das Planetensystem, einer lückenlosen Vorausberechnung aller ihrer Reaktionen zugänglich sein müßte.

Descartes hat aber nachdrücklich betont, daß seine These sich nicht auf den *Menschen* beziehe. Der Mensch hat nach *Descartes* außer seinem materiellen Körper auch seine immaterielle Seele, die in sehr geheimnisvoller Weise mit dem Körper in Wechselwirkung steht. Sie ist imstande, dem Körper Antriebe, Aufträge, Befehle zu erteilen; so wird hier, nämlich in jedem einzelnen lebenden Menschen, die sonst im Ganzen des Naturgeschehens vorhandene lückenlose Vorausbestimmtheit durchbrochen.

Descartes wollte offenbar in diesem Gedankengang eine Versöhnung, eine Harmonisierung anbahnen zwischen zwei Gedankenwelten, deren Auseinanderwachsen er damals, vor mehr als dreihundert Jahren schon deutlich sah: Der Gedankenwelt einer von *Demokrits* Philosophie stark beeinflußten Naturwissenschaft und der Gedankenwelt theologischer Lehren, religiöser Vorstellungen mit ihren schwerwiegenden Aussagen über das Wesen des Menschen.

Wir Heutigen haben wohl, wenn wir von neuem bekannt werden mit dieser *Descartesschen* philosophischen Lehre, die Empfindung, daß diese Harmonisierung allzu gewollt vollzogen ist; zu gewollt und damit nicht ganz überzeugend. Seine Zeitgenossen haben das weitgehend anders angesehen und die von ihm versuchte Harmonisierung dankbar aufgenommen als überzeugende Lösung eines schwierigen Problems. Aber es konnte nicht verhindert werden, daß radikalere Geister die Folgerungen zogen, die *Descartes* gerade abwenden wollte. So hat sein Landsmann, der Arzt und Philosoph *Lamettrie*, in seinem vor etwas mehr als zweihundert Jahren erschienenen Buch unter dem Titel *L'homme machine* – der Mensch ist Maschine; der Mensch als Maschine, oder wie wir es übersetzen wollen – das ausgeführt, was schon in diesem Buchtitel schlagwortartig behauptet wurde: Der Mensch ist eine Maschine; der Mensch ist in Wirklichkeit gar nichts anderes als ein Mechanismus, ein aufgezogener Automat, dessen Reaktionen in jeder Weise genauso determiniert sind wie die Bewegungen im Planetensystem oder wie nach *Descartes* auch die Bewegung eines lebenden Tieres. *Lamettrie* also brauchte, um seinen Gedanken auszuführen, kaum mehr zu tun, als zu sagen: Was *Descartes* für alle tierischen Organismen ausgesprochen hat, wovon er aber den Menschen ausgeschlossen hat, das müssen wir in folgerichtiger Betrachtung auch auf den Menschen anwenden.

Damit bekommen wir die These, die *Lamettrie* vertreten hat: Die Grundthese materialistischer Naturphilosophie. Wenn wir das, was man materialistische Naturphilosophie nennt, kurz zusammenfassen wollen, können wir dafür keine klarere, keine treffendere Erklärung geben, als *Lamettrie* sie gegeben hat. Es bleibt dabei, daß wir *praktisch* außerstande sind, für irgendeinen lebenden Menschen, der uns entgegentritt, mathematisch vorauszuberechnen, wie er sich bewegen wird, wie er handeln wird, welche Worte er sprechen wird. Aber auch wenn wir darauf verzichten müssen, den lebenden Menschen durch Vorausberechnung aller seiner Reaktionen als das zu entlarven, was er nach Überzeugung der materialistischen Naturphilosophie tatsächlich ist – nämlich ein Mechanismus, eine Maschine –, dann können wir ihn doch jetzt schon entlarven durch folgerichtiges, philosophisches Nachdenken.

Wir brauchen uns nur vorzustellen: Für ein einzelnes Atom kann es nichts ausmachen, in bezug auf die mechanischen Gesetze, durch welche die Bewegung dieses Atoms im Zusammenwirken mit anderen Atomen determiniert wird, ob das betrachtete Atom sich in toter, anorganischer Umgebung befindet, in einem Stein, im Meereswasser, in einer Wolke, oder ob dieses Atom in einem lebenden Menschen steckt, vielleicht in seinem Herzen, vielleicht in seinem Hirn. In jedem Fall ist dem einzelnen Atom eine lückenlose, zwangsläufige Determinierung seiner Bewegungen aufgegeben; und indem das für jedes einzelne Atom eines menschlichen Körpers gilt, gilt es für den menschlichen Körper im ganzen. Es ist also nach dieser Betrachtung unausweichlich, so hat *Lamettrie* ausgeführt, daß wir den Menschen als Mechanismus, als Maschine, als Apparatur betrachten. Der Mensch ist ein Roboter, so hätte *Lamettrie* sagen können, wenn die heutige Bedeutung des Wortes «Roboter» damals schon verbreitet gewesen wäre: Es trifft genau das, was *Lamettrie* in seinem Buchtitel und auf jeder Seite seines Buches zu erläutern versucht hat. Und er hat es sich nicht nehmen lassen, mit scharfer Folgerichtigkeit zu erläutern, wie radikal durch dieses, damals neue Bild des Menschen alles das ausgeschlossen wird, was jemals aus den Zusammenhängen religiöser Weltbetrachtung heraus über den Menschen gesagt worden ist. Denken wir nur an den Begriff *Willensfreiheit*. Was kann das Wort Willensfreiheit bedeuten, wenn wir es anwenden auf eine Taschenuhr, auf eine Lokomotive oder auf eine sonstige Maschine? Wenn auch der Mensch nichts anderes ist als eine Maschine, das heißt als ein in all seinem Reagieren lückenlos und unabänderlich determiniertes Naturgebilde, dann ist schon die Benutzung des Wortes «Willensfreiheit» ein Beweis dafür, daß der Mensch, der es benutzt, die Wahrheit, wie *Lamettrie* sie zu sehen glaubte, nicht verstanden hat.

Lamettrie hat mit diesen Gedankengängen eines zum letzten Extrem gesteigerten materialistischen Wirklichkeitsverständnisses die Natur und den Menschen als komplizierte, aber lückenlos determinierte Maschine beschrieben. Aber mit dieser radikalen materialistischen Philosophie hat *Lamettrie* zu Lebzeiten nicht viel Anhängerschaft gewonnen. Er ist im wesentlichen in seiner Zeit ein einsamer Denker geblieben. Aber die Zeit der Ausbreitung seiner Gedanken sollte kommen. Sie kam dann, als in der zweiten Hälfte des vorigen Jahrhunderts die biologische Entwicklungslehre aufgestellt, erfolgreich vertreten und wissenschaftlich begründet wurde; als Forscher wie *Darwin* und später *Haeckel* ihre Gedanken vortrugen und ihnen schließlich vielseitige Anerkennung sicherten. Vorher, vor *Darwin* und *Haeckel*, hatten oft nachdenkliche Menschen gesagt: Sollten uns einmal religiöse Zweifel kommen, sollten wir in die Versuchung kommen, in unserem Glauben irre zu werden, dann brauchen wir nur hineinzusehen in die Erscheinungswelt der organischen Formen. In der Fülle ihrer zweckmäßigen Gestaltungen und Anpassungen, die uns um so wunderbarer erscheinen, je mehr wir uns in ihre Feinheiten versenken, zeigen die biologischen Kreaturen, daß hier ein Kreator am Werke war, daß ein weiser Schöpfer ihnen diese wunderbar durchdachten Anpassungen mitgegeben hat auf ihren Lebensweg.

Dem trat nun mit der biologischen Entwicklungslehre eine ganz andere Vorstellung gegenüber: Die Vorstellung einer in den vielen Jahrmillionen der Erdgeschichte vollzogenen allmählichen Entwicklung und Entfaltung, die aus winzigsten, unscheinbarsten, kleinsten, einfachsten Anfangsformen in fortschreitender Entfaltung immer reicher gestaltete, reicher entwickelte Formen, größere Organismen, verwickeltere Organismen entstehen ließ bis zur heutigen Lebewelt unseres Planeten hin. Und es schien damals auch, ich betone hier freilich das Wort *schien*, als wenn die treibenden Kräfte dieser großen Entfaltung auf unserem Planeten, deren historische Wirklichkeit wir ja heute nicht mehr bezweifeln können, verstanden und erklärt werden könnten auf den gedanklichen Grundlagen, die von *Demokrit* bis *Lamettrie* vorgezeichnet waren. Damit hatte die materialistische Naturphilosophie die Krönung ihres Gedankengebäudes erlebt, und sie hat damit auch eine so gesteigerte Überzeugungskraft gewonnen, daß sie daraufhin in der weiteren Entwicklung für wachsende Millionenzahlen von Menschen zu einem neuen Glauben oder Glaubensersatz geworden ist.

Unter dem Einfluß, unter dem Eindruck der biologischen Entwicklungslehre, welche die Verständlichmachung der Natur durch die Gedankengänge materialistischer Naturphilosophie zu einem Abschluß zu bringen schien, sind zahllose Menschen überzeugt worden von der sachlichen Richtigkeit nicht nur der biologischen Entwicklungslehre als solcher, sondern auch der damit gedanklich engverschmolzenen materialistischen Naturphilosophie. Und wenn wir einmal herumhorchen, was heute die in meinen einleitenden Worten berührte öffentliche Meinung über die berührten Fragen denkt, dann ist als klarer Tatbestand festzustellen, daß heute noch die Verschmelzung von biologischer Entwicklungslehre und materialistischer Naturphilosophie als gegebene, selbstverständliche Wahrheit angesehen wird. Nun ist aber in unserem Jahrhundert, von dem die ersten beiden Drittel abgelaufen hinter uns liegen, in der Naturwissenschaft nicht ein Stillstand eingetreten, sondern im Gegenteil eine tiefdringende, neue Erkenntnis eröffnende Fortentwicklung. Gerade am Beginn dieses Jahrhunderts hat *Max Planck* jene erstaunliche Entdeckung gemacht, die dann, so kann man sagen, ein Hauptthema aller seitdem geschehenen physikalischen Forschung liefern sollte. Um 1900 hat sich aber auch etwas anderes zugetragen in der Geschichte der Physik. Darüber möchte ich zunächst ein paar Worte sagen.

Vorwegzuschicken ist, daß die schon erwähnte Wiederanknüpfung abendländischer Naturforscher an die alten Gedanken *Demokrits* gerade im vorigen Jahrhundert, im 19. Jahrhundert, außerordentlich fruchtbar für Physik und Chemie geworden war. Die Physiker und die Chemiker des vorigen Jahrhunderts waren einheitlich geneigt, die *Demokrit*sche Atomvorstellung als selbstverständliche Grundlage ihres Denkens anzusehen. Aber gerade um die Jahrhundertwende meldete sich eine scharfe grundsätzliche Kritik. Einige bedeutende Fachvertreter von Physik und Chemie wirkten geradezu schockartig auf ihre Fachgenossen, indem sie – mit ganz anderen Worten – etwa folgendes erklärten: Es ist uns nun seit mehr als zweitausend Jahren von diesen sagenhaften Atomen erzählt worden. Aber jetzt möchten wir der Sache auf den Grund gehen. Wer kann uns *beweisen*, daß es Atome gibt? Wir bezweifeln das, wir bestreiten das. Wir bestreiten jedenfalls, daß Beweise für die reale Existenz von Atomen schon vorliegen. Zwar hat das ganze, jetzt abgelaufene 19. Jahrhundert sich darum bemüht, die in Physik und Chemie gefundenen Gesetzmäßigkeiten zu verstehen auf der Grundlage der Atomvorstellung. Wir Kritiker brauchen von unserer Auffassung aus gar nicht zu bestreiten, daß diese Gedankenverbindung mancherlei Anregungen erbracht hat für die Forschung. Aber *Beweise* dafür, daß es wirklich Atome gibt, sind nicht zustande gekommen. Denn alles, was die Physiker und Chemiker dieses jetzt abgelaufenen Jahrhunderts mit Hilfe der Atomvorstellung erreicht haben als Deutung gefundener, bewiesener Tatsachen, das kann auch ohne diese Vorstellung in seiner Tatsächlichkeit anerkannt und klar formuliert werden. Es besteht keinerlei Dringlichkeit, keinerlei Bedürfnis, die Atomvorstellung heranzuziehen, um Gesetzmäßigkeiten zu verstehen, die man ja auch dadurch verstehen kann, daß man ihre Tatsächlichkeit in Experimenten nachweist und die daraus zu erschließenden weiteren Folgerungen präzisiert.

Das war, wie gesagt, eine Kritik, die schockartig gewirkt hat auf die Zeitgenossen, auf die Fachgenossen dieser Physiker und Chemiker. Aber nach dem anfänglichen Schock, der zunächst lebhaften Widerspruch ergab, ergab sich auch Anerkennung der Unmöglichkeit, die Berechtigung dieser Kritik zu widerlegen: Diese Kritik hat weithin Physiker und Chemiker überzeugt, daß wirklich die Atomvorstellung doch hypothetisch geblieben war. Daß sie eine Hypothese war, die zwar als Arbeitshypothese sicherlich fruchtbar gewesen, aber trotzdem noch immer Hypothese war, das heißt also möglicherweise auch falsch sein konnte. Weithin festigte sich die Neigung, die Atomvorstellung nunmehr als einen Ballast anzusehen, der aus dem gesicherten Wissen von Physik und Chemie entfernt werden müßte, um Klarheit zu schaffen über das, was man als gesicherte Wahrheit behaupten kann.

Heute kommt es uns natürlich sehr merkwürdig vor, daß zu Beginn des Jahrhunderts noch bedeutende Vertreter von Physik und Chemie meinen konnten, es gäbe gar keine Atome. Und vielleicht könnte man vom heutigen Wissen aus geneigt sein zu meinen, es müßten doch wohl beschränkte Köpfe gewesen sein, die zu Beginn des Jahrhunderts noch bestreiten wollten, daß es Atome gibt. Aber wenn sie auch in ihrer Überzeugung, es gäbe gar keine Atome, sicherlich Unrecht gehabt haben – das wissen wir heute –, so hatten sie andererseits recht in ihrer Kritik, die hervorhob, daß die damals bekannten Tatsachen noch nicht ausreichten, die Atomvorstellung aus einem bloßen Verdacht umzuwandeln in eine gesicherte Erkenntnis. Dieser Schock, der zunächst damaligen Forschern in Physik und Chemie so unangenehm erschien, hat dann positiv fruchtbar gewirkt: Er hat dazu angestachelt, in gesteigerten Anstrengungen zu suchen nach wirklichen, unbestreitbaren Beweisen für die reale Existenz der Atome, von der vorher Physiker und Chemiker so gern überzeugt gewesen waren, ohne ausreichende Beweise dafür schon in der Hand zu haben. Und man kann es als die große Leistung gerade unseres Jahrhunderts in der Physikgeschichte bezeichnen, daß diese im Anfang des Jahrhunderts noch nicht vorhanden gewesenen Beweise dann tatsächlich erreicht worden sind, in erheblichem Maße unter Mitwirkung von *Einstein*, der seine ungeheuer vielseitige, bahnbrechende Arbeit auch in diese Problematik hinein gerichtet hat. Aber auch viele andere Physiker damaliger Zeit haben sich mit verstärktem Eifer bemüht – mit geistreich erdachten und glänzend durchgeführten Experimenten –, um die Entscheidung endlich herbeizuführen: Hatten die älteren Physiker und Chemiker sich geirrt, indem sie *Demokrit* geglaubt hatten, oder konnte jetzt endlich mit raffiniert gesteigertem Experimentiervermögen moderner Zeit die Richtigkeit dessen bewiesen werden, was *Demokrit* in einer kühnen Voraussahnung gedacht hatte und was dann durch zwei Jahrtausende hin noch nicht wirklich bewiesen werden konnte?

Heute ist uns das Atom fast so greifbar – in entsprechenden Experimenten – wie Tisch und Stuhl, wie die Gebilde der groben Welt, der Makrophysik, wie wir gern sagen. Daß dieser Beweis für die reale Existenz der Atome gelungen ist, kommt zum Beispiel darin zum Ausdruck, daß wir heute genau sagen können von jeder Art von Atomen, *wie schwer* ein solches Atom ist. Wenn gefragt wird nach dem chemischen Element Sowieso und davon dem Isotop Nummer sowieso, dann kann jedermann heute feststellen, wie schwer ein solches Atom ist. Das ist aus Tabellenwerken zu entnehmen; das kann man, wenn man dazu ausgerüstet und vorbereitet ist, auch in eigener Messung erneut nachprüfen. Oder man kann sagen, wie groß ein Atom ist. Wenn wir uns eine perlschnurartige Kette von Atomen denken wollen in der Länge eines Zentimeters, wieviel Atome gehören dazu? Abgerundet: Hundert Millionen. Also so winzig klein ist das Atom. Kein Wunder, daß es sich bis in die moderne Zeit raffiniertester Experimentiertechnik der experimentellen Erfassung und damit dem endgültigen Nachweis seiner realen Existenz entziehen konnte. Trotzdem ist das, was wir heute Atom nennen und was soeben in den Angaben, die ich gemacht habe, gemeint war, durchaus nicht das, was *Demokrit* damit meinte, als er sich die Atome vorstellte und benannte als *letzte unzusammengesetzte Bausteine der Materie*. Denn wir wissen ja heute, daß jedes Atom seinerseits noch aufgebaut ist nach dem bekannten Bauschema, wo in der Mitte des Atoms der Atomkern sitzt, in seinem Durchmesser noch einmal zehntausend- bis hunderttausendmal kleiner als das schon so kleine Atom. Aber trotzdem: Mehr als 999 Promille von der *Masse* des Atoms sind enthalten im Atomkern; weniger als ein Promille der Masse sitzt in dem, was den Raumbedarf des Atoms ausmacht, der sogenannten Elektronenhülle. Und wenn wir in Gedanken zusammenfassen die beiden Elementarteilchen Proton und Neutron – das sind die Bausteine der Atomkerne – und drittens das Elektron, den Baustein der Elektronenhüllen, dann haben wir in diesen drei Gebilden, aus deren Vertretern sich die gesamte Materie aller chemischen Elemente zusammensetzt, immerhin etwas Ähnliches vor uns, wie *Demokrit* sich unter der Bezeichnung «Atome» vorgestellt hatte oder vorstellen wollte. Denn diese Elementarteilchen Proton, Neutron, Elektron sind tatsächlich in einem gewissen Sinne (der allerdings etwas schwierig zu formulieren ist, wenn man es ernst nimmt) unzusammengesetzte Teilchen. Indem die Physik unseres Jahrhunderts es möglich gemacht hat, der im heutigen Sinne verstandenen Atome und der erwähnten Elementarteilchen (ihrer noch kleineren Bausteine) sicher zu werden, ist für die physikalische Forschung ein riesiges Gebiet der Wirklichkeit neu erschlossen worden – wir nennen es gern die *Mikrophysik*, im Gegensatz zur vorhin erwähnten Makrophysik, die sich mit dem Verhalten größerer, aus zahllosen Atomen zusammengesetzter Körper befaßt. Und diese Mikrophysik ist nicht nur deshalb den Physikern so reizvoll geworden, weil sie etwas gegenüber allem früher zugänglich Gewesenen grundsätzlich Neues ist, sondern sie ist auch dadurch erstaunlich, daß hier Naturgesetze zur Geltung kommen in diesem neuen Wirklichkeitsgebiet, die von allen früher bekanntgewordenen wesentlich verschieden sind.

Wenn wir mit Recht sagen können, daß alle vor 1900 studierten physikalischen und chemischen Tatsachen – Tatsachen, die durchweg der Makrophysik angehörten – das lückenlose Vorhandensein von Determinierung in den makrophysikalischen Naturvorgängen bestätigten, so haben wir es in dem erst nach 1900 erschlossenen Gebiet der *Mikrophysik* zu tun mit Erscheinungen, die einen ganz anderen Typ von Naturgesetzlichkeit erkennen lassen. Wir könnten das Wort «Determinierung» als grundsätzliche Gesamtüberschrift für die Makrophysik und damit für die gesamte Physik, wie man sie vor 1900 kennengelernt hatte, gebrauchen. Aber dann können wir ebenso die neuerschlossene, die Mikrophysik, mit einem anderen Schlagwort kennzeichnen – *Statistik* nämlich. Das Wort Statistik taugt als grundsätzliche Überschrift der Mikrophysik ebenso, wie das Wort Determinierung als grundsätzliche Überschrift der Makrophysik, der älteren Physik, der Grobphysik geeignet ist. Nämlich die Naturgesetze, die wir in der Mikrophysik antreffen, sind nicht mehr *determinierende* Gesetze, sondern sie sind *statistische* Gesetze.

Wie das gemeint ist, wollen wir uns an einem Beispiel vor Augen halten. Denken wir uns, wir hätten ein Radiumpräparat, also einen Haufen von Radiumatomen, und zwar einen sehr großen Haufen. Ein Milligramm Radium enthält (wie man sich nach dem, was ich vorhin erwähnt hatte in bezug auf die Länge einer Atom-Perlschnur, denken kann) schon eine ungeheure Zahl von Individuen, Radiumatomen. Und das Radium hat seinen Namen bekanntlich davon, daß es strahlt. Diese Strahlung kommt dadurch zustande, daß der Kern eines Radiumatoms plötzlich zerfallen, zerspringen, sich teilen kann in zwei neue Atomkerne: einen Atomkern des Elementes Helium und einen Atomkern des Elementes Emanation. Diesem Zerfall des Radiumatomkerns in zwei Teile folgt danach eine entsprechende Einregulierung der Elektronenhüllen, so daß aus dem einen Atom Radium dann ein Atom Helium und ein Atom Emanation geworden ist.

Wenn wir also ein Milligramm Radium haben und wir zeigen es einem Physiker, dann weiß der, ohne daß er dazu erst eine neue Messung machen muß, wie stark die Strahlung ist, die von diesem einen Milligramm Radium ausgeht. Denn das ist naturgesetzlich festgelegt und kann nicht von heute auf morgen sich ändern; ständig strahlt ein Milligramm Radium eine bestimmte Strahlungsstärke aus. So kann der Physiker, der das weiß, daraufhin voraussagen, wie lange es dauern wird, bis von dem einen Milligramm nur noch die Hälfte übriggeblieben ist, oder zum Beispiel nur noch zehn Prozent. Das sind Voraussagen, die sich beziehen auf künftige Jahrtausende, die aber mit der gleichen Zuversicht ausgesprochen werden können wie die Voraussagen der Astronomen für Mondfinsternisse oder Sonnenfinsternisse. Ein neues, eindrucksvolles Beispiel für die Gültigkeit determinierender Gesetze im Naturgeschehen!

Aber wir wollen nun die Sache mit einer schärferen Brille betrachten. Ich sagte schon: Das eine Milligramm Radium enthält eine ungeheure Anzahl von Radiumatomen. Das ganze Präparat ist, so können wir sagen, ein riesiges Kollektiv, dessen Individuen diese Radiumatome sind. Und nun wollen wir ein Gedankenexperiment machen. Ich schildere es nur ganz grob. Es soll darin bestehen, daß wir ein einzelnes Radiumatom herauspicken aus dem großen Kollektiv. Das haben wir jetzt unverwechselbar entfernt von den übrigen, und wir zeigen es dem Physiker, der vorhin diese schöne Voraussage machen konnte. Wir fragen ihn: Wie lange wird es dauern, bis *dieses* jetzt hier festgehaltene Radiumatom zerfallen wird? Wird es vielleicht schon in den nächsten Sekunden zerfallen? Das wäre ja möglich. Wird es vielleicht im extremen Gegenteil nach zehntausend Jahren immer noch unzerfallen übriggeblieben sein? Auch das könnte sich ergeben. Aber der Physiker weist diese Frage zurück. Er sagt, dazu kann man keine Voraussage machen. Und wenn wir jetzt etwa weiter nachbohren würden, dann würde er hinzufügen: Nicht nur ich – als Physiker des Jahres 1970 – kann zu dieser Frage nichts sagen, sondern auch Physiker späterer Generationen werden niemals imstande sein, zu einer solchen Frage *mehr* zu sagen. Das heißt, es gibt zwar das zwingende statistische Gesetz, nach welchem in einem großen Kollektiv von Radiumatomen ein ganz bestimmter winziger Bruchteil innerhalb der nächsten Sekunde zerfallen muß, aber es gibt keine Möglichkeit und wird auch in Zukunft keine Möglichkeit geben, einem einzelnen, individuellen Radiumatom anzusehen, wann es einmal zerfallen wird. Das statistische Gesetz, das uns klare Auskunft darüber gibt, wie viele von den zahlreichen Atomen des Kollektivs innerhalb der nächsten Sekunde (oder innerhalb des nächsten Jahres) zerfallen werden, gibt keine Auskunft darüber, *welche* Individuen es sein werden. Dieses auf eine statistische Aussage begrenzte Naturgesetz hilft uns in keiner Weise, für ein bestimmtes herausgepicktes Individuum eine über die statistische Aussage *hinausgehende* Voraussage zu machen. Und die seltsame Behauptung heutiger Physiker ist die, daß es sich hier nicht um eine Lücke heutigen physikalischen Wissens handelt, sondern um eine objektive Lücke der Determinierung. Es gibt kein Naturgesetz, welches mehr sagen würde zu dieser Frage als eben eine statistische Aussage.

Wenn wir ein riesiges Kollektiv von Radiumatomen haben, dann wird bis zu einer gewissen späteren Zeit ein bestimmter Bruchteil davon zerfallen sein. Aber eine genauere Aussage, die auch für bestimmte einzelne Atome voraussagen könnte, wann der Zeitpunkt des Zerfalls eintreten wird, gibt es nicht und wird es niemals geben.

Die Überzeugung, daß hier wirklich eine Lücke der Determinierung besteht, ist von *Heisenberg* einmal in dem Satz ausgesprochen worden: *Die Quantenphysik hat die definitive Widerlegung des Kausalitätsprinzips erbracht.* Mit den *zwei* Worten «definitiv» und «Widerlegung» kommt in diesem Satz zum Ausdruck – mindestens als die *Überzeugung* eines Physikers, von dem wir wissen, daß er von seinem Fach etwas versteht –, daß hier eine *endgültige Erkenntnis* gewonnen ist. Eine endgültige Erkenntnis, die uns tiefer hineinführt in die Naturgeheimnisse. Jeder Mensch, der an dieses Thema neu herangeführt wird, wird zunächst einmal sagen: Nein, das glaube ich nicht. Und jeder geistig wache und lebendige Mensch ist auch imstande, ausführlichere Erläuterungen zu geben, warum er so etwas nicht glauben will. Er will es nämlich deshalb nicht glauben, weil es einer mehr als zweitausend Jahre alten Denktradition widerspricht. Fast jeder Mensch wird zunächst sagen: «Auch für den Zerfall von Radiumatomen muß es bestimmte Ursachen geben: Eine bestimmte Ursache muß dafür maßgebend sein, daß dieses Atom hier gerade in diesem Augenblick zerfällt oder im Gegenteil nicht zerfällt.» Die Physik von heute behauptet jedoch, daß hier ein ursachloses Geschehen vorliegt, oder anders ausgedrückt, ein Geschehen, das auf keine Weise zum Gegenstand gesicherter Voraussage gemacht werden kann. Möglich sind alle Voraussagen statistischer Art, darunter die einfachste, welcher Prozentsatz heute noch zerfallen wird. Aber alles, was über die statistische Aussageform hinausgehen würde, liegt außerhalb statistischer Naturgesetzlichkeit. Das also ist die seltsame Behauptung der heutigen Physik, daß es im mikrophysikalischen Gebiet bei den feinsten Naturvorgängen echte Undeterminiertheit oder Indeterminiertheit – wie man es nun nennen will – gibt.

Ich hatte schon das Wort «ursachloses Geschehen» gebraucht. Ganz umfassend behauptet die Mikrophysik, daß *alles* Naturgeschehen, wenn wir es so eindringlich beobachten und untersuchen, daß wir hintersehen bis ins Gewimmel der einzelnen Atome oder Elektronen, einerseits *sprunghaftes*, andererseits ursachloses Geschehen ist. Es gibt ja einen berühmten alten philosophischen Spruch: *«Natura non facit saltus»* – die

Natur macht keine Sprünge. Dieser Spruch wollte offenbar behaupten, alles Naturgeschehen, wenn mit größter Genauigkeit und Sorgfalt beobachtet, erweise sich als ein *fließendes* Geschehen, in *fließenden Übergängen*. Dieser Spruch ist durch die Entdeckung von *Max Planck* widerlegt worden. Die feinsten Vorgänge in der Physik sind sprunghaftes Geschehen; und das sprunghafte Geschehen – in sogenannten Quantensprüngen, wie wir in Anlehnung an *Max Plancks* Erkenntnis sagen – ist somit Grundform allen Geschehens überhaupt. Radioaktiver Zerfall eines Atoms ist ein Beispiel für einen solchen sprunghaften Vorgang; und für alle sprunghaften Grundvorgänge gelten die gleichen Erwägungen, die wir uns am Beispiel des Radiumzerfalls vor Augen gehalten haben. Es gibt von den Naturgesetzen aus keine Vorausbestimmung, keine Determinierung des Einzelgeschehens, sondern es gibt nur eine statistische Regel für die Häufigkeit bestimmter Quantensprünge. Diese Häufigkeit ist davon abhängig, welche Bedingungen vorliegen, beispielsweise hier für unsere Radiumatome, daß sie als solche existieren, ohne beeinflußt zu werden – während des Zerfalls, an den wir denken – von solchen Vorgängen, wie sie etwa in Atomreaktoren vor sich gehen, wo ja Elementumwandlungen künstlich in Gang gesetzt werden.

Auch dabei bestätigen sich die statistischen Naturgesetze: Die Vorgänge, die in Atomreaktoren ablaufen, sind Quantensprünge der Elementumwandlung wie auch beim radioaktiven Zerfall. Aber die Verhältnisse in den Atomreaktoren, welche bestimmte technisch gewünschte Endergebnisse zustande bringen, haben alle nur die Form, daß die *Wahrscheinlichkeiten* für das Eintreten bestimmter Arten von Quantumsprüngen beeinflußt werden. Die Wahrscheinlichkeiten als solche sind niemals geeignet, den Einzelfall zu determinieren. Das ist die seltsame Vorstellung, zu der uns die moderne Physik geführt hat, und ich habe durch Zitat eines Satzes aus berufenstem Munde vorgeführt, daß die Physiker heute diese Feststellung als eine endgültig gewonnene Erkenntnis ansehen. Es handelt sich hier nicht etwa um das Vorhandensein eines Restbestandes von noch nicht verstandenen physikalischen Verhältnissen, sondern im Gegenteil, es handelt sich um die ausdrückliche Feststellung, daß im mikrophysikalen Erscheinungsgebiet Naturgesetze vorliegen, die von allen früher bekannt gewordenen verschieden sind, verschieden in dem Sinne, daß es sich um statistische, um Wahrscheinlichkeitsgesetze handelt, nicht um zwingende, uhrwerksmäßig determinierende.

Damit ist eine wesentliche Veränderung gegeben für das Verhältnis der Physik als grundsätzlicher Naturwissenschaft zu denjenigen Naturvorgängen, an die wir denken, wenn wir die Fragen wiederaufnehmen, über die *Descartes* und später *Lamettrie* ihre Überzeugung dargelegt haben. Ist es wirklich so, wie *Lamettrie* behauptet hat, daß in allen organischen Naturgebilden, einschließlich des Menschen, eine lückenlose Determinierung dem Geschehen einen uhrwerksmäßigen Charakter gibt?

Wir können die Frage auch so ausdrücken, daß wir zurückgehen auf *Descartes*. Hatte *Descartes* recht, als er jedenfalls für die Tierwelt, vom Menschen zunächst abgesehen, behauptete, daß es keine echte Spontaneität gibt, das heißt kein objektiv indeterminiertes Geschehen? Daß Vorgänge, die uns zunächst als spontan, das heißt als nicht restlos analysierbar, nicht restlos voraussehbar, vorausberechenbar erscheinen, im Grunde nur deshalb spontan zu sein scheinen, weil wir wegen der Kompliziertheit des Gegenstandes rein praktisch nicht imstande sind, ihnen völlig auf den Grund zu gehen. Jetzt stehen wir vor einem Warnungszeichen: Zumindest die Physik zeigt uns innerhalb der rein physikalischen Vorgänge, die noch gar nichts mit organischem Leben zu tun haben, bereits beweisbare Spontaneität. Es gibt beim Radiumzerfall diese Erscheinung, daß für das einzelne Radiumatom nicht voraussehbar und objektiv (wie *Heisenberg* und andere heute führende Physiker behaupten), objektiv auch nicht *vorausbestimmt* ist, wann es zerfallen wird. Sicherlich zerfällt es, wenn es für unbegrenzte Zeit sich selber überlassen wird, zu irgendeiner Zeit. Aber *wann*, das ist nach den Lehren heutiger Physik nicht vorausbestimmt, sondern dem im Rahmen eines statistischen Gesetzes operierenden Zufall überlassen. Also hier gibt es Spontaneität, hier gibt es ein Geschehen, das nicht vorausberechnet werden kann und das keiner wissenschaftlichen Analyse wenigstens eine Annäherung an die Voraussagbarkeit erlaubt. Das muß uns natürlich jetzt zum Problem werden lassen, ob man Behauptungen, wie sie von *Descartes,* in noch weiterem Umfang dann von *Lamettrie* ausgesprochen sind, heute noch naturwissenschaftlich vertreten kann. Und hier nun wäre fortzufahren im Sinne einer Erörterung dessen, was die moderne biologische Forschung uns gelehrt hat.

In der Biologie hat sich ja eine nicht weniger umwälzende Fortentwicklung ergeben, gerade auch seit 1900. Am Jahrhundertanfang wurden die *Planckschen* Quantensprünge entdeckt, bald hinterher die reale

Existenz der Atome erkannt, und die weitere Forschung hat zur Entdeckung der realen Existenz von Spontaneität in mikrophysikalischen Einzelreaktionen geführt. Gerade 1900 wurden auch die *Mendelschen Vererbungsregeln* wiederentdeckt, die lange Zeit vergessen gewesen waren. Sie haben dazu geführt, daß sich in explosivem Tempo auch innerhalb der Biologie eine großartige Fortentwicklung ergeben hat: Die Wissenschaften der Genetik und Mutationsforschung sind entstanden, und sie haben uns ungeahnte, tiefe Einblicke erlaubt. Sie geben auch die Unterlagen für die Klärung folgender Frage: Wie steht es mit der Spontaneität organischer Reaktionen? Können wir wirklich, wie *Descartes* es behaupten wollte, sagen, innerhalb der Tierwelt gibt es keine echte Spontaneität, da gibt es nur Vortäuschung von Spontaneität durch einen Kompliziertheitsgrad der Erscheinungen und der Vorgänge, der unsere Untersuchungsmethoden versagen läßt? Oder müssen wir auch im Organischen Spontaneität anerkennen? Die Frage, die damit gestellt ist, erfordert zu ihrer Beantwortung ein genaueres Eingehen auf das große Wissenschaftsgebiet moderner Genetik und Mutationsforschung. Ich will das jetzt nicht versuchen, weil es ein viel zu großes und vielseitiges Gebiet ist. Ich will nur das Ergebnis aussprechen. Es ist so, daß tatsächlich aus der für die mikrophysikalischen Verhältnisse bewiesenen Spontaneität auch eine entsprechende und sogar eine gesteigerte Spontaneität für lebende Organismen zu folgern ist.

Um das zu erläutern, muß ich noch weiter ausholen. Zu den großen Entwicklungen und Errungenschaften moderner naturwissenschaftlicher Forschung gehört auch die Schaffung der vielerörterten *Kybernetik* – Steuerungslehre auf deutsch –, die sich damit beschäftigt, Steuerungsverhältnisse zu studieren. Steuerungsverhältnisse spielen in der modernen Technik eine ungeheure Rolle. Der Begriff Steuerung kann also mit rein rationalen Mitteln rein rational definiert und untersucht werden. Steuerung, um es ganz grob zu sagen, liegt für die Denkweise des Technikers immer dann vor, wenn irgendwelche Anlagen vorhanden sind, die es möglich machen, daß eine winzige Wirkung an bestimmter Stelle eine andere große Wirkung nach sich zieht. Beispielsweise wird hier auf einen Knopf gedrückt, und der Stapellauf eines großen Schiffes kommt in Gang. Das ist ein Fall von Steuerung, so wie der Techniker diesen Begriff versteht. Und daß es Steuerung in diesem Sinne in den lebenden Organismen in Hülle und Fülle gibt, das ist eine seit langem bekannte Tatsache, die durch die kybernetischen Forschungen in ihrer

Eindrücklichkeit ungeheuer gesteigert worden ist. Die Kybernetik hat Begriffe geschaffen und Forschungsmethoden entwickelt, welche enge Parallelen aufdecken zwischen Steuerungen, wie sie vom Techniker künstlich ermöglicht, hergestellt werden, und Steuerungen, wie sie andererseits in den komplizierten Verhältnissen organischer Lebewesen, in ihren Nervenreaktionen usw. vorliegen. Eine enge Wechselwirkung zwischen biologischer Forschung und technischer Forschung ist hier eingetreten, die uns viel Neues erkennbar gemacht hat und die vor allem, das gehört jetzt zu unserem Thema, die Tatsache unterstrichen hat, daß solche Steuerungsverhältnisse in organischem Leben von entscheidender Bedeutung sind. Gestützt auf die Ergebnisse von Genetik und Mutationsforschung kann man das verschärfen zu der Aussage, die ich schon kurz ausgesprochen habe: Angesichts der von der Mikrophysik gelieferten Gewißheit, daß in der tiefsten Schicht materiellen Seins, in der *mikrophysikalischen* Schicht, Spontaneität als Naturtatsache vorliegt, kann (und muß) man sagen: In den lebenden Organismen kommt diese Spontaneität zu einer gesteigerten Entfaltung.

Das ist es, was uns nun auch eine naturwissenschaftliche Stellungnahme ermöglicht zu der alten Behauptung *Lamettries*, der Mensch sei ein Mechanismus, eine Maschine, oder der Mensch sei in allen seinen Reaktionen lückenlos determiniert. Dazu wissen wir heute: *Das ist naturwissenschaftlich gesehen falsch.*

Lamettries Behauptung entsprach dem Wissen seiner Zeit. Im Rahmen dessen, was seine Zeit wußte, was die Naturwissenschaft ihm damals als Unterlagen des Nachdenkens liefern konnte, hat er mit großem Scharfsinn Folgerungen gezogen, die damals nicht entkräftet werden konnten. Man konnte von rein naturwissenschaftlichen Gedankengängen aus bis vor kurzem gegen *Lamettrie* keinen Einwand vorbringen, jedenfalls keinen Einwand, dessen Richtigkeit zwingend naturwissenschaftlich nachzuweisen war. Erst die moderne Entwicklung hat uns den entscheidenden Einwand möglich gemacht. Das Urteil, daß *Lamettries* These als naturwissenschaftliche Aussage falsch gewesen ist, steht heute sozusagen mit unter dem Schutz des vorhin zitierten Satzes von *Heisenberg*: Die Quantenphysik hat die definitive Widerlegung des Kausalitätsprinzips erbracht.

Wenn man von diesem Thema spricht, erlebt man oft, daß gerade Menschen durchaus christlicher Denkrichtung zweierlei Bedenken haben. Erstens: Man könnte dazu neigen, die Dinge so zu sehen, als wenn naturwissenschaftliche Überlegungen in Glaubensfragen uns sagen sollten, ob wir bestimmte antichristliche philosophische Gedankengänge als richtig oder als nicht richtig anzusehen haben. Fernerhin wird immer wieder der Einwand laut: Wenn heute die Physiker geneigt erscheinen, uns naturwissenschaftliche Gedankengänge vorzutragen, mit denen auch der gläubige Mensch sich einverstanden erklären könnte, ohne darin noch etwas von der Haltung wiederzufinden, die die Naturforschung in der Zeit *Haeckels* und in der Zeit *Lamettries* dem christlichen Denken gegenüber gezeigt hat – muß man nicht doch fürchten, daß die Physiker, wenn sie heute von Indeterminiertheit sprechen, vielleicht in einem Jahrzehnt wieder Neuentdeckungen machen, die ganz anders sind, zum Beispiel: «In einer tieferen Schicht haben wir jetzt die Determinierung wiedergefunden, die um die Mitte des 20. Jahrhunderts geleugnet wurde.»

Zu diesem zweiten Punkt sei noch einmal auf den zitierten *Heisenbergschen* Satz hingewiesen, der zwar nur eine fertige Überzeugung ausspricht und nicht eine ausführliche Begründung anzeigt. Die ausführliche Begründung dafür ist nicht in wenigen Worten zu geben, jedenfalls nicht in solcher Form, daß sie unabhängig von einer ausführlichen Analyse des Gesamtwissens heutiger Physik eingänglich wäre. Man muß sich hier damit begnügen zu erfahren, wie einer der bekanntesten heutigen Physiker über diese Frage denkt, und zwar nicht als einzelner, sondern als Vertreter seiner Fachrichtung, in Übereinstimmung mit fast allen anderen Physikern der heutigen Zeit.

Zu der ersten Frage sei folgendes gesagt: Die Naturwissenschaft erhebt nicht den Anspruch, als solche uns Auskünfte geben zu können, die wir als Christenmenschen von der Offenbarung entgegennehmen. Alles, was hier mit der Widerlegung *Lamettries* auszudrücken versucht ist, das ist zunächst eine negative Feststellung. Die Gedankengänge *Lamettries* waren scharfsinnige Gedankengänge, und es kann niemals behauptet werden, daß *Lamettrie* nicht ein überragend kluger Mensch gewesen wäre. Aber von der heutigen naturwissenschaftlichen Erkenntnis aus ist die definitive Unrichtigkeit seiner Folgerung festzustellen, die lautet: Der Mensch ist Maschine, der Mensch ist in totaler Unfreiheit gebunden an eine Determinierung aller seiner Körpervorgänge und seiner Gehirnvorgänge. Das war naturwissenschaftlich falsch, und dies ist im Sinne *Heisenbergs* eine definitive Erkenntnis der modernen Naturwissenschaft. Es ist dasjenige Ergebnis, das die ganzen Wellen antireligiöser Attacken zurückweist und zurückfegt, die in der Zeit *Haeckels*, aber auch weit darüber hinaus, von der Naturwissenschaft aus oder angeblich *im Geiste und im Auftrag* der Naturwissenschaft gegen religiöse Gläubigkeit gestartet worden sind.

Alle antireligiösen Einwände aus naturwissenschaftlicher Begründung stammen aus der alten Meinung, die von *Demokrit* her zwei Jahrtausende überdauert hat, die von *Lamettrie* aufgenommen und von den zahllosen Anhängern seiner Denkrichtung weitergetragen ist. Es ist die Überzeugung, daß es ein geschlossenes kausales Naturgeschehen gibt, daß die Natur gewissermaßen mit sich allein ist, mit sich allein fertig wird und keine Eingriffe eines göttlichen Schöpfers und Weltregierers gestattet. Es muß heute mit aller Eindringlichkeit die Tatsache hervorgehoben werden, daß das, was heute noch zum festen Schema der Tagesmode allgemeinen Denkens gehört, nämlich die Vorstellung, daß die Entzauberung der Welt durch die Naturwissenschaft ein *unvermeidliches* Ergebnis naturwissenschaftlicher Forschung sei, auf zeitgebundenem Irrtum beruht. Wir sehen das Gegenteil am Beispiel der Radiumatome: Hier führt uns die tiefer bohrende und die bis zum letzten dringende Forschungsbemühung zu der Feststellung, *daß das Geheimnis* bleibt. Jedes einzelne Radiumatom ist für uns ein Geheimnisträger, es hält, bis es einmal zerfällt, das Geheimnis fest, *wann* es zerfallen wird. Die statistische Naturgesetzlichkeit, die als einziges uns in unserem menschlichen Erkennen einen Zugang in die Naturgeheimnisse liefert, erlaubt nicht die Voraussagemöglichkeit für das Radiumatom, für den der Zukunft angehörenden und *bis zu seinem Vollzug unerkennbar bleibenden* Zeitpunkt seines Zerfalls. Für den Physiker ist dies nur ein Nebenergebnis, aber es ist ein Ergebnis, das für die heutigen Probleme der Menschheit wichtig ist. Es bedeutet, daß die materialistische Naturphilosophie als Hauptbestandteil dessen, was in der Einleitung als die uns in scheinbar bombastischer Übermacht gegenüberstehende allgemeine, in der Öffentlichkeit heute noch von fast allen als unabänderliche Wahrheit angesehene Welt-Vorstellung bezeichnet wurde, nicht mehr, wie ihre Anhänger gern in Anspruch nehmen, im Einklang mit naturwissenschaftlicher Erkenntnis ist. Sie ist vielmehr im Widerspruch zu *heutiger* wissenschaftlicher Erkenntnis. Das ist eine Feststellung, die trotz ihres zunächst rein negativen Inhalts ein trostreiches Ergebnis ist, das dem um Erkenntnis ringenden Menschen in unserer sonst so vielfältig verdunkelten Zeit geschenkt ist.

CARL FRIEDRICH VON WEIZSÄCKER

Parmenides und die Quantentheorie

Was heißt Einheit der Natur?

Wir rekapitulieren zunächst die Fakten und Vermutungen, in denen sich uns der Gedanke der Einheit der Natur darstellt.

An der Spitze steht die *Einheit des Gesetzes*. Dies ist ein anderer Ausdruck für das, was die Physiker auch die *allgemeine Geltung einer fundamentalen Theorie* nennen. Eine derartige «Theorie» besteht aus einer Anzahl von Begriffen und von grundlegenden Sätzen, durch welche diese Begriffe verbunden sind und aus welchen weitere Sätze logisch gefolgert werden können. Es muß ferner praktisch hinreichend klar sein, wie die Begriffe der Theorie in der Erfahrung angewandt werden müssen und wie man somit ihre Sätze an der Erfahrung prüft. «Geltung» hat die Theorie nur, wenn dieses Verfahren bekannt ist und wenn die so geprüften Sätze mit der Erfahrung übereinstimmen. Die methodischen Probleme dieser Forderungen seien hier nicht rekapituliert; wir berufen uns zunächst auf das Faktum, daß die Physiker sich hierüber im allgemeinen praktisch einigen können. Die Geltung ist «allgemein», wenn sie sich auf alle möglichen Objekte der betreffenden Theorie erstreckt, das heißt auf alle Objekte, die überhaupt unter die Begriffe der Theorie fallen. Auch hier genügt uns vorerst die praktische Allgemeinheit, etwa vorbehaltlich der Entdeckung von Ausnahmen oder noch allgemeineren Gesetzen. Die Theorie soll «fundamental» heißen, wenn sie sich auf alle überhaupt möglichen Objekte der Natur erstreckt. Die Allgemeingültigkeit einer fundamentalen Theorie bedeutet, daß für alle Objekte der Natur ein und dasselbe Gesetzesschema gilt; in diesem Sinne bezeichnen wir sie als «Einheit des Gesetzes». Es sei hervorgehoben, daß alle diese Begriffe noch deskriptiv sind. Sie beschreiben das ungefähre Selbstverständnis der Physik unseres Zeitalters und werden durch die des weiteren zu rekapitulierenden Überlegungen erläutert oder revidiert.

Wir sind im Besitz einer solchen fundamentalen Theorie. Es ist die Quantentheorie. Wir erläutern etwas näher, was von einer fundamentalen Theorie verlangt wird und inwiefern die Quantentheorie dies erfüllt.

Die Theorie soll sich auf beliebige Objekte in der Natur beziehen. Sie muß dazu ein beliebiges Objekt charakterisieren können. Sie tut es, indem sie die Gesamtheit seiner möglichen («formal-möglichen») Zustände angibt. Sie muß ferner angeben, wie sich diese Zustände im Lauf der Zeit *ändern* können. Diese beiden Forderungen würde man von der Denkweise der klassischen Physik her aufstellen; die Quantentheorie ergänzt die Forderungen in einer für sie charakteristischen Weise, indem sie sie erfüllt.

Nach der Quantentheorie hat jedes Objekt, in mathematischer Allgemeinheit gesprochen, *dieselbe* Mannigfaltigkeit möglicher Zustände; sie lassen sich charakterisieren als die eindimensionalen Teilräume eines Hilbertraumes. Die Quantentheorie hat auch eine allgemeine Regel für die *Zusammensetzung* zweier Objekte zu einem einzigen Objekt: Der Hilbertraum des Gesamtobjekts ist das Kroneckerprodukt der Hilberträume der Teilobjekte. Die Frage nach der zeitlichen Änderung der Zustände spaltet sie in zwei Fragen auf. Ändert sich der Zustand, ohne beobachtet zu werden, so geschieht dies gemäß einer *unitären Transformation* des Hilbertraums. Eine *Spezies von Objekten* (zum Beispiel: die Heliumatome) ist charakterisiert durch die für sie als formalmöglich zugelassenen unitären Transformationen, mathematisch beschrieben durch ihr infinitesimales Element, den *Hamiltonoperator H*. Der Hamiltonoperator eines isolierten Objekts charakterisiert dessen innere Dynamik und zeichnet damit zum Beispiel unter seinen Zuständen gewisse als Eigenzustände von H mit bestimmten Energieeigenwerten aus. Die Wechselwirkung des Objekts mit anderen Objekten wird durch den Hamiltonoperator des aus diesen Objekten zusammengesetzten Gesamtobjekts beschrieben; dieser läßt sich in gewissen Näherungen zu einem Hamiltonoperator des betrachteten Objekts allein in einer vorgegebenen Umwelt verkürzen. Wird hingegen der Zustand *beobachtet*, so tritt eine Zustandsänderung anderer Art ein. Eine bestimmte Beobachtung läßt nur eine Auswahl aus den formalmöglichen Zuständen des

Objekts als mögliche Beobachtungsergebnisse zu; sie sind gerade die Eigenzustände des Hamiltonoperators des Objekts unter dem Einfluß des als Teil der Umwelt beschriebenen Meßapparats. Lag nun vor der Beobachtung ein bestimmter Zustand ψ vor, so ist die Wahrscheinlichkeit, bei der Beobachtung einen bestimmten Zustand φ_n aus der Mannigfaltigkeit der als Beobachtungsergebnisse möglichen Zustände zu finden, gleich dem Absolutquadrat des inneren Produkts der Einheitsvektoren in den Richtungen der Zustände ψ und φ_n.

Wegen des notwendigen mathematischen Apparats mag diese Schilderung der Quantentheorie schwerfällig wirken. Begrifflich erreicht die Theorie in gewisser Weise schon ein Maximum möglicher Einfachheit. Sie charakterisiert beliebige Objekte, deren Zusammensetzung, die Änderung ihrer Zustände ohne Beobachtung und die Prognose von Beobachtungen durch jeweils allgemeingültige und eindeutige Vorschriften. Trotzdem drückt sie, auch wenn wir sie als allgemeingültig annehmen, noch nicht die volle Einheit der Natur aus.

Zweitens gibt es nämlich die Einheit der Natur im Sinne der *Einheitlichkeit der Spezies von Objekten*. In der Quantentheorie spricht sich dies als das Vorkommen von Objekten mit speziellen Hamiltonoperatoren aus. Wir glauben heute, daß alle Spezies von Objekten prinzipiell durch ihre Zusammensetzung aus einer kleinen Zahl von Spezies von Elementarteilchen erklärt werden können. Dies gilt nach allgemeiner Überzeugung für die unbelebte Natur; für die lebenden Organismen ist es die Hypothese, die wir in diesem Buch zugrunde gelegt haben. Die Spezies der Elementarteilchen schließlich hoffen wir auf eine einzige Grundgesetzlichkeit zu reduzieren, die vielleicht besser nicht als die Existenz einer Urspezies, sondern als ein Gesetz der Spezifikation beschrieben werden wird.

Drittens erscheint es der heutigen Kosmologie sinnvoll, von der Einheit der Natur im Sinne der *Allheit der Objekte* zu reden. Man spricht von *der Welt*, so als sei sie ein einziges Objekt. In der Tat läßt die Quantentheorie die Zusammensetzung beliebiger Objekte zu Gesamtobjekten zu. Ja, sie fordert diese Zusammensetzung in dem Sinne, daß sie als den eigentlichen Zustandsraum einer Anzahl koexistierender Objekte gerade den Zustandsraum des aus ihnen zusammengesetzten Objekts ansieht; die Isolierung einzelner Objekte ist für sie stets nur eine Näherung. Wenn die Gesamtheit der Objekte in der Welt wenigstens grundsätzlich aufgezählt werden kann, so nötigt uns die Quantentheorie, grundsätzlich das aus ihnen zusammengesetzte Gesamtobjekt «Welt» einzuführen. Hier entstehen freilich manifeste begriffliche Probleme, welche ein Hauptthema des vorliegenden Aufsatzes sein werden. Sie seien zunächst bloß genannt: Wenn es das Objekt «Welt» gibt, für wen ist es Objekt? Wie ist eine Beobachtung dieses Objekts vorzustellen? Wenn wir das Objekt «Welt» aber nicht einführen dürfen, wie haben wir dann das Zusammensein der Objekte «in der Welt» quantentheoretisch zu beschreiben? Oder reicht hier die Quantentheorie prinzipiell nicht aus?

Viertens haben wir versucht, die Einheit der Natur unter den drei aufgezählten Aspekten zu begründen auf die *Einheit der Erfahrung*. Zunächst war die Rede von den Bedingungen der Möglichkeit der Erfahrung. Dabei ist «die Erfahrung» immer schon als eine Einheit verstanden in dem Sinne, daß «jede» Erfahrung mit jeder anderen Erfahrung widerspruchslos und in einem Gewebe von Wechselwirkungen verknüpft gedacht werden darf. Diese Einheit erscheint bei Kant unter dem Titel der Einheit der Apperzeption. In unserem Ansatz, der nicht die Subjektivität, sondern die Zeitlichkeit der Erfahrung an die Spitze stellt, erscheint sie eher als die *Einheit der Zeit*. Die Einheit der Zeit (welche in unserer Darstellung natürlich den Raum umfaßt) ist vermutlich der einzige angemessene Rahmen für das Problem der Allheit der Objekte. Mit diesen letzten Überlegungen sind wir wie mit einem Sprung in die Grundprobleme der klassischen Philosophie eingetaucht. Ehe wir uns in ihnen weiterbewegen, müssen wir als letzten den kybernetischen Ansatz einführen:

Fünftens gehört zur Einheit der Natur nach unserem Ansatz die *Einheit von Mensch und Natur*. Der Mensch, in dessen Erfahrung wir die Einheit der Natur auffinden, ist zugleich Teil der Natur. Wir versuchen, menschliche Erfahrung in einer Kybernetik der Wahrheit als einen Naturvorgang zu beschreiben. Das philosophische Problem, das hier entsteht, ist manifest. Wenn dieses Programm wenigstens prinzipiell durchführbar ist, so stellt sich die Einheit der Natur irgendwie innerhalb der Natur als Einheit der Erfahrung des Menschen dar. Was heißt dieses «irgendwie»? Anders gewendet: Zur Allheit der Objekte gehören nun auch die Subjekte, für welche die Objekte Objekte sind. Ferner: Menschliches Bewußtsein hebt sich in einer Kybernetik der Wahrheit aus tierischer Subjektivität zwar als spezifische höhere Gestalt, aber doch in genetischer Kontinuität heraus. Die Subjektivität aller Substanz wird im Versuch der Reduktion von Materie und Energie auf Information, wenn auch implizit und undeutlich, vorausgesetzt. Die klassische Formel, die Natur sei Geist, der sich nicht selbst als Geist kennt, drängt sich als Stenographie dieser Probleme auf, ohne darum im geringsten verstanden zu sein.

Ein nächster Schritt ist es also, daß wir diesen Problemkomplex nunmehr mit den Gedanken der klassischen Philosophie, in denen wir hier faktisch schon schwimmen, ausdrücklich konfrontieren. Befinden wir uns nicht mitten in den Problemen des Eleaten Parmenides? *Hen to pan*: Eins ist das Ganze. Das Ganze ist zunächst die Welt, «vergleichbar einer wohlgerundeten Kugel». Diese Welt aber umfaßt ebensosehr das Erfahren wie das Erfahrene, Bewußtsein und Sein: *To gar auto noein estin te kai einai*, dasselbe nämlich ist Schauen und Sein. Hier habe ich *noein* mit «Schauen» übersetzt, um die abstrakte Introvertiertheit des «Denkens» davon fernzuhalten. Was kann Parmenides uns lehren?...

Wovon haben Parmenides und Platon gesprochen?

Es ist jetzt nicht die Rede von der Vielfalt der platonischen Politik und Ethik, Physik und Logik, von der Vielgestalt des Ideenkosmos. Die Frage steht nach dem Thema, das Platon mit Parmenides gemeinsam hat und das er selbst im *Parmenides*-Dialog unter den Titel des Einen bringt. Es geht um die Einheit des Seienden, das Sein des Einen, die Einheit des Einen.

Beginnen wir mit Platon, der uns wenigstens, als frühester unter den Philosophen, in seinen Schriften vollständig überliefert zu sein scheint. Aber der explizite Text dieser Schriften läßt uns nahezu im Stich. Der systematische Ort des Einen wird nirgends außerhalb des *Parmenides*-Dialogs erörtert, und in diesem Dialog wird das Bild einer totalen Aporie geboten. Die Anknüpfung an die Idee des Guten in der *Politeia* beruht textlich auf einer Äußerung des Aristoteles;* die richtige Anknüpfung an die obersten Gattungen des *Sophistes* ist weitgehend unbekannt. Wir wissen nicht mehr davon, als Plotin wußte, wahrscheinlich weniger. Denn sicher war zu Plotins Zeit noch eine reichere schriftliche, vielleicht auch eine glaubwürdige mündliche Tradition vorhanden.

Wir sind so alsbald auf die Frage nach der ungeschriebenen Lehre

---

* *Met.* 1091b 13, *E.E.* 1218a 19f.

Platons verwiesen. In der Tat grenzen alle seine Dialoge manifest ans Ungeschriebene. Sie fordern auf, weiter zu denken. Oft endet ein Dialog mit einer Aporie, und ein späterer Dialog löst eben diese Aporie, nur um mit einer neuen Aporie auf höherer Stufe zu enden. Notieren wir am Rand jedes Platontextes die Parallelstellen in anderen Dialogen, so erhalten wir ein System ineinanderpassender Haken und Ösen, ein Geflecht, das mehr zeigt, als jede kursorische Lektüre der Texte hergibt. Schon die Behauptung, es gebe in der platonischen Philosophie einen Aufstieg vom Eisenring oder Ball zum Einen, ist ein noch ziemlich naiver Versuch eines solchen Weiterdenkens. Nun überliefert uns Aristoteles, daß Platon ungeschriebene Lehren *(agrapha dogmata)* besaß.* Können diese uns weiterhelfen?

Zunächst die Frage, warum Platon gewisse Lehren nicht aufgeschrieben haben sollte. Entweder hielt er es für unmöglich, sie aufzuschreiben, oder er hielt es für möglich, aber nicht wünschenswert, oder auch für wünschenswert, aber er ist nicht mehr dazu gekommen. Der Kern der Lehre vom Einen war wohl von der ersten Art; was Aristoteles überliefert, mag mehr von der zweiten, in Randgebieten auch von der dritten Art sein. Warum aber war Platon der Meinung, man könne gewisse Lehren zwar niederschreiben, solle es aber nicht tun? Die Äußerungen im *Phaidros* und im 7. Brief lassen vermuten, daß solche Lehren mit dem, was nicht geschrieben werden kann, so innig zusammenhängen, daß der, der dieses nicht verstanden hat, auch mit jenen Lehren nur Unheil stiften kann. Nun scheint die ungeschriebene Lehre der zweiten Art nach dem Zeugnis des Aristoteles eine Zwei-Prinzipien-Metaphysik und eine aus ihr entfaltete mathematische Naturwissenschaft gewesen zu sein. Sie scheint eine absteigende Konstruktion dessen gewesen zu sein, was im Aufstieg der schrittweise erkennenden Seele als die verschiedenen Stufen von Ideen erscheint, wie sie im Präludium des *Parmenides* kritisiert werden. Die beiden Prinzipien heißen das Eine *(hen)* und die unbegrenzte Zweiheit *(aoristos dyas)*. Ihr Zusammenspiel entfaltet die Zahlen, die Raumdimensionen und -figuren und die Elemente der sinnlichen Welt. Was können wir daraus lernen, wenn wir nicht die Spielereien einer hypothetisch-spekulativen antiken Naturwissenschaft philologisch eruieren wollen, sondern die auch für uns geltenden Fragen verfolgen?

* Vgl. Krämer, H. J.: *Arete bei Platon und Aristoteles*, Heidelberg 1959; Gaiser, K.: *Platons ungeschriebene Lehre*, Stuttgart 1963.

Ein fundamentales Paradox liegt in der Zwei-Prinzipien-Lehre. Prinzip heißt Anfang (*archē*). Man kann eine Vielheit auf allerhand relative Prinzipien hin analysieren. Das tut Aristoteles mit phänomenologischer Methode in immer neuen Anläufen.* Aber aus dem eigentlich spekulativen Problem der Prinzipien-Vielheit weicht Aristoteles, wenn ich richtig sehe, durch die *pros-hen*-Struktur der Kategorienlehre und durch die Lehre von Gott als oberster *Usia* in genau die Verdeckung der ontologischen Differenz aus, die Heidegger als Metaphysik bezeichnet. Bleiben wir hier vorerst bei einer etwas naiven Fassung des spekulativen Problems der Prinzipien. Dann werden wir sagen müssen: Mehrere, selbst nur zwei «Anfänge» sind eigentlich überhaupt keine Anfänge, denn sie haben vor sich noch die Fragen: Warum gerade diese zwei? Was ist ihnen gemeinsam (zum Beispiel «Anfang» zu sein)? Was unterscheidet sie? Wenn es überhaupt so etwas wie einen Anfang geben kann, so muß er Einer sein. Wie aber kann ein Anfang Einer sein, wenn er Vielheit aus sich entläßt (zur Folge hat, erklärt)? Soll der Anfang Einer sein, so muß nichts außer ihm sein. Er muß alles sein. Eins ist das Ganze. Wir sind bei Parmenides von Elea angekommen. Aber sind wir schon wirklich bei ihm?

Wir haben postuliert, es möchte wohl so etwas wie einen Anfang geben. Wir haben diskursiv weitergeschlossen. Wir haben mit Wenn und Aber argumentiert. (Heidegger nennt solches Verfahren im Gespräch «Herumargumentieren».) Wir sind zu einem Schluß gekommen, der, wenn er wahr ist, alles leugnet, womit wir begonnen haben. Die diskursiv richtige Folgerung wäre, daß wir eine *deductio ad absurdum* vollzogen haben: Das parmenidische Eine kann es nicht geben, also auch nicht ein einziges Prinzip, also gar kein Prinzip im strengen Sinne. Wir sind nicht bei Parmenides angekommen.

Parmenides selbst hat sich ganz anders verhalten, wenn wir der Wahrheit des Behaupteten glauben dürfen.** Er beginnt sein abstrakt wirkendes Gedicht mit der bildlichen Darstellung seiner Entrückung zum Tor des Wissens, das sich öffnet, damit ihm die Göttin Wahrheit

---

* Wieland, W.: *Die aristotelische Physik*, Göttingen 1962, stellt diesen Prinzipien-Pluralismus vortrefflich, wenngleich in überzogen sprachanalytischer Deutung dar.
** Ich folge in seiner Auslegung im wesentlichen Picht, G.: «Die Epiphanie der ewigen Gegenwart», in: *Beiträge zur Philosophie und Wissenschaft. Festschrift für Wilhelm Szilasi*, München 1960. Abgedruckt in Picht, G.: *Wahrheit, Vernunft, Verantwortung*, Stuttgart 1969.

gebieten kann: Schaue! und er sieht. Sein Gedicht ist, in der überlieferten Sprache der Mysterien eingeleitet, die Epiphanie, die offenbare Erscheinung dessen, was ist. Das, was ist, *to eon*, ist das Eine, was er sieht. Und daneben muß er lernen, daß alles andere nicht ist, bloße Meinung der Menschen. Das, was ist, verstehen wir – in Pichts Worten – als die ewige Gegenwart, wie sie geschichtlich vorbereitet war in der Lehre von der Gegenwart des göttlichen *Nus* – des göttlichen Sehens – bei allen Dingen, denen die sind, die waren, die sein werden.

Ich versuche hier nicht, den Inhalt der parmenideischen Lehre zu entfalten, und verweise dafür auf Pichts Deutung. Es soll uns jetzt nur darauf ankommen zu fragen, wie wir selbst uns zur Möglichkeit einer solchen Erkenntnis verhalten. Sie hat untrennbar an sich die assertorische Form der Aussprache des direkt Gesehenen – Picht sagt zugespitzt: Das Gedicht selbst ist die Epiphanie – und die äußerste abstrakte Rationalität der Argumente und Behauptungen. Geht dies zusammen, oder ist es nicht ein innerer Widerspruch, der die Verwirrung der Interpreten rechtfertigt? Wie verträgt sich göttliche Erscheinung mit wissenschaftlicher Rationalität?

Kehren wir zum Zwecke des Vergleichs zum Alltag der Wissenschaft zurück! In der Beschreibung der Physik haben wir gesehen, daß die Physik auf allgemeinen Aussagen beruht, die durch Erfahrung weder in ihrer Allgemeinheit verifiziert noch auch nur in logischer Strenge falsifiziert werden können. Wir sprachen von wissenschaftlicher Wahrnehmung als einer Art Gestaltswahrnehmung. Eben diese identifizierten wir hypothetisch mit der Wahrnehmung der platonischen Gestalt (Idee) im Einzelding, die gerade als kybernetisch möglich erscheinen kann. Das Grundmaterial der wissenschaftlichen Erkenntnis ist uns in einer Gestaltwahrnehmung verfügbar, die eben wegen ihrer alltäglichen Verfügbarkeit keinerlei Erleuchtungserlebnisse mit sich bringt. Aber auch die großen neuen Schritte der Wissenschaft beruhen auf solchen Wahrnehmungen, nunmehr Wahrnehmungen von bisher verborgenen Gestalten, denen wir als Merkmale Einfachheit, Allgemeinheit und Abstraktheit zuschrieben.

Wir haben uns hier der methodischen Rolle der wissenschaftlichen Wahrnehmung zu vergewissern. Sie läßt sich vielleicht zunächst leichter am außerordentlichen Fall eines großen theoretischen Fortschritts erläutern. Der Forscher, der den neuen Gedanken gefaßt hat, hat zwar etwas wie eine Erleuchtung erlebt; er hat gesehen, was andere und er selbst vorher nicht gesehen haben. Aber er darf sich nicht auf Erleuchtung berufen, nicht den andern gegenüber und auch nicht sich selbst gegenüber. Er muß sich vergewissern, ob er wirklich gesehen hat, indem er die Konsequenzen seines neuen Gedankens zieht und an der anerkannten oder neu hervorgebrachten Erfahrung prüft. Ihm obliegt die Pflicht des Versuchs, seine Entdeckung zu falsifizieren. War sie wahr, so wird sie der Falsifikation trotzen und wird bisher Unverstandenes verständlich machen. Sie rechtfertigt sich wie ein im Dunkeln entzündetes Licht durch das, was sie sehen lehrt. Er wird dann die andern überzeugen, wenn er sie zu bewegen vermag, ebenso wie er zu sehen. Die Erfahrungen aber, die zur Falsifikation benötigt werden oder durch die neue Erkenntnisse möglich oder verständlich werden, haben selbst eben diese selbe Natur der Gestaltwahrnehmung, nur meist von der undramatischen, längst anerkannten Art. Aber jede einzelne sogenannte Erfahrung hat sich grundsätzlich derselben Kritik zu stellen. Sie muß, so sagen wir, nachprüfbar sein, und die Nachprüfung bedeutet stets, daß wir dasselbe wieder sehen und das daraus zu Folgernde auch sehen können.

Genau von dieser methodischen Struktur aber ist auch das Gedicht des Parmenides. Der Verfasser schildert, in dichterischer, das heißt für den Menschen seines Kulturkreises vertrauter Sprache, daß er zum Sehen geführt wurde, er legt dar, was er sieht, er gibt die Argumente an, denen ein geschultes Denken sich nicht entziehen kann, und so lehrt er den Leser selber sehen. Wenn wir es nicht sehen, so liegt das vielleicht nur an unserem Unvermögen. Aber wenn Platon offensichtlich von eben demselben spricht wie Parmenides und doch ihn kritisiert,* so muß es um diese Wahrnehmung möglichen Streit geben, der nicht einfach das Wahrgenommensein selbst betrifft, sondern die Frage, wie das zu verstehen ist, was hier wahrgenommen wurde, eine Frage, die freilich zur Antwort neue Wahrnehmung verlangt.

Eine alltägliche Sinneswahrnehmung wird nicht als Akt argumentativen Denkens, nicht als Teil eines Argumentationszusammenhangs empfunden, obwohl auch sie prädikativen Charakter hat und Gestalten wahrnimmt, die in Argumentationen eingehen können. Die Tradition der Menschheit kennt nun eine Erfahrung, die sich zu dem hier argumentativ Vorgetragenen ähnlich verhält wie die Sinneswahrnehmung zu ihrem virtuellen begrifflichen Gehalt, nämlich das, was wir in der

---

* Explizit z. B. *Sophistes* 241d 5.

westlichen Welt die Mystik nennen. Die mystische Erfahrung ist in der Weise, in der sie sich ausspricht, kulturgebunden und doch in erstaunlichem Maße in allen Kulturen identisch. Ihr oberster Begriff ist das Einswerden, die *unio mystica*. Einswerden kann zunächst heißen, daß zwei in einem aufgehen. Man kann es auch lesen als zu dem Einen werden (so wie Erwachsenwerden, Schönwerden). Die neuplatonische Schule hat das Eine der mystischen Erfahrung mit dem Einen Platons gleichgesetzt. In der alten asiatischen Tradition gehört meditative Schulung zu den selbstverständlichen Voraussetzungen des philosophischen Denkens, dessen hohe Stufen eben die hohen Stufen der meditativen Erfahrung interpretieren.

In diesen Stufen dreht die Frage, ob das Eine als Gott vorgestellt werde, ihre Bedeutung um. Von der Volksreligion kommend, kennt man die Vorstellung von Göttern oder von einem Gott. Diese Vorstellung ist selbst dem Ungläubigen *als* Vorstellung vertraut. So ist sie eine der erläuternden Vorstellungen, ähnlich wie Materie, Bewußtsein, Weltall, Liebe, mit denen man an den abstrakten und nicht aus Erfahrung bekannten Begriff des Einen herantritt. Ist das Eine vielleicht eine abstrakte Bezeichnung für eine dieser vertrauten Realitäten oder Vorstellungen? Das philosophische Denken ebenso wie die meditative Erfahrung muß diese Fragerichtung umkehren. Was alle diese Vorstellungen denn eigentlich bedeuten, das wird jetzt die Frage, und der Rückgang zum Einen ist der Weg der Antwort. Nennen wir nun das Eine Gott, so ist Gott ein Name für das Eine. Das erscheinende Weltall mit all seiner Materie, seinem Bewußtsein, seinem Lieben und Begehren aber ist dann ein Götterbild (*agalma* bei Platon, *Timaios* 37c8) oder ein Werk Gottes (bei Platon im *Timaios*; so haben dann christliche Theologen Genesis I gedeutet); die Götter der Welt sind Erscheinungen oder Derivate dieses Gottes. Im Gedicht des Parmenides sind im Selben Schauen und Sein, also wie wir sagen würden, Bewußtsein und Sein vereinigt, oder eigentlich (so Picht) die Identität (das Selbe: *tauton*) ist, das heißt läßt sein sowohl das Schauen wie das Sein. In der indischen Vedānta-Lehre ist das Eine *Sat-Chit-Ananda*, was man uns mit Sein – Bewußtsein – Seligkeit übersetzt. T.M.P. Mahadevan erläuterte mündlich die *Advaita*-(Nicht-Zweiheit-)Lehre so, daß im Einen die drei nicht Aspekte, sondern identisch sind, im Erscheinungsbereich der Zeitlichkeit aber auseinandertreten; *Sat* ist in allem, was ist, *Chit* in jedem Bewußtsein, *Ananda*, Seligkeit, nur in einem reinen Bewußtsein.

Die Anerkennung einer meditativen oder mystischen Erfahrung der Einheit ist nicht ein Ausweichen vor der Rationalität, sondern, wenn wir richtig argumentiert haben, eine Konsequenz des Verständnisses des Wesens der Rationalität. Argumentierende Philosophie kann dann eine Vorbereitung oder eine Auslegung dieser Erfahrung sein; sie kann auch eine Auslegung der Anerkennung der Möglichkeit dieser Erfahrung sein. Die Mystiker haben in der Tat in der Philosophie des Einen eine Auslegung ihrer Erfahrung gefunden. Andererseits liegt es nahe, daß derjenige, der selbst die Möglichkeit dieser Erfahrung verwirft oder als irrelevant betrachtet, in der Philosophie des Einen leicht Unbegreiflichkeit oder Verwirrung finden und aus dieser in kurzschlüssige Deutungen ausweichen kann. Andererseits ist die mystische Erfahrung selbst so wenig Philosophie, wie die Sinneswahrnehmung Naturwissenschaft ist. Ein Aufsatz wie der gegenwärtige, der die Diskussion im Medium des heutigen wissenschaftlichen Bewußtseins sucht, kann höchstens Philosophie als Auslegung der Anerkennung der Möglichkeit der mystischen Erfahrung anbieten. Er muß versuchen, über das Eine theoretisch zu argumentieren. Eben diese Anstrengung macht Platon in seiner geschriebenen Lehre, also besonders im *Parmenides*-Dialog.

Die erste Hypothese des platonischen Parmenides und die Quantentheorie

Wir kehren zur Einheit der Natur zurück, so wie sie sich uns in unseren fünf einleitend rekapitulierten Stationen dargestellt hat. Wir fragen, ob Parmenides und Platon uns über sie belehren können. Wenn der Parmenides des platonischen Dialogs mit der Meinung recht hat, was er vorführe, sei eine notwendige Übung *(gymnasia)* für das Verständnis der Gestalten (Ideen), so wird ihr Vollzug auch uns guttun. Wir unternehmen damit noch etwas in doppelter Hinsicht ganz Eingeschränktes. Einmal nützen wir Platons Gymnastik nur im Blick auf den gegenwärtigen Stand der Naturwissenschaft aus; wir sind weit davon entfernt, Platons Philosophie angemessen zu interpretieren. Andererseits konfrontieren wir unser physikalisches Problem nur mit Parmenides und Platon; wir lassen die christliche Theologie, die neuzeitliche Philosophie der Subjektivität und die Einheit der modern verstandenen geschichtlichen Zeit dabei aus dem Spiel. Wir üben unser Denken, nicht mehr.

Deshalb auch der sonderbar konfrontierende Titel dieses ganzen Aufsatzes; erstaunlicherweise scheint die Konfrontation etwas herzugeben.

Wir können die Vorbereitung der ersten Hypothese 137a4 beginnen lassen, wo Parmenides fragt: «Wovon sollen wir nun also anfangen, und was wollen wir als erstes unterstellen *(hypothesometha)*? Wollt ihr etwa, da es scheint, daß wir ein mühsames Spiel spielen, daß ich mit mir selbst anfange und mit meiner eigenen Hypothese, und in bezug auf das Eine die Hypothesen machend zusehen, was herauskommen muß, entweder wenn (es) Eines ist oder wenn nicht Eines?» Hier ist schon die erste Crux des Übersetzers in dem eingeklammerten «es». Sprachlich kann man in dem Satzteil *«peri tu henos autu hypothemenos, eite hen estin eite mē hen»* das *«eite hen estin»* ebensowohl als selbständige Aussage («wenn Eines ist») auffassen. Ebenso kann im eigentlichen Beginn der Hypothese 137c4 der erste Satzteil, das «Thema der Fuge»: *«ei hen estin»* selbständig heißen «wenn Eines ist» oder ans vorige anknüpfend «wenn es Eines ist». Die einen Ausleger verstehen daher die erste Hypothese als besagend, daß Eines ist, die anderen als besagend, daß das Eine eines ist.*
Vielleicht freilich ist dies ein ähnliches Dilemma wie das des Spaziergängers zu einer Wegegabel ohne Wegzeiger; vielleicht führen beide Wege zum selben Ziel und sind eben darum nicht bezeichnet. Denn alle Ausleger sind einig, daß das *«ei hen estin»* der ersten Hypothese den Ton auf das *hen* legt, im Unterschied zum *«hen ei éstin»* der zweiten Hypothese, und zwar in dem Sinne, daß es hier um die Einheit des Einen, in der zweiten Hypothese aber um das Sein des Einen geht. Ist die erste Hypothese wahr, ist also das Eine in strengem Sinne Eines, so besagen beide grammatischen Konstruktionen wohl dasselbe.

Was aber ist das Eine, von dem hier die Rede ist? Alle unsere bisherigen Überlegungen nötigen uns zu der Erwartung, wir würden das nicht besser verstehen, wenn wir auf irgend etwas, das uns schon vertraut scheint, deuten und sagen: Das ist gemeint. Es ist gleichsam sicher, daß so etwas nicht gemeint sein kann. Aber doch muß uns das Eine, von dem hier die Rede ist, irgendwie schon (vielleicht immer schon) vertraut sein, denn wie könnte Platon sonst seinen Parmenides mit seinem Aristoteles darüber ein offenbar beiden in Rede und Gegenrede verständliches, glatt fließendes Gespräch führen lassen? Die Argumentation stellt sich literarisch so dar, als müsse sie aus sich verständlich sein. Welches gemeinsa-

---

* So insbesondere Suhr, M.: *Platons Kritik an den Eleaten*, Hamburg 1970.

me Wissen legt sie zugrunde? Mir scheint, dreierlei: Erstens verweist Parmenides ausdrücklich auf sich selbst und seine Hypothese; also sollen wir sein Lehrgedicht kennen und benutzen. Zweitens argumentiert er aus bekannten Begriffsbedeutungen; wir sollen versuchen, diese Begriffe so zu begreifen, daß wir die Argumente einsehen oder wenigstens nachvollziehen können. Drittens steht unausgesprochen hinter der Argumentation die dem von Platon vorausgesetzten Leser natürlich vertraute gesamte platonische Philosophie; Berufung auf sie darf zwar nach der Regel des Spiels nicht als Argument eingeführt werden, Erinnerung an sie aber ist eine erlaubte Deutungshilfe. Erstens ist hier also die Rede von dem, was Parmenides selbst als Eines bezeichnet hat, von seinem *eon*. Zweites aber zeigen die Argumente der ersten Hypothese, daß es sich mit diesem *eon* nicht so verhalten kann, wie Parmenides darüber geredet hat; in diesem Sinne ist die erste Hypothese sicher «Eleatenkritik». Drittens rückt dadurch das Eine in seiner strengen Einheit an eine bestimmte Stelle der platonischen Philosophie, die es eigentlich zu eruieren gilt.

Die Argumente nun arbeiten durchaus nur mit dem, was explizit vorausgesetzt ist, der Einheit des Einen, und im übrigen mit Begriffsbedeutungen, die dem damaligen philosophisch gebildeten Leser geläufig sein mußten. Die verwendeten Begriffe folgen zwar der Reihe der parmenideischen «Merkmale» *(sēmata)*,* wir finden sie aber auch in den aristotelischen Kategorien wieder; wir dürfen sie als seit den Eleaten gängige Grundbegriffe annehmen. Dann muß die Argumentation aber so gemeint sein, daß sie aus diesen Voraussetzungen allein schon stringent ist. Wenn sie zugleich die Lehre des alten Parmenides korrigiert, dann deshalb, weil in dieser von eben denselben Prämissen aus argumentiert wurde. Man darf dann also mit Lynch** sagen, daß die erste Hypothese sich auf alles bezieht, was Eines ist. Sie ist (gegen Suhr) also gerade deshalb fähig, zugleich Eleatenkritik zu sein, weil sie gültige Philosophie ist und sich auch auf alles erstreckt, was bei Platon selbst Eines ist. Freilich stellt sich dann sofort die Frage, was denn in diesem Sinne als Eines bezeichnet werden darf. Hier verlieren wir völlig den Faden, wenn wir nun auf eine Doxographie der platonischen Lehrmeinungen springen und entdecken: Jede Idee ist gemeint, denn sie ist eine, oder: Das bekannte

---

* Suhr, M. l. c., S. 25–31.
** Lynch, W. F.: *An approach to the metaphysics of Plato through the Parmenides*, Georgetown 1959.

Eine Platons ist gemeint. Jetzt handelt es sich ja darum, überhaupt zu verstehen, was man meint, wenn man sagt: «eine Idee» oder «das Eine». Wir unternehmen nun also eine Probe auf die Stringenz der platonischen Argumentation, indem wir sie auf die Quantentheorie anwenden. Wenn es Eines ist, nicht wahr, dann ist das Eine doch wohl nicht Vieles? – Wie sollte es? – Also darf es weder Teile haben noch selbst ein Ganzes sein. – Wie meinst du? – Der Teil ist doch irgendwie Teil eines Ganzen. – Ja. – Was aber ist das Ganze? Wäre nicht das, dem kein Teil fehlt, ein Ganzes? – Allerdings. – Auf beide Weisen also bestünde das Eine aus Teilen, sowohl wenn es ein Ganzes wäre wie wenn es Teile hätte. – Notwendigerweise. – Auf beide Weisen wäre also so das Eine Vieles und nicht Eines. – Offenbar. – Es muß aber nicht Vieles, sondern das Eine selbst sein. – Das muß es. – Also wird das Eine weder ein Ganzes sein noch Teile haben, wenn es Eines sein wird. – Nein, das nicht. (137c4-d3).

Denken wir an die klassische Physik, so gibt es in ihr kein solches Eines außer vielleicht einem Massenpunkt; in der Quantenfeldtheorie sind auch Elementarteilchen keine Massenpunkte, sondern enthalten virtuell andere Elementarteilchen und zeigen im Experiment räumliche Ausdehnung. Wir haben die Gedanken also nicht auf Elementarteilchen zu richten, sondern entweder auf jedes Objekt (es ist ja «*ein* Objekt») oder speziell auf das Weltall. Dieses nun ist nach der klassischen Physik aus vielen Objekten aufgebaut, also vielleicht ein Ganzes, gewiß kein strenges Eines. Wie aber steht es in der Quantentheorie?

Wir kennen die Regel der Zusammensetzung von Teilobjekten zu einem Gesamtobjekt. Soll man demnach alle Objekte in der Quantentheorie als zusammengesetzt ansehen, oder sind einige zusammengesetzt, andere nicht? In Wirklichkeit aber haben wir zunächst den Begriff «zusammengesetzt» zu kritisieren und zu unterscheiden von «teilbar». Es ist eine bekannte und zutreffende Ausdrucksweise, daß nach der Quantentheorie zum Beispiel das Wasserstoffatom eine Einheit ist, die zerstört wird, wenn man in ihm Teile, also den Kern und das Elektron, lokalisiert. Man spricht dann auch von dem Atom als einem Ganzen, aber im Sinne einer anderen Definition, als Platon sie hier benutzt; hier sagt man nicht, daß kein Teil fehlt, sondern man würde eher sagen, daß die Teile im Ganzen «untergegangen» sind. Wir können jedenfalls die Sprechweise der Quantentheorie der platonischen so anpassen, daß wir gerade ein quantentheoretisches Objekt ein Eines nennen.

Diese Sprechweise erweist sich als völlig streng, wenn wir sie als

Ausdruck der mathematischen Gestalt der Zusammensetzungsregel auffassen. Unter den Zuständen eines Gesamtobjekts kommt nur eine Menge vom Maß Null vor, in der seine Teilobjekte in bestimmten Zuständen sind; nur in diesen «Produktzuständen» kann man in Strenge sagen, daß die Teilobjekte existieren.* In allen anderen Zuständen gilt nur: Wenn man das Gesamtobjekt einer Messung unterwirft, welche die Teilobjekte zu erscheinen zwingt, so werden sie sich mit der und der Wahrscheinlichkeit in den und den Zuständen zeigen. Das Gesamtobjekt ist also Eines, das in Viele zerlegbar ist, aber dann aufhört zu sein, was es bis dahin ist. Die Anwendung aufs Weltall stellen wir noch zurück.

Platon geht nun zu den räumlichen Bestimmungen über. Das Eine hat weder Anfang, Mitte noch Ende, es hat keine Gestalt, weder eine gerade noch runde. Es ist in keinem Ort, weder in einem anderen noch in sich. Es ruht weder, noch bewegt es sich. Denn all dies wäre nur möglich, wenn es Teile hätte (137d4–139b3). Wir wollen hier Platons Argumenten nicht im einzelnen folgen, sondern fragen, wie dies sich in der Quantentheorie verhält.

Damit wir sagen dürfen, ein Objekt habe eine bestimmte (kontingente) Eigenschaft, eine gewisse Observale X habe zum Beispiel einen bestimmten Wert ξ, ist es nötig, daß entweder X gemessen und ξ gefunden ist oder doch daß ein Zustand vorliegt, in dem die Wahrscheinlichkeit, bei einer Messung von X den Wert ξ zu finden, den Wert Eins hat. Die Menge der Zustände eines Objekts, in denen eine vorgegebene Observable X überhaupt bestimmte Werte hat, besitzt wiederum das Maß Null. Ferner gibt es, wie bekannt, überhaupt keine Zustände, in denen ein Objekt nach Lage und Bewegung vollständig bestimmt wäre; dies drückt die Unbestimmtheitsrelation aus. Für sich betrachtet ist also ein quantenmechanisches Objekt Eines und hat nicht zugleich eine bestimmte Lage und eine bestimmte Bewegung. Wir müssen aber darüber hinaus danach fragen, wie es zu räumlichen Bestimmungen für Objekte kommt. Dies geschieht nur durch Wechselwirkung mit anderen Objekten. Beschreibt man nun die Wechselwirkung rein quantenmechanisch, so ist sie die innere Dynamik eines aus den wechselwirkenden Objekten bestehenden Gesamtobjekts; das ursprünglich betrachtete Objekt ist in diesem Gesamtobjekt «untergegangen». Eine Messung am ursprünglichen Objekt tritt nur ein, wenn an den

---

* In Drieschners Axiomatik erweist sich dieser Sachverhalt als fundamental.

mit ihm wechselwirkenden Objekten die wir den Meßapparat nennen, ein irreversibler Vorgang geschieht. Irreversibilität ist aber kein Merkmal der quantentheoretischen Zustandsbeschreibung; sie bezeichnet vielmehr den Übergang zur klassischen Beschreibung, der Beschreibung des Wissens endlicher Wesen von endlichen Dingen. Damit wird notwendigerweise ein Stück quantentheoretisch möglicher Information über das Gesamtsystem (die Phasenbezeichnungen zwischen Objekt und Meßgerät) und damit die Einheit des Gesamtsystems geopfert. Man kann also sagen: Räumliche Bestimmungen werden nur möglich, wenn ein Stück quantentheoretischer Einheit verloren ist.

Dies können wir nun aufs Weltall anwenden. Eigentlich ist die Beschreibung irgendeines Objekts in der Welt als isoliert Eines ja immer illegitim. Das Objekt wäre nicht Objekt in der Welt, wenn es nicht durch Wechselwirkung mit ihr verbunden wäre. Dann aber ist es strenggenommen gar kein Objekt mehr. Wenn es etwas geben könnte, was in Strenge ein quantentheoretisches Objekt sein könnte, dann allenfalls die ganze Welt. Übertragen wir nun auf sie das, was wir soeben über Objekte überhaupt gesagt haben, so folgt: Die Beschreibung des Weltalls als räumlich strukturiertes Ganzes, in dem Teile räumlich nebeneinander liegen, steht in einem ausschließenden Verhältnis zu seiner Beschreibung als quantentheoretische Einheit. Dabei ist die quantentheoretische Beschreibung, mathematisch betrachtet, nicht ärmer, sondern reicher an Bestimmungen als die räumliche; in letzterer sind ja Phasenbeziehungen weggefallen. Aber aufs ganze Weltall bezogen ist bei voller quantentheoretischer Beschreibung niemand mehr da, der diese Informationen wissen könnte. Vom schlechthin Einen gibt es nicht einmal ein mögliches Wissen. Dies aber ist auch Platons Konklusion: «Also wird es von ihm weder einen Namen geben noch eine Beschreibung *(logos)*, noch ein Wissen, noch eine Wahrnehmung, noch eine Meinung.» (142a3–4) Quantentheoretisch können wir sagen: Je größer wir das Objekt unseres Wissens wählen, desto mehr Wissen, das nicht mehr räumlich beschrieben werden kann, läßt sich über dieses Objekt gewinnen. Beziehen wir aber alles, also auch unser eigenes Wissen, ins Objekt ein, so entsteht nur noch ein fiktives, formalmögliches Wissen, das nicht mehr die Bedingungen der Wißbarkeit erfüllt. Diese Fiktion mag der Schatten sein, den ein nicht-endliches, göttliches All-Wissen auf die Wand wirft, auf der wir unser endliches Wissen aufzeichnen; jedenfalls aber ist dieser Anspruch mit endlichem Wissen nicht mehr erfüllbar.

Freilich ist hervorzuheben, daß diese ganze Betrachtungsweise die Zeitlichkeit unseres Wissens undiskutiert läßt. Die Grundbegriffe der Quantentheorie aber sind zeitlich. Die Einheit wird durch Phasenbezeichnungen vermittelt, diese bedeuten Wahrscheinlichkeiten, also zukünftige Möglichkeiten. Zwischen die Einheit des Vielen in der Natur und die Einheit des Einen tritt die Einheit der Zeit. Dies überschreitet den platonischen Ansatz und wird hier nicht in Angriff genommen.

Wir sind zuletzt zur platonischen Konklusion über die Mittelglieder hinweggesprungen. Platon zeigt (139b4–140d8), daß auf das Eine auch die Begriffspaare Identität-Verschiedenheit, Ähnlichkeit-Unähnlichkeit, Gleichheit-Ungleichheit nicht angewandt werden können. Das Eine kann weder mit einem Andern noch mit sich identisch oder verschieden sein usw. Das wesentliche Argument ist dabei, daß die Bestimmung der Einheit mit keiner dieser anderen Bestimmungen zusammenfällt. Hier entsteht die hochinteressante Frage, welche Logik Platon dabei benutzt hat, und ob seine Schlußweise stringent ist oder – wie es von gewissen Interpretationen aus scheinen muß – logische Fehler enthält. Wir entziehen uns hier diesem Problem der Platondeutung und wenden die Überlegungen auf die Quantentheorie wie folgt an: Genau wie die räumlichen Bestimmungen müssen wir auch die soeben angeführten kategorialen Bestimmungen operationalisieren, wenn wir sie auf Objekte anwenden wollen. Dies bedeutet Wechselwirkung und damit den Verlust der Einheit des Objekts. Um zum Beispiel festzustellen, ob ein Objekt X mit einem Objekt Y *tauton* im Sinne des *eidos* ist, das heißt, ob es von derselben Spezies ist, muß man beider Verhalten beobachten. Dasselbe gilt auch, wenn die Aussage, das Objekt sei mit sich selbst speziesgleich, nicht eine bloße Formel, sondern empirisch nachweisbar werden soll. Selbst seine numerische Identität mit sich erfordert Beobachtung; die nichtklassischen Symmetrien, die zu Bose- und Fermistatistik führen, beruhen gerade darauf, daß die numerische Identität eines Objektes mit sich nicht festgehalten werden kann. Soll ein Objekt als Eines in Strenge festgehalten werden, so muß es völlig isoliert sein; dann wird aber auch seine Identität mit sich unbeobachtbar.

Als letzte Begriffsgruppe vor der Konklusion behandelt Platon die Begriffe der Zeitlichkeit (140e1–141e7). Früher und später («älter» und «jünger») können auf Eines nicht angewandt werden. Das Eine war nicht und wird nicht sein und ist nicht jetzt. Wenden wir dies noch einmal auf die Quantentheorie an, so werden wir auf eine Inkonsequenz mindestens der üblichen Präsentation dieser Theorie gestoßen. Die für ein Objekt charakteristischen Größen (der Zustandsvektor im Schrödingerbild, die Operatoren im Heisenbergbild) werden als Funktionen eines mit der Zeit identifizierten Parameters t geschrieben. Die Zeit gilt als grundsätzlich meßbar, aber ihr, als einziger unter den meßbaren Größen, entspricht kein Operator. In Wirklichkeit tritt als Meßgröße für die Zeit immer eine andere Observable ein, deren zeitlicher Verlauf als theoretisch hinreichend bekannt gilt, vorzugsweise eine periodische Zeitfunktion. Die Isolierung eines in seiner Einheit festgehaltenen Objekts hebt natürlich auch die zur zeitlichen Einordnung seiner Zustände erforderliche Meßwechselwirkung auf. Ein streng isoliertes Objekt ist auch nicht in der Zeit. Natürlich hebt dies den Sinn der Grundbegriffe der Quantentheorie, insbesondere des Wahrscheinlichkeitsbegriffs auf, also eben der Begriffe, mit denen wir isolierte Objekte formal beschreiben.

Den Übergang in die Schlußaporie vollzieht Platon nun in einer für das durchschnittliche Platonverständnis sehr verblüffenden Weise. Wir lernen sonst, das wahrhaft Seiende seien ihm die Ideen, und deren Sein sei zeitlos. Hören wir nun die anderslautende Emphase (141e3–142a1): «Wenn also das Eine auf gar keine Weise an irgendeiner Zeit teilhat, so war es weder jemals entstanden noch entstand es, noch war es jemals, weder ist es jetzt entstanden noch entsteht es, noch ist es, noch auch wird es später entstehen oder entstanden sein oder wird sein. – Das ist so offenbar wie nur möglich *(alethestata)*. – Kann nun etwas irgendwie anders am Sein *(usia)* teilhaben als in einer dieser Weisen? – Es kann nicht. – Auf keine Weise also hat das Eine Anteil am Sein. – Es scheint nicht. – Auf keine Weise also ist das Eine. – Es sieht nicht so aus. – Es kann also nicht einmal so sein, daß es eines wäre, denn dann wäre es doch schon ein Seiendes und des Seins teilhaftig. Aber wie es scheint, ist das Eine weder Eines, noch ist es, wenn wir dieser Art der Argumentation vertrauen.» Und dann folgt der Passus, daß es keine Erkenntnis oder auch nur Meinung von ihm gibt, aus dem oben schon zitiert wurde. «Ist es wohl möglich, daß es sich mit dem Einen so verhält? – Mir scheint: nein» (142a6–7).

Zentral ist hier der Gedanke, daß es Sein nur in der Zeit gibt. Ist dies eine bewußte Irreführung des Gesprächspartners? Ich glaube nicht. Man wird wohl die im Einen verharrende Zeit *(aion* im *Timaios* 37d5) von ihrem nach der Zahl fortschreitenden, von den Himmelsbewegungen gezählten Abbild (*chronos* daselbst) unterscheiden müssen.* Doch folgen wir hier und für heute dem platonischen Aufstieg nicht weiter.

Ist die Schlußaporie eine Widerlegung der Hypothese? Wem sollte angesichts dieses Textes nicht einfallen, daß die Idee des Guten (*Staat* 509b9) jenseits des Seins *(epekeina tēs usias)* ist? Freilich wird die Hypothese bis zum expliziten Widerspruch geführt: Wenn das Eine eines ist (137c4), so ist das Eine nicht einmal so, daß es eines wäre (141e10 bis 11). Nun gehört das Verbot des Widerspruchs zum Sein; was sich widerspricht, hat keinen Bestand, kann nicht einmal sinnvoll behauptet werden. Das, was jenseits des Seins «ist», behaupten zu wollen, wäre in der Tat ein Widersinn. Die Theologen, die sagen, daß das Eine, selbst den Bereich alles Seienden weit an Würde und Kraft überragend (*Staat* 1509b9), dessen nicht bedarf, daß wir es behaupten, können sich auf diese Stelle ebenso berufen wie die Logiker, die versichern, hier sei nichts, und folglich nichts zu behaupten. Beide nehmen Platon beim Wort.

Die Entscheidung kann nur fallen, wenn wir sehen, ob es einen anderen Weg gibt, der die Logiker mehr befriedigt, oder ob eben dieser Widerspruch nötig ist, damit es so etwas wie einen Bereich ohne Widerspruch geben kann. Die Entscheidung fällt nach Durchlaufung der weiteren Hypothesen.

Der Ansatz der zweiten Hypothese

In die Breite seiner Philosophie, wie sie in den weiteren Hypothesen skizziert ist, können wir dem Platon heute nicht folgen. Nur den Ansatz und seine wichtigsten Konsequenz müssen wir noch betrachten.

Wenn Eines *ist*, so ist seine Einheit von seinem Sein zu unterscheiden. Dann aber ist an ihm schon wesentlich zweierlei; eben Eines und Ist. Jedes dieser beiden hat zweierlei an sich: Das Eine hat an sich, daß es ist; das Ist, daß es eines ist. Der Prozeß ist somit unendlich zu iterieren. Das Eine, wenn es ist, enthält unendliche Vielheit (142b1–143a3). In dieser Vielheit werden dann andere der obersten Gattungen (das Verschiedene zum Beispiel an Hand der Verschiedenheit von Einheit und Sein) und die Zahlen nachgewiesen. Das seiende Eine entfaltet sich zur Welt.

* Vgl. hierzu und zu unserem ganzen Text Wyller, E. A.: *Platons Parmenides*, Oslo 1960

In dieser Welt freilich finden sich ständig unausweichliche Widersprüche, die schon mit dem Anfang gesetzt sind. «So ist also nicht nur das seiende Eine vieles, sondern auch das Eine selbst ist durch das Seiende verteilt und ist mit Notwendigkeit Vieles» (144e5–7). Der Logiker wird dem Widerspruch auch in der seienden Welt nicht entgehen. Er kann, so mag man noch oberflächlich umschreiben, ein jeweils vorgefundenes seiendes Eines zum Stehen bringen und widerspruchslos beschreiben, solange er seiner Herkunft und seiner weiteren Aufteilung nicht nachforscht, also der Weise nicht nachforscht, wie seine Einheit sein, sein Sein einheitlich sein kann.

Wenden wir uns noch einmal zur Quantentheorie. Die Weise, wie ein zunächst als völlig isoliert gedachtes Objekt doch Objekt sein, also eigentlich sein kann, ist seine Wechselwirkung mit anderen Objekten. Eben hierdurch aber hört es auf, genau dieses Objekt, ja überhaupt *ein* Objekt zu sein. Man kann paradox sagen: Beobachtbar wird eine beliebige Eigenschaft nur dadurch, daß das Objekt eben diese Eigenschaft verliert. Die Näherung, in der von diesem Verlust abgesehen werden kann, ist die klassische Physik bzw. die klassische Ontologie, auf der die klassische Physik beruht. Nur in klassischer Näherung aber können wir Beobachtungen machen und aussprechen. In diesem Sinne beruht alle Physik wesentlich auf einer Näherung. Diese Näherung läßt sich im Einzelfall jeweils selbst physikalisch beschreiben und damit zugleich verbessern, aber nur, indem wir von ihr an anderer Stelle wiederum Gebrauch machen.

Bohr hat diese Verhältnisse durch den Begriff der Komplementarität beschrieben. Man hat darin vielfach eine Resignation gegenüber unverständlichen empirischen Schwierigkeiten der Messung gesehen und folglich in Bohrs Anwendung dieses Begriffs auf weitere Bereiche die illegitime hypothetische Verallgemeinerung eines physikalischen Problems. Wir finden nun jedoch den Grund der Komplementarität schon im platonischen *Parmenides* angedeutet. In Wahrheit steht gerade die klassische Ontologie nicht auf dem Reflexionsniveau des Parminedes (weder dem des alten Eleaten noch dem des platonischen *Parmenides*); sie erkennt nicht, daß ihre Anwendung ihre eigene Falschheit voraussetzt. Das Weltall selbst kann nur *sein*, insoferne es nicht eines, sondern vieles ist. All dies viele aber besteht nicht für sich, so wie es die Logik und die klassische Ontologie beschreibt. Es besteht nur im undenkbaren Einen.

Wir werfen schließlich einen letzten Blick auf die Zwei-Prinzipien-Lehre. Wir sagten, zwei Prinzipien seien gar keine Prinzipien; ihr Gemeinsames und ihr Unterscheidendes wären ihre Prinzipien, und auch diese wären wieder zwei. *Ein* Prinzip aber führt nicht zur Vielheit. Die beiden ersten Hypothesen erläutern dieses Problem. Sie zeigen, daß es nicht anders sein kann. Platons, durch Aristoteles überlieferte zwei Prinzipien bezeichnen, in technisch ausgedrückter Form, Einheit und Vielheit. Die Einheit allein ist kein Prinzip; indem sie ist, ist sie Vielheit, aber um den Preis des Widerspruchs.

Soviel von Platon und der Quantentheorie.

Naturgesetz und Theodizee

Wohl kein Philosoph hat die Metaphysik und die mathematischen Wissenschaften mit einer so einheitlichen Bewegung des Denkens durchdrungen wie *Leibniz*. Was er in der Metaphysik dadurch an Klarheit gewann, hat er an Tiefe gewiß nicht eingebüßt. Vor allem hat er aber die mathematischen Wissenschaften damit vor den Hintergrund gestellt, vor den sie gehören. Wer seine Gedanken nachdenkt, erfährt, wie wir durch die Wahl unserer einfachsten mathematischen Begriffe metaphysische Entscheidungen fällen. Uns, die wir nicht mehr in der Welt der Aufklärung stehen, mag es fast erschrecken, wenn er wie in einem vollkommenen Uhrwerk mit der scheinbaren Mühelosigkeit selbstverständlicher mathematischer Schlußfolgerungen die Fülle des Wirklichen bis in seine Abgründe bewegt. Aber was wir von ihm zu lernen haben, ist der Zusammenhang aller Schichten des Seins. So wie wir die Zahl und die Bewegung denken, so denken wir unweigerlich auch Gott, und wer Gott anders zu denken wünscht als er, der muß es vermögen, auch die Zahl und die Bewegung anders zu denken.

Den Zusammenhang, den wir hier meinen, hat *Heinrich Scholz* unlängst für die Grundgedanken der Theodizee und der *Characteristica universalis* dargetan. Er hat vor allem hervorgehoben, wie die Theodizee nach dem Muster der Extremalprinzipien der Physik gebaut ist. Die folgenden Seiten wollen nichts sein als der Kommentar eines Physikers zu diesen Gedanken. Sie verdanken ihre Entstehung nur dem Wunsche, dem Manne, der heute in Deutschland als einziger die Einheit von Metaphysik und Mathematik verkörpert, ein Zeichen der Freundschaft und der Verehrung zu geben.

1. Die Theodizee

Leibniz hat es gewagt, die wirkliche Welt als die beste der möglichen Welten zu bezeichnen.

Hat er die Welt nicht gekannt? Wußte er nicht, daß sie die Welt des ewigen, schuldlosen Leidens und die Welt der ewigen, unentrinnbaren Schuld ist?

Er wußte vom Leiden und der Schuld. Er kannte die Anklage, zu der sich Menschen haben verführen lassen, seit sie an einen Schöpfer der Welt glauben: Warum hast du, Gott, wenn du die Güte bist, keine bessere Welt geschaffen? Er wagte es, diese Anklage mit den Mitteln der Vernunft zu beantworten. Er wagte den Satz, Gott habe keine bessere Welt geschaffen, weil er keine bessere Welt schaffen konnte. Daß er aber keine bessere Welt schaffen konnte, lag nicht an einem Unvermögen, sondern daran, daß diese Welt die beste mögliche ist. Läßt sich dieses einsehen, so ist Gottes Schöpfung gerechtfertigt, die «Theodizee» gelungen.

Leibniz gilt um dieses Gedankengangs willen als philosophischer Optimist. Aber wäre ein solcher Optimismus nicht eine sophistische Selbsttäuschung? Gesetzt, man könnte einsehen, daß eine bessere Welt als die unsere nicht möglich ist, würde das Übel in unserer Welt dadurch geringer? Was hilft es der leidenden Kreatur, zu wissen, daß es keine Welt geben kann, in der sie nicht leiden müßte? Wird dadurch nicht umgekehrt jede Hoffnung auf eine bessere Welt abgeschnitten? Müßte die These von *Leibniz* nicht gerade den äußersten Pessimismus zur Folge haben?

Leibniz hätte auf diesen Einwand wohl geantwortet, die Gesamtmenge des Guten in der Welt überwiege die Gesamtmenge des Übels, und so sei es immerhin besser, die Welt sei als sie sei nicht. Aber welchen wirklich Leidenden überzeugt dieser Gedanke? Enthüllt nicht der pessimistische Einwand zum wenigsten die dämonische Zweideutigkeit jedes Versuchs, das Rätsel des Daseins aufgehen zu lassen wie ein Rechenexempel? Das Sein Gottes ist das Gericht über den Menschen; kann da der Mensch auch nur versuchen, über Gott zu Gericht zu sitzen, sei es auch, um ihn freizusprechen?

Aber vielleicht ist diese Zerstörung des vordergründigen Sinns der Theodizee notwendig, damit wir ein Erlebnis ahnen können, das *Leibniz* beim Wagnis des Nachdenkens über diese letzten Fragen gehabt haben mag und das sich weniger im Inhalt seiner Behauptungen als in der großartigen Naivität seiner Gedankenführung spiegelt. Die Erkenntnis verändert den Menschen. Selbst die kleinen Übel des Alltags tragen wir ja leichter, wenn wir ihre Notwendigkeit einsehen. Das rührt nicht nur von dem elenden Troste her, der in dem Rat liegt, sich mit ihnen abzufinden, weil sie doch nicht zu vermeiden seien. Sondern das Bewußtsein wird mit einem neuen Gegenstand erfüllt. An die Stelle des rein tatsächlichen und in seiner Tatsächlichkeit unverständlichen Übels tritt ein größerer Zusammenhang, eine Notwendigkeit, ein Sinn. Ähnliches erlebt wohl der Philosoph im Sinne von *Leibniz*, wenn er die Welt im ganzen betrachtet. Nicht mehr die Masse des einzelnen tatsächlichen Übels ist der Gegenstand seines Bewußtseins, sondern der Sinn des Ganzen. Gelänge es ihm, nicht mit dem Auge seiner beschränkten menschlichen Existenz, sondern mit dem Auge Gottes zu sehen, so wäre er der Wahl zwischen Optimismus und Pessimismus enthoben. Er würde einsehen, daß die Welt, wenn sie überhaupt sein soll, notwendig sein muß, wie sie ist, und würde darum nicht mehr sagen: «sie ist gut» oder «sie ist schlecht», sondern einfach: «sie ist». Hiermit wäre alles gesagt.

Vielleicht vermögen wir dies nachzuerleben. Vermögen wir es auch nachzudenken? Wir wenden uns der begrifflichen Struktur des Theodizee-Gedankens zu.

«Welt» im philosophisch strengen Sinne ist ein *singulare tantum*. Wir leben «in der Welt». Es gibt nicht «eine Welt» oder «Welten». Die «Welt des Barock», die «fernen Welten» der Astronomie sind nur Ausschnitte aus «der Welt». *Leibniz* spricht gleichwohl von «möglichen Welten». In welchem Sinne und mit welchem Recht?

Er steht auf dem Boden der abendländischen Metaphysik, für welche einzig Gott ein notwendiges Wesen ist. Sein Sein folgt aus seinem Begriff. Die Welt hingegen könnte sein oder auch nicht sein, so sein oder anders sein; sie ist kontingent.

Als Gott die Welt schuf, standen daher vor seinem Auge alle möglichen Welten zur Auswahl; eine von ihnen, die beste, wählte er aus und gab ihr die Existenz. So wurde unsere Welt wirklich, sie wurde «die Welt». Jede mögliche Welt aber war potentiell ebenso «die Welt»; nur wurde ihr das Prädikat der Existenz versagt.

In eigentümlicher Weise wird durch diesen Gedankengang die Einzigkeit der Welt zum philosophischen Thema gemacht. Der Begriff der

«Möglichkeit», der uns gestattet, Dinge ohne das Prädikat der Existenz zu denken, erlaubt es, neben die eine Welt, die wir allein kennen, die Fiktion anderer, nur gedachter Welten zu stellen. Diese Fiktion aber dient nur dazu, die «wirkliche» Welt unter allen möglichen durch bestimmte Eigenschaften auszuzeichnen und so ihre Kontingenz gleichsam wieder aufzuheben. Ihre Eigenschaften sind Bedingungen ihrer Existenz. Sie ist wirklich, weil sie so ist, wie sie ist; und sie ist einzig, weil ihre Eigenschaften einzig, nämlich optimal sind.

Man könnte sagen, daß dieser Gedanke die Einzigkeit der Welt auf einem zwar für die alte Metaphysik notwendigen, aber für uns nicht mehr verbindlichen Umwege gewinne. «In der Welt sein» sei eine Grundbestimmung des Menschseins und damit eine Voraussetzung aller Erkenntnis. Darum könne auch der Begriff der Möglichkeit den Begriff der Welt nicht umfassen; es gebe Mögliches in der Welt, aber nicht mögliche Welten. Diese Frage gewinnt heute besonderes Gewicht angesichts des Versuchs von *Heinrich Scholz*, die Logik als Inbegriff derjenigen Sätze zu definieren, die in jeder möglichen Welt gelten, und ihr damit den Charakter der Metaphysik zuzuschreiben.

Wir wagen nicht, diese Frage hier in ihrer vollen Breite zu erörtern. Wir wollen uns beschränken, daran zu erinnern, daß der Gedankengang von *Leibniz* das philosophische Abbild von Überlegungen ist, die in der Physik zu Hause und dort ohne Zweifel legitim sind. Wir wollen uns den Inhalt dieser physikalischen Überlegungen vergegenwärtigen und verzichten an dieser Stelle darauf, auch die Legitimität ihrer Übertragung in die Philosophie ausdrücklich zu prüfen.

2. Extremalprinzipien als Naturgesetze

Der Gedankengang der *Leibnizschen* Theodizee ist genau dem der Extremalprinzipien der Physik analog. Betrachten wir als vielleicht zugänglichstes Beispiel das *Fermatsche* Prinzip des kürzesten Lichtweges. Dieses Prinzip besagt: Ein Lichtstrahl wählt stets denjenigen Weg, auf dem er die Strecke von seinem Anfangspunkt zu seinem Endpunkt in der kürzesten möglichen Zeit zurücklegt. Aus diesem Prinzip lassen sich die drei Grundgesetze der geometrischen Optik herleiten: das Gesetz von der geradlinigen Ausbreitung des Lichtes und die Gesetze der Spiegelung und Brechung. Das Prinzip drückt gleichzeitig die mathematische

Bedingung der Erweiterung der nur mit dem Begriff des Strahles arbeitenden geometrischen Optik zu einer Wellenoptik aus und kann umgekehrt aus der Differentialgleichung, der die Lichtwellen genügen, hergeleitet werden.

Wir verdeutlichen uns den Inhalt des Prinzips, indem wir aus ihm seine einfachste Konsequenz, die geradlinige Ausbreitung des Lichtes, herleiten. Es seien zwei Punkte im Raum gegeben, etwa ein ferner Stern und ein Beobachter auf der Erde. Auf welchem Wege wird das Licht von dem Stern zur Erde gelangen? Nach dem Prinzip wird es den Weg wählen, auf dem es in der kürzesten Zeit ankommt. Die kürzeste Verbindung zwischen zwei Punkten ist die Gerade. Also wird das Licht geradlinig laufen.

Dieser Schluß bedarf einer Erläuterung. Wir haben stillschweigend vorausgesetzt, daß das Licht auf allen möglichen Wegen gleich schnell läuft; nur dann wird der geometrisch kürzeste Weg auch in der kürzesten Zeit zurückgelegt. Diese Voraussetzung ist im leeren Weltraum berechtigt. Hingegen folgt das Phänomen der Lichtbrechung gerade daraus, daß in verschiedenen Substanzen die Lichtgeschwindigkeit verschieden ist. Fällt ein Lichtstrahl zum Beispiel schräg auf eine Wasseroberfläche, so wird er bekanntlich so «gebrochen», daß er im Wasser steiler abwärts läuft als vorher in der Luft. Im Wasser ist nämlich die Lichtgeschwindigkeit geringer als in der Luft. Die gerade Linie, welche die Lichtquelle in der Luft mit dem Endpunkt des Strahles auf dem Boden des Wassergefäßes verbindet, ist nun zwar wieder der geometrisch kürzeste Weg, aber nicht mehr derjenige, der in der kürzesten Zeit zurückgelegt werden kann. Das Licht gewinnt vielmehr Zeit, wenn es eine etwas längere Strecke in der Luft, also schneller, läuft und dafür auf dem steileren und daher kürzeren Weg durch das nur langsam zu durchquerende Wasser geht. So weicht ja auch ein Fußgänger, der im Gelände rasch ein Ziel erreichen will, von der Luftlinie ab, wenn er dafür längere Zeit einem gebahnten Weg folgen kann.

Wir können nun den für das Prinzip charakteristischen Gebrauch des Begriffes «möglich» präzisieren. Als «mögliche Wege» gelten alle geometrisch denkbaren Verbindungslinien der Lichtquelle mit dem Ziel. Diese Wege sind im streng physikalischen Sinne eigentlich nicht möglich; das Naturgesetz, das im *Fermatschen* Prinzip formuliert ist, wählt ja einen unter ihnen als den wirklichen aus und stempelt damit die anderen zu realiter unmöglichen Wegen. Möglich sind sie also nur für eine bestimmte Betrachtungsweise, nämlich diejenige, die vom *Fermatschen* Prinzip noch absieht. Andererseits darf diese Betrachtungsweise nicht von allen Naturgesetzen absehen. Zum Beispiel muß der Lichtgeschwindigkeit an jedem Punkte des Raumes der ihr dort nach den Naturgesetzen wirklich zukommende Wert zugeschrieben werden; daß das Licht im Wasser mit der Geschwindigkeit liefe, die es in der Luft hat, gilt nicht als möglich.

Man erkennt die Analogie zum Gedankengang von *Leibniz*. *Leibniz* würde zum Beispiel eine Welt, in welcher der nach seiner Ansicht logisch notwendige Zusammenhang zwischen gewissen Gütern und gewissen Übeln nicht bestünde, nicht als eine mögliche Welt bezeichnen. Vielleicht darf man sagen, daß mögliche Welten in seinem Sinne alle, aber auch nur diejenigen Welten seien, welche alle der wirklichen Welt notwendig zukommenden Eigenschaften gleichfalls hätten, mit Ausnahme derjenigen Eigenschaften, die erst aus ihrem Sondercharakter als beste der möglichen Welten folgen. Sie sind also ebenso wie die möglichen Lichtwege bloße Gedankendinge, die zu einem methodischen Zweck konstruiert sind. Sie waren höchstens vor der Weltschöpfung im selben Grade objektiv möglich wie die wirkliche Welt; so wie man etwa sagen könnte, daß im Geiste Gottes alle Lichtwege möglich waren, ehe er verfügte, daß in der wirklichen Welt das *Fermatsche* Prinzip gelten solle.

Dieser Vergleich verliert sein etwas spielerisches Gepräge, wenn man bedenkt, daß die Extremalprinzipien der Physik für *Leibniz* nicht bloße Analogien, sondern entscheidende Konsequenzen des optimalen Charakters der wirklichen Welt sind. In der besten möglichen Welt müssen Extremalprinzipen gelten, und daß solche Prinzipien in der wirklichen Welt gelten, bestätigt, daß sie die beste ist. Der kürzeste Lichtweg ist der beste, und eine Welt, in der das Licht nicht den kürzesten Weg wählte, könnte schon darum nicht die beste sein. Diese mathematische Optimalität der Welt hat wahrscheinlich *Leibnizens* Interesse zeitweise sehr viel stärker gefesselt als die moralische; ja im Grunde ist seine Theodizee ein Versuch, die moralische Optimalität durchaus auf eine Art mathematischer Optimalität zurückzuführen. Daß heute nicht nur die Optik, sondern ebenso Mechanik und Elektrizitätslehre, ja sogar die neuartige Atomphysik, soweit wir sie schon mathematisch beherrschen, auf Extremalprinzipien zurückgeführt werden können, wäre für ihn ein Triumph. Freilich nur dann, wenn seine «optimistische» Deutung der Extremalforderungen für uns noch einen Sinn hat. Können wir einen Sinn mit der Behauptung verbinden, der kürzeste Lichtweg sei der beste? –

3. Kausalität und Finalität

Man hat die Extremalprinzipien oft als Ausdruck eines finalen, eines zweckhaften Charakters des Weltgeschehens aufgefaßt. Im allgemeinen gelten uns die Naturgesetze als der Ausdruck einer die Natur durchwaltenden Kausalität, nach welcher jeweils der Zustand eines Dinges und seiner Umgebung in einem Augenblick den Zustand des Dinges im unmittelbar nachfolgenden Augenblick determiniert. Dieses Schema scheinen die Extremalprinzipien durch eine finale Gesetzmäßigkeit zu durchbrechen: Der Lichtweg ist durch den Endpunkt bestimmt, den der Lichtstrahl erst nach der Durchlaufung dieses Weges erreichen soll. Der das Geschehen bestimmende Faktor scheint hier nicht eine «mechanische» Ursache, sondern ein in der Zukunft zu erreichender Zweck, ein Ziel zu sein. So schloß man auf einen die Natur beherrschenden Plan, also auf ein geistiges Prinzip in der Natur.

Eine banale Deutung dieses Finalismus ist sofort abzuweisen. Das *Fermatsche* Prinzip besagt bei strenger Formulierung nicht, daß der Lichtweg ein Minimum, sondern nur, daß er ein Extremum sein solle; er darf also auch ein Maximum sein. In der Tat gibt es Anordnungen optischer Geräte, in denen der wirkliche Lichtweg nicht der kürzeste, sondern der längste mögliche ist; dazwischen liegt der Grenzfall der «idealen optischen Abbildung», in dem von einem Punkt zu einem anderen, seinem «Bild», sehr viele Lichtwege führen, die alle realisiert sind, weil sie alle in derselben Zeit durchlaufen werden können. Es ist also nicht so, daß Gott «keine Zeit hätte» und daher das Weltgeschehen möglichst schnell abwickelte. Aber auch in der weiteren Fassung des Prinzips ist der wirkliche Weg vor allen möglichen Wegen in mathematisch durchsichtiger Weise ausgezeichnet. Und vor allem bleibt der finale Vorgriff auf die Zukunft erhalten; der Lichtweg bleibt durch seinen Endpunkt bestimmt.

Es sei gestattet, den Gegensatz der Kausalität und Finalität durch eine kurze begriffsgeschichtliche Betrachtung zu erläutern. Der Begriff der Ursache hat sich in der Neuzeit unter dem Einfluß der Naturwissenschaften verengt. Die Scholastik unterschied, anknüpfend an *Aristoteles*, die berühmten vier Arten von Ursachen: die *causa materialis, formalis, efficiens* und *finalis. Die Untersuchung des eigentlichen Sinns dieser Unterscheidung würde tief in die Probleme der Aristotelischen* Philosophie hineinführen. Ihren praktischen Gebrauch mag uns ein vereinfachendes Beispiel in Erinnerung rufen. Betrachten wir etwa ein Weinglas. Seine *causa materialis* ist der Stoff, aus dem es gemacht ist, also die chemische Substanz des Glases. Seine *causa formalis* ist (um beim Einfachsten zu bleiben) seine Gestalt: die Kelchform. Seine *causa efficiens* ist das, was das Glas hervorgebracht hat: die Hand und der Atem des Glasbläsers. Seine *causa finalis* ist sein Zweck: daß man aus ihm Wein trinke. Dasselbe Ding hat also im allgemeinen zugleich alle vier Ursachen: Sie machen einander nicht Konkurrenz, sondern geben die verschiedenen Gesichtspunkte an, unter denen man das Ding auf einen Ursprung (ἀρχή) zurückführen kann.

Die Neuzeit nennt demgegenüber eine Realität nur dann, wenn sie außerhalb des Dinges liegt, seine Ursache. Dadurch fallen zunächst die beiden ersten *causae* fort, die nur im Ding selbst gegenwärtig sind; Stoff und Form bezeichnen nach dieser Redeweise das Wesen, aber nicht die Ursache des Dinges. Dieser veränderten Ausdrucksweise entspringt die den ursprünglichen Sinn des *Aristoteles* durchaus verfehlende Polemik der Naturforscher der beginnenden Neuzeit gegen die scholastische These, daß «substanziale Formen» oder «Qualitäten» Ursachen sein könnten. Der Wandel in der Sache, der diesem Wandel des Ausdrucks entspricht, dürfte in der Wendung der Neuzeit zu einer instrumentalen Auffassung der Wissenschaft liegen. Neben das bewundernde Anschauen der Dinge tritt der Wunsch, sie zu beherrschen. Wenn Wissen Macht ist, so muß es vor allem die Mittel kennen, die Dinge und Erscheinungen selbst zu machen oder doch zu beeinflussen; es muß zu jeder Sache ihre *causa efficiens* kennen. Das Kriterium dafür, daß man die *causa efficiens* wirklich kennt, ist, daß man das von ihr bewirkte Ereignis richtig vorhersagen kann. Damit hat sich der Begriff der Ursache so gewandelt, daß das Kausalprinzip in der neueren Naturwissenschaft geradezu mit dem Prinzip der vollständigen Voraussagbarkeit der Naturerscheinungen identifiziert worden ist. Der mathematische Ausdruck dieses Kausalbegriffs ist die Darstellung des Naturgeschehens durch Differentialgleichungen, welche den zeitlichen Differentialquotienten der Größen, die den Zustand eines Dinges charakterisieren, durch diese Größen selbst ausdrücken: Der Zustand determiniert von Augenblick zu Augenblick selbst seine zeitliche Veränderung.

Die *causa finalis* schließlich wird durch dieses Hervortreten der *causa efficiens* in ein Zwielicht gerückt. Auf der einen Seite verträgt sich das instrumentale Denken der Neuzeit sehr wohl mit der Ansicht, die Naturerscheinungen seien nach einem Plan hervorgebracht; der Rückschluß aus planvoll erscheinenden Naturphänomenen auf die Zwecke des Weltschöpfers ist oft gewagt worden. Daß man damit vom aristotelischen Sinn der *causa finalis* bereits abwich, wurde meist nicht bemerkt. Auf der anderen Seite läßt aber gerade die Annahme, die Gesamtheit der *causa efficientes* bestimme das zukünftige Geschehen vollkommen, keinen Raum mehr für weitere, konkurrierende Finalursachen. Wenn der augenblickliche Zustand des Lichtstrahles seine weitere Bahn schon vollständig bestimmt, so kann diese Bahn – so scheint es wenigstens – nicht außerdem noch durch die Forderung beeinflußt werden, sie solle einen vorgegebenen Endpunkt so rasch wie möglich erreichen.

Es ist eine entscheidende, viel zuwenig ins Allgemeinbewußtsein gedrungene Erkenntnis der neuzeitlichen Mathematik, daß dieser Gegensatz zwischen kausaler und finaler Determination des Geschehens in Wahrheit gar nicht existiert, wenigstens nicht, solange es erlaubt ist, das Prinzip der Kausalität durch Differentialgleichungen und dasjenige der Finalität durch Extremalprinzipien zu präzisieren. Die Variationsrechnung lehrt uns, dieselbe mathematische Forderung entweder durch ein Extremalprinzip oder durch eine Differentialgleichung auszudrücken: Die Differentialgleichung gibt die Zusammenhänge an, die im kleinen (von Ort zu Ort) herrschen müssen, damit im großen der im Extremalprinzip geforderte Effekt erreicht werden kann *(Euler)*. So kann man nach der Differentialgleichung ausrechnen, welchen Endpunkt ein Lichtstrahl erreichen wird, der in einer bestimmten Richtung abgegangen ist; dieser Ort ist gerade so bestimmt, daß der Lichtstrahl, um ihn in kürzester Zeit zu erreichen, die Richtung einschlagen mußte, die er tatsächlich eingeschlagen hat. Das finale «Ziel» und das kausale «Gesetz» sind also nur verschiedene Arten, dasselbe Prinzip auszudrücken. Das Ziel gibt nur die Folge an, die nach dem Gesetz notwendig eintreten muß, und das Gesetz ist gerade so eingerichtet, daß die von ihm beherrschten Wirkungen das Ziel realisieren. Der Vorgriff auf die Zukunft, der in der Vorstellung eines Ziels ausdrücklich ausgesprochen ist, liegt unausdrücklich ebenso in der Erwartung, daß das Gesetz immer und überall gelten werde. Gerade der strenge Determinismus läßt den Schluß vom Zukünftigen auf das Vergangene ebenso zu wie den vom Vergangenen auf das Zukünftige.

Wir haben soeben den mathematischen Hintergrund der *Leibnizschen* Lehre von der prästabilierten Harmonie betrachtet. Ein Uhrmacher beurteilt sein Uhrwerk in der Tat im selben Akt kausal und final; er richtet seine Räder gerade so ein, daß sie kraft ihrer mechanischen Eigenschaften den ihnen gesetzten Zweck von selbst erfüllen. So ist zwischen Kausalität und Finalität des Weltgeschehens vor Gott kein Unterschied. Für uns Heutige ist freilich auch diese Konstruktion nur ein Gleichnis und nicht die Wahrheit selbst. Metaphysisch liegt es uns sehr viel ferner als *Leibniz*, Gott als einen eminenten Uhrmacher anzusehen. Und physikalisch hat uns die Atomphysik gerade den Determinismus, die Grundlage der ganzen Konstruktion, aus der Hand genommen. Zwar wird auch die Atomphysik von Differentialgleichungen und Extremalprinzipien beherrscht, aber die Größen, die diesen mathematischen Relationen genügen, sind nicht mehr objektive Eigenschaften seiender Dinge, sondern bloße Hilfsgrößen, aus denen Wahrscheinlichkeiten von Meßresultaten berechnet werden können. Was bleibt in dem *Leibnizschen* Gedankengang für uns verbindlich?

Vielleicht dürfen wir sagen: Es ist die Reduktion der Kausalität und Finalität auf ein höheres Prinzip, das mit der alten *causa formalis* eine gewisse Verwandtschaft zeigt. Wir konnten den Extremalprinzipien von vornherein keine grob finalistische Deutung geben; wir wüßten nicht zu sagen, welchen konkreten Zweck der Weltschöpfer mit dem *Fermatschen* Prinzip zu erreichen gedachte. Hätte man *Leibniz* diese Frage vorgelegt, so würde er wohl geantwortet haben: Die Zwecke Gottes sind höherer Art; Gott braucht nicht die Welt um eines Nutzens willen, sondern er will, daß sie vollkommen sei. Die Vollkommenheit einer Welt, in der Extremalprinzipien gelten, besteht aber darin, daß sie mit dem einfachsten, für den Geist durchsichtigsten Gesetz den größten Reichtum an Erscheinungen zusammenfaßt; sie besteht darin, daß eine solche Welt die größte geistige Schönheit besitzt.

Wörtlich dasselbe läßt sich über die mathematische Fassung der *causa efficiens* sagen. Gerade die mathematische Formulierung der Naturgesetze hat die grob mechanische Tendenz der neuzeitlichen Physik, die Ableitung aller Dinge aus «Druck und Stoß», schließlich überwunden. Denn was im Grunde schon für die *Newtonschen* Axiome der Mechanik galt, wurde evident an den Differentialgleichungen der Elektrodynamik und der Atomphysik; diese Gleichungen sind vor anderen, denkbaren nicht dadurch ausgezeichnet, daß sie etwa einen schon vor ihnen klaren Begriff von mechanischer Wirkung mathematisch umschreiben. Sondern sie haben erst unseren Kausalvorstellungen einen präzisen Inhalt gegeben; ihre Rechtfertigung aber verdanken sie der Erfahrung und ihren überzeugenden Charakter ihrer mathematischen Einfachheit. Die mathematische Form, in der Tat eine Art einer *causa formalis*, bleibt in der Physik als letzter faßbarer Gehalt unserer alten Kausalbegriffe übrig. Dabei wird der Begriff der Form auf den zeitlichen Ablauf ausgedehnt. Differentialgleichungen und Extremalprinzipien besagen, daß ein physikalischer Ablauf zeitlich ein Ganzes, eine Gestalt darstellt; Kausalanalyse erweist sich in einer Art, die nur von falschen Fronten aus paradox erscheinen kann, als die höchste Stufe der Morphologie.

Wir finden also mit *Leibniz* im mathematischen Naturgesetz den Geist in der Materie. Enthalten wir uns jeder metaphysischen Ausdeutung, so ist darin zunächst enthalten, daß die Materie so beschaffen ist, daß der Mensch sie denken kann; sie hat durch ihre Eigenschaft, möglicher Gegenstand des Denkens zu sein, Anteil am Geist. Daß dieser Satz nicht selbstverständlich ist, lehrt ein Blick auf den Problemkreis *Kants*. Weit darüber hinaus geht aber die mathematische Einfachheit der Naturgesetze. Auch der positivistische Naturforscher wird *Leibnizens* Theodizee in dem Bekenntnis nachvollziehen können, daß es keinem von uns je gelungen ist, sich eine andere mögliche Welt auszudenken, die mit so einfachen Grundgesetzen einen solchen Reichtum der Erscheinungen vereint.

Die Frage nach der Wirklichkeit des Geistes in der Natur, die wir damit aufgeworfen haben, vereint sich schließlich mit unserer Ausgangsfrage nach dem Recht und den Grenzen für die Anwendung des Begriffes der Möglichkeit. Wir bezeichneten oben die möglichen Lichtwege des *Fermatschen* Prinzips wie die möglichen Welten der Theodizee als bloße Gedankendinge, die zu einem methodischen Zweck konstruiert waren. Gegenüber der Fülle des Wirklichen haben sie die Armut des präzisiert Gedachten. Ein wirklicher Lichtweg ist für einen lebendig beobachtenden Menschen eine Straße der Wunder; ein möglicher Lichtweg ist eine geometrische Kurve und weiter nichts. Die «möglichen Dinge» sind aber andererseits notwendige Hilfsmittel des Denkens. Denn da wir nicht von vornherein die volle Wahrheit kennen, können wir das Wirkliche nicht anders denken, als indem wir es aus der Fülle des Möglichen aussondern.

Das eine Wunder, daß wir Wirkliches überhaupt denken können, hat das zweite zur Voraussetzung, daß wir den Begriff der Möglichkeit sinnvoll denken können. Den Versuch, die Bedingungen anzugeben, unter denen dies geschehen kann, unternehmen wir hier nicht mehr.

DAVID BOHM

Fragmentierung und Ganzheit

Die Überschrift dieses Kapitels heißt «Fragmentierung und Ganzheit». Es ist heutzutage besonders wichtig, sich mit diesem Thema auseinanderzusetzen, denn die Fragmentierung geht nicht nur im gesellschaftlichen Bereich sehr weit, sondern auch in jedem einzelnen, und dies führt zu einer Art allgemeiner geistiger Verwirrung, die eine endlose Kette von Problemen nach sich zieht und die Klarheit unserer Wahrnehmung derart nachhaltig beeinträchtigt, daß wir außerstande sind, die meisten von ihnen zu lösen.

So sind Kunst, Wissenschaft, Technologie und menschliche Arbeit im allgemeinen in Spezialgebiete aufgespalten, von denen jedes als wesensmäßig von den anderen getrennt betrachtet wird. Als man an diesem Zustand Anstoß zu nehmen begann, wurden weitere interdisziplinäre Themenbereiche geschaffen, die diese Spezialgebiete zusammenfassen sollten. Aber letztlich haben diese neuen Themenbereiche hauptsächlich dazu geführt, daß die Zahl der Fragmente zunahm. Zudem brachte die gesellschaftliche Entwicklung eine Trennung in verschiedene Völker und religiöse, politische, ökonomische, rassische und sonstige Gruppierungen mit sich. Dementsprechend wurde die natürliche Umwelt des Menschen als eine Ansammlung getrennt existierender Teile angesehen, die dazu da ist, von verschiedenen Gruppen von Menschen ausgebeutet zu werden. Auf ähnliche Weise besteht jeder Einzelmensch gemäß seinen verschiedenen Begierden, Zielen, Plänen, Verpflichtungen, seelischen Eigenschaften usw. aus einer großen Anzahl getrennter Schubfächer gegensätzlichen Inhalts, und dies in einem solchen Ausmaß, daß man allgemein einen gewissen Grad an Neurose als unvermeidlich gelten läßt, während viele Menschen, die innerlich über das «normale» Maß hinaus fragmentiert sind, als paranoid, schizoid, psychotisch usw. eingestuft werden.

Die Annahme, daß all diese Formen von Fragmentierung voneinander getrennt auftreten, ist offensichtlich ein Trugschluß, und dieser Trugschluß kann nur zu endlosen Konflikten und Verwirrungen führen. In der Tat ist der Versuch, gemäß der Vorstellung zu leben, die Teilstücke seien wirklich voneinander getrennt, wesentlich schuld an der Zunahme äußerst bedrohlicher Krisen, die uns heute reihenweise ins Haus stehen. So hat uns diese Lebensweise bekanntlich die Umweltverschmutzung, die Zerstörung des natürlichen Gleichgewichts, die Überbevölkerung, das weltweite ökonomische und politische Chaos und die Schaffung globaler Lebensbedingungen beschert, die für die meisten Menschen, die ihnen ausgesetzt sind, weder körperlich noch geistig zuträglich sind. In den einzelnen hat sich angesichts der scheinbar überhandnehmenden unvereinbaren gesellschaftlichen Mächte ein weitverbreitetes Gefühl der Hilflosigkeit und Verzweiflung entwickelt, weil die ihnen unterworfenen Menschen diese Mächte weder kontrollieren noch verstehen können.

In der Tat war es für den Menschen zu allen Zeiten notwendig und zweckmäßig, die Dinge in seinem Denken bis zu einem gewissen Grade zu unterteilen und zu isolieren, um seine Probleme in handhabbaren Größenordnungen zu halten; denn wollten wir versuchen, in unserer praktischen Arbeit das Ganze der Realität auf einmal in Angriff zu nehmen, so würden wir davon überschwemmt werden. So waren die Einrichtung von speziellen Forschungsbereichen und die Arbeitsteilung in gewisser Weise ein wichtiger Schritt vorwärts. Sogar zu noch früherer Zeit war das erste Erkennen des Menschen, daß er nicht mit der Natur identisch ist, ein entscheidender Schritt, denn er ermöglichte ihm eine Art Autonomie des Denkens, die es ihm erlaubte, zunächst in seiner Phantasie und schließlich in seiner praktischen Arbeit die unmittelbar gesetzten Grenzen der Natur zu überschreiten.

Dennoch brachte diese Fähigkeit des Menschen, sich von seiner Umwelt abzusetzen und sich die Dinge auf- und zuzuteilen, letztlich ein breites Spektrum von negativen und zerstörerischen Folgen mit sich, da der Mensch das Bewußtsein für das, was er da tat, verlor und daher den Vorgang des Teilens über die Grenzen hinaustrieb, in denen er angebracht ist. Im wesentlichen ist der Vorgang des Teilens eine Weise, *über die Dinge zu denken*. Sie ist vor allem auf dem Gebiet praktischer, technischer und funktionaler Tätigkeiten angebracht (etwa bei der Aufteilung eines Stückes Land in verschiedene Felder, auf denen unterschiedliche Frucht angebaut werden soll). Wird jedoch diese Denkweise im weiteren Sinne auf das Bild, das sich der Mensch von sich selbst macht, und die ganze Welt, in der er lebt, angewandt (also auf sein Selbst-Weltbild), dann hört der Mensch auf, die sich daraus ergebenden Teilungen als lediglich nützlich oder bequem zu betrachten, dann sieht und erfährt er sich selbst und seine Welt als tatsächlich aus getrennt existierenden Bruchstücken zusammengesetzt. Das fragmentierte Selbst-Weltbild verleitet ihn zu Handlungen, die darauf hinauslaufen, daß er sich selbst und die Welt fragmentiert, damit alles seiner Denkweise zu entsprechen scheint. Der Mensch verschafft sich so einen scheinbaren Beweis für die Richtigkeit seines fragmentierten Selbst-Weltbildes, obwohl er natürlich die Tatsache übersieht, daß er es mit seinem Handeln, das auf sein Denken folgt, selbst ist, der die Fragmentierung herbeigeführt hat, die nunmehr ein autonomes Dasein unabhängig von seinem Wollen und Wünschen zu haben scheint.

Die Menschen waren sich seit unvordenklichen Zeiten dieses Zustands scheinbar von selbst auftretender Fragmentierung bewußt und haben oft Mythen von einem noch älteren «goldenen Zeitalter» gesponnen, bevor sich die Kluft zwischen Mensch und Natur und zwischen Mensch und Mensch aufgetan hatte. In der Tat hat der Mensch immer die Ganzheit gesucht – seelische, körperliche, gesellschaftliche, individuelle.

Es ist lehrreich, sich vor Augen zu führen, daß das Wort *health* (Gesundheit) im Englischen von dem angelsächsischen Wort *hale* kommt, was auch mit *whole* (ganz) verwandt ist (wie auch mit «heil» im Deutschen, Anm. d. Übers.) und eben dies bedeutete. Heil sein heißt auch ganz *(whole)* sein, und dieses *whole* kommt wohl in groben Zügen dem hebräischen *schalom* gleich. Ebenso stammt englisch *holy* (wie entsprechend deutsch «heilig», Anm. d. Übers.) von derselben Wurzel ab wie *whole*. Dies alles deutet wohl darauf hin, daß der Mensch von jeher die Ganzheit oder das Heilsein als eine unabdingbare Notwendigkeit dafür empfunden hat, daß das Leben lebenswert sei. Und doch hat er die meiste Zeit in einem Zustand der Fragmentierung gelebt.

Sicherlich verlangt die Frage, warum dies alles so gekommen ist, sorgfältige Beachtung und ernsthafte Erwägung.

In diesem Kapitel werden wir das Augenmerk auf die hintergründige, aber entscheidende Rolle richten, die unsere üblichen Denkschemata für den Fortbestand der Fragmentierung und beim Niederhalten unseres tiefsten Dranges nach Ganzheit oder Heilsein spielen. Um der Erörterung einen konkreten Inhalt zu geben, werden wir uns bis zu einem gewissen Grade der Begrifflichkeit der Naturwissenschaft auf ihrem derzeitigen Forschungsstand bedienen, da dies ein Feld ist, mit dem ich einigermaßen vertraut bin (wenn auch natürlich die übergreifende Bedeutung der behandelten Fragen stets mitbedacht wird).

Was es, zunächst einmal im Bereich der wissenschaftlichen Forschung und später in einem umfassenderen Zusammenhang, zu betonen gilt, ist der Umstand, daß die Fragmentierung fortwährend durch die fast jedermann eigene Gewohnheit herbeigeführt wird, den Inhalt unseres Denkens für «eine Beschreibung der Welt, wie sie ist», zu halten. Oder wir könnten sagen, daß dieser Gewohnheit zufolge unser Denken als unmittelbar mit der objektiven Realität übereinstimmend angenommen wird. Da unser Denken sich stets in Absetzungen und Unterscheidungen bewegt, so verführt uns infolgedessen solch eine Gewohnheit dazu, diese als wirkliche Teilungen anzusehen, so daß die Welt dann tatsächlich in Stücke zerbrochen erscheint und erfahren wird.

Das Verhältnis zwischen dem Denken und der Realität, der dieses Denken gilt, ist in Wirklichkeit weitaus komplexer als das einer bloßen Übereinstimmung. So vollzieht sich in der wissenschaftlichen Forschung ein Großteil unseres Denkens in Form von *Theorien*. Das Wort «Theorie» kommt von griechisch *theoria*, dessen Vorderglied auch in «Theater» vorkommt und auf ein Wort *thea* zurückgeht, welches «das Anschauen, die Schau» bedeutet, während das zweite Glied von *horaein* – «sehen» kommt. Folglich kann man sagen, daß eine Theorie in erster Linie eine *An-Sicht* ist, das heißt eine Weise, die Welt anzuschauen, und keine Form des *Wissens*, wie die Welt beschaffen ist.

Im Altertum bestand beispielsweise die Theorie, daß die Himmelsmaterie von Grund auf anders sei als die Erdmaterie und daß irdische Körper natürlicherweise zu fallen hätten, während Himmelskörper wie etwa der Mond natürlicherweise am Himmel bleiben müßten. Mit dem Aufkommen der modernen Zeit begannen die Wissenschaftler jedoch die Ansicht zu entwickeln, daß kein wesentlicher Unterschied zwischen irdischer und himmlischer Materie bestünde. Dies hätte natürlich bedeutet, daß Himmelskörper wie etwa der Mond fallen müßten, aber lange Zeit übersahen die Menschen diese natürliche Schlußfolgerung. Es war Newton, der in einem blitzartigen Erkennen *sah*, daß der Mond ebenso fällt wie der Apfel und wie tatsächlich alle Körper. Dies führte ihn zur Theorie der universellen Gravitation, der zufolge alle Körper auf verschiedene Zentren zufallen (zum Beispiel die Erde, die Sonne, die Planeten usw.). Diese Theorie stellte eine neue Art der *Anschauung* des Himmels dar, welche die Bewegungen der Planeten nicht mehr durch die Brille der antiken Vorstellung von einem wesentlichen Unterschied zwischen himmlischer und irdischer Materie betrachtete. Vielmehr erklärte man diese Bewegungen aus der jeweiligen Geschwindigkeit, mit der alle Materie, die himmlische wie die irdische, auf verschiedene Zentren zufällt, und wenn etwas auftauchte, was sich nicht auf diese Weise begründen ließ, so hielt man Ausschau nach neuen und bis dahin unbekannten Planeten, auf die die Himmelskörper zufielen, und entdeckte diese auch oft (was die Stichhaltigkeit dieser Anschauungsweise unter Beweis stellte).

Ein paar Jahrhunderte lang leistete diese Newtonsche Ansicht gute Dienste, aber schließlich führte sie (wie die ihr vorausgegangenen Ansichten der alten Griechen) zu ungenauen Ergebnissen, als sie auf neue Gebiete ausgedehnt wurde. Auf diesen neuen Gebieten wurden Ansichten entwickelt (die Relativitätstheorie und die Quantentheorie). Sie entwarfen ein Bild der Welt, das sich von dem Newtons von Grund auf unterschied (obgleich dieses freilich noch immer in einem beschränkten Bereich seine Gültigkeit behielt). Würden wir davon ausgehen, daß Theorien ein wahres Wissen davon, «wie die Realität ist», wiedergeben, so müßten wir zu dem Schluß gelangen, daß die Newtonsche Theorie bis etwa zum Jahre 1900 wahr war, worauf sie plötzlich falsch wurde und die Relativitätstheorie und die Quantentheorie zur Wahrheit wurden. Zu solch einer unsinnigen Schlußfolgerung kann es aber gar nicht kommen, wenn wir alle Theorien als Ansichten bezeichnen, die weder wahr noch falsch sind, sondern vielmehr in bestimmten Bereichen genau sind, während sie, wenn über diese Bereiche hinaus ausgedehnt, ungenau werden. Dies bedeutet jedoch, daß wir Theorien nicht mit Hypothesen gleichsetzen. Wie das griechische Wort besagt, ist eine *hypothesis* eine Unter-stellung, also eine Idee, die unserem Denken als eine vorläufige Grundlage, die man dann experimentell auf ihre Wahrheit oder Falschheit hin abklopft, «unterstellt» bzw. «unterlegt» wird. Wie allerdings heute wohlbekannt ist, kann für eine *allgemeine* Hypothese, die das Ganze der Realität abzudecken sucht, kein *endgültiger* experimenteller Nachweis ihrer Wahrheit oder Falschheit erbracht werden. Vielmehr findet man (wie zum Beispiel im Falle der Ptolemäischen Epizykeln oder des Versagens der Newtonschen Begriffe unmittelbar vor der Aufstellung der Relativitätstheorie und der Quantentheorie), daß ältere Theorien zunehmend ungenauer werden, wenn man sie dazu benutzen will, sich einen Einblick in neue Bereiche zu verschaffen. Ein sorgfältiges Beachten dieses Vorgangs liefert dann meistens den wesentlichen Hinweis für neue Theorien, die weitere neue Ansichten darstellen.

Anstatt also davon auszugehen, daß ältere Theorien zu einem bestimmten Zeitpunkt falsch werden, sagen wir lediglich, daß sich der Mensch laufend neue Ansichten bildet, die bis zu einem gewissen Punkt genau sind und dann zusehends ungenauer werden. Es besteht bei diesem Vorgang offensichtlich kein Grund zu der Annahme, daß es eine letztgültige Ansicht gibt oder geben wird (die die absolute Wahrheit wäre) oder auch nur eine stetige schrittweise Annäherung an die absolute Wahrheit. Vielmehr darf man der Natur der Sache nach eine endlose Entwicklung neuer Ansichten erwarten (die jedoch bestimmte Grundzüge der älteren als Vereinfachungen gelten lassen, wie es die Relativitätstheorie mit der Newtonschen Theorie macht). Wie bereits ausgeführt, bedeutet dies jedoch, daß unsere Theorien vor allen Dingen als Anschauungsweisen der Welt als Ganzes aufzufassen sind (das heißt als Weltbilder) und nicht als «absolut wahres Wissen von den Dingen» (oder als eine stetige Annäherung daran).

Wenn wir die Welt nach unserer theoretischen Ansicht wahrnehmen, so wird das Faktenwissen, das wir uns erwerben, offenbar von unseren Theorien geformt und geprägt. So wurde zum Beispiel im Altertum die Planetenbewegung mit Hilfe der Ptolemäischen Idee der Epizykeln (Kreise, deren Mittelpunkte sich auf einem anderen Kreis befinden) beschrieben. Zu Newtons Zeit wurde dieses Faktum mit Hilfe genau angegebener Planetenbahnen beschrieben, die man über die Berechnung der Geschwindigkeit des Falls auf verschiedene Zentren zu bestimmte. Später wurde das Faktum gemäß Einsteins Begriffen von Raum und Zeit relativistisch gesehen. Noch später nahm die Quantentheorie (die im allgemeinen nur ein statistisches Faktum angibt) eine ganz andere Faktenbestimmung vor. In der Biologie werden Fakten heute im Rahmen der Evolutionstheorie beschrieben, aber in früheren Zeiten im Rahmen einer festen Ordnung der Arten.

Allgemeiner gesagt, stellen also unsere theoretischen Ansichten – Wahrnehmung und Handeln einmal vorausgesetzt – die Hauptquelle für die Organisation unseres Faktenwissens dar. In der Tat ist unsere gesamte Erfahrung so geformt. Wie es vermutlich von Kant als erstem dargestellt wurde, ordnet sich unsere ganze Erfahrung gemäß der Kategorien unseres Denkens, das heißt anhand der Art und Weise, wie wir über Raum, Zeit, Materie, Substanz, Kausalität, Zufall, Notwendigkeit, Allgemeinheit, Besonderheit usw. denken. Man kann sagen, daß diese Kategorien allgemeine Ansichten oder Anschauungsweisen von allem sind, so daß sie in gewissem Sinne eine Art Theorie bilden (wobei sich natürlich diese Theorieebene sehr früh in der Evolution der Menschheit entwickelt haben muß).

Die Klarheit von Wahrnehmung und Denken erfordert offensichtlich, daß wir uns bewußt sind, wie unsere Erfahrung von der (genauen oder verworrenen) Ansicht geformt wird, mit der uns die in unseren üblichen Denkweisen impliziten oder expliziten Theorien versehen. Dafür ist es von Nutzen zu betonen, daß Erfahrung und Wissen ein einziger Prozeß sind, anstatt zu denken, wir hätten ein Wissen *über* irgendeine getrennte Erfahrung. Wir können diesen einen Prozeß als Erfahrungs-Wissen bezeichnen (wobei der Bindestrich ausdrückt, daß es sich dabei um zwei untrennbare Seiten einer einzigen ganzen Bewegung handelt).

Wenn wir uns nun nicht bewußt sind, daß unsere Theorien laufend wechselnde Ansichten sind, die der allgemeinen Erfahrung Form verleihen, so wird unser Gesichtskreis begrenzt. Man könnte es so sagen: Naturerfahrung ist der Erfahrung im Umgang mit Menschen sehr ähnlich. Wenn man an einen anderen Menschen mit einer fertigen «Theorie» herantritt, derzufolge er ein «Feind» ist, gegen den man sich zur Wehr setzen muß, so wird er sich entsprechend verhalten, und somit erhält man seine «Theorie» durch die Erfahrung scheinbar bestätigt. In ähnlicher Weise wird sich auch die Natur entsprechend der Theorie verhalten, mit der man an sie herantritt. So nahmen die Menschen früherer Zeiten Seuchen als unvermeidlich an, und dieser Gedanke trug dazu bei, daß sich aufgrund ihres tatsächlichen Verhaltens die Zustände fortzeugen konnten, die für ihre Ausbreitung verantwortlich waren. Durch die modernen wissenschaftlichen Ansichten wird das Verhalten des Menschen nun so geformt, daß er die unhygienische Lebensweise aufgibt, die für die Ausbreitung von Seuchen verantwortlich sind, und deshalb sind sie auch nicht mehr unvermeidlich.

Was theoretische Einsichten daran hindert, bestehende Schranken zu überwinden und sich wechselnden Gegebenheiten anzupassen, ist eben der Glaube, daß Theorien ein wahres Wissen der Realität lieferten (was natürlich bedeutet, daß sie sich nie zu ändern brauchen). Obwohl sich unser modernes Denken im Vergleich zu dem des Altertums natürlich gehörig verändert hat, so haben die beiden doch ein wesentliches Merkmal gemeinsam: Beide lassen sich im allgemeinen durch die Vorstellung blenden, daß Theorien ein wahres Wissen davon, «wie die Realität ist», lieferten. Folglich verwirren beide die von einer theoretischen Ansicht in unserer Wahrnehmung hervorgerufenen Formen mit einer von unserem Denken und unseren Anschauungsweisen unabhängigen Realität. Diese Verwirrung ist von entscheidender Bedeutung, da sie uns dazu bringt, an Natur, Gesellschaft und den einzelnen Menschen mit mehr oder weniger festgelegten und beschränkten Denkschemata heranzutreten und uns dadurch die Begrenzung dieser Denkschemata in der Erfahrung offenbar immer wieder zu bestätigen.

Diese endlose Bestätigung der Beschränktheiten unserer Denkweisen ist im Hinblick auf die Fragmentierung von besonderer Bedeutung, denn jede theoretische Ansicht bringt, wie zuvor dargelegt, ihre eigenen, für sie wesentlichen Absetzungen und Unterscheidungen mit sich (wie im Altertum eine wesensmäßige Unterscheidung zwischen himmlischer und irdischer Materie getroffen wurde, während es für die Newtonsche Theorie wesentlich war, die Zentren auseinanderzuhalten, auf die alle Materie zufiel). Wenn wir diese Unterscheidungen als Anschauungsweisen auffassen, als Leitfäden der Wahrnehmung, so folgt daraus nicht, daß sie getrennt existierende Substanzen oder Gebilde bezeichnen.

Wenn wir andererseits unsere Theorien als «direkte Beschreibungen der Realität, wie sie ist», betrachten, so werden wir unweigerlich diese Unterscheidungen als Teilungen behandeln und damit den verschiedenen Grundbegriffen, die in der Theorie vorkommen, eine gesonderte Existenz zuschreiben. Wir erliegen so der Täuschung, die Welt sei tatsächlich aus getrennten Bruchstücken zusammengesetzt, und dies wird uns, wie bereits gezeigt, dazu veranlassen, so vorzugehen, daß wir eben jene Fragmentierung wirklich herbeiführen, die in unserer Einstellung zur Theorie angelegt ist.

Es ist wichtig, diesen Punkt hervorzuheben. Zum Beispiel könnte jemand sagen: «Fragmentierung nach Städten, Religionen und politischen Systemen, Streit in Form von Kriegen, Gewalt im Alltag, Brudermord usw. sind Realität. Ganzheit ist nur ein Ideal, nach dem wir vielleicht streben sollten.» Aber was hier gesagt wird, ist etwas anderes. Es ist nämlich die Ganzheit, die real ist, dies sollte zum Ausdruck kommen, und Fragmentierung ist nur die Antwort dieses Ganzen auf das

Handeln des Menschen, das sich von einer trügerischen, von zerteilendem Denken geformten Wahrnehmung leiten läßt. Mit anderen Worten, eben weil die Realität ganz ist, erhält der Mensch auf sein fragmentierendes Vorgehen notwendig eine entsprechend fragmentierte Antwort. Was also dem Menschen nottut, ist Aufmerksamkeit gegenüber seinem gewohnheitsmäßig fragmentierenden Denken, sich dessen bewußt zu sein und es dadurch zu beenden. Dann kann der Mensch vielleicht ganzheitlich an die Realität herantreten, und folglich wird auch die Antwort ganzheitlich sein.

Ausschlaggebend dafür ist jedoch, daß sich der Mensch den Vorgang seines Denkens *als solchen* bewußt macht, das heißt als eine Ansicht, eine Anschauungsweise und nicht als «ein wahres Abbild der Realität, wie sie ist».

Es ist klar, daß wir eine beliebige Anzahl verschiedener Ansichten haben können. Nicht eine *Gleichschaltung* des Denkens ist verlangt oder eine Art aufgesetzte Einheit, denn jeder derart erzwungene Standpunkt würde selbst bloß ein weiteres Bruchstück darstellen. Vielmehr sollten wir alle unsere verschiedenen Denkweisen als Anschauungsweisen der einen Realität auffassen, von denen eine jede einen Geltungsbereich besitzt, innerhalb dessen sie genau und angemessen ist. Man kann in der Tat eine Theorie mit einem bestimmten Blick auf irgendeinen Gegenstand vergleichen. Jeder Blick empfängt nur das Bild der ihm erscheinenden Seite des Gegenstands. Der ganze Gegenstand wird nicht in einem einzigen Blick wahrgenommen, sondern bloß *implizit* als jene einzigartige Realität begriffen, die sich all diesen Blicken darbietet. Wenn wir ein tiefes Verständnis dafür gewinnen, daß es mit unseren Theorien genauso steht, dann werden wir nicht in die Gewohnheit fallen, die Realität so zu sehen und anzupacken, als setzte sie sich aus getrennt existierenden Bruchstücken zusammen, und zwar je nachdem, wie sie in unserem Denken und in unserer Phantasie erscheint, wenn wir unsere Theorien für «direkte Beschreibungen der Realität, wie sie ist», halten.

Es ist über ein allgemeines Bewußtsein von der Rolle der Theorien hinaus, wovon oben die Rede war, vonnöten, besondere Aufmerksamkeit auf jene Theorien zu verwenden, die einen Beitrag zum Ausdruck unserer allumfassenden Selbst-Weltbilder leisten. Denn unsere allgemeinen Vorstellungen vom Wesen der Realität werden in einem beträchtlichen Ausmaß implizit oder explizit im Rahmen dieser Weltbilder geformt. In dieser Beziehung spielen die allgemeinen Theorien der

Physik eine wichtige Rolle, denn so, wie man sie begreift, befassen sie sich mit dem allgemeinen Wesen der Materie, aus der sich alles aufbaut, sowie mit den Begriffen von Raum und Zeit, mit denen alle Bewegung der Materie beschrieben wird.

Nehmen wir zum Beispiel die Atomtheorie, die zuerst von Demokrit vor mehr als 2000 Jahren vorgeschlagen wurde. Im wesentlichen führt uns diese Theorie dazu, die Welt als aus Atomen zusammengesetzt anzusehen, die sich im leeren Raum bewegen. Die stets wechselnden Formen und Eigenschaften makroskopischer Körper werden nun als Folge der wechselnden Anordnungen der sich bewegenden Atome betrachtet. Offensichtlich war diese Auffassung in gewisser Weise eine wichtige Form, die Ganzheit zu erkennen, denn sie versetzte die Menschen in die Lage, die ungeheure Vielfalt der ganzen Welt als Bewegungen einer einzigen Menge von Grundbestandteilen durch einen einzigen leeren Raum, der alles Seiende durchwaltet, zu begreifen. Dennoch wurde die Atomtheorie im Zuge ihrer Entwicklung schließlich eine Hauptstütze einer fragmentierenden Einstellung zur Realität. Denn sie wurde allmählich nicht mehr als eine Ansicht aufgefaßt, als eine Anschauungsweise; statt dessen sahen es die Menschen als absolute Wahrheit an, daß das Ganze der Realität tatsächlich aus nichts anderem als aus «atomaren Bausteinen» bestünde, die allesamt mehr oder weniger mechanisch zusammenwirkten.

Natürlich muß die Annahme irgendeiner physikalischen Theorie als absolute Wahrheit die Neigung mit sich bringen, die allgemeinen Denkschemata der Physik zu verfestigen und somit zur Fragmentierung beizutragen. Darüber hinaus war jedoch der besondere Inhalt der Atomtheorie hervorragend dazu geeignet, der Fragmentierung Vorschub zu leisten, denn es war darin unterstellt, daß sich die gesamte natürliche Welt einschließlich des Menschen mit seinem Gehirn, seinem Nervensystem, seinem Verstand usw. im Prinzip vollkommen als Strukturen und Funktionen von Massen getrennt existierender Atome begreifen ließ. Die Tatsache, daß Experimente und die allgemeine Erfahrung dem Menschen dieses atomistische Bild bestätigten, wurde selbstverständlich als Beweis für die Richtigkeit und sogar für die universelle Wahrheit dieser Vorstellung genommen. So stand die Wissenschaft fast geschlossen hinter der fragmentierenden Einstellung zur Wirklichkeit.

Es ist allerdings wichtig, darauf hinzuweisen, daß die experimentelle Bestätigung (wie sie in solchen Fällen üblich ist) des atomistischen

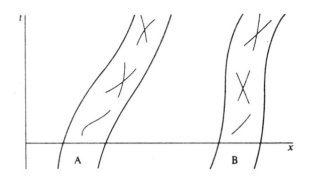

Abbildung 1

Standpunktes ihre Grenzen hat. In der Tat führt der Atomismus in den Bereichen, die von der Quantentheorie und der Relativitätstheorie abgedeckt werden, zu verworrenen Fragestellungen, was auf die Notwendigkeit neuer Ansichten hinweist, die sich so sehr vom Atomismus unterschieden wie dieser von den Theorien, die ihm vorausgingen.

So zeigt die Quantentheorie, daß der Versuch, ein Atomteilchen in allen Einzelheiten zu beschreiben und zu verfolgen, wenig Sinn hat. Die Idee einer Atombahn besitzt nur einen beschränkten Anwendungsbereich. In einer ausführlicheren Beschreibung erscheint das Atom in vielerlei Hinsicht seinem Verhalten nach ebenso als Welle wie als Teilchen. Es läßt sich vielleicht am ehesten als eine verschwommene Wolke betrachten, deren jeweilige Gestalt vom ganzen Umfeld einschließlich des Beobachtungsinstrumentes abhängt. Somit läßt sich die Trennung zwischen Beobachter und Beobachtetem nicht länger aufrechterhalten (wie dies in der atomistischen Sicht, die beide als voneinander getrennte Atommassen auffaßt, vorausgesetzt ist). Beobachter und Beobachtetes sind vielmehr miteinander verschmelzende und sich gegenseitig durchdringende Aspekte einer einzigen ganzen Realität, die unteilbar und unzerlegbar ist.

Die Relativitätstheorie führt uns zu einer Art der Weltbetrachtung, die der obigen in mancher entscheidenden Hinsicht gleicht. Aus der Tatsache, daß es in Einsteins Sichtweise kein schnelleres Signal als das Licht geben kann, folgt der Zusammenbruch des Begriffs eines starren Körpers. Dieser Begriff jedoch nimmt in der klassischen Atomtheorie eine Schlüsselstellung ein, denn nach dieser Theorie muß es sich bei den letzten Bestandteilen des Universums um kleine, unteilbare Objekte handeln,

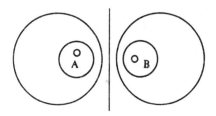

Abbildung 2

und dies ist nur möglich, wenn jeder Teil eines solchen Objekts starr mit allen anderen Teilen verbunden ist. In einer relativistischen Theorie ist es notwendig, die Vorstellung vollständig fallenzulassen, die Welt setze sich aus grundlegenden Objekten oder «Bausteinen» zusammen. Es gilt vielmehr, die Welt als ein universelles Fließen von Ereignissen und Prozessen anzusehen. Demnach sollte man, wie durch A und B in Abbildung 1 angedeutet, statt an ein Teilchen an eine «Weltenröhre» denken.

Diese Weltenröhre stellt einen unendlich komplexen Prozeß einer Struktur in Bewegung und Entwicklung dar, der in einem Bereich konzentriert ist, der von den Grenzlinien der Röhre eingefaßt wird. Allerdings besitzt jedes «Teilchen» selbst außerhalb der Röhre ein Feld, das sich durch den Raum erstreckt und mit den Feldern anderer Teilchen verschmilzt.

Ein lebendigeres Bild davon, was hiermit gemeint ist, daß die beiden Strudel als Abstraktionen zu betrachten sind, erhält man, wenn man Wellenformen als Strudelbildungen in einem fließenden Strom ansieht. Wie in Abbildung 2 gezeigt, entsprechen die beiden Strudel gleichbleibenden Strömungsfiguren der Flüssigkeit, deren Mittelpunkte mehr oder weniger bei A und B liegen. Es versteht sich, daß die beiden Strudel als Abstraktionen zu betrachten sind, die wir durch unser Denken für unsere Wahrnehmung hervorheben. Tatsächlich verschmelzen und vereinigen sich die beiden abstrahierten Strömungsfiguren natürlich in einer ganzheitlichen Bewegung des fließenden Stromes. Es gibt weder eine scharfe Trennung zwischen ihnen, noch lassen sie sich als gesondert oder unabhängig existierende Gebilde auffassen.

Die Relativitätstheorie verlangt eine solche Anschauungsweise der Atomteilchen, aus denen sich alle Materie aufbaut einschließlich natürlich der Menschen mit ihren Gehirnen, ihren Nervensystemen und den Beobachtungsinstrumenten, die sie sich geschaffen haben und die sie in ihren Labors benutzen. Wenn sie auch die Frage auf verschiedenen

Wegen angehen, so stimmen die Relativitätstheorie und die Quantentheorie doch beide in der Notwendigkeit überein, die Welt als ein *ungeteiltes Ganzes* anzuschauen, worin alle Teile des Universums einschließlich dem Beobachter und seiner Instrumente zu einer einzigen Totalität verschmelzen und sich darin vereinigen. In dieser Totalität stellt die atomistische Ansicht eine Vereinfachung und Abstraktion dar, die nur in einem beschränkten Rahmen gültig ist.

Die neue Ansicht kann man vielleicht am besten als *«Ungeteilte Ganzheit in fließender Bewegung»* bezeichnen. Diese Sichtweise impliziert, daß das Fließen gewissermaßen den «Dingen», die man in diesem Fließen entstehen und vergehen sehen kann, vorausgeht. Vielleicht läßt sich dies veranschaulichen, wenn man den «Strom des Bewußtseins» betrachtet. Diser Fluß des Bewußtseins ist nicht genau faßbar, und doch geht er offensichtlich den faßbaren Formen der Gedanken und Ideen voraus, die man fließend entstehen und vergehen sehen kann wie Kräuselungen, Wellen und Strudel in einem fließenden Strom. Und wie es auch mit solchen Bewegungsfiguren in einem Strom der Fall ist, so kehren manche Gedanken immer wieder und halten sich mehr oder weniger hartnäckig, während andere verschwinden.

Nach der hier vorgeschlagenen, allgemeinen Ansicht ist alle Materie so beschaffen: Es gibt einen universellen Fluß, der sich nicht explizit fassen, sondern nur implizit erkennen läßt, wie es die explizit faßbaren Formen und Bildungen andeuten – einige gleichbleibend, andere veränderlich –, die man von dem universellen Fluß abstrahieren kann. In diesem Fließen sind Geist und Materie keine voneinander getrennten Substanzen, sondern vielmehr verschiedene Aspekte einer einzigen ganzen und bruchlosen Bewegung. Auf diese Weise können wir alle Erscheinungsformen des Daseins als nicht voneinander getrennt ansehen, und damit können wir der Fragmentierung ein Ende setzen, die in der derzeitigen Einstellung zum atomistischen Standpunkt angelegt ist, der uns dazu führt, gründlichst alles von allem zu trennen. Dennoch können wir jene Seite des Atomismus akzeptieren, die immer noch eine richtige und gültige Ansicht bietet; das heißt, daß trotz der ungeteilten Ganzheit in fließender Bewegung die verschiedenen Figuren, die man davon abstrahieren kann, eine gewisse relative Autonomie und Stabilität besitzen, ein Umstand, dem allerdings durch das universelle Gesetz der fließenden Bewegung Rechnung getragen wird. Nunmehr jedoch sind wir uns über die Grenzen dieser Autonomie und Stabilität deutlich im klaren.

So können wir uns in entsprechend festgesetzten Zusammenhängen verschiedene andere Ansichten zu eigen machen, die es uns ermöglichen, gewisse Dinge zu vereinfachen und sie für den Augenblick und bestimmte begrenzte Zwecke so zu behandeln, als wären sie autonom und stabil wie auch vielleicht getrennt existent. Doch müssen wir nicht darauf verfallen, uns selbst und die ganze Welt auf diese Weise zu betrachten. Daher braucht uns unser Denken nicht zu der Illusion zu verleiten, die Realität sei tatsächlich von Natur aus fragmentiert, und ebensowenig zu den entsprechenden fragmentierenden Handlungsweisen, die sich aus einer derart von Illusion getrübten Wahrnehmung ergeben.

Der oben zur Sprache gebrachte Standpunkt ähnelt in mancher entscheidenden Hinsicht dem, den auch einige der alten Griechen vertraten. Man kann diese Ähnlichkeit erkennen, wenn man den Begriff der Kausalität bei Aristoteles betrachtet. Aristoteles unterscheidet viererlei Ursachen:

Stoff (*causa materialis*)
Wirken (*causa efficiens*)
Form (*causa formalis et exemplaris*)
Zweck (*causa finalis*)

Als ein gutes Beispiel zum Verständnis dieser Unterscheidung kann man ein Lebewesen wie etwa einen Baum oder ein Tier heranziehen. Die stoffliche Ursache ist dann einfach die Materie, auf die alle anderen Ursachen einwirken und aus der das Wesen besteht. So sind im Fall einer Pflanze Erde, Luft, Wasser und Sonnenlicht die stoffliche Ursache, denn sie bilden die Substanz der Pflanze. Die Wirkursache besteht in einem (für das Wesen) äußeren Vorgang, der dafür sorgt, daß der ganze Prozeß seinen Lauf nimmt. Im Fall eines Baumes zum Beispiel könnte das Pflanzen des Samens als die Wirkursache gelten.

Es ist in diesem Zusammenhang von entscheidender Bedeutung zu verstehen, was mit der formalen Ursache gemeint war. Leider bezeichnen die Worte «formal» oder «förmlich» im modernen Sprachgebrauch eher eine äußere Form, der keine große Bedeuung zukommt (wie man etwa von «förmlichem Benehmen» oder «einer bloßen Formalität» spricht). In der altgriechischen Philosophie hingegen bedeutete das Wort *Form* in erster Linie eine innere *formende Tätigkeit (forming activity)*, die die Ursache für das Wachstum der Entwicklung und Differenzierung ihrer verschiedenen wesentlichen Formen ist. Was der Begriff «formale Ursache» beispielsweise im Fall einer Eiche bezeichnet, ist die ganze innere Bewegung von Saft, Zellwachstum, Ausbildung von Zweigen, Blättern usw., die für diese Baumart kennzeichnend und von der anderen Baumart verschieden ist. Besser ließe sich dies vielleicht als *formgebende Ursache (formative cause)* beschreiben, um zu betonen, daß es sich nicht um eine bloße Form handelt, die von außen übergestülpt wird, sondern vielmehr um *eine geordnete und gegliederte innere Bewegung, die den Dingen wesensmäßig eigen ist.*

Eine jede derartige formgebende Ursache muß offenbar zu einem Ziel oder einem Ergebnis kommen, das zumindest darin angelegt ist. So ist es nicht möglich, davon zu sprechen, daß die innere Bewegung einer Eichel eine Eiche hervorbringt, ohne gleichzeitig die Eiche zu erwähnen, die eben das Ergebnis dieser Bewegung ist. So impliziert die formgebende Ursache stets die Zweckursache.

Natürlich kennen wir die Zweckursache auch als *Absicht*, die bewußt im Denken durchgehalten wird (eine Vorstellung, die man auch auf Gott ausdehnte, von dem man annahm, er habe das Universum nach einem großen Plan geschaffen). Eine Absicht ist jedoch nur ein Sonderfall der Zweckursache. So verfolgen die Menschen zum Beispiel in ihren Gedanken oft bestimmte Ziele, aber was dann bei ihren Handlungen tatsächlich herauskommt, ist in der Regel etwas ganz anderes, als was sie beabsichtigt hatten, was jedoch in ihrem Tun *impliziert* war, wenn es die Ausführenden auch nicht bewußt erkannten.

In der Sicht des Altertums galt die formgebende Ursache, die auf den Verstand wirkte, im wesentlichen als dieselbe, die sich auf das Leben und den Kosmos im ganzen bezog. In der Tat betrachtete Aristoteles das Universum als einen einzigen Organismus, worin jeder Teil in bezug auf das Ganze wächst und sich entwickelt und darin Ort und Aufgabe findet, die ihm eigen sind. Was den Verstand angeht, so können wir uns diese Vorstellung in modernen Begriffen klarmachen, indem wir uns der fließenden Bewegung des Bewußtseins zuwenden. Wie zuvor gezeigt, lassen sich zunächst einmal verschiedene Denkfiguren in diesem Fließen ausmachen. Diese folgen relativ mechanisch aufeinander durch einen Assoziationsvorgang, der durch Gewohnheit und prägende Umstände bedingt ist. Offensichtlich sind solche assoziativen Übergänge dem inneren Bau der betreffenden Gedanken äußerlich, so daß sich diese Übergänge wie eine Reihe von Wirkursachen verhalten. Jedoch den *Grund* einer Sache einzusehen, ist kein mechanischer Vorgang dieser Art; man erkennt vielmehr jede Erscheinungsform als in ein einziges Ganzes eingebettet, dessen sämtliche Teile innerlich verbunden sind (wie beispielsweise die Organe des Körpers). Hier gilt es zu betonen, daß die Begründung im wesentlichen ein Vorgang der Wahrnehmung über den Verstand ist, die in gewisser Weise der künstlerischen Wahrnehmung gleicht, und nicht bloß die assoziative Wiederholung von bereits bekannten Gründen. So mag man ratlos vor einem breiten Spektrum von Faktoren stehen, vor Dingen, die nicht zusammenpassen wollen, bis es plötzlich zu einem blitzartigen Verstehen kommt und man dadurch erkennt, wie alle diese Faktoren als Aspekte einer einzigen Totalität zusammenhängen (man denke zum Beispiel an Newtons Erkenntnis der universellen Gravitation). Solche Wahrnehmungsakte lassen sich eigentlich nicht genau analysieren oder beschreiben. Sie müssen vielmehr als Aspekte der *formenden* Tätigkeit des Verstandes angesehen werden. Ein bestimmtes Begriffsgefüge ist dann das *Ergebnis* dieser Tätigkeit, und es sind diese Ergebnisse, die von der Reihe der Wirkursachen, die im gewöhnlichen assoziativen Denken am Werk sind, verknüpft werden – und wie zuvor ausgeführt, wird in dieser Sicht die formende Tätigkeit sowohl in der Natur als auch im Verstand als vorrangig aufgefaßt, so daß die Ergebnisformen in der Natur gleichfalls durch Wirkursachen miteinander verknüpft sind.

Offensichtlich ist der Begriff der formgebenden Ursache wichtig für jene Sichtweise der ungeteilten Ganzheit in fließender Bewegung, von der wir gesehen haben, daß sie in den modernen Entwicklungen in der Physik verlangt wird, vor allem in der Relativitätstheorie und der Quantentheorie. So ist, wie dargelegt wurde, jede relativ autonome und stabile Struktur (zum Beispiel ein Atomteilchen) nicht als etwas unabhängig und dauernd Existentes zu verstehen, sondern vielmehr als ein Produkt, das im Zuge der ganzen fließenden Bewegung geformt wurde und das sich zuletzt wieder in dieser Bewegung auflösen wird. Wie es sich formt und erhält, hängt demnach von seinem Ort und seiner Aufgabe im Ganzen ab. Wir sehen also, daß bestimmte Entwicklungen in der modernen Physik eine Art Einblick in die Natur nach sich ziehen, der im Hinblick auf die Begriffe der formgebenden und der Zweckursache wesentliche Ähnlichkeiten mit Anschauungen aufweist, die zu früheren Zeiten üblich waren.

Dennoch kommt den Begriffen der formgebenden und der Zweckursache in der heute auf dem Feld der Physik geleisteten Arbeit meistens keine primäre Bedeutung zu. Eine Gesetzmäßigkeit wird in der Regel immer noch als ein selbstbestimmtes System von Wirkursachen aufgefaßt, das in einer Gesamtmenge materieller Bestandteile des Universums wirkt (etwa Atomteilchen, die den Kräften gegenseitiger Wechselwirkung unterworfen sind). Von diesen Bestandteilen nimmt man nicht an, daß sie in einem Gesamtprozeß geformt werden, und somit werden sie auch nicht so wie etwa Organe betrachtet, die ihrem Ort und ihrer Aufgabe im Ganzen angepaßt sind (das heißt den Zielen, denen sie in diesem Ganzen dienen). Eher begreift man sie als getrennt existierende, mechanische Elemente von feststehender Art.

Der vorherrschende Trend in der modernen Physik ist von daher stark gegen jegliche Sichtweise gerichtet, die der formgebenden Tätigkeit im ungeteilten Ganzen der fließenden Bewegung einen Vorrang zuspricht. In der Tat neigen die meisten Physiker dazu, jene Aspekte der Relativitätstheorie und der Quantentheorie, die die Notwendigkeit einer solchen Sichtweise nahelegen, herunterzuspielen und in der Tat kaum zu bemerken, da sie weitgehend als Faktoren mathematischer Berechnungen und nicht als Hinweise auf das wirkliche Wesen der Dinge betrachtet werden. Betrachtet man die Umgangssprache und das informelle Denken in der Physik, wie es die Vorstellungswelt erfüllt und das Gefühl dafür weckt, was wirklich und wesentlich ist, so sprechen und denken die meisten Physiker noch immer, in der vollen Überzeugung ihrer Wahrheit, in den Begriffen des herkömmlichen Atomismus, nach dem das Universum aus Elementarteilchen besteht, die die «Grundbausteine» darstellen, aus denen alles gemacht ist. In anderen Wissenschaften wie etwa der Biologie ist die Kraft dieser Überzeugung sogar noch größer, denn unter denen, die auf diesen Gebieten arbeiten, besteht nur ein geringes Bewußtsein vom revolutionären Charakter der Entwicklung in der modernen Physik. Zum Beispiel glauben moderne Molekularbiologen im allgemeinen, daß sich die Gesamtheit von Leben und Seele letztlich durch eine Art Erweiterung der Arbeit, die über Struktur und Funktion der DNS-Moleküle geleistet wird, in mehr oder weniger mechanischen Begriffen verstehen läßt. Ein ähnlicher Trend gibt bereits in der Psychologie den Ton an. Wir gelangen so zu dem höchst merkwürdigen Ergebnis, daß in den Bereichen der Erforschung des Lebens und der Seele, in denen ja gerade das Wirken der formgebenden Ursache in der ungeteilten und bruchlosen fließenden Bewegung der Erfahrung und Beobachtung am ehesten ersichtlich ist, heute das stärkste Vertrauen in die fragmentierende atomistische Einstellung zur Realität besteht.

Natürlich ist diese vorherrschende Tendenz in der Naturwissenschaft, in den Begriffen eines fragmentierten Selbst-Weltbildes zu denken und wahrzunehmen, Teil einer umfassenderen Bewegung, die sich im Laufe langer Zeit entwickelt hat und heute nahezu unsere gesamte Gesellschaft durchdringt. Aber umgekehrt trägt eine solche Denk- und Anschauungsweise in der wissenschaftlichen Forschung sehr nachhaltig zur Bekräftigung der allgemeinen fragmentierenden Einstellung bei, da sie dem Menschen ein Bild entwirft, nach dem die ganze Welt lediglich aus einer Masse getrennt existierender «Atombausteine» besteht, und sie wartet mit experimentellen Beweisen auf, aus denen der Schluß gezogen wird, diese Sichtweise sei notwendig und unumgänglich. Dadurch erzeugt man das Gefühl, die Fragmentierung brächte nichts anderes zum Ausdruck, als «wie alles in Wirklichkeit ist», und alles andere sei unmöglich. Die Bereitschaft, sich nach Beweisen für das Gegenteil umzuschauen, ist folglich sehr gering. Selbst wenn dann solche Beweise auftauchen, wie in der modernen Physik, so besteht, wie bereits dargelegt wurde, in der Tat die Tendenz, deren Bedeutung herunterzuspielen oder sie gar völlig außer acht zu lassen. Man könnte wirklich so weit gehen zu behaupten, daß der gegenwärtige Gesellschaftszustand sowie das gegenwärtig übliche wissenschaftliche Unterrichtsverfahren, worin sich ja dieser Gesellschaftszustand bekundet, eine Art Vorurteil zugunsten eines fragmentierten Selbst-Weltbildes nähren und vermitteln (zu einem gewissen Grade explizit und bewußt, aber hauptsächlich auf eine implizite und unbewußte Art und Weise).

Wie schon gesagt, können aber Menschen, die sich von solch einem fragmentierten Selbst-Weltbild leiten lassen, auf lange Sicht nicht umhin zu versuchen, durch ihr Handeln sich selbst und die Welt in Stücke zu brechen, wie es ihrer gewohnten Denkweise entspricht. Da die Fragmentierung in erster Linie einen Versuch darstellt, das analytische Zergliedern der Welt in getrennte Teile über den angemessenen Bereich hinaus fortzuführen, so bedeutet dies eigentlich den Versuch zu teilen, was in Wirklichkeit unteilbar ist. Der nächste Schritt wird dann darin bestehen, daß wir zu vereinigen versuchen, was sich in Wirklichkeit nicht vereinigen läßt. Dies kann man besonders deutlich im Fall von Gruppenbildungen in der Gesellschaft sehen (politischer, ökonomischer, religiöser Art usw.). Das bloße Bilden einer solchen Gruppe läuft darauf hinaus, daß ein Gefühl der Absonderung und Getrenntheit vom Rest der Welt unter den Mitgliedern geschaffen wird, aber da die Mitglieder in Wirklichkeit mit dem Ganzen verbunden sind, kann das nicht gutgehen. Jedes Mitglied hat in der Tat eine etwas andere Verbindung, und früher oder später tritt dies als Differenz zwischen ihm und anderen Gruppenmitgliedern zutage. Wenn Menschen sich vom Gesellschaftsganzen absetzen und sich aufgrund einer Übereinstimmung in einer Gruppe zusammenschließen wollen, so ist klar, daß schließlich immer innere Zwistigkeiten in der Gruppe entstehen müssen, die zu einem Zerbrechen ihrer Geschlossenheit führen. In gleicher Weise wird ein ähnlicher Zustand der Gegensätzlichkeit und Uneinigkeit aufkommen, wenn Menschen versuchen, irgendeinen Aspekt der Natur in ihrer praktischen, technischen Arbeit auszugrenzen. Dasselbe wird dem einzelnen widerfahren, der sich von der Gesellschaft abzusetzen versucht. Wahre Einheit im Einzelmenschen, zwischen Mensch und Natur, zwischen Mensch und Mensch kann sich nur durch eine Form des Handelns bilden, die nicht darauf aus ist, die Ganzheit der Realität zu zerstören.

Unsere fragmentierenden Denk-, Anschauungs- und Handlungsweisen haben offensichtlich in jedem Bereich menschlichen Lebens ihre Folgen. Es sieht so aus, als sei die Fragmentierung ironischerweise der einzige universelle Zug in unserer Lebensweise, der alles uneingeschränkt und grenzenlos ergreift. Dies kommt daher, weil die Wurzeln der Fragmentierung sehr tief reichen und alles durchdringen. Wie gesagt, wir versuchen zu teilen, was eins und unteilbar ist, und dies hat im nächsten Schritt zur Folge, daß wir versuchen, gleichzusetzen, was verschieden ist.

Die Fragmentierung ist also ihrem Wesen nach eine Verwirrung angesichts der Frage, was verschieden und was zusammengehörig (oder eins) ist, aber das klare Erfassen dieser Kategorien ist in jeder Lebensphase notwendig. *Wer das, was verschieden ist und was nicht, durcheinanderbringt, bringt alles durcheinander.* Daher ist es kein Zufall, wenn unsere fragmentierende Denkweise ein derart breites Spektrum von Krisen hervorbringt: soziale, politische, ökonomische, ökologische, psychologische usw., und dies sowohl im einzelnen wie in der Gesellschaft im ganzen. Solch eine Denkweise bedeutet, das endlose Ausufern von chaotischem und sinnlosem Konflikt, der darauf hinausläuft, daß alle Energien durch gegeneinander gerichtete oder sich durchkreuzende Bewegungen vergeudet werden.

Es ist wichtig und äußerst dringlich, diese tiefgreifende und überall anzutreffende Verwirrung, die sich durch unser ganzes Leben zieht, zu klären. Wozu sollen soziale, politische, ökonomische und andere Maßnahmen dienen, wenn der Verstand so wirr ist, daß er für gewöhnlich unterscheidet, was nicht verschieden ist, und zusammenbringt, was nicht zusammengehört? Ein solches Handeln wird bestenfalls unnütz und schlimmstenfalls zerstörerisch sein.

Ebensowenig wäre es sinnvoll, wollte man versuchen, unserem Selbst-Weltbild irgendein starres oder vereinheitlichendes «ganzheitliches» Prinzip überzustülpen, denn ein starres Selbst-Weltbild jeder Art würde, wie zuvor gezeigt, implizieren, daß wir unsere Theorien nicht mehr als Ansichten oder Anschauungsweisen behandeln, sondern vielmehr als «absolut wahres Wissen des wirklichen Sachverhalts». Demnach würden, ob es uns nun paßt oder nicht, die Unterscheidungen, die unweigerlich in jeder Theorie vorkommen, selbst in einer «ganzheitlichen», in irriger Weise als Trennungen behandelt. Dies würde die gesonderte Existenz der unterschiedlichen Begriffe unterstellen (worauf wir dann alles, was nicht unterschieden wurde, fälschlicherweise als absolut identisch auffassen würden).

Wir müssen also auf der Hut sein und den Umstand sorgfältig beachten, daß unsere Theorien keine «Beschreibungen der Realität, wie sie ist», sind, sondern vielmehr laufend wechselnde Ansichten, die auf eine implizite und in ihrer Gesamtheit nicht beschreibbare oder bestimmbare Realität hinweisen. Die Notwendigkeit, derart wachsam zu sein, besteht sogar gegenüber dem hier in diesem Kapitel Gesagten, insofern dies nicht als «absolut wahres Wissen vom Wesen der Fragmentierung und der Ganzheit» zu betrachten ist. Es ist vielmehr gleichfalls *eine* Theorie, die eine Ansicht dieser Frage bietet. Es ist Sache des Lesers, für sich selbst herauszufinden, ob diese Ansicht genau oder ungenau ist und wo die Grenzen ihrer Gültigkeit liegen.

Was kann also dazu getan werden, den herrschenden Zustand der Fragmentierung zu beenden? Auf den ersten Blick mag dies als eine vernünftige Frage erscheinen, aber eine nähere Prüfung läßt einen daran zweifeln, ob es tatsächlich eine vernünftige Frage ist, denn man kann sehen, daß diese Frage auf Voraussetzungen beruht, die nicht klar sind.

Allgemein gesprochen, unterstellt die Frage, wie man beispielsweise irgendein Sachproblem lösen kann, daß wir zwar anfangs die Antwort nicht wissen, aber unser Verstand dennoch klar genug ist, um eine Antwort zu finden oder wenigstens eine Antwort, die ein anderer gefunden hat, einzusehen. Wenn jedoch unser ganzes Denken von der Fragmentierung ergriffen ist, so bedeutet dies, daß wir dazu nicht in der Lage sind, denn die fragmentierte Wahrnehmung ist im wesentlichen eine weitgehend unbewußte, gewohnheitsmäßige Verwirrung angesichts der Frage, was verschieden ist und was nicht. Wenn wir also herauszufinden versuchen, was wir gegen die Fragmentierung unternehmen sollen, so werden wir eben dabei mit dieser Angewohnheit fortfahren, was darauf hinausläuft, daß wir noch weitere Formen der Fragmentierung schaffen.

Dies heißt freilich nicht unbedingt, daß es überhaupt keinen Ausweg gibt, aber es heißt, daß wir zunächst innehalten müssen, damit wir nicht mit unseren gewohnten fragmentierenden Denkweisen weitermachen, während wir Lösungen suchen, die schnell zur Hand sind. Das Problem von Fragmentierung und Ganzheit ist heikel und schwierig, heikler und schwieriger als jene, die zu grundlegend neuen Entdeckungen in der Wissenschaft geführt haben. Zu fragen, wie die Fragmentierung zu beenden sei und im Handumdrehen eine Antwort zu erwarten, ist noch unsinniger, als zu fragen, wie sich eine Theorie entwickeln ließe, die so neu ist wie jene Einsteins war, als er noch daran arbeitete, und zu erwarten, man bekäme nun Handlungsanweisungen in Form von Rezepten oder Formeln.

Einer der schwierigsten und heikelsten Punkte dieser Frage besteht darin, klarzustellen, was mit dem Verhältnis zwischen dem Gedankeninhalt und dem Denkvorgang, der diesen Inhalt hervorbringt, gemeint ist. Eine Hauptquelle der Fragmentierung ist nämlich die allgemein akzeptierte Voraussetzung, der zufolge der Vorgang des Denkens hinreichend getrennt und unabhängig von seinem Inhalt abläuft, so daß uns im großen und ganzen Raum bleibt für ein klares, geordnetes, rationales Denken, das diesen Inhalt zu Recht als korrekt oder inkorrekt, rational oder irrational, fragmentiert oder ganzheitlich usw. beurteilen kann. Tatsächlich besteht aber, wie wir gesehen haben, die einem Selbst-Weltbild innewohnende Fragmentierung nicht nur im Gedankeninhalt, sondern in der ganzen Vorgehensweise desjenigen, der «sich Gedanken macht», und damit ebensosehr im Vollzug des Denkens wie in seinem Inhalt. In Wirklichkeit sind Inhalt und Prozeß nicht zwei getrennt voneinander existierende Dinge, sondern sie sind vielmehr zwei Aspekte, von denen aus man eine einzige ganze Bewegung betrachten kann. Daher müssen der fragmentierte Inhalt und der fragmentierende Prozeß *gemeinsam* zu einem Ende kommen.

Womit wir es hier zu tun haben, ist eine Einheit des Denkvorgangs mit seinem Inhalt, die in mancher entscheidenden Hinsicht der Einheit von Beobachter und Beobachtetem gleicht – dies wurde im Zusammenhang mit der Relativitätstheorie und der Quantentheorie erörtert. Wir können Fragen dieser Art nicht korrekt behandeln, solange wir noch bewußt oder unbewußt in einem Denken befangen sind, das sich selbst vom Standpunkt einer vermeintlichen Trennung aus zwischen dem Denkvorgang und dem Gedankeninhalt, dessen Ergebnis er ist, begreifen will. Bejahen wir eine solche Annahme, dann führt uns dies im nächsten Schritt dazu, uns ein Handeln mittels Wirkursachen vorzugaukeln, das der Fragmentierung des Inhaltes ein Ende setzte, dabei jedoch die Fragmentierung des tatsächlichen Denkvorgangs unangetastet ließe. Dagegen ist es notwendig, die allumfassende *formgebende Ursache* der Fragmentierung irgendwie zu erfassen, worin Inhalt und wirklicher Prozeß zusammen gesehen werden, in ihrer Ganzheit.

Man könnte hier das Bild aufgewühlter Strudel in einem Fluß zur Hilfe nehmen. Die Gestalt und Verteilung von Strudeln, die gewissermaßen den Inhalt einer Beschreibung der Bewegung bilden, sind nicht vom formgebenden Fließen des Stromes getrennt, das die Gesamtheit der Strudelbildungen hervorruft, erhält und schließlich auflöst. Es wäre also offenkundiger Unsinn, die Strudel beseitigen zu wollen, ohne das formgebende Wirken des Stromes zu verändern. Wenn sich unsere Wahrnehmungen erst einmal von der richtigen Einsicht in die Bedeutung der ganzen Bewegung leiten läßt, so werden wir gewiß nicht mehr dazu geneigt sein, einen derart müßigen Versuch zu unternehmen. Wir werden uns vielmehr die ganze Sachlage besehen, um in Erfahrung zu bringen, was für ein Handeln hier wirklich angebracht und auf dieses Ganze anwendbar ist, damit wir den aufgewühlten Strudeln ein Ende bereiten können. Und wenn wir die Wahrheit von der Einheit des Denkvorgangs, den wir vollziehen, und des Gedankeninhalts, der das Ergebnis dieses Vorgangs ist, wirklich erfassen, dann wird uns eine solche Einsicht in die Lage versetzen, die ganze Denkbewegung zu beobachten, zu überblicken und in Erfahrung zu bringen und dadurch eine Handlungsweise zu finden, die auf dieses Ganze anwendbar ist und die «Aufgewühltheit» der Bewegung beendet, die das Wesen der Fragmentierung in jeder Lebensphase darstellt.

Natürlich wird ein solches Lernen und Entdecken viel sorgfältige Aufmerksamkeit und harte Arbeit verlangen. Wir sind dazu bereit, solche Aufmerksamkeit und Arbeit auf ein breites Spektrum von Feldern – wissenschaftliche, ökonomische, soziale, politische usw. – zu verwenden, aber bis jetzt hat davon wenig oder gar nichts zu einer Einsicht in den Denkvorgang beigetragen, von dessen Klarheit der Wert alles anderen abhängt. Vor allem müssen wir uns über die große Gefahr klarwerden, die besteht, wenn wir mit einem fragmentierenden Denkvorgang weitermachen. Dies würde der Forschung danach, wie sich das Denken tatsächlich vollzieht, jene erforderliche Dringlichkeit und Energie verleihen, um sich dem wahren Ausmaß der Schwierigkeiten zu stellen, mit denen uns die Fragmentierung heute konfrontiert.

Zusammenfassende Betrachtung westlicher und östlicher Ganzheitsauffassungen

Auf den sehr frühen Entwicklungsstufen der Zivilisation waren die Ansichten des Menschen im wesentlichen ganzheitlich und nicht fragmentiert. Im Osten (vor allem in Indien) sind solche Ansichten insofern noch immer lebendig, als Philosophie und Religion die Ganzheit betonen und die Vergeblichkeit eines analytischen Zergliederns der Welt zum Ausdruck bringen. Warum also geben wir unsere fragmentierende westliche Einstellung nicht einfach auf und machen uns die östlichen Vorstellungen zu eigen, die nicht nur ein Selbst-Weltbild einschließen, das Teilung und Fragmentierung verwirft, sondern auch Meditationstechniken, die das ganze Gedankentreiben in einer non-verbalen Weise in jenen Ruhezustand geordneten und gleichmäßigen Fließens überführen, der zur Beendigung der Fragmentierung sowohl im tatsächlichen Denkvorgang als auch in seinem Inhalt nötig ist?

Um eine solche Frage zu beantworten, mag es als Einstieg ratsam sein, auf den Unterschied zwischen westlichen und östlichen Maßbegriffen einzugehen. Nun hat im Westen der Begriff des Maßes von sehr früher Zeit an eine Schlüsselrolle bei der Festlegung des allgemeinen Selbst-Weltbildes und der darin beschlossenen Lebensweise gespielt. So betrachteten es die alten Griechen, von denen wir (auf dem Weg über die Römer) einen großen Teil unserer Grundbegriffe übernommen haben, als eine der Hauptbedingungen für ein gutes Leben, alles im rechten Maß zu halten (zum Beispiel stellten die griechischen Tragödien das Leid des Menschen gewöhnlich als Folge seines Vergehens gegen das rechte Maß dar). Das diesbezügliche Messen wurde nicht in seinem modernen Sinne primär als eine Art Vergleich eines Objektes mit einem äußerlichen Maßstab oder einer Maßeinheit angesehen. Dieser letztere Vorgang galt vielmehr als eine Art äußeres Zutagetreten oder Erscheinen eines tieferen «inneren Maßes», das überall eine wesentliche Rolle spielte. Wenn etwas über sein rechtes Maß hinausging, so hieß das nicht bloß, daß es irgendeiner äußerlichen Norm nicht entsprach, sondern viel wichtiger war, daß ihm innerlich die Harmonie fehlte und es demnach notwendig seinen Zusammenhalt verlieren und in Stücke brechen mußte. Man kann einen Einblick in diese Denkweise gewinnen, wenn man über die früheren Bedeutungen bestimmter Worte nachdenkt. So beruht lateinisch *mederi* «heilen» (von dem unser Wort «Medizin» herkommt) auf einer Wurzel, die «messen» bedeutet. Darin spiegelt sich die Ansicht wider, daß körperliche Gesundheit als das Ergebnis eines Zustandes anzusehen ist, bei dem sich alle Teile und Abläufe des Körpers im rechten inneren Maß befinden. So beruht auch die antike *moderatio*, die hochangesehene Tugend der Mäßigung, auf derselben Wurzel, und darin zeigt sich, daß diese Tugend als die Frucht eines rechten inneren Maßes, das dem gesellschaftlichen Handeln und Verhalten des Menschen zugrunde lag, betrachtet wurde. Auch das Wort «Meditation», das auf derselben Wurzel beruht, beinhaltet eine Art Abwägen, Erwägen oder Ermessen des ganzen Denkvorgangs, wodurch die innere Aktivität des Verstandes in einen harmonisch maßvollen Zustand gebracht werden konnte. Man sah also das Bewußtsein vom inneren Maß der Dinge körperlich, gesellschaftlich und seelisch als den wesentlichen Schlüssel für ein gesundes, glückliches, harmonisches Leben an.

Es ist klar, daß das Maß genauer gefaßt als Proportion oder Verhältnis ausgedrückt werden muß, und dies heißt auf lateinisch *ratio*, was unter anderem auch «Erwägung», und «Vernunft» bedeutet. In der Sicht des Altertums erscheint Vernunft als Einblick in die Gesamtheit eines Verhältnisses oder einer Proportion, von der man annimmt, daß sie innerlich für das Wesen der Dinge selbst relevant ist (und nicht nur äußerlich in der Form eines Vergleichs mit einem Maßstab oder einer

Maßeinheit). Freilich ist diese *ratio* nicht unbedingt bloß ein Zahlenverhältnis (wenn sie natürlich auch ein solches Verhältnis einschließt). Sie ist vielmehr im allgemeinen die qualitative Form einer universellen Proportion oder Beziehung. Als demnach Newton die universelle Gravitation erkannte, hätte man seine Einsicht in folgende Worte kleiden können: «Wie der Apfel fällt, so fällt auch der Mond, und so fällt in der Tat alles.» Um die Form des Verhältnisses noch deutlicher herauszustellen, kann man schreiben:

$$A : B :: C : D :: E : F.$$

Hierbei stellen A und B aufeinanderfolgende Positionen des Apfels zu aufeinanderfolgenden Zeitpunkten dar, C und D die des Mondes und E und F die eines beliebigen anderen Objektes.

Immer wenn wir für etwas einen theoretischen Grund finden, geben wir damit ein Beispiel für diesen Begriff der *ratio* (was ja auch «Grund» bedeutet), da wir damit zu verstehen geben, daß so, wie sich seine verschiedenen Seiten in unserer Vorstellung zueinander verhalten, sie sich auch in dem Ding, dem diese Vorstellung gilt, verhalten. Der wesentliche Grund oder die *ratio* eines Dings ist dann die Gesamtheit der inneren Verhältnisse in seiner Struktur sowie in dem Prozeß, worin es sich bildet, erhält und schließlich auflöst. Eine solche *ratio* verstehen heißt in dieser Sicht, das «innerste Wesen» jenes Dings verstehen.

Daraus ergibt sich, daß das Maß eine Form der Einsicht in das Wesen aller Dinge ist und daß die menschliche Wahrnehmung, die einer solchen Einsicht folgt, deutlich ist und in der Regel zu geordnetem Handeln und harmonischer Lebensweise führen wird. Es ist in diesem Zusammenhang von Nutzen, sich auf die altgriechischen Vorstellungen vom Maß in der Musik und in den bildenden Küsten zu besinnen. In diesen Vorstellungen wurde nachdrücklich betont, daß ein Erfassen des Maßes ein Schlüssel zum Verständnis der Harmonie in der Musik sei (zum Beispiel Maß als Rhythmus, als rechte Abstimmung in der Tonstärke, der Tonart usw.). In gleicher Weise wurde in den bildenden Künsten das rechte Maß als wesentlich für die gesamte Harmonie und Schönheit eines Werkes angesehen (man denke etwa an den «Goldenen Schnitt»). Dies alles deutet darauf hin, wie weit der Begriff des Maßes über den eines Vergleichs mit einem äußeren Maßstab hinausging und auf eine universelle innere *ratio* oder Proportion hinauslief, die sowohl über die Sinne als auch durch den Verstand wahrzunehmen war.

Natürlich begann sich dieser Maßbegriff im Laufe der Zeit nach und nach zu verändern, so daß er seinen inneren Sinn einbüßte und relativ grob und mechanisch wurde. Wahrscheinlich lag das daran, daß dem Menschen sein Maßbegriff zunehmend zur Routine und Gewohnheit wurde, und zwar sowohl was seine äußere Anwendung auf Messungen anhand einer äußerlichen Maßeinheit betraf als auch seine innere Bedeutung als universelle *ratio* für körperliche Gesundheit, Gesellschaftsordnung und seelische Harmonie. Die Menschen fingen an, sich solche Maßbegriffe mechanisch anzueignen, indem sie sich an die Unterweisungen ihrer Vorfahren oder ihrer Lehrer hielten, und nicht schöpferisch durch ein inneres Erspüren und Erfassen der tieferen Bedeutung dessen, was sie als Verhältnis oder Proportion lernten. So wurde das Maß allmählich als eine Art Richtschnur gelehrt, die man dem Menschen von außen anzulegen hätte, und dieser legte seinerseits körperlich, gesellschaftlich und seelisch – in jedem Zusammenhang, in dem er tätig war – das entsprechende Maß an. Als eine Folge davon wurden die geltenden Maßbegriffe nicht mehr als Ansichten betrachtet. Sie erscheinen vielmehr als «absolute Wahrheiten über die Realität, wie sie ist», die die Menschen wohl zu allen Zeiten gekannt hätten und deren Ursprünge oft mythisch als bindende Weisungen der Götter erklärt wurden, die in Frage zu stellen ebenso gefährlich wie sündhaft sei. Mehr und mehr sank das Maßdenken in den Bereich unbewußter Gewöhnung ab, und infolgedessen wurden die Formen, die dieses Denken in der Wahrnehmung hervorrief, als direkt beobachtete objektive Realitäten angesehen, die im wesentlichen unabhängig davon seien, wie man über sie dachte.

Dieser Prozeß war bereits zur Zeit der alten Griechen weit fortgeschritten, und als die Menschen dies erkannten, stellten sie den Maßbegriff in Frage. So sagte Protagoras: «Der Mensch ist das Maß aller Dinge», und betonte damit, daß das Maß keine dem Menschen äußerliche Realität darstellt, die etwa unabhängig von ihm vorhanden wäre. Aber viele, die gewohnheitsmäßig alles äußerlich betrachteten, übertrugen diese Anschauungsweise auch auf das, was Protagoras sagte. Sie zogen daher den Schluß, das Maß sei etwas Willkürliches und dem launischen Belieben oder Geschmack jedes einzelnen unterworfen. Dadurch übersahen sie freilich das Faktum, daß das Maß eine Ansicht ist, die zur Gesamtwirklichkeit, in der der Mensch lebt, passen muß und sich in der Klarheit der Erkenntnis und der Harmonie im Handeln, zu denen sie führt, erweisen muß. Zu einer solchen Einsicht kann man nur dann gelangen, wenn man ernsthaft und redlich zu Werke geht und Wahrhaftigkeit und Tatsachentreue den Vorrang vor seinen eigenen Launen und Wünschen gibt.

Die allgemeine Erstarrung und Vergegenständlichung des Maßbegriffes schritt bis in die moderne Zeit weiter fort, in der mittlerweile das Wort «Maß» selbst vor allem ein Vergleichen einer Sache mit einem äußerlichen Maßstab bezeichnet. Wenn sich auch der ursprüngliche Sinn in manchen Zusammenhängen noch gehalten hat (zum Beispiel in der Kunst und der Mathematik), so wird dieser doch im allgemeinen als eine bloße Nebenbedeutung empfunden.

Im Osten nun hat der Maßbegriff eine nicht annähernd so grundlegende Rolle gespielt. Statt dessen wird in der vorherrschenden Philosophie des Orients das Unermeßliche (das, was auf keinem rationalen Wege benannt, beschrieben oder verstanden werden kann) als das eigentlich Wirkliche betrachtet. So gibt es im Sanskrit (das einen der ganzen indoeuropäischen Sprachfamilie gemeinsamen Ursprung besitzt) das Wort *matra*, das «Maß» im musikalischen Sinne bedeutet und offensichtlich mit dem griechischen *metron* verwandt ist. Aber dann wird aus derselben Wurzel das Wort *maya* gebildet, das «Illusion» bedeutet. Dies ist ein außerordentlich bedeutsamer Punkt. Für die westliche Gesellschaft, wie sie von den Griechen ihren Ausgang nimmt, ist das Maß mit all dem, was dieses Wort beinhaltet, das Wesen der Realität selbst oder wenigstens der Schlüssel zu diesem Wesen. Im Osten dagegen wurde das Maß im Laufe der Zeit als irgendwie irrig und trügerisch angesehen. In dieser Sicht erscheinen die Gestalt und die Ordnung der Formen, die Proportionen und die «rationalen» Verhältnisse, die sich dem gewöhnlichen Wahrnehmen und Verstehen darbieten, samt und sonders als eine Art Schleier, der die wahre Realität verhüllt, die mit den Sinnen nicht wahrgenommen werden kann und über die sich nichts sagen oder denken läßt.

Es ist klar, daß die unterschiedlichen Formen, in denen sich die beiden Gesellschaften entwickelt haben, zu ihren verschiedenen Haltungen dem Maß gegenüber passen. So hat im Westen die Gesellschaft das Schwergewicht auf die Herausbildung von (maßabhängiger) Wissenschaft und Technologie gelegt, während es im Osten mehr auf Religion und Philosophie liegt (die letztlich auf das Unermeßliche gerichtet sind).

Bedenkt man diesen Sachverhalt sorgfältig, kann man erkennen, daß der Osten in gewissem Sinne darin im Recht war, das Unermeßliche als das eigentlich Wirkliche zu betrachten. Denn wie bereits gezeigt, ist das Maß eine Ansicht, die sich der Mensch gebildet hat. Eine Realität, die den Menschen übersteigt und ihm vorausgeht, kann nicht von einer solchen Ansicht abhängen. Wie wir ja gesehen haben, führt der Versuch der Annahme, das Maß sei älter als der Mensch und unabhängig von ihm vorhanden, in der Tat zur «Vergegenständlichung» der menschlichen Ansicht, so daß diese starr und unveränderlich wird und schließlich Fragmentierung und allgemeine Verwirrung entstehen läßt, wie es in diesem Kapitel beschrieben wurde.

Man kann darüber Mutmaßungen anstellen, ob vielleicht in alten Zeiten die Menschen, die weise genug waren, um das Unermeßliche als das eigentlich Wirkliche zu erkennen, auch weise genug waren, um im Maß eine Ansicht eines zweitrangigen und untergeordneten, wenngleich notwendigen Aspekts der Realität zu erblicken. So mögen sie wohl mit den Griechen darin übereingestimmt haben, daß das Erfassen des Maßes dazu beitragen kann, Ordnung und Harmonie in unser Leben zu bringen, während sie vielleicht gleichzeitig tiefer blickten und sahen, daß das Maß in dieser Beziehung nicht der letzte Grund sein kann.

Sie könnten also darüber hinaus gesagt haben, daß, wenn man das Maß mit dem eigentlichen Wesen der Realität gleichsetzt, *dies* eine Illusion sei. Als dann aber die Menschen dies einfach den überlieferten Lehren entnahmen, sank der Sinn weitgehend ins Gewohnheitsmäßige und Mechanische ab. Wie zuvor angedeutet, ging der tiefere Sinn dabei verloren, und die Menschen sagten bald bloß noch: «Maß ist Illusion.» So mag sich sowohl im Osten wie im Westen eine wahre Auffassung im Trott des mechanischen Anlernens vorgegebener Lehren zu etwas Falschem und Irreführendem verkehrt haben, anstatt daß die diesen Lehren innewohnenden Einsichten schöpferisch und ursprünglich erfaßt worden wären.

Es ist natürlich unmöglich, zu einem Zustand der Ganzheit zurückzukehren, den es gegeben haben mag, bevor sich die Kluft zwischen Ost und West aufgetan hatte (und sei es auch nur aus dem Grund, weil wir wenig, wenn überhaupt etwas, über diesen Zustand wissen). Wir müssen aufs neue lernen und beobachten, für uns selbst dem Sinn der Ganzheit nachspüren und ihn entdecken. Freilich sollten wir um die Lehren der Vergangenheit wissen, die westlichen wie die östlichen, aber diese Lehren zu imitieren oder danach zu streben, ihnen zu folgen, hätte wenig Wert, denn um eine neue Einsicht in Fragmentierung und Ganzheit zu gewinnen, ist, wie ja in diesem Kapitel ausgeführt wurde, eine schöpferische Arbeit erforderlich, die sogar noch schwieriger ist, als grundlegend neue wissenschaftliche Entdeckungen zu machen oder große und ursprüngliche Kunstwerke zu schaffen. Man könnte in diesem Zusammenhang sagen, daß nicht derjenige Einstein an Kreativität gleichkommt, der dessen Lehren nachahmt – nicht einmal, wer neue Anwendungsmöglichkeiten für diese Ideen findet, sondern eben jener, der von Einstein lernt und sich dann daran macht, etwas Eigenes zu schaffen, worin das Gültige in Einsteins Werk Aufnahme finden kann und das doch auf qualitativ neuen Wegen darüber hinausgeht. Wir müssen also mit der großen Weisheit vom Ganzen, die in der Vergangenheit im Osten wie im Westen vorhanden war, so verfahren, daß wir sie in uns aufnehmen und dann zu einer neuen und ursprünglichen Wahrnehmung fortschreiten, die für unsere gegenwärtigen Lebensbedingungen relevant ist.

Dabei ist es wichtig, daß wir uns über den Stellenwert von Techniken, wie sie in den verschiedenen Meditationsformen benutzt werden, im klaren sind. Meditationstechniken lassen sich gewissermaßen als Maßnahmen betrachten (durch Wissen und Vernunft gelenkte Handlungen), die der Mensch ergreift, um das Unermeßliche zu erreichen, das heißt einen Bewußtseinszustand, in dem das Gefühl einer Trennung zwischen ihm und dem Ganzen der Realität erlischt. Aber diese Vorstellung enthält eindeutig einen Widerspruch, denn wenn das Unermeßliche überhaupt irgendein Etwas ist, so eben jenes, das sich nicht in die Grenzen zwängen läßt, die Wissen und Vernunft des Menschen abstecken.

Sicherlich können uns in gewissen genau festlegbaren Zusammenhängen technische Maße, wenn sie recht verstanden werden, zu Werken anleiten, aus denen wir eine Einsicht ziehen können, wenn wir aufmerksam sind. Solche Möglichkeiten sind jedoch begrenzt. Es wäre ein Widerspruch in sich, wollte man sich Techniken ausdenken, um grundlegend neue wissenschaftliche Entdeckungen oder ursprüngliche und schöpferische Kunstwerke zustande zu bringen, denn das Wesen eines solchen Schaffens besteht eben in einer gewissen Freiheit und Unabhängigkeit von anderen, deren man etwa als Führer bedürfte. Wie ließe sich diese Freiheit in einer Tätigkeit übermitteln, die ihre Hauptenergiequelle darin hat, aus dem Wissen eines anderen zu schöpfen? Und wenn Ursprünglichkeit und Kreativität in Kunst und Wissenschaft nicht über Techniken lehrbar sind, um wieviel weniger ist es dann über sie möglich, «das Unermeßliche zu entdecken»?

Es gibt wahrhaftig keinerlei direkte und positive Schritte, die ein Mensch unternehmen könnte, um mit dem Unermeßlichen in Berührung zu kommen, denn dieses muß unendlich weit über alles hinausgehen, was der Mensch mit seinem Verstand erfassen oder mit seinen Händen und Instrumenten vollbringen kann. Dies allein *kann* der Mensch tun: Seine ganze Aufmerksamkeit und seine schöpferischen Energien aufbringen, um auf dem gesamten Feld des Messens Klarheit und Ordnung zu schaffen. Dies erfordert freilich nicht nur ein äußeres Messen mittels äußerlicher Maßeinheiten, sondern auch eine innere Maßgerechtigkeit etwa in Form von körperlicher Gesundheit, maßvollem Handeln und Meditation, wodurch man Einblick in die Angemessenheit des Denkens erlangt. Diese ist besonders wichtig, denn wir haben gesehen, daß die Illusion, das Selbst und die Welt seien in Stücke zerbrochen, aus einer Denkhaltung erwächst, die sich an ihrem rechten Maß vergeht und ihr eigenes Produkt mit der gleichartigen unabhängigen Realität verwechselt. Um diese Illusion zu beenden, bedarf es der Einsicht, und zwar nicht nur in die Welt im ganzen, sondern auch darin, wie das Werkzeug des Denkens arbeitet. Eine solche Einsicht beinhaltet ein ursprüngliches und schöpferisches Wahrnehmen des Lebens in all seinen Aspekten, geistigen und körperlichen, sowohl durch die Sinne wie durch den Verstand, und vielleicht ist dies der wahre Sinn von Meditation.

Wie wir gesehen haben, rührt die Fragmentierung im wesentlichen von der Festlegung der Ansichten her, die unser allumfassendes Selbst-Weltbild darstellen, eine Festlegung, die sich aus unserem für gewöhnlich mechanischen, routine- und gewohnheitsmäßigen Denken darüber ergibt. Da das eigentliche Wirkliche alles übersteigt, was sich in solche festen Maßformen fassen läßt, müssen diese Ansichten schließlich unzulänglich werden und folglich Unklarheit und Verwirrung in den verschiedensten Formen aufkommen lassen. Wenn sich jedoch das ganze Feld des Messens ohne festgelegte Grenzen oder Schranken einer ursprünglichen und schöpferischen Einsicht darbietet, so werden unsere übergreifenden Weltbilder ihre Starrheit verlieren, und auf dem ganzen Feld des Messens wird insoweit Harmonie einkehren, wie die Fragmentierung darauf zu einem Ende kommt. Aber eine ursprüngliche und schöpferische Einsicht in das ganze Feld des Messens *ist* das Wirken des Unermeßlichen. Denn wenn es zu einer derartigen Einsicht kommt, so kann ihr Ursprung nicht in Ideen bestehen, die bereits auf dem Feld des Messens vorhanden sind, sondern er muß vielmehr im Unermeßlichen liegen, das die wesentliche formgebende Ursache all dessen enthält, was sich auf dem Feld des Messens abspielt. Das Meßbare und das Unermeßliche befinden sich dann in Harmonie, und man erkennt in der Tat, daß es sich bei ihnen nur um verschiedene Weisen handelt, das eine und ungeteilte Ganze zu betrachten.

Wenn eine solche Harmonie herrscht, so kann der Mensch nicht nur einen Einblick in den Sinn der Ganzheit gewinnen, sondern er kann auch – und das ist sehr viel bedeutsamer – die Wahrheit dieses Einblicks in jeder Phase und jeder Erscheinungsform seines Lebens erkennen und verwirklichen.

Wie Krishnamurti es mit großer Kraft und Klarheit zum Ausdruck gebracht hat, erfordert dies, daß der Mensch seine vollen schöpferischen Energien der Untersuchung auf dem Feld des Messens widmet. Dies mag vielleicht äußerst schwierig und mühsam sein, aber da sich alles darum dreht, verdient es gewiß ernsthafte Beachtung und reiflichste Überlegung eines jeden von uns.

WERNER HEISENBERG

Erste Gespräche über das Verhältnis von Naturwissenschaft und Religion

An einem der Abende, die wir anläßlich der Solvay-Konferenz [1927] gemeinsam im Hotel in Brüssel verbrachten, saßen noch einige der jüngeren Mitglieder des Kongresses zusammen in der Halle, darunter Wolfgang Pauli und ich. Etwas später kam auch Paul Dirac dazu. Einer hatte die Frage gestellt: «Einstein spricht so viel über den lieben Gott, was hat das zu bedeuten? Man kann sich doch eigentlich nicht vorstellen, daß ein Naturwissenschaftler wie Einstein eine starke Bindung an eine religiöse Tradition besitzt.» – «Einstein wohl nicht, aber vielleicht Max Planck», wurde geantwortet. «Es gibt doch Äußerungen von Planck über das Verhältnis von Religion und Naturwissenschaft, in denen er die Ansicht vertritt, daß es keinen Widerspruch zwischen beiden gebe, daß Religion und Naturwissenschaft sehr wohl miteinander vereinbar seien.» Ich wurde gefragt, was ich über Plancks Ansichten auf diesem Gebiet wisse und was ich darüber dächte. Ich hatte zwar erst ein paarmal mit Planck selbst gesprochen, meist über Physik und nicht über allgemeinere Fragen, aber ich kannte verschiedene gute Freunde Plancks, die mir viel über ihn erzählt hatten; so glaubte ich mir ein Bild von seinen Auffassungen machen zu können.

«Ich vermute», so mag ich geantwortet haben, «daß für Planck Religion und Naturwissenschaft deswegen vereinbar sind, weil sie, wie er voraussetzt, sich auf ganz verschiedene Bereiche der Wirklichkeit beziehen. Die Naturwissenschaft handelt von der objektiven materiellen Welt. Sie stellt uns vor die Aufgabe, richtige Aussagen über diese objektive Wirklichkeit zu machen und ihre Zusammenhänge zu verstehen. Die Religion aber handelt von der Welt der Werte. Hier wird von dem gesprochen, was sein soll, war wir tun sollen, nicht von dem, was ist.

In der Naturwissenschaft geht es um richtig oder falsch; in der Religion um gut oder böse, um wertvoll oder wertlos. Die Naturwissenschaft ist die Grundlage des technisch zweckmäßigen Handelns, die Religion die Grundlage der Ethik. Der Konflikt zwischen beiden Bereichen seit dem 18. Jahrhundert scheint dann nur auf dem Mißverständnis zu beruhen, das entsteht, wenn man die Bilder und Gleichnisse der Religion als naturwissenschaftliche Behauptungen interpretiert, was natürlich unsinnig ist. Bei dieser Auffassung, die ich aus meinem Elternhaus gut kenne, werden die beiden Bereiche getrennt der objektiven und der subjektiven Seite der Welt zugeordnet. Die Naturwissenschaft ist gewissermaßen die Art, wie wir der objektiven Seite der Wirklichkeit gegenübertreten, wie wir uns mit ihr auseinandersetzen. Der religiöse Glaube ist umgekehrt der Ausdruck einer subjektiven Entscheidung, mit der wir für uns die Werte setzen, nach denen wir unser Handeln im Leben richten. Wir treffen diese Entscheidung zwar in der Regel in Übereinstimmung mit einer Gemeinschaft, zu der wir gehören, sei es Familie, Volk oder Kulturkreis. Die Entscheidung ist aufs stärkste durch Erziehung und Umwelt beeinflußt. Aber letzten Endes ist sie subjektiv und daher dem Kriterium ‹richtig oder falsch› nicht ausgesetzt. Max Planck hat, wenn ich ihn recht verstehe, diese Freiheit ausgenützt und sich eindeutig für die christliche Tradition entschieden. Sein Denken und Handeln, gerade auch in den menschlichen Beziehungen, vollzieht sich ohne Vorbehalt im Rahmen dieser Tradition, und niemand wird ihm dabei den Respekt versagen können. So erscheinen die beiden Bereiche, die objektive und die subjektive Seite der Welt, bei ihm fein säuberlich getrennt – aber ich muß gestehen, daß mir bei dieser Trennung nicht wohl ist. Ich bezweifle, ob menschliche Gemeinschaften auf die Dauer mit dieser scharfen Spaltung zwischen Wissen und Glauben leben können.»

Wolfgang pflichtete dieser Sorge bei. «Nein», meinte er, «das wird kaum gutgehen können. Zu der Zeit, in der die Religionen entstanden sind, hat natürlich das ganze Wissen, das der betreffenden Gemeinschaft zur Verfügung stand, auch in die geistige Form gepaßt, deren wichtigster Inhalt dann die Werte und die Ideen der betreffenden Religion waren. Diese geistige Form mußte, das war die Forderung, auch dem einfachsten Mann der Gemeinschaft irgendwie verständlich sein; selbst wenn die Gleichnisse und Bilder ihm nur ein unbestimmtes Gefühl dafür vermittelten, was mit den Werten und Ideen eigentlich gemeint sei. Der einfache Mann muß überzeugt sein, daß die geistige Form für das ganze

Wissen der Gemeinschaft ausreicht, wenn er die Entscheidungen seines eigenen Lebens nach ihren Werten richten soll. Denn Glauben bedeutet für ihn ja nicht ‹Für-richtig-Halten›, sondern ‹sich der Führung durch diese Werte anvertrauen›. Daher entstehen große Gefahren, wenn das neue Wissen, das im Verlauf der Geschichte erworben wird, die alte geistige Form zu sprengen droht. Die vollständige Trennung zwischen Wissen und Glauben ist sicher nur ein Notbehelf für sehr begrenzte Zeit. Im westlichen Kulturkreis zum Beispiel könnte in nicht zu ferner Zukunft der Zeitpunkt kommen, zu dem die Gleichnisse und Bilder der bisherigen Religion auch für das einfache Volk keine Überzeugungskraft mehr besitzen; dann wird, so fürchte ich, auch die bisherige Ethik in kürzester Frist zusammenbrechen, und es werden Dinge geschehen von einer Schrecklichkeit, von der wir uns jetzt noch gar keine Vorstellung machen können. Also mit der Planckschen Philosophie kann ich nicht viel anfangen, auch wenn sie logisch in Ordnung ist und auch, wenn ich die menschliche Haltung, die aus ihr hervorgeht, respektiere. Einsteins Auffassung liegt mir näher. Der liebe Gott, auf den er sich so gern beruft, hat irgendwie mit den unabänderlichen Naturgesetzen zu tun. Einstein hat ein Gefühl für die zentrale Ordnung der Dinge. Er spürt diese Ordnung in der Einfachheit der Naturgesetze. Man kann annehmen, daß er diese Einfachheit bei der Entdeckung der Relativitätstheorie stark und unmittelbar erlebt hat. Freilich ist von hier noch ein weiter Weg zu den Inhalten der Religion. Einstein ist wohl kaum an eine religiöse Tradition gebunden, und ich würde glauben, daß die Vorstellung eines persönlichen Gottes ihm ganz fremd ist. Aber es gibt für ihn keine Trennung zwischen Wissenschaft und Religion. Die zentrale Ordnung gehört für ihn zum subjektiven ebenso wie zum objektiven Bereich, und das scheint mir ein besserer Ausgangspunkt.»

«Ein Ausgangspunkt wofür?» wandte ich fragend ein. «Wenn man die Stellung zum großen Zusammenhang sozusagen als eine reine Privatsache ansieht, so wird man Einsteins Haltung zwar sehr gut verstehen können, aber dann geht von dieser Haltung doch gar nichts aus.»

Wolfgang: «Vielleicht doch. Die Entfaltung der Naturwissenschaft in den letzten zwei Jahrhunderten hat doch sicher das Denken der Menschen im ganzen verändert, auch über den christlichen Kulturkreis hinaus. So unwichtig ist es also nicht, was die Physiker denken. Und es war gerade die Enge dieses Ideals einer objektiven, in Raum und Zeit nach dem Kausalgesetz ablaufenden Welt, die den Konflikt mit den geistigen Formen der verschiedenen Religionen heraufbeschworen hat. Wenn die Naturwissenschaft selbst diesen engen Rahmen sprengt – und sie hat das in der Relativitätstheorie getan und dürfte es in der Quantentheorie, über die wir jetzt so heftig diskutieren, noch viel mehr tun –, so sieht das Verhältnis zwischen der Naturwissenschaft und dem Inhalt, den die Religionen in ihren geistigen Formen zu ergreifen suchen, doch wieder anders aus. Vielleicht haben wir durch die Zusammenhänge, die wir in den letzten dreißig Jahren in der Naturwissenschaft dazugelernt haben, eine größere Weite des Denkens gewonnen. Der Begriff der Komplementarität zum Beispiel, den Niels Bohr jetzt bei der Deutung der Quantentheorie so sehr in den Vordergrund stellt, war ja in den Geisteswissenschaften, in der Philosophie keineswegs unbekannt, selbst wenn er nicht so ausdrücklich formuliert worden ist. Daß er in der exakten Naturwissenschaft auftritt, bedeutet aber doch eine entscheidende Veränderung. Denn erst durch ihn kann man verständlich machen, daß die Vorstellung eines materiellen Objektes, das von der Art, wie es beobachtet wird, ganz unabhängig ist, nur eine abstrakte Extrapolation darstellt, der nichts Wirkliches genau entspricht. In der asiatischen Philosophie und in den dortigen Religionen gibt es die dazu komplementäre Vorstellung vom reinen Subjekt des Erkennens, dem kein Objekt mehr gegenübersteht. Auch diese Vorstellung wird sich als eine abstrakte Extrapolation erweisen, der keine seelische oder geistige Wirklichkeit genau entspricht. Wir werden, wenn wir über die großen Zusammenhänge nachdenken, in Zukunft gezwungen sein, die – etwa durch Bohrs Komplementarität vorgezeichnete – Mitte einzuhalten. Eine Wissenschaft, die sich auf diese Art des Denkens eingestellt hat, wird nicht nur toleranter gegenüber den verschiedenen Formen der Religion sein, sie wird vielleicht, da sie das Ganze besser überschaut, zu der Welt der Werte mit beitragen können.»

Inzwischen hatte sich Paul Dirac zu uns gesetzt, der – damals kaum 25 Jahre alt – für Toleranz noch nicht viel übrig hatte. «Ich weiß nicht, warum wir hier über Religion reden», warf er ein. «Wenn man ehrlich ist – und das muß man als Naturwissenschaftler doch vor allem sein, muß man zugeben, daß in der Religion lauter falsche Behauptungen ausgesprochen werden, für die es in der Wirklichkeit keinerlei Rechtfertigung gibt. Schon der Begriff ‹Gott› ist doch ein Produkt der menschlichen Phantasie. Man kann verstehen, daß primitive Völker, die der Übermacht der Naturkräfte mehr ausgesetzt waren als wir jetzt, aus Angst diese Kräfte personifiziert haben und so auf den Begriff der Gottheit gekommen sind. Aber in unserer Welt, in der wir die Naturzusammenhänge durchschauen, haben wir solche Vorstellungen doch nicht mehr nötig. Ich kann nicht erkennen, daß die Annahme der Existenz eines allmächtigen Gottes uns irgendwie weiterhilft. Wohl aber kann ich einsehen, daß diese Annahme zu unsinnigen Fragestellungen führt, zum Beispiel zu der Frage, warum Gott Unglück und Ungerechtigkeit in unserer Welt, die Unterdrückung der Armen durch die Reichen und all das andere Schreckliche zugelassen hat, das er doch verhindern könnte. Wenn in unserer Zeit noch Religion gelehrt wird, so hat das doch offenbar nicht den Grund, daß diese Vorstellungen uns noch überzeugten, sondern es steckt der Wunsch dahinter, das Volk, die einfachen Menschen zu beschwichtigen. Ruhige Menschen sind einfacher zu regieren als unruhige und unzufriedene. Sie sind auch leichter auszunützen oder auszubeuten. Die Religion ist eine Art Opium, das man dem Volk gewährt, um es in glückliche Wunschträume zu wiegen und damit über die Ungerechtigkeit zu trösten, die ihm widerfährt. Daher kommt auch das Bündnis der beiden großen politischen Mächte Staat und Kirche so leicht zustande. Beide brauchen die Illusion, daß ein gütiger Gott, wenn nicht auf Erden, so doch im Himmel die belohnt, die sich nicht gegen die Ungerechtigkeit aufgelehnt, die ruhig und geduldig ihre Pflicht getan haben. Ehrlich zu sagen, daß dieser Gott nur ein Produkt der menschlichen Phantasie ist, muß natürlich als schlimmste Todsünde gelten.»

«Damit beurteilst du die Religion von ihrem politischen Mißbrauch her», wandte ich ein, «und da man fast alles auf dieser Welt mißbrauchen kann – sicher auch die kommunistische Ideologie, von der du neulich gesprochen hast –, wird man mit einer solchen Beurteilung der Sache nicht gerecht. Schließlich wird es immer menschliche Gemeinschaften geben, und solche Gemeinschaften müssen auch eine gemeinsame Sprache finden, in der über Tod und Leben und über den großen Zusammenhang, unter dem sich das Leben der Gemeinschaft abspielt, gesprochen werden kann. Die geistigen Formen, die sich in der Geschichte bei diesem Suchen nach einer gemeinsamen Sprache entwickelt haben, müssen doch eine große Überzeugungskraft besessen haben, wenn so viele Menschen Jahrhunderte hindurch ihr Leben nach diesen Formen ausgerichtet haben.

So leicht, wie du es jetzt sagst, läßt sich die Religion nicht abtun. Aber vielleicht besitzt für dich eine andere, etwa die alte chinesische Religion, eine größere Überzeugungskraft als eine, in der die Vorstellung eines persönlichen Gottes vorkommt.»

«Ich kann mit den religiösen Mythen grundsätzlich nichts anfangen», antwortete Paul Dirac, «schon weil sich die Mythen der verschiedenen Religionen widersprechen. Es ist doch reiner Zufall, daß ich hier in Europa und nicht in Asien geboren bin, und davon kann doch nicht abhängen, was wahr ist, also auch nicht, was ich glauben soll. Ich kann doch nur glauben, was wahr ist. Wie ich handeln soll, kann ich rein mit der Vernunft aus der Situation erschließen, daß ich in einer Gemeinschaft mit anderen zusammenlebe, denen ich grundsätzlich die gleichen Rechte zu leben zubilligen muß, wie ich sie beanspruche. Ich muß mich also um einen fairen Ausgleich der Interessen bemühen, mehr wird nicht nötig sein; und all das Reden über Gottes Wille, über Sünde und Buße, über eine jenseitige Welt, an der wir unser Handeln orientieren müssen, dient doch nur zur Verschleierung der rauhen und nüchternen Wirklichkeit. Der Glaube an die Existenz eines Gottes begünstigt auch die Vorstellung, daß es ‹gottgewollt› sei, sich unter die Macht eines Höheren zu beugen, und damit sollen wieder die gesellschaftlichen Strukturen verewigt werden, die in der Vergangenheit vielleicht naturgemäß waren, die aber nicht mehr in unsere heutige Welt passen. Schon das Reden von einem großen Zusammenhang und dergleichen ist mir im Grunde zuwider. Es ist doch im Leben wie in unserer Wissenschaft: Wir werden vor Schwierigkeiten gestellt, und wir müssen versuchen, sie zu lösen. Und wir können immer nur eine Schwierigkeit, nie mehrere auf einmal lösen; von Zusammenhang zu reden ist also nachträglicher gedanklicher Überbau.»

So ging die Diskussion noch eine Zeitlang hin und her, und wir wunderten uns, daß Wolfgang sich nicht weiter beteiligte. Er hörte zu, manchmal mit etwas unzufriedenem Gesicht, manchmal auch maliziös lächelnd, aber er sagte nichts. Schließlich wurde er gefragt, was er dächte. Er schaute beinahe erstaunt auf und meinte dann: «Ja, ja, unser Freund Dirac hat eine Religion; und der Leitsatz dieser Religion lautet: ‹Es gibt keinen Gott, und Dirac ist sein Prophet.›» Wir alle lachten, auch Dirac, und damit war unser abendliches Gespräch in der Hotelhalle abgeschlossen.

Einige Zeit später, es mag wohl erst in Kopenhagen gewesen sein, erzählte ich Niels Bohr von unserem Gespräch. Niels nahm sofort das jüngste Mitglied unseres Kreises in Schutz. «Ich finde es wunderbar», sagte er, «wie kompromißlos Paul Dirac zu dem steht, was sich klar in logischer Sprache ausdrücken läßt. Was sich überhaupt sagen läßt, so meint er, läßt sich auch klar sagen, und – um mit Wittgenstein zu reden – worüber man nicht sprechen kann, darüber muß man schweigen. Wenn Dirac mir eine neue Arbeit vorlegt, so ist das Manuskript so klar und ohne Korrekturen mit der Hand geschrieben, daß schon der Anblick ein ästhetischer Genuß ist; und wenn ich ihm dann doch vorschlage, diese oder jene Formulierung zu ändern, so ist er ganz unglücklich, und in den meisten Fällen ändert er nichts. Die Arbeit ist ja auch so oder so ganz ausgezeichnet. Neulich war ich mit Dirac in einer kleinen Kunstausstellung, in der eine italienische Landschaft von Manet hing, eine Szenerie am Meer in herrlichen graublauen Tönen. Im Vordergrund war ein Boot zu sehen, daneben im Wasser ein dunkelgrauer Punkt, dessen Begründung nicht leicht zu verstehen war. Dirac sagte dazu: ‹Dieser Punkt ist nicht zulässig.› Das ist natürlich eine merkwürdige Art der Kunstbetrachtung. Aber er hat wohl recht. In einem guten Kunstwerk wie in einer guten wissenschaftlichen Arbeit muß jede Einzelheit eindeutig festgelegt sein, es kann nichts Zufälliges geben.

Trotzdem: Über Religion kann man wohl nicht so reden. Mir geht es zwar so wie Dirac, daß mir die Vorstellung eines persönlichen Gottes fremd ist. Aber man muß sich doch vor allem darüber klar sein, daß in der Religion die Sprache in einer ganz anderen Weise gebraucht wird als in der Wissenschaft. Die Sprache der Religion ist mit der Sprache der Dichtung näher verwandt als mit der Sprache der Wissenschaft. Man ist zwar zunächst geneigt zu denken, in der Wissenschaft handele es sich um Informationen über objektive Sachverhalte, in der Dichtung um das Erwecken subjektiver Gefühle. In der Religion ist objektive Wahrheit gemeint, also sollte sie den Wahrheitskriterien der Wissenschaft unterworfen sein. Aber mir scheint die ganze Einteilung in die objektive und die subjektive Seite der Welt hier viel zu gewaltsam. Wenn in den Religionen aller Zeiten in Bildern und Gleichnissen und Paradoxien gesprochen wird, so kann das kaum etwas anderes bedeuten, als daß es eben keine anderen Möglichkeiten gibt, die Wirklichkeit, die hier gemeint ist, zu ergreifen. Aber es heißt nicht, daß sie keine echte Wirklichkeit sei. Mit der Zerlegung dieser Wirklichkeit in eine objektive und eine subjektive Seite wird man nicht viel anfangen können.

Daher empfinde ich es als eine Befreiung unseres Denkens, daß wir aus der Entwicklung der Physik in den letzten Jahrzehnten gelernt haben, wie problematisch die Begriffe ›objektiv‹ und ›subjektiv‹ sind. Das hat ja schon mit der Relativitätstheorie angefangen. Früher galt die

Aussage, daß zwei Ereignisse gleichzeitig seien, als eine objektive Feststellung, die durch die Sprache eindeutig weitergegeben werden könne und damit auch der Kontrolle durch jeden beliebigen Beobachter offenstehe. Heute wissen wir, daß der Begriff ‹gleichzeitig› ein subjektives Element enthält, insofern, als zwei Ereignisse, die für einen ruhenden Beobachter als gleichzeitig gelten müssen, für einen bewegten Beobachter nicht notwendig gleichzeitig sind. Die relativistische Beschreibung ist aber doch insofern objektiv, als ja jeder Beobachter durch Umrechnung ermitteln kann, was der andere Beobachter wahrnehmen wird oder wahrgenommen hat. Immerhin, vom Ideal einer objektiven Beschreibung im Sinne der alten klassischen Physik hat man sich doch schon ein Stück weit entfernt.

In der Quantenmechanik wird die Abkehr von diesem Ideal noch viel radikaler vollzogen. Was wir mit einer objektivierenden Sprache im Sinne der früheren Physik übertragen können, das sind nur noch Aussagen über das Faktische. Etwa: Hier ist die fotografische Platte geschwärzt, oder: Hier haben sich Nebeltröpfchen gebildet. Über die Atome wird dabei nicht geredet. Aber was sich aus dieser Feststellung für die Zukunft schließen läßt, hängt ab von der experimentellen Fragestellung, über die der Beobachter frei entscheidet. Es ist natürlich auch hier gleichgültig, ob der Beobachter ein Mensch, ein Tier oder ein Apparat ist. Aber die Prognose über das zukünftige Geschehen kann nicht ohne Bezugnahme auf den Beobachter oder das Beobachtungsmittel ausgesprochen werden. Insofern enthält in der heutigen Naturwissenschaft jeder physikalische Sachverhalt objektive und subjektive Züge. Die objektive Welt der Naturwissenschaft des vorigen Jahrhunderts war, wie wir jetzt wissen, ein idealer Grenzbegriff, aber nicht die Wirklichkeit. Es wird zwar bei jeder Auseinandersetzung mit der Wirklichkeit auch in Zukunft notwendig sein, die objektive und subjektive Seite zu unterscheiden, einen Schnitt zwischen beiden Seiten zu machen. Aber die Lage des Schnittes kann von der Betrachtungsweise abhängen, sie kann bis zu einem gewissen Grad willkürlich gewählt werden. Daher scheint es mir auch durchaus begreiflich, daß über den Inhalt der Religion nicht in einer objektivierenden Sprache gesprochen werden kann. Die Tatsache, daß verschiedene Religionen diesen Inhalt in sehr verschiedenen geistigen Formen zu gestalten suchen, bedeutet dann keinen Einwand gegen den wirklichen Kern der Religion. Vielleicht wird man diese verschiedenen Formen als komplementäre Beschreibungsweisen auffassen sollen, die sich zwar gegenseitig ausschließen, die aber erst in ihrer Gesamtheit einen Eindruck von dem Reichtum vermitteln, der von der Beziehung der Menschen zu dem großen Zusammenhang ausgeht.»

«Wenn du die Sprache der Religion so ausdrücklich unterscheidest von der Sprache der Wissenschaft und der Sprache der Kunst», setzte ich das Gespräch fort, «was bedeuten dann die oft so apodiktisch ausgesprochenen Sätze wie ‹es gibt einen lebendigen Gott› oder ‹es gibt eine unsterbliche Seele›? Was heißt das Wort ‹es gibt› in dieser Sprache? Wir wissen ja, daß sich die Kritik der Wissenschaft, auch Diracs Kritik, gerade gegen solche Formulierungen richtet. Würdest du, um zunächst nur die erkenntnistheoretische Seite des Problems zu betrachten, folgenden Vergleich zulassen:

In der Mathematik rechnen wir bekanntlich mit der imaginären Einheit, mit der Quadratwurzel aus -1, geschrieben $\sqrt{-1}$, für die wir den Buchstaben i einführen. Wir wissen, daß es diese Zahl i unter den natürlichen Zahlen nicht gibt. Trotzdem beruhen wichtige Zweige der Mathematik, zum Beispiel die ganze analytische Funktionentheorie, auf der Einführung dieser imaginären Einheit, das heißt darauf, daß es $\sqrt{-1}$ nachträglich doch gibt. Würdest du wohl zustimmen, wenn ich sage, der Satz ‹es gibt $\sqrt{-1}$› bedeutet nichts anderes als ‹es gibt wichtige mathematische Zusammenhänge, die man am einfachsten durch die Einführung des Begriffs $\sqrt{-1}$ darstellen kann›. Die Zusammenhänge bestehen aber auch ohne diese Einführung. Daher kann man diese Art von Mathematik ja auch sehr gut in Naturwissenschaft und Technik praktisch anwenden. Entscheidend ist zum Beispiel in der Funktionentheorie die Existenz wichtiger mathematischer Gesetzmäßigkeiten, die sich auf Paare von kontinuierlich veränderlichen Variablen beziehen. Diese Zusammenhänge werden leichter verständlich, wenn man den abstrakten Begriff $\sqrt{-1}$ bildet, obwohl er zum Verständnis nicht grundsätzlich nötig ist und obwohl es zu ihm unter den natürlichen Zahlen kein Korrelat gibt. Ein ähnlich abstrakter Begriff ist der des Unendlichen, der in der modernen Mathematik ja auch eine bedeutende Rolle spielt, obwohl ihm nichts entspricht und obwohl man sich durch seine Einführung in große Schwierigkeiten stürzt. Man begibt sich also in der Mathematik immer wieder auf eine höhere Abstraktionsstufe und gewinnt dafür das einheitliche Verständnis größerer Bereiche. Könnte man, um auf unsere Ausgangsfrage zurückzukommen, das Wort ‹es gibt› in der Religion auch als ein Aufsteigen zu einer höheren Abstraktionsstufe auffassen? Dieses Aufsteigen soll es uns leichter machen, die Zusammenhänge der Welt zu verstehen, mehr nicht. Die Zusammenhänge aber sind immer wirklich, gleichgültig, mit welchen geistigen Formeln wir sie zu ergreifen suchen.»

«Sofern es sich um die erkenntnistheoretische Seite des Problems handelt, mag dieser Vergleich wohl hingehen», antwortete Bohr. «Aber in anderer Hinsicht ist er doch ungenügend. In der Mathematik können wir uns vom Inhalt der Behauptungen innerlich distanzieren. Letzten Endes bleibt es da bei einem Spiel der Gedanken, an dem wir teilnehmen oder von dem wir uns ausschließen können. In der Religion aber handelt es sich um uns selbst, um unser Leben und unseren Tod, da gehören die Glaubenssätze zu den Grundlagen unseres Handelns und so zumindest indirekt zu den Grundlagen unserer Existenz. Wir können also nicht unbeteiligt von außen zusehen. Auch läßt sich unsere Haltung zu den Fragen der Religion gar nicht trennen von unserer Stellung in der menschlichen Gemeinschaft. Wenn Religion entstanden ist als die geistige Struktur einer menschlichen Gemeinschaft, so mag dahingestellt bleiben, ob im Lauf der Geschichte die Religion als stärkste gemeinschaftsbildende Kraft angesehen werden muß oder ob die schon bestehende Gemeinschaft ihre geistige Struktur entwickelt und weiterbildet und ihrem jeweiligen Wissen anpaßt. Der einzelne scheint in unserer Zeit weitgehend frei wählen zu können, in welche geistige Struktur er sich mit seinem Denken und Handeln einfügt, und in dieser Freiheit spiegelt sich die Tatsache, daß die Grenzen zwischen den verschiedenen Kulturkreisen und menschlichen Gemeinschaften an Starrheit verlieren und zu verfließen beginnen. Aber selbst wenn dieser einzelne sich um äußerste Unabhängigkeiten bemüht, er wird bewußt oder unbewußt viel von den schon vorhandenen geistigen Strukturen übernehmen müssen. Denn er muß ja auch mit den anderen Mitgliedern der Gemeinschaft, in der zu leben er sich entschlossen hat, über Leben und Tod und über die allgemeinen Zusammenhänge sprechen können; er muß seine Kinder nach den Leitbildern der Gemeinschaft erziehen, er muß sich in das ganze Leben der Gemeinschaft einfügen. Daher helfen hier erkenntnistheoretische Spitzfindigkeiten nichts. Wir müssen uns auch hier darüber klar sein, daß ein komplementäres Verhältnis besteht zwischen dem kritischen Nachdenken über die Glaubensinhalte einer Religion und einem Handeln, das die Entscheidung für die geistige Struktur dieser Religion zur Voraussetzung hat. Von der bewußt vollzogenen Entscheidung geht für den einzelnen eine Kraft aus, die ihn in seinem Handeln leitet, ihm über Unsicherheiten hinweghilft und ihm, wenn er leiden muß, den Trost spendet, den das Geborgensein in dem großen Zusammenhang gewähren kann. So trägt die Religion zur Harmonisierung des Lebens in der Gemeinschaft bei, und es gehört zu ihren wichtigsten Aufgaben, in ihrer Sprache der Bilder und Gleichnisse an den großen Zusammenhang zu erinnern.»

«Du sprichst hier oft über die freie Entscheidung des einzelnen», fuhr ich mit meinen Fragen fort, «und du setzt sie, wenn wir mit der Atomphysik vergleichen, in Analogie zu der Freiheit des Beobachters, sein Experiment so oder so anzustellen. In der früheren Physik wäre für einen solchen Vergleich kein Platz gewesen. Aber wärest du bereit, die besonderen Züge der heutigen Physik noch unmittelbarer mit dem Problem der Willensfreiheit in Verbindung zu bringen? Du weißt, daß die nicht vollständige Determiniertheit des Geschehens in der Atomphysik gelegentlich als Argument dafür verwendet wird, daß jetzt wieder Raum für den freien Willen des einzelnen und auch Raum für das Eingreifen Gottes geschaffen sei.»

Bohr: «Ich bin überzeugt, daß es sich hier einfach um ein Mißverständnis handelt. Man darf die verschiedenen Fragestellungen nicht durcheinanderbringen, die, wie ich glaube, zu verschiedenen, zu einander komplementären Betrachtungsweisen gehören. Wenn wir vom freien Willen reden, so sprechen wir von der Situation, in der wir Entscheidungen zu treffen haben. Diese Situation steht in einem ausschließenden Verhältnis zu der anderen, in der wir die Motive für unser Handeln analysieren, oder auch zu der, in der wir die physiologischen Vorgänge, etwa die elektrochemischen Prozesse im Gehirn, studieren. Hier handelt es sich also um typisch komplementäre Situationen, und daher hat die Frage, ob die Naturgesetze das Geschehen vollständig oder nur statistisch determinieren, nicht unmittelbar mit der Frage des freien Willens zu tun. Natürlich müssen die verschiedenen Betrachtungsweisen schließlich zusammenpassen, das heißt, sie müssen ohne Widersprüche als zu der gleichen Wirklichkeit gehörig erkannt werden können; aber wie das im einzelnen geschieht, wissen wir einstweilen noch nicht. Wenn schließlich vom Eingreifen Gottes die Rede ist, so wird offenbar nicht von der naturwissenschaftlichen Bedingtheit des Ereignisses gesprochen, sondern von dem Sinnzusammenhang, der das Ereignis mit anderen oder mit dem Denken der Menschen verbindet. Auch dieser Sinnzusammenhang gehört zur Wirklichkeit, ebenso wie die naturwissenschaftliche Bedingtheit, und es wäre wohl eine viel zu grobe Vereinfachung, wenn man ihn ausschließlich der subjektiven Seite der Wirklichkeit zurechnen wollte. Aber auch hier kann man von analogen Situationen in der Naturwissenschaft lernen. Es gibt bekanntlich biologische Zusammenhänge, die wir ihrem Wesen nach nicht kausal, sondern finalistisch, das heißt in bezug auf ihr Ziel, beschreiben. Man kann zum Beispiel an die Heilungsprozesse nach Verletzungen eines Organismus denken. Die finalistische Interpretation steht in einem typisch komplementären Verhältnis zu der Beschreibung nach den bekannten physikalisch-chemischen oder atomphysikalischen Gesetzen; das heißt, im einen Fall fragen wir, ob der Prozeß zu dem gewünschten Ziel, der Wiederherstellung normaler Verhältnisse im Organismus führt, im anderen nach dem kausalen Ablauf der molekularen Vorgänge. Die beiden Beschreibungsweisen schließen einander aus, aber sie stehen nicht notwendig im Widerspruch. Wir haben allen Grund anzunehmen, daß eine Nachprüfung der quantenmechanischen Gesetze in einem lebendigen Organismus diese Gesetze dort genauso bestätigen würde wie in der toten Materie. Trotzdem ist auch die finalistische Beschreibung durchaus richtig. Ich glaube, die Entwicklung der Atomphysik hat uns einfach gelehrt, daß wir subtiler denken müssen als bisher.»

«Wir kommen immer zu leicht wieder auf die erkenntnistheoretische Seite der Religion zurück», warf ich ein. «Aber Diracs Plädoyer gegen die Religion betraf ja eigentlich die ethische Seite. Dirac wollte vor allem die Unehrlichkeit kritisieren oder die Selbsttäuschung, die sich zu leicht mit allem religiösen Denken verbindet und die er mit Recht unerträglich findet. Aber er wurde dabei zu einem Fanatiker des Rationalismus, und ich habe das Gefühl, daß der Rationalismus hier nicht ausreichen kann.»

«Ich glaube, es war sehr gut», meinte Niels, «daß Dirac so energisch auf die Gefahr der Selbsttäuschung und der inneren Widersprüche hingewiesen hat; aber es war dann wohl auch dringend notwendig, daß Wolfgang mit seiner witzigen Schlußbemerkung ihn darauf aufmerksam machte, wie außerordentlich schwer es ist, dieser Gefahr ganz zu entgehen.» Niels schloß das Gespräch ab mit einer jener Geschichten, die er bei solchen Gelegenheiten gern erzählte: «In der Nähe unseres Ferienhauses in Tisvilde wohnt ein Mann, der hat über der Eingangstür seines Hauses ein Hufeisen angebracht, das nach einem alten Volksglauben Glück bringen soll. Als ein Bekannter ihn fragte: ‹Aber bist du denn so abergläubisch? Glaubst du wirklich, daß das Hufeisen dir Glück bringt?›, antwortete er: ‹Natürlich nicht; aber man sagt doch, daß es auch dann hilft, wenn man nicht daran glaubt.›»

Positivismus, Metaphysik und Religion

Der Wiederaufbau der internationalen Beziehungen in der Wissenschaft führte die alten Freunde aus der Atomphysik von neuem in Kopenhagen zusammen. Im Frühsommer des Jahres 1952 fand dort eine Tagung statt, auf der über den Bau eines europäischen Großbeschleunigers beraten werden sollte. Ich war an diesen Plänen aufs äußerste interessiert, da ich mir von einem solchen Großbeschleuniger experimentelle Aufschlüsse über die Frage erhoffte, ob wirklich, wie ich annahm, beim energiereichen Zusammenstoß zweier Elementarteilchen viele solche Teilchen erzeugt worden können und ob es wirklich viele verschiedene Sorten von Elementarteilchen gibt, die sich, ähnlich wie die stationären Zustände eines Atoms oder Moleküls, durch ihre Symmetrieeigenschaften, ihre Masse und ihre Lebensdauer unterscheiden. Obwohl mir also der Gegenstand der Tagung in jeder Weise wichtig war, soll hier doch nicht über ihren Inhalt berichtet werden, sondern über den eines Gesprächs, das ich bei dieser Gelegenheit einmal mit Niels [Bohr] und Wolfgang [Pauli] führte. Auch Wolfgang war von Zürich zur Tagung herübergekommen. Wir saßen zu dritt in dem kleinen Wintergarten, der sich an Bohrs Ehrenwohnung nach dem Park zu anschloß, und sprachen über das alte Thema, ob die Quantentheorie eigentlich vollständig verstanden und ob die Deutung, die wir ihr hier vor 25 Jahren gegeben hatten, inzwischen allgemein anerkanntes Gedankengut der Physik geworden sei. Niels erzählte:

«Vor einiger Zeit war hier in Kopenhagen eine Philosophentagung, zu der vor allem Anhänger der positivistischen Richtung gekommen waren. Vertreter der Wiener Schule spielten dabei eine wichtige Rolle. Ich habe versucht, vor diesen Philosophen über die Interpretation der Quantentheorie zu sprechen. Es gab nach meinem Vortrag keine Opposition und keine schwierigen Fragen; aber ich muß gestehen, daß eben dies für mich das Schrecklichste war. Denn wenn man nicht zunächst über die Quantentheorie entsetzt ist, kann man sie doch unmöglich verstanden haben. Wahrscheinlich habe ich so schlecht vorgetragen, daß niemand gemerkt hat, wovon die Rede war.»

Wolfgang meinte: «Das muß nicht unbedingt an deinem schlechten Vortrag gelegen haben. Es gehört doch zum Glaubensbekenntnis der Positivisten, daß man die Tatsache sozusagen unbesehen hinnehmen soll. Soviel ich weiß, stehen bei Wittgenstein etwa die Sätze: ‹Die Welt ist alles, was der Fall ist.› – ‹Die Welt ist die Gesamtheit der Tatsachen, nicht der Dinge.› Wenn man so anfängt, so wird man auch eine Theorie ohne Zögern hinnehmen, die eben diese Tatsachen darstellt. Die Positivisten haben gelernt, daß die Quantenmechanik die atomaren Phänomene richtig beschreibt; also haben sie keinen Grund, sich gegen sie zu wehren. Was wir dann noch so dazu sagen, wie Komplementarität, Interferenz der Wahrscheinlichkeiten, Unbestimmtheitsrelationen, Schnitt zwischen Subjekt und Objekt usw., gilt den Positivisten als unklares lyrisches Beiwerk, als Rückfall in ein vorwissenschaftliches Denken, als Geschwätz; es braucht jedenfalls nicht ernst genommen zu werden und ist im günstigsten Fall unschädlich. Vielleicht ist eine solche Auffassung in sich logisch ganz geschlossen. Nur weiß ich dann nicht mehr, was es heißt, die Natur zu verstehen.»

«Die Positivisten würden wohl sagen», versuchte ich zu ergänzen, «daß Verstehen gleichbedeutend sei mit Vorausrechnen-Können. Wenn man nur ganz spezielle Ereignisse vorausrechnen kann, so hat man nur einen kleinen Ausschnitt verstanden; wenn man viele verschiedene Ereignisse vorausrechnen kann, hat man weitere Bereiche verstanden. Es gibt eine kontinuierliche Skala zwischen Ganz-wenig-Verstehen und Fast-alles-Verstehen, aber es gibt keinen qualitativen Unterschied zwischen Vorausrechnen-Können und Verstehen.»

«Findest du denn, daß es einen solchen Unterschied gibt?»

«Ja, davon bin ich überzeugt», erwiderte ich, «und ich glaube, wir haben schon einmal vor 30 Jahren auf der Radtour am Walchensee darüber gesprochen. Vielleicht kann ich das, was ich meine, durch einen Vergleich deutlich machen. Wenn wir ein Flugzeug am Himmel sehen, so können wir mit einem gewissen Grad an Sicherheit vorausrechnen, wo es nach einer Sekunde sein wird. Wir werden zunächst die Bahn einfach in einer geraden Linie fortsetzen; oder, wenn wir schon erkennen, daß das Flugzeug eine Kurve beschreibt, so werden wir auch die Krümmung mit einrechnen. Damit werden wir in den meisten Fällen guten Erfolg haben. Aber wir haben doch die Bahn noch nicht verstanden. Erst wenn wir vorher mit dem Piloten gesprochen und von ihm eine Erklärung über den beabsichtigten Flug erhalten haben, dann haben wir die Bahn wirklich verstanden.»

Niels war nur halb zufrieden. «Es wird vielleicht schwierig sein, ein solches Bild auf die Physik zu übertragen. Mir geht es eigentlich so, daß ich mich mit den Positivisten sehr leicht über das einigen kann, was sie wollen, aber nicht so leicht über das, was sie nicht wollen. Darf ich das etwas genauer erklären. Diese ganze Haltung, die wir besonders aus England und Amerika so gut kennen und die von den Positivisten eigentlich nur noch in ein System gebracht worden ist, geht ja auf das Ethos der beginnenden neuzeitlichen Naturwissenschaft zurück. Bis dahin hatte man sich immer nur für die großen Zusammenhänge der Welt interessiert und sie im Anschluß an die alten Autoritäten, vor allem an Aristoteles und an die kirchliche Lehre erörtert, sich aber um die Einzelheiten der Erfahrung sehr wenig gekümmert. Die Folge war, daß sich allerhand Aberglauben breitgemacht hatte, der das Bild der Einzelheiten verwirrte, und daß man auch in den großen Fragen nicht weiterkam, weil ja den alten Autoritäten kein neuer Wissensstoff zugefügt werden konnte. Erst im 17. Jahrhundert hat man sich dann entschlossen von den Autoritäten abgelöst und der Erfahrung, das heißt der experimentellen Untersuchung der Einzelheiten, zugewandt.

Es wird erzählt, daß man sich in den Anfängen der wissenschaftlichen Gesellschaften, etwa der Royal Society in London, damit beschäftigt hat, Aberglauben dadurch zu bekämpfen, daß man die Behauptungen, die in irgendwelchen magischen Büchern standen, durch Experimente widerlegte. So war etwa behauptet worden, daß ein Hirschkäfer, den man unter bestimmten Beschwörungsformeln um Mitternacht in die Mitte eines Kreidekreises auf den Tisch setzt, diesen Kreis nicht verlassen könne. Also zeichnete man einen Kreidekreis auf den Tisch, setzte unter genauer Beachtung der geforderten Beschwörungsformeln den Käfer in die Mitte und beobachtete dann, wie er sehr vergnügt über den Kreis weglief. Auch mußten sich an einigen Akademien die Mitglieder verpflichten, nie über die großen Zusammenhänge zu sprechen, sondern sich nur mit den einzelnen Tatsachen abzugeben. Theoretische Überlegungen über die Natur galten daher nur der einzelnen Gruppe von Erscheinungen, nicht dem Zusammenhang des Ganzen. Eine theoretische Formel wurde mehr als eine Handlungsanweisung aufgefaßt – so wie etwa heutzutage im Taschenbuch für Ingenieure nützliche Formeln für die Knickfestigkeit von Stäben zu finden sind. Auch der bekannte Ausspruch von Newton, daß er sich vorkomme wie ein Kind, das am Meeresstrand spielt und sich freut, wenn es dann und wann einen glatteren Kiesel oder eine schönere Muschel als gewöhnlich findet, während der große Ozean der Wahrheit unerforscht vor ihm liegt, auch dieser Ausspruch drückt das Ethos der beginnenden neuzeitlichen Naturwissenschaft aus. Natürlich hat Newton in Wirklichkeit sehr viel mehr getan. Er hat für einen ganz großen Bereich von Naturerscheinungen die zugrunde liegende Gesetzmäßigkeit mathematisch formulieren können. Aber davon sollte man eben nicht reden.

In diesem Kampf gegen frühere Autorität und Aberglauben im Bereich der Naturwissenschaft ist man natürlich auch manchmal über das Ziel hinausgeschossen. So gab es zum Beispiel alte Berichte, die bezeugten, daß gelegentlich Steine vom Himmel fielen, und in einigen Klöstern und Kirchen wurden solche Steine als Reliquien aufbewahrt. Solche Berichte wurden im 18. Jahrhundert als Aberglaube beiseite geschoben und die Klöster aufgefordert, die wertlosen Steine wegzuwerfen. Die französische Akademie hat sogar einmal den ausdrücklichen Beschluß gefaßt, Mitteilungen über Steine, die vom Himmel gefallen seien, nicht mehr entgegenzunehmen. Selbst der Hinweis, daß in gewissen alten Sprachen das Eisen definiert ist als der Stoff, der gelegentlich vom Himmel fällt, vermochte die Akademie nicht von ihrem Beschluß abzubringen. Erst als dann bei einem größeren Meteorfall in der Nähe von Paris viele Tausende von kleinen Meteoreisensteinen niedergingen, mußte die Akademie ihren Widerstand aufgeben. Ich wollte das nur erzählen, um die geistige Haltung der beginnenden neuzeitlichen Naturwissenschaft zu charakterisieren; und wir alle wissen ja, welche Fülle von neuen Erfahrungen und wissenschaftlichen Fortschritten aus dieser Haltung erwachsen ist.

Die Positivisten versuchen nun, das Vorgehen der neuzeitlichen Naturwissenschaft mit einem philosophischen System zu begründen und gewissermaßen zu rechtfertigen. Sie weisen darauf hin, daß die Begriffe, die in der früheren Philosophie verwendet wurden, nicht den gleichen Grad von Präzision haben wie die Begriffe der Naturwissenschaft, und so meinen sie, daß die Fragen, die dort gestellt und erörtert wurden, häufig gar keinen Sinn hätten, daß es sich um Scheinprobleme handelte, mit denen man sich nicht beschäftigen sollte. Mit der Forderung, äußerste Klarheit in allen Begriffen anzustreben, kann ich mich natürlich einverstanden erklären; aber das Verbot, über die allgemeineren Fragen nachzudenken, weil es dort keine in diesem Sinne klaren Begriffe gebe, will mir nicht einleuchten; denn bei einem solchen Verbot könnte man auch die Quantentheorie nicht verstehen.»

«Wenn du das sagst, daß man dann die Quantentheorie nicht mehr verstehen könnte», fragte Wolfgang zurück, «meinst du damit, daß eben die Physik nicht nur aus Experimentieren und Messen auf der einen, einem mathematischen Formelapparat auf der anderen Seite bestehe, sondern daß an der Nahtstelle zwischen beiden echte Philosophie getrieben werden müsse? Das heißt, daß man dort unter Benützung der natürlichen Sprache versuchen müsse zu erklären, was bei diesem Spiel zwischen Experiment und Mathematik eigentlich geschieht. Ich vermute auch, daß alle Schwierigkeiten im Verständnis der Quantentheorie eben an dieser Stelle auftauchen, die von den Positivisten meist mit Stillschweigen übergangen wird; und zwar deswegen übergangen wird, weil man hier nicht mit so präzisen Begriffen operieren kann. Der Experimentalphysiker muß über seine Versuche reden können, und dabei verwendet er de facto die Begriffe der klassischen Physik, von denen wir schon wissen, daß sie nicht genau auf die Natur passen. Das ist das fundamentale Dilemma, und das darf man nicht einfach ignorieren.»

«Die Positivisten», fügte ich ein, «sind ja außerordentlich empfindlich gegen alle Fragestellungen, die, wie sie sagen, einen vorwissenschaftlichen Charakter tragen. Ich erinnere mich an ein Buch von Philipp Frank über das Kausalgesetz, in dem einzelne Fragestellungen oder Formulierungen immer wieder abgetan werden mit dem Vorwurf, es handele sich um Relikte aus der Metaphysik, aus einer vorwissenschaftlichen oder animistischen Epoche des Denkens. So werden etwa die biologischen Begriffe ‹Ganzheit› und ‹Entelechie› als vorwissenschaftlich abgelehnt, und es wird der Beweis versucht, daß den Aussagen, in denen diese Begriffe gewöhnlich verwendet werden, keine nachprüfbaren Inhalte entsprechen. Das Wort ‹Metaphysik› ist dort gewissermaßen nur noch ein Schimpfwort, mit dem völlig unklare Gedankengänge gebrandmarkt werden sollen.»

«Mit dieser Einengung der Sprache kann ich natürlich auch nichts anfangen», nahm Niels wieder das Wort. «Du kennst doch das Schillersche Gedicht *Spruch des Konfuzius*, und du weißt, daß ich da besonders die Zeilen liebe ‹Nur die Fülle führt zur Klarheit, und im Abgrund wohnt die Wahrheit›. Die Fülle ist hier nicht nur die Fülle der Erfahrung, sondern auch die Fülle der Begriffe, der verschiedenen Arten, über unser Problem und über die Phänomene zu reden. Nur dadurch, daß man über die merkwürdigen Beziehungen zwischen den formalen Gesetzen der Quantentheorie und den beobachteten Phänomenen immer wieder mit verschiedenen Begriffen spricht, sie von allen Seiten beleuchtet, ihre scheinbaren inneren Widersprüche bewußtmacht, kann die Änderung in der Struktur des Denkens bewirkt werden, die für ein Verständnis der Quantentheorie die Voraussetzung ist.

Es wird doch zum Beispiel immer wieder gesagt, daß die Quantentheorie unbefriedigend sei, weil sie nur eine dualistische Beschreibung der Natur mit den komplementären Begriffen ‹Welle› und ‹Teilchen› gestatte. Wer die Quantentheorie wirklich verstanden hat, würde aber gar nicht mehr auf den Gedanken kommen, hier von einem Dualismus zu sprechen. Er wird die Theorie als eine einheitliche Beschreibung der atomaren Phänomene empfinden, die nur dort, wo sie zur Anwendung auf die Experimente in die natürliche Sprache übersetzt wird, recht verschieden aussehen kann. Die Quantentheorie ist so ein wunderbares Beispiel dafür, daß man einen Sachverhalt in völliger Klarheit verstanden haben kann und gleichzeitig doch weiß, daß man nur in Bildern und Gleichnissen von ihm reden kann. Die Bilder und Gleichnisse, das sind hier im wesentlichen die klassischen Begriffe, also auch ‹Welle› und ‹Korpuskel›. Die passen nicht genau auf die wirkliche Welt, auch stehen sie zum Teil in einem komplementären Verhältnis zueinander und widersprechen sich deshalb. Trotzdem kann man, da man bei der Beschreibung der Phänomene im Raum der natürlichen Sprache bleiben muß, sich nur mit diesen Bildern dem wahren Sachverhalt nähern. Wahrscheinlich ist es doch bei den allgemeinen Problemen der Philosophie, insbesondere auch der Metaphysik, ganz ähnlich. Wir sind gezwungen, in Bildern und Gleichnissen zu sprechen, die nicht genau das treffen, was wir wirklich meinen. Wir können auch gelegentlich Widersprüche nicht vermeiden, aber wir können uns doch mit diesen Bildern dem wirklichen Sachverhalt irgendwie nähern. Den Sachverhalt selbst dürfen wir nicht verleugnen. ‹Im Abgrund wohnt die Wahrheit.› Das bleibt eben genauso wahr wie der erste Teil des Satzes.

Du sprachst vorher von Philipp Frank und seinem Buch über Kausalität. Auch Philipp Frank hat damals an dem Philosophenkongreß in Kopenhagen teilgenommen und einen Vortrag gehalten, in dem der Problemkreis Metaphysik, wie du erzählst, eigentlich nur als Schimpfwort oder wenigstens als Beispiel für unwissenschaftliche Denkweise vorkam. Ich mußte hinterher zu dem Vortrag Stellung nehmen und habe dann etwa folgendes gesagt:

Zunächst könne ich nicht recht einsehen, warum die Vorsilbe Meta nur vor Begriffe wie Logik oder Mathematik gesetzt werden dürften – Frank hatte von Metalogik und Metamathematik gesprochen –, nicht aber vor den Begriff Physik. Das Präfix Meta soll doch nur andeuten, daß es sich um Fragen handelt, die danach kommen, also die Fragen nach den Grundlagen des betreffenden Gebiets; und warum soll man nicht nach dem suchen dürfen, was sozusagen hinter der Physik kommt? Ich wolle aber lieber mit einem ganz anderen Ansatz beginnen, um meine eigene Stellung zu diesem Problem deutlich zu machen. Ich wolle fragen: ‹Was ist ein Fachmann?› Viele würden vielleicht antworten, ein Fachmann sei ein Mensch, der sehr viel über das betreffende Fach weiß. Diese Definition könne ich aber nicht zugeben, denn man könne eigentlich nie wirklich viel über ein Gebiet wissen. Ich möchte lieber so formulieren: Ein Fachmann ist ein Mann, der einige der gröbsten Fehler kennt, die man in dem betreffenden Fach machen kann, und der sie deshalb zu vermeiden versteht. In diesem Sinne würde ich also Philipp Frank einen Fachmann der Metaphysik nennen, da er sicher einige der gröbsten Fehler in der Metaphysik zu vermeiden weiß. – Ich bin nicht sicher, ob Frank ganz glücklich über dieses Lob war, aber ich meinte es nicht ironisch, sondern ganz ehrlich. Mir ist bei solchen Diskussionen vor allem wichtig, daß man nicht versuchen darf, den Abgrund, in dem die Wahrheit wohnt, einfach wegzureden. Man darf es sich an keiner Stelle zu leicht machen.»

Am Abend des gleichen Tages setzten Wolfgang und ich das Gespräch noch zu zweit fort. Es war die Zeit der hellen Nächte. Die Luft war warm, die Dämmerung dehnte sich fast bis zur Mitternacht aus, und die dicht unter dem Horizont wandernde Sonne tauchte die Stadt in ein gedämpftes bläuliches Licht. So entschlossen wir uns noch zu einem Spaziergang auf der Langen Linie, einem langgestreckten Kai am Hafen, an dem meist Schiffe liegen und entladen werden. Im Süden beginnt die Lange Linie etwa an der Stelle, bei der auf einem Felsen am Strand das

Bronzeabbild der Kleinen Meerjungfrau aus Andersens Märchen sitzt, und im Norden endet sie mit einer ins Hafenbecken ausschwingenden Mole, auf der ein kleines Leuchtfeuer die Einfahrt bezeichnet. Wir sahen zunächst den im Dämmerlicht aus- und einfahrenden Schiffen nach, dann begann Wolfgang das Gespräch mit der Frage:

«Warst du eigentlich zufrieden mit dem, was Niels heute über die Positivisten gesagt hat? Ich hatte den Eindruck, daß du eigentlich den Positivisten gegenüber noch kritischer bist als Niels, oder genauer gesagt, daß dir ein ganz anderer Wahrheitsbegriff vorschwebt als den Philosophen dieser Richtung; und ich weiß nicht, ob Niels bereit wäre, auf den von dir angedeuteten Wahrheitsbegriff einzugehen.»

«Das weiß ich natürlich auch nicht. Niels ist ja noch in einer Zeit aufgewachsen, in der es einer großen Anstrengung bedurfte, um sich vom traditionellen Denken der bürgerlichen Welt des 19. Jahrunderts, insbesondere auch von den Gedankengängen der christlichen Philosophie zu lösen. Da er diese Anstrengung geleistet hat, wird er sich immer scheuen, die Sprache der älteren Philosophie oder gar der Theologie ohne Vorbehalt zu benützen. Für uns ist das aber anders, weil wir nach zwei Weltkriegen und zwei Revolutionen wohl keine Anstrengung mehr brauchen, um uns von irgendwelchen Traditionen zu befreien. Mir würde es – aber darin sind wir ja auch mit Niels einig – völlig absurd vorkommen, wenn ich mir die Fragen oder Gedankengänge der früheren Philosophien verbieten wollte, weil sie nicht in einer präzisen Sprache ausgedrückt worden sind. Ich habe zwar manchmal Schwierigkeiten zu verstehen, was mit diesen Gedankengängen gemeint ist, und ich versuche dann, sie in eine moderne Terminologie zu übersetzen und nachzusehen, ob wir jetzt neue Antworten geben können. Aber ich habe keine Hemmung, die alten Fragen wieder aufzugreifen, so wie ich auch keine Hemmungen habe, die traditionelle Sprache einer der alten Religionen zu verwenden. Wir wissen, daß es sich bei der Religion um eine Sprache der Bilder und Gleichnisse handeln muß, die nie genau das darstellen können, was gemeint ist. Aber letzten Endes geht es wohl in den meisten alten Religionen, die aus einer Epoche vor der neuzeitlichen Naturwissenschaft stammen, um den gleichen Inhalt, den gleichen Sachverhalt, der eben in Bildern und Gleichnissen dargestellt werden soll und der an zentraler Stelle mit der Frage der Werte zusammenhängt. Die Positivisten mögen recht damit haben, daß es heute oft schwer ist, solchen Gleichnissen einen Sinn zu geben. Aber es bleibt doch die Aufgabe gestellt, diesen Sinn zu verstehen, da er offenbar einen entscheidenden Teil unserer Wirklichkeit bedeutet; oder ihn vielleicht in einer neuen Sprache auszudrücken, wenn er in der alten nicht mehr ausgesprochen werden kann.»

«Wenn du über solche Fragen nachdenkst, dann versteht man ja sofort, daß du mit einem Wahrheitsbegriff nichts anfangen kannst, der von der Möglichkeit des Vorausrechnens ausgeht. Aber was ist nun dein Wahrheitsbegriff in der Naturwissenschaft? Du hast ihn vorhin in Bohrs Haus mit dem Vergleich von der Bahn des Flugzeugs angedeutet. Ich weiß nicht, wie du so einen Vergleich meinst. Was in der Natur soll der Absicht oder dem Auftrag des Piloten entsprechen?»

«Solche Wörter wie ‹Absicht› oder ‹Auftrag›», versuchte ich zu antworten, «stammen ja aus der menschlichen Sphäre und können für die Natur bestenfalls als Metaphern verstanden werden. Aber vielleicht können wir wieder mit unserem alten Vergleich zwischen der Astronomie des Ptolemäus und der Lehre von den Planetenbewegungen seit Newton weiterkommen. Vom Wahrheitskriterium des Vorausrechnens aus war die Ptolemäische Astronomie nicht schlechter als die spätere Newtonsche. Aber wenn wir heute Newton und Ptolemäus vergleichen, so haben wir doch den Eindruck, daß Newton die Bahn der Gestirne in seinen Bewegungsgleichungen umfassender und richtiger formuliert hat, daß er sozusagen die Absicht beschrieben hat, nach der die Natur konstruiert ist. Oder um ein Beispiel aus der heutigen Physik zu nehmen: Wenn wir lernen, daß die Erhaltungssätze, etwa für die Energie oder die Ladung, einen ganz universellen Charakter tragen, daß sie über alle Gebiete der Physik hinweg gelten und durch Symmetrieeigenschaften in den Grundgesetzen zustande kommen, so liegt es nahe zu sagen, daß diese Symmetrien entscheidende Elemente des Planes sind, nach dem die Natur geschaffen worden ist. Dabei bin ich mir völlig klar darüber, daß die Worte ‹Plan› und ‹geschaffen› wieder aus der menschlichen Sphäre genommen sind und daher bestenfalls als Metaphern gelten können. Aber es ist ja auch begreiflich, daß die Sprache uns hier keine außermenschlichen Begriffe zur Verfügung stellen kann, mit denen wir näher an das Gemeinte herankommen können. Was soll ich also mehr über meinen naturwissenschaftlichen Wahrheitsbegriff sagen?»

«Ja, ja, die Positivisten können natürlich jetzt einwenden, daß du unklar daherschwafelst, und sie können stolz sein, daß ihnen so etwas nicht passieren kann. Aber wo ist mehr Wahrheit, im Unklaren oder im Klaren? Niels zitiert: ‹Im Abgrund wohnt die Wahrheit.› Aber gibt es einen Abgrund, und gibt es eine Wahrheit? Und hat dieser Abgrund etwas mit der Frage nach Leben und Tod zu tun?»

Das Gespräch stockte für kurze Zeit, weil im Abstand von wenigen hundert Metern ein großer Passagierdampfer an uns vorbeiglitt, der mit seinen vielen Lichtern in der hellblauen Dämmerung märchenhaft und fast unwirklich aussah. Ich träumte einige Augenblicke den menschlichen Schicksalen nach, die sich hinter den erleuchteten Kabinenfenstern abspielen mochten, dann verwandelten sich Wolfgangs Fragen in meiner Phantasie in Fragen über den Dampfer. Was war der Dampfer wirklich? War er eine Masse Eisen mit einer Kraftzentrale, einem elektrischen Leitungssystem und Glühbirnen? Oder war er der Ausdruck einer menschlichen Absicht, eine Gestalt, die sich als Ergebnis der zwischenmenschlichen Beziehungen gebildet hat? Oder war er die Folge der biologischen Naturgesetze, die als Objekt für ihre Gestaltungskraft diesmal nicht nur Eiweißmoleküle, sondern Stahl und elektrische Ströme verwendet hatten? Stellt das Wort «Absicht» also nur den Reflex dieser gestaltenden Kraft oder der Naturgesetze im menschlichen Bewußtsein dar? Und was bedeutet das Wort «nur» in diesem Zusammenhang?

Von hier wandte sich das Selbstgespräch wieder den allgemeineren Fragen zu. Ist es völlig sinnlos, sich hinter den ordnenden Strukturen der Welt im großen ein «Bewußtsein» zu denken, dessen «Absicht» sie sind? Natürlich ist auch die so gestellte Frage eine Vermenschlichung des Problems, denn das Wort «Bewußtsein» ist ja aus menschlichen Erfahrungen gebildet. Also dürfte man diesen Begriff eigentlich nur außerhalb des menschlichen Bereichs verwenden. Wenn man so stark einschränkt, würde es aber auch unerlaubt werden, zum Beispiel vom Bewußtsein eines Tieres zu reden. Man hat aber doch das Gefühl, daß eine solche Redeweise einen gewissen Sinn enthält. Man spürt, daß der Sinn des Begriffs «Bewußtsein» weiter und zugleich nebelhafter wird, wenn wir ihn außerhalb des menschlichen Bereichs anzuwenden suchen.

Für den Positivisten gibt es dann eine einfache Lösung: Die Welt ist einzuteilen in das, was man klar sagen kann, und das, worüber man schweigen muß. Also müßte man hier eben schweigen. Aber es gibt wohl keine unsinnigere Philosophie als diese. Denn man kann ja fast nichts klar sagen. Wenn man alles Unklare ausgemerzt hat, bleiben wahrscheinlich nur völlig uninteressante Tautologien übrig.

Die Gedankenkette wurde dadurch unterbrochen, daß Wolfgang das Gespräch wiederaufnahm.

«Du hast vorhin gesagt, daß dir auch die Sprache der Bilder und Gleichnisse nicht fremd sei, in der die alten Religionen sprechen, und daß du deshalb mit der Einschränkung der Positivisten nichts anfangen könntest. Du hast auch angedeutet, daß die verschiedenen Religionen mit ihren sehr verschiedenen Bildern nach deiner Ansicht schließlich fast den gleichen Sachverhalt meinen, der, so hast du formuliert, an zentraler Stelle mit der Frage nach den Werten zusammenhängt. Was hast du damit sagen wollen, und was hat dieser ‹Sachverhalt›, um deinen Ausdruck zu gebrauchen, mit deinem Wahrheitsbegriff zu tun?»

«Die Frage nach den Werten – das ist doch die Frage nach dem, was wir tun, was wir anstreben, wie wir uns verhalten sollen. Die Frage ist also vom Menschen und relativ zum Menschen gestellt; es ist die Frage nach dem Kompaß, nach dem wir uns richten sollen, wenn wir unseren Weg durchs Leben suchen. Dieser Kompaß hat in den verschiedenen Religionen und Weltanschauungen sehr verschiedene Namen erhalten: das Glück, der Wille Gottes, der Sinn, um nur einige zu nennen. Die Verschiedenheit der Namen weist auf sehr tiefgehende Unterschiede in der Struktur des Bewußtseins der Menschengruppen hin, die ihren Kompaß so genannt haben. Ich will diese Unterschiede sicher nicht verkleinern. Aber ich habe doch den Eindruck, daß es sich in allen Formulierungen um die Beziehungen der Menschen zur zentralen Ordnung der Welt handelt. Natürlich wissen wir, daß für uns die Wirklichkeit von der Struktur unseres Bewußtseins abhängt; der objektivierbare Bereich ist nur ein kleiner Teil unserer Wirklichkeit. Aber auch dort, wo nach dem subjektiven Bereich gefragt wird, ist die zentrale Ordnung wirksam und verweigert uns das Recht, die Gestalten dieses Bereiches als Spiel des Zufalls oder der Willkür zu betrachten. Allerdings kann es im subjektiven Bereich, sei es des einzelnen oder der Völker, viel Verwirrung geben. Es können sozusagen die Dämonen regieren und ihr Unwesen treiben, oder um es mehr naturwissenschaftlich auszudrücken, es können Teilordnungen wirksam werden, die mit der zentralen Ordnung nicht zusammenpassen, die von ihr abgetrennt sind. Aber letzten Endes setzt sich doch wohl immer die zentrale Ordnung durch, das ‹Eine›, um in der antiken Terminologie zu reden, zu dem wir in der Sprache der Religion in Beziehung treten. Wenn nach den Werten gefragt wird, so scheint also die Forderung zu lauten, daß wir im Sinne dieser zentralen Ordnung handeln sollen – eben um die Verwirrung zu vermeiden, die durch abgetrennte Teilordnungen entstehen kann. Die Wirksamkeit des Einen zeigt sich schon darin, daß wir das Geordnete als das Gute, das Verwirrte und Chaotische als schlecht empfinden. Der Anblick einer von einer Atombombe zerstörten Stadt erscheint uns schrecklich; – aber wir freuen uns, wenn es gelungen ist, aus einer Wüste eine blühende, fruchtbare Landschaft zu entwickeln. In der Naturwissenschaft ist die zentrale Ordnung daran zu erkennen, daß man schließlich solche Metaphern verwenden kann wie ‹die Natur ist nach diesem Plan geschaffen›. Und an dieser Stelle ist mein Wahrheitsbegriff mit dem in den Religionen gemeinten Sachverhalt verbunden. Ich finde, daß man diese ganzen Zusammenhänge sehr viel besser denken kann, seit man die Quantentheorie verstanden hat. Denn in ihr können wir in einer abstrakten mathematischen Sprache einheitliche Ordnungen über sehr weite Bereiche formulieren; wir erkennen aber gleichzeitig, daß wir dann, wenn wir in der natürlichen Sprache die Auswirkungen dieser Ordnungen beschreiben wollen, auf Gleichnisse angewiesen sind, auf komplementäre Betrachtungsweisen, die Paradoxien und scheinbare Widersprüche in Kauf nehmen.»

«Ja, dieses Denkmodell ist durchaus verständlich», erwiderte Wolfgang, «aber was meinst du damit, daß sich, wie du sagst, die zentrale Ordnung immer wieder durchsetzt? Diese Ordnung ist da, oder sie ist nicht da. Aber was soll durchsetzen heißen?»

«Damit meine ich etwas ganz Banales, nämlich zum Beispiel die Tatsache, daß nach jedem Winter doch wieder Blumen auf den Wiesen blühen und daß nach jedem Krieg die Städte wiederaufgebaut werden, daß also Chaotisches sich immer wieder in Geordnetes verwandelt.»

Wir gingen nun eine Zeitlang schweigend nebeneinander her und hatten bald das nördliche Ende der Langen Linie erreicht. Von dort setzten wir unseren Weg auf der ins Hafenbecken ausbiegenden schmalen Mole bis zu dem kleinen Leuchtfeuer fort. Im Norden zeigte immer noch ein heller rötlicher Streifen über dem Horizont an, daß die Sonne nicht allzu tief unter dieser Linie nach Osten wanderte. Die Konturen der Bauten im Hafenbecken waren in aller Schärfe zu erkennen. Als wir eine Weile am Ende der Mole gestanden hatten, fragte Wolfgang mich ziemlich unvermittelt:

«Glaubst du eigentlich an einen persönlichen Gott? Ich weiß natürlich, daß es schwer ist, einer solchen Frage einen klaren Sinn zu geben, aber die Richtung der Frage ist doch wohl erkennbar.»

«Darf ich die Frage auch anders formulieren?» erwiderte ich. «Dann würde sie lauten: Kannst du oder kann man der zentralen Ordnung der Dinge oder des Geschehens, an der ja nicht zu zweifeln ist, so unmittelbar gegenübertreten, mit ihr so unmittelbar in Verbindung treten, wie dies bei der Seele eines anderen Menschen möglich ist? Ich verwende hier ausdrücklich das so schwer deutbare Wort ‹Seele›, um nicht mißverstanden zu werden. Wenn du so fragst, würde ich mit Ja antworten. Und ich könnte, weil es ja auf meine persönlichen Erlebnisse hier nicht ankommt, an den berühmten Text erinnern, den Pascal immer bei sich trug und den er mit dem Wort ‹Feuer› begonnen hatte. Aber dieser Text würde nicht für mich gelten.»

«Du meinst also, daß dir die zentrale Ordnung mit der gleichen Intensität gegenwärtig sein kann wie die Seele eines anderen Menschen?»

«Vielleicht.»

«Warum hast du hier das Wort ‹Seele› gebraucht und nicht einfach vom anderen Menschen gesprochen?»

«Weil das Wort ‹Seele› eben hier die zentrale Ordnung, die Mitte bezeichnet bei einem Wesen, das in seinen äußeren Erscheinungsformen sehr mannigfaltig und unübersichtlich sein mag.»

«Ich weiß nicht, ob ich da ganz mit dir gehen kann. Man darf seine eigenen Erlebnisse ja auch nicht überschätzen.»

«Sicher nicht, aber auch in der Naturwissenschaft beruft man sich ja auf die eigenen Erlebnisse oder auch auf die der anderen, über die uns glaubwürdig berichtet wird.»

«Vielleicht hätte ich nicht so fragen sollen. Aber ich will lieber wieder auf unser Ausgangsproblem zurückkommen, die positivistische Philosophie. Sie ist dir fremd, weil du dann, wenn du ihren Verboten genügen wolltest, von all den Dingen nicht sprechen könntest, von denen wir eben gesprochen haben. Aber würdest du daraus schließen, daß diese Philosophie mit der Welt der Werte überhaupt nichts zu tun hat? Daß es in ihr grundsätzlich keine Ethik geben kann?»

«Das sieht zunächst so aus, aber es ist hier wohl historisch umgekehrt. Dieser Positivismus, über den wir sprechen und der uns heute begegnet, ist ja aus dem Pragmatismus und aus der zu ihm gehörigen ethischen Haltung erwachsen. Der Pragmatismus hat den einzelnen gelehrt, die

Hände nicht untätig in den Schoß zu legen, sondern selbst Verantwortung zu übernehmen, sich um das Nächstliegende zu bemühen, ohne gleich an Weltverbesserung zu denken, und dort, wo die Kräfte reichen, tätig für eine bessere Ordnung im kleinen Bereich zu wirken. An dieser Stelle scheint mir der Pragmatismus sogar vielen der alten Religionen überlegen. Denn die alten Lehren verführen doch leicht zu einer gewissen Passivität, dazu, sich ins scheinbar Unvermeidliche zu fügen, wo man mit eigener Aktivität noch vieles bessern könnte. Daß man im kleinen anfangen muß, wenn man im großen bessern will, ist im Gebiet des praktischen Handelns doch sicher ein guter Grundsatz; und selbst in der Wissenschaft mag dieser Weg auf weiten Strecken richtig sein, wenn man nur den großen Zusammenhang nicht aus den Augen verliert. In Newtons Physik ist doch sicher beides wirksam gewesen, das sorgfältige Studium der Einzelheiten und der Blick auf das Ganze. Der Positivismus in seiner heutigen Prägung aber macht den Fehler, daß er den großen Zusammenhang nicht sehen will, daß er ihn – ich übertreibe vielleicht jetzt mit meiner Kritik – bewußt im Nebel halten will; zumindest ermutigt er niemanden, über ihn nachzudenken.»

«Deine Kritik am Positivismus ist mir, wie du weißt, durchaus verständlich. Aber du hast doch meine Frage noch nicht beantwortet. Wenn es in dieser aus Pragmatismus und Positivismus gemischten Haltung eine Ethik gibt – und du hast sicher recht, daß es sie gibt und daß man sie in Amerika und England dauernd am Werke sieht – woher nimmt diese Ethik den Kompaß, nach dem sie sich richtet? Du hast behauptet, daß der Kompaß letzten Endes immer nur aus der Beziehung zur zentralen Ordnung komme; aber wo findest du diese Beziehung im Pragmatismus?»

«Hier halte ich es mit der These Max Webers, daß die Ethik des Pragmatismus letzten Endes aus dem Calvinismus, also aus dem Christentum stammt. Wenn man in dieser westlichen Welt fragt, was gut und was schlecht, was erstrebenswert und was zu verdammen ist, so findet man doch immer wieder den Wertmaßstab des Christentums auch dort, wo man mit den Bildern und Gleichnissen dieser Religion längst nichts mehr anfangen kann. Wenn einmal die magnetische Kraft ganz erloschen ist, die diesen Kompaß gelenkt hat – und die Kraft kann doch nur von der zentralen Ordnung herkommen –, so fürchte ich, daß sehr schreckliche Dinge passieren können, die über die Konzentrationslager und die Atombomben noch hinausgehen. Aber wir wollten ja nicht über diese düstere Seite unserer Welt sprechen, und vielleicht wird der zentrale Bereich inzwischen an anderer Stelle wieder von selbst sichtbar. In der Wissenschaft ist es jedenfalls so, wie Niels gesagt hat: Mit den Forderungen der Pragmatiker und Positivisten, Sorgfalt und Genauigkeit im einzelnen und äußerste Klarheit in der Sprache, wird man sich gern einverstanden erklären. Ihre Verbote aber wird man übertreten müssen; denn wenn man nicht mehr über die großen Zusammenhänge sprechen und nachdenken dürfte, ginge auch der Kompaß verloren, nach dem wir uns richten können.»

Trotz der vorgerückten Stunde legte noch einmal ein kleines Boot an der Mole an, das uns zum Kongens Nytorv zurückbrachte, und von dort konnten wir Bohrs Haus leicht erreichen.

Ordnung der Wirklichkeit

Die schöpferischen Kräfte

Nachdem nun dies alles gesagt ist, muß schließlich noch von der obersten Schicht der Wirklichkeit die Rede sein, in der sich der Blick öffnet für die Teile der Welt, über die nur im Gleichnis gesprochen werden kann. Man könnte auch eben ein Gleichnis hier an den Anfang stellen und von der Schicht der Wirklichkeit sprechen, die uns mit der Ewigkeit verbindet. Aber Gleichnisse sind hier noch nicht verständlich, und außerdem muß vorerst noch einmal rückschauend von der Stufenleiter der Wirklichkeitsbereiche gesprochen werden, die mit dieser obersten Schicht ihren Abschluß finden soll.

Die Ordnung der Bereiche sollte ja die grobe Teilung der Welt in eine objektive und eine subjektive Wirklichkeit ersetzen, sie sollte sich zwischen diesen Polen: Objekt und Subjekt ausspannen, so daß an ihrem untersten Ende die Bereiche stehen, in denen wir vollständig objektivieren können. Dann sollten sich die Bereiche anschließen, in denen die Sachverhalte nicht völlig getrennt werden können von dem Erkenntnisvorgang, durch den wir zur Feststellung des Sachverhalts gelangen. Ganz oben sollte schließlich die Schicht der Wirklichkeit stehen, in der die Sachverhalte erst im Zusammenhang mit dem Erkenntnisvorgang geschaffen werden. Diese Formulierung kann in zweierlei Weise mißverstanden werden; einmal als Paradoxie, indem doch Erkenntnis nur möglich sei von etwas, das schon vor der Erkenntnis bestehe, und dann durch die Auffassung, das Wort Sachverhalt solle hier offenbar irgendwelche subjektiven Illusionen bezeichnen, die sich sozusagen beim Streben nach Erkenntnis von selbst einschleichen. Um die hier gemeinte

Beziehung zwischen Sachverhalt und Erkenntnis näher zu erläutern, soll noch einmal von den Verhältnissen in früher besprochenen Bereichen der Wirklichkeit an einem Beispiel die Rede sein.

Wir wissen, daß es unter den Menschen die Liebe gibt; und von der Liebe kann auch oft wie von irgendeinem objektiven Tatbestand gesprochen werden. Aber wir haben auch erfahren, daß die Beziehung zu einem anderen Menschen ein sehr zartes Gebilde sein kann, das durch jede Berührung durch das Wort oder auch nur durch den Gedanken verändert werden kann. Schließlich gibt es menschliche Beziehungen, die überhaupt nur dadurch in der gleichen Form weiterbestehen können, daß sie nicht ins Bewußtsein treten. In diesen Fällen ist es ganz offenbar, daß jede Erkenntnis des Sachverhaltes den Sachverhalt selbst verändern muß. Ein grüblerischer Mensch etwa, der gewohnt ist, seine eigenen Gefühle stets sehr genau zu kontrollieren, wird eine solche Beziehung sehr schnell in etwas anderes verwandeln, während ein nach außen gewandter, offener Mensch in einer solchen Beziehung lange Zeit leben kann, ohne sie zu bemerken, selbst wenn sie schon große Teile seines Wesen ergriffen hat; und auch hier wird das Bewußtwerden der Beziehung den ganzen Zustand vollständig verändern. Nun hätte diese erkenntnismäßige Schwierigkeit kein allzugroßes Gewicht, wenn es sich nur um die Erkenntnis einer speziellen psychologischen Situation handelte. Aber wir wissen andererseits, daß die Liebe in einer viel allgemeineren und ernsteren Weise die ganze Wirklichkeit verwandelt. Die Welt, die uns umgibt, verändert ihr Gesicht mit unserer Beziehung zu den Menschen. Dabei verändert sich zwar nicht der kleine Teil der Welt, der sich vollständig objektivieren läßt. Aber überall dort, wo die Dinge etwas für uns bedeuten, wird diese Bedeutung von unserer Stellung zu den Menschen entscheidend beeinflußt. Zwar hängt etwa die objektive Helligkeit und Farbe der Dinge um uns, so wie sie mit optischen Instrumenten registriert werden kann, nicht von uns ab. Aber ob die Welt uns in hellen Farben leuchtet oder ob sie grau in grau erscheint, das wird ganz von unserer Stellung zu den Menschen und vom Zustand unseres Bewußtseins bestimmt. Dabei wiegt dieser Teil der Wirklichkeit für das ganze menschliche Schicksal oft viel schwerer als der objektive Bereich. Glück und Unglück hängen nur zum kleinen Teil von den objektiven äußeren Geschehnissen ab. Um glücklich zu sein, bedarf es bestimmter Voraussetzungen in unserer Seele, nicht nur günstiger äußerer Umstände. Mit der Liebe wachsen die Flügel der Seele, wie

Platon im *Phaidros* sagt. Ferner bestimmt diese innere Einstellung zur Welt auch unser Denken und Handeln und greift insofern indirekt auch in den objektiven Bereich über. Aber diese Einstellung zur Welt hängt dabei doch wieder so entscheidend von den Erkenntnisvorgängen ab, durch die sie in unser Bewußtsein tritt, und sie ist von Mensch zu Mensch so verschieden, daß dieser Teil der Wirklichkeit nicht mehr objektiviert werden kann. Der Zustand etwa, in dem uns die Welt fremd und wie durch einen Nebelschleier von uns getrennt vorkommt, kann durch die teilnehmende Frage eines Freundes, ob es uns nicht gutgehe, in einen anderen Zustand verwandelt werden; für die gleiche Erkenntnissituation ließen sich noch viele Beispiele aufzählen.

Als ein erster charakteristischer Zug der Wirklichkeitsschicht, um die es sich in den folgenden Abschnitten handeln soll, kann also das Nebeneinander der folgenden beiden Tatsachen bezeichnet werden: Daß die Wirklichkeit zu einem erheblichen Teil vom Zustand unserer Seele abhängt, daß wir die Welt insofern von uns aus verwandeln können; und daß doch die Wirkung dieser Fähigkeit zum Verwandeln der Objektivierung teilweise entzogen wird, da eben die Menschen verschieden sind und sich verschieden zur Welt verhalten und da dieser schöpferische Zustand der Seele dem Meer der unbewußten seelischen Vorgänge angehört und niemals ohne Veränderung an die Oberfläche des Bewußtseins gebracht werden kann.

Dieser zweite Punkt hängt noch mit einem anderen wichtigen Umstand eng zusammen: Die Kraft der Seele zum Verwandeln der Welt kann nicht vom menschlichen Willen gelenkt werden. Auch durch die schärfste Anspannung der Willenskräfte kann niemand erreichen, daß etwa zwischen ihm und einem anderen Menschen die Beziehung entsteht, die wir Liebe nennen. Im Gegenteil sagt uns ein instinktives Gefühl, daß der Wille ein ganz ungeeignetes Instrument sei zur Behandlung des Teiles unserer Seele, in dem sich die entscheidenden Veränderungen der Wirklichkeit vollziehen. Wenn also gesagt wird, daß wir die Welt durch die Kräfte der Seele verwandeln können, so muß doch dazu gesagt werden, daß wir sie nicht nach unserem Willen verwandeln können.

Allerdings: Die Fähigkeit der Menschen zu verstehen, ist unbegrenzt, und deshalb gibt es auch Wege, um vom Bewußtsein aus die schöpferischen Kräfte der Seele zu beeinflussen. Die religiösen Lehren etwa, in deren Mittelpunkt die Kontemplation steht, enthalten ausführliche

Vorschriften, wie die Menschen sich verhalten sollen, um die Kräfte der Seele zu erhalten und zu stärken. Im Grunde ist wohl auch jede Sittenlehre zum Teil eine Sammlung solcher Vorschriften, die gemacht sind, um die Seele gesund zu erhalten. Nur für einen oberflächlichen Betrachter erscheint ja das Sittengesetz als eine Erschwerung des Lebens des einzelnen zugunsten der Allgemeinheit, eine Einschränkung der Freiheit. Für den Einsichtigen ist es die Sammlung uralter Erfahrungen darüber, wie man sich verhalten muß, um – wie die Alten gesagt hätten – «glücklich zu sein»; oder, in der christlichen Sprache, um «vor Gott Gnade zu finden»; oder, in den Gedankengängen dieses Abschnittes, um «die schöpferischen Kräfte der Seele zu bewahren». Daß die drei verschiedenen Formulierungen grundsätzlich das gleiche meinen, wird verstanden werden.

a) Die Religion

Alle Religion beginnt mit dem religiösen Erlebnis. Über den Inhalt dieses Erlebnisses aber wird man sehr verschieden sprechen, je nachdem man ihm gewissermaßen von innen oder von außen begegnet. Wenn es uns selbst angeht, so können wir vom Inhalt des Erlebnisses überhaupt nur in Gleichnissen reden. Wir können etwa sagen, daß uns plötzlich die Verbindung mit einer anderen, höheren Welt in einer für das ganze Leben verpflichtenden Weise aufgegangen sei oder daß uns in einer bestimmten Situation Gott unmittelbar begegnet sei und zu uns gesprochen habe (ich selbst würde hier zum Beispiel zuerst an die Nacht auf dem Söller der Ruine Pappenheim im Sommer 1920 denken); oder wir können es so ausdrücken, daß uns mit einem Male der Sinn unseres Lebens klargeworden sei und daß wir nun sicher zwischen Wertvollem und Wertlosem zu unterscheiden wüßten. «Wer je die Flamme umschritt, bleibe der Flamme Trabant» – dieses Bewußtwerden der anderen, höheren Welt ist dabei etwas, das ganz unvermittelt, gewissermaßen von außen an uns herantritt, so daß wir gar nicht daran zweifeln können, daß eben eine andere Welt uns plötzlich gegenübersteht und uns fordert. Dabei berührt uns diese andere Welt doch auch wieder als etwas, das wir längst kennen, das uns von Anbeginn des Lebens vertraut gewesen ist. So wie uns bei der Rückkehr zu einer Stätte unserer Kindheit etwa der Geruch des heimatlichen Hausflurs wie durch einen Zauber die längst vergangenen Tage gegenwärtig machen kann, so berührt uns der Atem jener anderen Welt, als sei er uns schon in einer aller Erinnerung entrückten Zeit begegnet. Und wie auch immer das Bild sein mag, mit dem wir das Erlebte in Worte zu fassen suchen: Die Verpflichtung bleibt unser ganzes Leben und wird von uns anerkannt, auch wenn wir ihr nicht genügen. Wer wirklich im Laufe des Lebens diese Verpflichtung vergessen sollte, der hat den Zugang zum wertvollsten Teil des menschlichen Lebens verloren. «Nur wenn sein Blick sie verlor / eigener Schimmer ihn trügt / fehlt ihm der Mitte Gesetz / treibt er zerstiebend ins All.» Dies gilt auch, insbesondere jetzt in unserer Zeit, für viele Menschen, die keiner Religionsgemeinschaft angehören und denen etwa in den Tönen einer Bachschen Fuge oder in dem Aufleuchten einer wissenschaftlichen Erkenntnis die andere Welt zum ersten Mal begegnet ist. Auch für sie bleibt die Verpflichtung und das Bewußtsein, seit dieser Begegnung unterscheiden zu können zwischen den Dingen, auf die es ankommt, und denen, auf die es nicht ankommt.

Von außen gesehen erscheint das religiöse Erlebnis als eine Veränderung in der Struktur des menschlichen Bewußtseins und seines unbewußten Grundes. Wir bemerken, daß der betreffende Mensch seine Stellung zur Welt verändert hat und daß diese Veränderung sich in seinen Worten und seinen Handlungen auswirkt. Man würde bei dieser Betrachtung von außen kaum auf den Gedanken kommen, von einer Verwandlung der Wirklichkeit zu sprechen, sofern sich die Veränderung nur an einem einzelnen Menschen vollzogen hätte. Dann aber beobachten wir das merkwürdige Phänomen, daß dieselbe Veränderung viele Menschen ergreifen kann; daß es hier offenbar ähnlich ist wie bei der Liebe, die sich immer, wenn sie echt ist, vom Liebenden auf den geliebten Menschen überträgt. Der Zugang zur anderen Welt, wie es vorhin im Gleichnis ausgedrückt worden ist, öffnet sich also durch einen Menschen auch vielen anderen, er findet seinen Ausdruck in Symbolen, die damit schon eine Gemeinschaft von den übrigen Menschen trennen, und schließlich erhält der Inhalt des religiösen Erlebnisses eine faßbare Form im religiösen Mythos; in dem Gleichnis, das erst die Sprache schafft, durch die über den Inhalt der religiösen Erfahrungen gesprochen werden kann. Wenn sich in dieser Weise schließlich in großen Völkergemeinschaften eine Veränderung des menschlichen Bewußtseins vollzogen hat, so wird es sinnvoll, von einer Verwandlung der Wirklichkeit zu sprechen. Die Tatsache, daß in irgendwelchen anderen Gebieten der Erde noch Menschen einer anderen Bewußtseinsstruktur leben, bedeutet dann ja nicht allzuviel; denn innerhalb der großen Religionsgemeinschaft werden die Symbole des religiösen Mythos von allen verstanden, sie beschreiben für die Mitglieder der Gemeinschaft wirkliche Erfahrungen und bezeichnen daher einen echten Teil der Wirklichkeit. Der verpflichtende Charakter des religiösen Erlebnisses bringt es dabei mit sich, daß auch die anderen Wirklichkeitsbereiche in die Deutung durch die religiösen Symbole einbezogen werden und daß die Frage nach der Objektivierbarkeit ihre Wichtigkeit verliert. Von der Wahrheit wird nicht mehr gefordert, daß sie objektiv, sondern daß sie für alle verbindlich sei.

Man kann sich zum Verständnis dieser Sachlage wieder an das berühmte Gespräch zwischen Luther und Zwingli erinnern über die Frage, ob das Brot im Abendmahl der Leib Christi «sei» oder ihn «bedeute». Diese Fragestellung zeigt offenbar einen Bruch im Bewußtsein der Menschen jener Zeit. Man interpretiert dieses Religionsgespräch häufig, indem man darauf hinweist, daß im Mittelalter der christliche Glaube so fest verankert gewesen sei, daß niemand daran gezweifelt habe, daß das Brot der Leib Christi sei. Und erst die Zweifel und die Umwälzungen der Reformationszeit hätten die Frage aufkommen lassen, ob es sich hier nicht nur um die symbolische Bedeutung handeln solle, da ja von einer materiellen Verwandlung offenbar nicht die Rede sein kann. Wahrscheinlich ist es aber noch richtiger anzunehmen, daß es für das Mittelalter umgekehrt ganz selbstverständlich gewesen ist, daß es sich hier nur um die symbolische Bedeutung und nicht etwa um die materielle Realität handelt (– auch wenn das Mittelalter das nie so ausgesprochen hätte –); denn nur die symbolische Bedeutung war für die damalige Zeit so wichtig, daß sie das Wort «ist» oder das Wort «Substanz» für sich in Anspruch nehmen konnte, sie war die oberste Schicht der Wirklichkeit, und daher war das Brot auch «wirklich» der Leib Christi.

Der verpflichtende Charakter des religiösen Erlebnisses macht es auch verständlich, daß die Verschiedenheit des Glaubens die Menschen im allgemeinen hoffnungslos trennt: Menschen verschiedenen Glaubens sind über das Wesentliche uneinig. Daher auch die Erbitterung aller Religionskriege, die stets für die heiligsten Güter geführt werden gegen einen ungläubigen Feind, der den Gläubigen mehr als Tier denn als Mensch erscheint, denn tatsächlich ist der Ungläubige, als ein Mensch einer anderen Bewußtseinsstruktur, fast ebenso fremd wie ein Tier, und seine bloße Existenz bedroht schon die eigene Wirklichkeit.

Wenn man in dieser Weise die Religion und das Wirken der Religionsgemeinschaften betrachtet, so erscheint die Kraft der menschlichen Seele zum Verwandeln der Wirklichkeit eher als Unglück denn als Glück, und man könnte versucht sein zu wünschen, die Menschen möchten in Zukunft mehr und mehr darauf verzichten, ihre Erlebnisse von einer, wie man im Gleichnis sagt, höheren Welt in dieser Weise ernst zu nehmen, und mit Symbolen über sie zu sprechen.

Aber dieser Wunsch wäre ganz und gar unerfüllbar. Denn an der Tatsache, daß sich die Wirklichkeit von unserer Seele her verwandeln kann, ist nichts zu ändern, und wir können uns hier auch keine Änderung wünschen, denn alle großen geistigen Güter der Menschheit entspringen letzten Endes dieser Tatsache. Da dann aber die religiösen Erlebnisse (im allgemeinsten Sinne) notwendig den letzten Wertmaßstab darstellen, an dem alles menschliche Tun und Denken gemessen wird, so werden die Menschen auch stets Symbole bilden, in denen sie über diesen Wertmaßstab sprechen.

Man könnte hier einwenden, daß sich gerade in unserer Zeit ein großer Teil der Menschheit ausdrücklich von aller religiösen Bindung losgesagt hat. Doch in Wirklichkeit werden hier zwar die Bindungen gelöst zu den Religionen, in denen ausdrücklich von Gott die Rede ist; aber dadurch wird Raum geschaffen für religiöse Bindungen anderer Art, in deren Mythos etwa gerade von der schöpferischen Kraft der Seele soweit wie möglich abgesehen wird. Für einen Teil der Menschheit ist die Abkehr von den bisherigen Religionen offenbar nur die Vorbereitung, um neue Bindungen einzugehen, und die Entstehung solcher merkwürdigen Diesseits-Religionen wie Nationalsozialismus und Bolschewismus deutet darauf hin, daß sich hier vielleicht neue, entscheidende Änderungen in der Struktur des menschlichen Bewußtseins anbahnen. Für einen anderen Teil – insbesondere in der angelsächsischen Welt – ist an die Stelle der frühen Religion längst eine Bindung etwas anderer Art getreten. Diese andere Bindung knüpft an die Erlebnisse der ersten großen Geister der beginnenden Neuzeit an, die neben der aus der Offenbarung stammenden christlichen Wirklichkeit noch jene andere objektive Realität entdeckten, die dann in der entstehenden Naturwissenschaft der Neuzeit ihren Siegeszug angetreten hat. Für einen großen Teil der heutigen Menschheit ist die objektivierbare Schicht der Wirklichkeit zur Wirklichkeit schlechthin erhoben, sie bildet die Grundlage für jeden Wertmaßstab; und die so unbewußt angenommene Bewertung ist, wie in jeder

Religion, nur bei einem Teil der Gläubigen auf der Wiederholung der Erlebnisse der führenden Geister gegründet, bei der großen Masse werden die gleichen Erlebnisse wohl nur unklar und dumpf mitempfunden. Immerhin können viele Menschen von den Auswirkungen des menschlichen Geistes in der objektiven materiellen Welt ergriffen werden; der Anblick etwa eines riesigen Schiffes oder der zu den Wolken reichenden Bauwerke von Manhattan kann uns ein Staunen einflößen, in dem wir die dämonischen Mächte deutlich spüren, denen sich der Mensch hier verbündet hat; und vielleicht beruht die Überzeugungskraft der angelsächsischen Weltanschauung auf solchen Erlebnissen. Es ist aber doch wohl die Frage, inwieweit man diese Weltanschauung mit den anderen Religionen vergleichen kann. Sie hat zwar manche Züge mit den anderen Religionen gemein; insbesondere gilt auch hier, daß der Gläubige kaum einen inneren Zugang zur Erlebniswelt des Angehörigen einer anderen Religion gewinnen kann. Ebenso wie die anderen Religionen weist auch diese Weltanschauung uns Menschen auf etwas hin, das außer oder über uns und unserem Willen nicht mehr unterworfen ist: die ewigen Gesetze, nach denen die objektive Welt abläuft. Aber der Umstand, daß in dieser Weltanschauung kein Mythos existiert, der in symbolischer Form von der schöpferischen Kraft der Seele redet, hat doch zur Folge, daß sie an einer entscheidenden Stelle weniger bedeutet als die echten Religionen. Während die wirklichen Religionen den Blick immer wieder nach innen wenden und so dafür sorgen, daß der schöpferische Bereich der Seele trotz allem Unglück in der Welt möglichst unverletzt bleibe, gibt die dem Objektiven verschriebene Weltanschauung die Seele allen Unbilden schutzlos preis; wobei der Schaden, der hier angerichtet wird, um so größer sein kann, als er im allgemeinen nicht ins Bewußtsein der Menschen tritt. Deshalb ist es wohl nicht wahrscheinlich, daß diese Weltanschauung auf die Dauer bestehen kann, wenn einmal die Worte des Christentums völlig unverständlich geworden sein sollten. Vielmehr wird sich dann eine andere Sprache gebildet haben, in der wieder die Kräfte ausdrücklich benannt werden, die durch unsere Seele hindurch die Welt verwandeln.

b) Die Erleuchtung

Die Liebe und die «andere Welt» kommen zu uns nicht nach unserem Willen. Wir können uns vielleicht für ihr Kommen empfänglich machen, wir können sie herbeiwünschen oder auch alle Hoffnung auf ihr Erscheinen aufgegeben haben – jedenfalls müssen wir sie immer, wo sie in unser Leben eingreifen, einfach als Geschenk hinnehmen, ohne nach dem Woher zu fragen, als die Gnade einer höheren Macht, die unser Schicksal bestimmt und der wir uns dankbar fügen dürfen. Wenn man daran denkt, wie dieses Geschehen von außen als eine Änderung der menschlichen Bewußtseinsstruktur erscheint, so wird man vergleichend sagen können, daß solche Änderungen ebensowenig unserem Willen unterworfen seien wie etwa das Wachstum oder die heilenden Kräfte unseres Körpers. Zwar können wir durch Übung und Pflege den Körper so kräftig erhalten, daß bei einer Verletzung die heilenden Kräfte ohne Schwächung eingreifen können, aber mit dem Willen können wir das Eintreten der Heilung nicht erzwingen. Ähnliches gilt in gesteigertem Maß von den schöpferischen Kräften der Seele, die als ein Teil der letzten und innersten Kräfte alles Lebens schlechthin unser Schicksal ohne unseren Willen von einer höheren Schicht her bestimmen.

Schließlich wird man hier daran erinnert, daß die schöpferischen Kräfte noch in einer anderen Form spürbar in Erscheinung treten, und zwar an dieser letzten, entscheidendsten Stelle ausdrücklich nur für den einen begnadeten Menschen: dort, wo wir von der geistigen Erleuchtung oder von der Eingebung des Genies sprechen. Zu allen Zeiten ist dies ja von den Menschen so gesehen worden: Ob man wie Plato vom göttlichen Wahnsinn gesprochen hat oder ob der Mensch als das Werkzeug, der Gesandte Gottes erschien, oder ob man, wie im letzten Jahrhundert, den genialen Menschen als einen Menschen besonderer Art verehrte. Immer ist erkannt worden, daß einzelnen seltenen Menschen ohne ihren Willen die Kraft zuströmt, das Unvergängliche in Symbole zu bannen, das Wirken Gottes in ihrer Zeit zu offenbaren und damit in das Schicksal der Menschen, Glück oder Unglück, für Jahrhunderte einzugreifen. Natürlich geschieht dies nicht ohne die innere Vorbereitung, die etwa durch jahrelange Arbeit oder durch schwierige menschliche Schicksale die Voraussetzung dafür schafft, daß hier Entscheidendes ausgesprochen werden kann. Aber schon dieser äußere Gang des betreffenden menschlichen Lebens gehört ja mit zu der

Aufgabe, die diesem Menschen offenbar von Anfang an gestellt war. Auch wird die Aufgabe vom Reifwerden des Bewußtseins an stets bewußt anerkannt und zur Richtschnur des Lebens gemacht, ungeachtet der Opfer, die dabei gebracht werden müssen. Die Menschen, in denen dies geschieht, sind eben nicht mehr nur Menschen, sondern sie sind die Werkstätten, in denen die schöpferischen Kräfte sichtbar wirken und Zeugnisse schaffen, die über alles Menschliche hinausweisen. Was in dieser obersten Schicht der Wirklichkeit entsteht, ist zugleich das Objektivste und das Subjektivste: das Objektivste, denn der betreffende Mensch ist sich in jedem Augenblick des Schaffens bewußt, daß er hier im Auftrag einer anderen Welt handelt, die durch ihn hindurch schafft, und das Subjektivste, denn das Geschaffene konnte allein von diesem einen Menschen so gesagt oder geschrieben oder gedacht werden.

Man kann hier, wo es sich um die Aufgabe handelt, die dem einzelnen Menschen gestellt wird, noch einmal die Frage aufwerfen nach der Rolle, die das menschliche Geschlecht im ganzen in der Entwicklungsgeschichte der Erde oder – wenigstens für uns – der Welt spielt. Als diese Frage zum ersten Mal berührt wurde, war davon die Rede, daß der Mensch wohl einer zentralen Entwicklungsreihe von Organismen entstammt, in der die Natur die Spezialisierung auf bestimmte Leistungen immer wieder vermieden und durch Bewahrung des höchsten Grades von Anpassungsfähigkeit die Erhaltung der Linie erreicht habe. Ferner war davon die Rede, daß der einzelne Mensch im Wachstum von der Eizelle an bis zu einem gewissen Grade die ganze Entwicklungsreihe noch einmal durchläuft und daß er in der Kindheit auch die ganze bisherige geistige Entwicklung der Menschheit in wenigen Jahren wiederholen muß. Man kann, an diesen Gedanken anknüpfend, die Frage stellen, wie lange der einzelne Mensch in diesem Sinne im Kern der zentralen Entwicklungslinie bleibt, das heißt, an der Höher- und Weiterentwicklung als Individuum beteiligt wird, und wann er als einzelner ausscheidet und nur durch seine Nachkommen oder durch seine Spuren auf dieser Erde fortwirkt. Wenn man dieser Frage nachgeht, so sieht es so aus, als ob für viele Menschen bis zum Abschluß der Kindheit der ganze Bereich menschlicher Entwicklungsmöglichkeiten offenstünde: und in den Jahren, die den Übergang in einen anderen Zustand einleiten – also etwa vom 13. bis zum 18. Lebensjahr –, vereinigen sich scheinbar noch einmal alle Lebenskräfte, um auch diesen einzelnen teilnehmen zu lassen an dem Letzten und Höchsten, das der Plan der Schöpfung uns Menschen für diesen

Zeitpunkt zugebilligt hat. Aber die Knospe, die hier wächst, kommt schon in den meisten Fällen nicht mehr zur Entfaltung. Mit dem Übertritt in das Leben des Erwachsenen entscheidet sich für viele Menschen, daß ihre Aufgabe nur in der Weitergabe des menschlichen Geschlechts bestand; die Spannung, die das einzelne Leben an die große zentrale Linie gebunden hatte, wird gelöst und überträgt sich auf die nächste Generation. Nur in wenigen geht der Prozeß der Entwicklung weiter. Zwar erwacht gelegentlich noch bei vielen das Bewußtsein, in diesen großen Lebensprozeß jenseits der Grenzen der Persönlichkeit verwoben zu sein, etwa in den Zeiten großer Leidenschaft oder im Opfer für eine menschliche Gemeinschaft oder etwa unter der Wirkung eines großen Kunstwerkes; aber allmählich verlischt auch dies wie eine Erinnerung, und nur wenige Menschen bleiben im Brennpunkt der Kräfte, die am menschlichen Geist weiterbauen zu etwas Höherem. Für diese wenigen wird das menschliche Schicksal allein von der gestellten Aufgabe her bestimmt. Nicht selten sprengen die Kräfte das Gefäß des Geistes, in dem sie wirksam sind, und beenden durch eine Katastrophe die einzelne geistige oder körperliche Existenz: Hölderlin, Hugo Wolf. In anderen Fällen genügt wohl einfach die körperliche Kraft nicht, auf die Dauer dem Übermaß an geistiger Wirksamkeit standzuhalten: Mozart, Schubert. Ganz wenige schließlich sind ein ganzes langes Leben hindurch auch der Last einer solchen Aufgabe gewachsen. Bei ihnen löst sich im Lauf der Jahre das Werk von allem Zufälligen, von allem Persönlichen und von jeder Bindung an eine frühere, überwundene Entwicklungsstufe. So stehen am Ende eines solchen Lebens jene ganz reinen, von allem Irdischen abgelösten geistigen Gebilde wie etwa der Schluß des *Faust* oder die Takte:

Plato sagt, daß die Liebe die Sehnsucht der Menschen nach der Unsterblichkeit sei und daß jenes heilige Erschrecken vor der Schönheit zugleich ein Erschrecken vor der Unendlichkeit sei, die uns dabei plötzlich vor das Bewußtsein tritt. Vielleicht darf man das auch so aussprechen, daß

nicht nur in der Liebe, sondern in all den Augenblicken, in denen uns die
«andere Welt» begegnet, in unserem Bewußtsein ein Gefühl für jenen
unendlichen Lebensprozeß erwacht, an dem wir für eine kurze Zeitspanne teilnehmen und der sich an uns und über unser irdisches Dasein
hinweg vollzieht.

c) Das große Gleichnis

Das, was hier gesagt worden ist, kann auch in eine Diskussion gefaßt
werden über die ewige Frage nach der Existenz Gottes. Bei der Antwort
auf diese Frage hat das menschliche Denken schon so viele Stufen
überschritten, und jede Stufe ist notwendig, um die nächste zu erreichen.

Zuerst konnten wir einfach sagen: «Ich glaube an Gott, den Vater,
allmächtigen Schöpfer Himmels und der Erden.»

Der nächste Schritt ist – wenigstens für unser heutiges Bewußtsein –
der Zweifel: Es gibt keinen Gott, es gibt nur ein unpersönliches Gesetz,
das nach Ursache und Wirkung das Schicksal der Welt leitet. Es ist daher
Selbstbetrug, von einem persönlichen Gott sprechen zu wollen, an den
wir uns wenden könnten. Was wir an Ordnung und Harmonie der Welt
vorfinden, ist nur das Wirken der ewigen Gesetze oder der ordnenden
Kraft unseres Geistes.

Die nächste Stufe wäre vielleicht die frivole Formulierung Voltaires:
Wenn es keinen Gott gäbe, müßte man einen erfinden. Das heißt, der
Glaube an einen persönlichen Gott ist wenigstens ein zweckmäßiger, ein
erlaubter Selbstbetrug, ein Selbstbetrug, der zur Harmonie unserer
Seele führt.

Aber all diese Formulierungen stammen doch nur von einem ersten
vorbereitenden Nachdenken über das, was hier gemeint ist. Denn
nachdem wir alle diese Gedankenfolgen durchlaufen haben, merken wir,
daß wir ja gar nicht genau wissen, was das Wort «Gott» und insbesondere
was das Wort «es gibt» bedeutet. Das Wort «es gibt» ist ja ein Wort der
menschlichen Sprache und bezieht sich auf die Wirklichkeit, wie sie sich
in der menschlichen Seele spiegelt; über eine andere Wirklichkeit kann
man nicht sprechen. Wenn das Wort «es gibt» aber keine andere
Wirklichkeit bedeuten kann, so verwandelt sich sein Sinn, so wie sich die
Wirklichkeit mit unserem Glauben verwandelt. Über den letzten Grund
der Wirklichkeit kann nur im Gleichnis gesprochen werden, und wenn
die Menschen im Gleichnis sagen: «Ich glaube an Gott, den Vater», so

lenkt dieser Gott durch den Glauben wirklich die Schicksale der Menschen wie ein Vater. Dieser Glaube ist kein Selbstbetrug, sondern nur die bewußte Hinnahme der nie zu lösenden Spannung in der Wirklichkeit, die sicher unabhängig von uns Menschen objektiv «ist» und abläuft und die doch auch wieder nur der Inhalt unserer Seele ist und sich von unserer Seele her verwandelt. Der gleiche Sachverhalt kann die Menschen daher auch in die entgegengesetzte Richtung führen: Wenn sich etwa in der heutigen Zeit große Gruppen von Menschen zu dem Glauben bekennen, daß das Wort «ist» eigentlich nur auf den objektivierbaren Teil der Wirklichkeit anzuwenden sei, so läuft die Welt auch «wirklich» nur noch nach Ursache und Wirkung, ohne höheren «Sinn» ab. So scheint es schließlich einfach vom Glauben der Menschen abzuhängen, ob ein gütiger Vater die Geschicke der Welt leitet oder ob das Gesetz von Ursache und Wirkung mitleidlos über alle menschlichen Schicksale hinwegschreitet.

Aber auch mit dieser Erkenntnis steht man ja erst am Anfang dieses unendlichen Problems. Es mag wahr sein, daß alle die großen Gleichnisse: der persönliche Gott, die Auferstehung der Toten, die Wanderung der Seelen Wirklichkeit sind, solange die Menschen die Kraft haben, sie zu glauben. Aber müßten wir uns dann nicht abwenden von einer Wirklichkeit, die so sehr subjektiv und damit – im Lauf der Jahrhunderte – scheinbar unbeständig ist, und uns beschränken auf den objektivierbaren Bereich der Wirklichkeit, der auch die Jahrtausende sicher überdauert? Das ist ja wohl die Stellung, die viele Menschen heute einzunehmen suchen. Aber auch dieser Standpunkt beruht auf einer Illusion; nämlich der Annahme, daß es möglich sei, die Verwandlung der Welt von der Seele her zu vermeiden. Doch schon das Bekenntnis zu dem Glauben, daß die objektivierbare Schicht der Wirklichkeit die «eigentliche» Wirklichkeit sei, verwandelt oder bestimmt die Wirklichkeit in ähnlicher Weise wie irgendein anderer Glaube, und damit sind wir der subjektiven Bedingtheit der Wirklichkeit wieder ebenso ausgeliefert wie früher.

Danach sieht es so aus, als sei die Wirklichkeit über den Glauben der Menschen gewissermaßen ihrer subjektiven Willkür ausgeliefert und als seien zum Beispiel die großen Religionskriege der Menschen (wie wohl auch der jetzige Krieg) echte Entscheidungen über die Gestaltung der Wirklichkeit schlechthin. Dieser grauenvollen Möglichkeit gegenüber ist es für das menschliche Denken befriedigend, zu erkennen, daß ja der Glaube selbst nicht von unserer Willkür abhängt, sondern daß er zu uns kommt ohne unser Zutun, und daß wir ihn, uns aufgetragen durch unser Schicksal oder unsere Zeit, hinnehmen müssen als Geschenk oder als Verhängnis. Freilich können wir uns auch dann noch einem Glauben entweder hingeben oder uns gegen ihn wehren, uns innerhalb oder außerhalb einer menschlichen Gemeinschaft stellen, und es ist wohl ein Glück, daß an dieser Stelle doch scheinbar noch ein wenig Raum bleibt für das Eingreifen der eigenen Verantwortung und des sittlichen Bewußtseins. Aber im großen entscheidet eine höhere Macht über den Glauben der menschlichen Gemeinschaften.

Nach all diesen Überlegungen können wir in unserer Zeit wohl nicht mehr so sicher wie die Kinder sagen: «Ich glaube an Gott, den Vater, allmächtigen Schöpfer Himmels und der Erden.» Aber wir dürfen uns doch voll Vertrauen der höheren Macht in die Hände geben, die für unser Leben und im Lauf der Jahrhunderte unseren Glauben und damit unsere Welt und unser Schicksal bestimmt. Ähnlich wie es bei Goethe einmal anklingt, daß er die Zeit einer großen Leidenschaft als Geschenk hinnähme wie ein besonders gutes Weinjahr, so darf vielleicht auch die Menschheit die Jahrhunderte eines neuen Glaubens trotz allem Unglück dankbar als Geschenk annehmen, im vollen Vertrauen, daß auch diese Episode ihrer Geschichte letzten Endes gute Früchte tragen und einer höheren Entwicklung dienen werde. Insofern sollen und dürfen wir als Menschen immer an den Sinn des Lebens glauben, auch wenn wir einsehen, daß das Wort Sinn nur ein Wort der menschlichen Sprache ist, dem wir hier kaum einen anderen Sinn beilegen können als eben den, daß er unser Vertrauen rechtfertige. Aber das Vertrauen ist vielleicht das Letzte.

Die Frage nach der Existenz Gottes ist ja längst keine wissenschaftliche Frage mehr, sondern die Frage nach dem, was wir tun sollen. Das aber ist auch im Wechsel der Zeiten immer ganz einfach: Wir sollen als tätige Mitglieder der menschlichen Gemeinschaft den anderen helfen und tüchtig sein. So bleibt uns in den Symbolen der Gemeinschaft der Hintergrund der Welt lebendig und fruchtbar, dem wir uns als harmonische Glieder der Gemeinschaft anvertraut fühlen. Und dieses Aufgehen in der Welt, die zugleich die «Welt Gottes» ist, bleibt auch schließlich das höchste Glück, das uns die Welt zu bieten vermag: das Bewußtsein der Heimat.

Die Autoren

BOHM, DAVID JOSEPH, amerikanischer Physiker, geboren am 20. 12. 1917 in Wilkes-Barre, Pennsylvania, USA. Studierte Physik (1935–1941) am Pennsylvania State College und am California Institute of Technology in Pasadena, promovierte 1943 an der University of California in Berkeley; Forschungs- und Lehrtätigkeit am Lawrence Radiation Laboratory der University of California, Berkeley (1943–1946), Princeton University (1946–1951); Universidade de São Paulo, Brasilien (1951–1955), Technion Maipa, Israel (1955–1957), Bristol University, England (1957 bis 1961), Birkbeck College in London (seit 1961). Ist bekannt geworden durch seine grundsätzlichen Überlegungen zur Quantentheorie, insbesondere durch seine beharrlichen Versuche, mit Hilfe von «verborgenen Parametern» der Quantentheorie eine objekthafte Interpretation zu verleihen.

BOHR, NIELS HENRIK DAVID, dänischer Physiker, geboren am 7. 10. 1885, gestorben am 18. 11. 1962 in Kopenhagen. Studierte Physik und promovierte (1911) an der Universität Kopenhagen; Lehr- und Forschungstätigkeit am Cavendish Laboratory in Cambridge, England, unter J. J. Thomson (1911–1912); in Manchester, England, unter Rutherford (1912–1913); Universität Kopenhagen (1913–1914); Victoria University Manchester (1914–1916); Universität Kopenhagen (1916–1962); Gründer und Direktor des Instituts für Theoretische Physik in Kopenhagen (1920–1962). Während des 2. Weltkriegs in Schweden, England und den USA, wo er 1943 u. a. auch als Berater am Manhattan-Projekt im Los Alamos Atomic Laboratory mitwirkte. Berühmt geworden durch die Anwendung der Planckschen Quantenvorstellung auf das Rutherfordsche Atommodell (1913). Das Bohr-Rutherfordsche Atommodell erlaubte erstmals, die Spektren der von den Atomen ausgesandten und absorbierten elektromagnetischen Strahlung auf die besondere Struktur der Elektronenhülle dieser Atome zurückzuführen und erklärte die chemischen Eigenschaften als Folge des Füllungsgrades der äußersten Elektronenschale. Bohr erhielt dafür 1922 den Nobelpreis für Physik. Durch sein Korrespondenzprinzip beschrieb er die Beziehung der alten klassischen Mechanik zur neuen Quantenmechanik, die aufgrund seines Komplementaritätsprinzips nur durch zwei wechselseitig sich ausschließende, komplementäre Bilder erfaßt werden kann. Bohr war entscheidend an der Interpretation der Quantenphysik (Kopenhagener Deutung der Quantentheorie) und der Aufdeckung ihrer philosophischen Konsequenzen beteiligt.

BORN, MAX, deutscher Physiker, geboren am 11. 12. 1882 in Breslau, gestorben am 5. 1. 1970 in Göttingen. Studierte Physik an den Universitäten Breslau, Heidelberg und Zürich, promovierte 1907 an der Universität in Göttingen; Lehr- und Forschungstätigkeit an der Universität Göttingen (1909–1914); Universität Berlin (1915–1918); Universität Frankfurt (1919–1920); Universität Göttingen (1921–1933); Cambridge University, England (1933–1934); Indian Institute of Science, Bangalore, Indien (1935–1936), University of Edinburgh, Schottland (1936 bis 1953). Leistete wichtige Beiträge bei der formalen und begrifflichen Entwicklung der Quantenmechanik. Interpretierte insbesondere erstmals die quantenmechanischen Wellenfunktionen als Wahrscheinlichkeitsamplituden und zeigte die Übereinstimmung des Heisenbergschen Quantenformalismus mit der Matrizenrechnung; war maßgeblich beteiligt an der Anwendung der Quantentheorie auf Atome, Moleküle und Festkörper. Erhielt 1969 den Nobelpreis für Physik.

EDDINGTON, SIR ARTHUR STANLEY, englischer Mathematiker und Astrophysiker, geboren am 28. 12. 1882 in Kendal, Westmoreland, England; gestorben am 22. 11. 1944 in Cambridge, England. Studierte Mathematik und Physik am Owens College in Manchester und Trinity College in Cambridge, England; Lehr- und Forschungstätigkeit am Royal Observatory in Greenwich (1906–1913); Cambridge University (1913–1944) und Direktor am Observatory of Cambridge University. Berühmt wegen seiner theoretischen Untersuchungen über die innere Struktur, die Bewegung und Entwicklung von Sternen; berechnete das Alter der Sonne und ihre Innentemperatur; stellte die wichtige Beziehung zwischen Masse und Leuchtkraft von Sternen auf und untersuchte die Natur sogenannter «weißer Zwerge». Eddington war einer der ersten, der die große Bedeutung von Einsteins allgemeiner Relativitätstheorie erkannte und war Leiter der Expedition zur Beobachtung der totalen Sonnenfinsternis am 29. 5. 1919, durch welche die von dieser Theorie vorhergesagte Lichtablenkung an der Sonne verifiziert wurde. Er versuchte als einer der ersten, die Relativitätstheorie mit der Quantentheorie zu einer umfassenden Fundamentaltheorie zu verbinden und die wichtigsten numerischen Naturkonstanten abzuleiten. Durch seine erkenntnistheoretischen und philosophischen Schriften hat er wesentlich zur Deutung der neuen Physik beigetragen.

EINSTEIN, ALBERT, deutscher Physiker, geboren am 14. 3. 1879 in Ulm/Donau, gestorben am 18. 4. 1955 in Princeton, N. J., USA. Studierte Mathematik und Physik an der Eidgenössischen Technischen Hochschule in Zürich (1895–1900) und promovierte dort 1905. Nach einer Tätigkeit am Patentamt in Bern (1902–1908) Lehr- und Forschungstätigkeit an der Universität in Bern (1908–1909), der ETH Zürich (1909–1911), Universität Prag (1911), der ETH Zürich (1912), der Universität Leyden, Holland (1912–1928), am Kaiser-Wilhelm-Institut für Physik in Berlin (erster Direktor) und an der Universität Berlin (1914–1933), dem Institute for Advanced Studies, Princeton, USA (1933–1955). Legte 1933 seine deutsche Staatsbürgerschaft ab und wurde 1940 Staatsbürger der USA. Berühmt geworden durch seine bahnbrechenden Arbeiten, vor allem zur Begründung der Quantenmechanik (photoelektrischer Effekt), zur Formulierung der speziellen Relativitätstheorie, in der die Zeit mit dem 3-dimensionalen Raum zu einem 4-dimensionalen Raum-Zeit-Kontinuum verschmolzen wird, die Lichtgeschwindigkeit als höchste Geschwindigkeit für die Übertragung von Wirkungen und die Masse als eine spezielle Form der Energie erscheint, und zur Interpretation der Gravitation als einer geometrischen Eigenschaft des Raum-Zeit-Kontinuums im Rahmen seiner allgemeinen Relativitätstheorie. Arbeitete in seinen späteren Jahren an einer einheitlichen Theorie, in der alle Wechselwirkungen aus einer verallgemeinerten Geometrie folgen sollten. Erhielt 1921 den Nobelpreis für Physik, hauptsächlich für seine Arbeiten zur Quantenmechanik. Stand der Quantenphysik jedoch, wegen ihres nichtobjektiven Charakters, zeitlebens kritisch gegenüber («Der Alte würfelt nicht!») und führte darüber mit Niels Bohr berühmte Streitgespräche.

HEISENBERG, WERNER KARL, deutscher Physiker, geboren am 5. 12. 1901 in Würzburg, gestorben am 1. 2. 1976 in München. Studierte Mathematik und Physik an der Universität München (1920–1923) und promovierte dort 1923; habilitierte sich 1924 an der Universität Göttingen; Forschungs- und Lehrtätigkeit an der Universität Leipzig (1927–1941), am Kaiser-Wilhelm-Institut für Physik in Berlin und der Universität Berlin (1941–1945); wissenschaftlicher Leiter des Uranbrenner-Projekts, eines Prototyps eines Atomreaktors. Nach dem Kriegsende Professor an der Universität und Direktor am Max-Planck-Institut für Physik (das aus dem KWI für Physik hervorging), zunächst in Göttingen (1946–1958), später am Max-Planck-Institut für Physik und Astrophysik in München (ab 1958). Berühmt geworden durch die Entdeckung der neuartigen Gesetzmäßigkeiten der Quantenmechanik (Matrizenmechanik) und ihre von der klassischen Mechanik prinzipiell abweichende Interpretation (Unbestimmtheitsrelationen). Erhielt dafür 1932 den Nobelpreis für Physik. Bedeutende Arbeiten auf dem Gebiet der Atom- und Molekülphysik, der Quantenfeldtheorie, der Kernphysik, der kosmischen Strahlung und, in späteren Jahren, einer Einheitlichen Quantenfeldtheorie der Materie. Grundlegende philosophische Betrachtungen zur Interpretation der neuen Physik, teilweise zusammen mit Niels Bohr (Kopenhagener Interpretation).

JEANS, SIR JAMES HOPWOOD, englischer Mathematiker und Astrophysiker, geboren am 11. 9. 1877 in Ormskirk, Lancashire, England; gestorben am 16. 9. 1946 in Dorking, Surrey, England. Studierte am Trinity College in Cambridge, England. Mathematische Lehr- und Forschungstätigkeit an der Cambridge University, England (ab 1901), und der Princeton University, USA (1905–1909); als Astrophysiker am Mount Wilson Observatory (1923–1944) und Royal Institution of Great Britain (1924–1929, 1934–1939). Wichtige wissenschaftliche Arbeiten vor allem über die Dynamik der Sterne, die Bildung von Doppelsternen und Systemen mehrerer Sterne, die Entstehung unseres Planetensystems aus der Sonne (durch Gravitationsfeld eines nahe vorbeifliegenden Sterns) und Entstehung von Spiralnebeln. Hat sich intensiv mit der philosophischen Interpretation der modernen Wissenschaft, insbesondere auch der Quantenphysik befaßt.

JORDAN, ERNST PASCUAL, deutscher Physiker, geboren am 18. 10. 1902 in Hannover, gestorben am 31. 7. 1980 in Hamburg. Studierte Physik an der Technischen Hochschule in Hannover und an der Universität Göttingen (1921–1924), wo er 1924 promovierte. Lehr- und Forschungstätigkeit an der Universität Göttingen (1927–1928), der Universität Rostock (1928 bis 1944), der Universität Berlin (1944–1951) und der Universität Hamburg (1951–1970). Bekannt geworden durch seine grundlegenden Arbeiten zur Quantenmechanik (zusammen mit Born und Heisenberg) und Quantenelektrodynamik (mit Pauli, O. Klein und Wigner). Wichtige wissenschaftliche Arbeiten zur Gravitation, allgemeinen Relativitätstheorie und Kosmologie, aber auch zur Biophysik und zu rein mathematischen Fragen. Philosophische und religiöse Betrachtungen zur neuen Physik.

PAULI, WOLFGANG, österreichischer Physiker, geboren am 25. 4. 1900 in Wien, gestorben am 15. 12. 1958 in Zürich. Studierte an der Universität München und promovierte dort 1921. Lehr- und Forschungstätigkeit an der Universität Göttingen (1921–1922), der Universität Kopenhagen (1922–1923), der Universität Hamburg (1923–1928), der ETH Zürich (ab 1928). Berühmt geworden durch das «Paulische Ausschließungsprinzip», nach dem zwei Elektronen in einem Atom nicht im gleichen Quantenzustand sein können; wichtige und kritische wissenschaftliche Arbeiten zur allgemeinen Relativitätstheorie, aber vor allem zur Quantenmechanik und Quantenfeldtheorie; postulierte als erster das (später so benannte) Neutrino, um Anomalien beim β-Zerfall zu erklären. Erhielt 1945 den Nobelpreis für Physik.

PLANCK, MAX KARL ERNST LUDWIG, deutscher Physiker, geboren am 23. 4. 1858 in Kiel, gestorben am 4. 10. 1947 in Göttingen. Studierte Physik an der Universität München (1874–1877), promovierte 1879 an der Universität Berlin. Lehr- und Forschungstätigkeit an der Universität München (1880–1885), der Universität Kiel (1885–1889) und der Universität Berlin (1889–1928). Präsident der Kaiser-Wilhelm-Gesellschaft (1930–1937), die später (1946) nach ihm umbenannt wurde. Wichtige wissenschaftliche Arbeiten zur Thermodynamik und zur Mechanik, Optik und Elektrodynamik in Verbindung zur Thermodynamik. Entdeckte 1900 bei der Untersuchung der Strahlung schwarzer Körper eine neue Naturkonstante, das später nach ihm benannte «Plancksche Wirkungsquantum». Diese Entdeckung führte letztlich zur Ablösung der klassischen Physik durch die Quantenphysik und markiert deshalb den Übergang zum modernen physikalischen Weltbild. Erhielt dafür 1918 den Nobelpreis für Physik.

SCHRÖDINGER, ERWIN, österreichischer Physiker, geboren am 12. 8. 1887 in Wien, gestorben am 4. 1. 1961 in Wien. Studierte Physik an der Universität Wien (1906–1910), wo er auch promovierte. Lehr- und Forschungstätigkeit an der Universität Wien (1910–1920), der Technischen Hochschule Stuttgart und der Universität Breslau (1921), der Universität Zürich (1921–1927), der Universität Berlin (1927–1933), Oxford University (1933–1936) und der Universität Graz (1936–1938). Nach kurzen Aufenthalten als Flüchtling in Italien und Princeton, USA, Direktor am Institute for Advanced Studies in Dublin (bis 1955). Wichtige wissenschaftliche Arbeiten auf dem Gebiet der spezifischen Wärme von Festkörpern, der statistischen Thermodynamik und der Atomspektren. Berühmt geworden durch die später nach ihm benannte «Schrödinger-Gleichung» zur wellenartigen Beschreibung der Quantenmechanik, die sich als äquivalent zu der von Heisenberg gefundenen Matrizenmechanik herausstellte. Die Schrödingersche Wellenmechanik entwickelte sich zur effektivsten Methode bei der praktischen Berechnung quantenmechanischer Probleme. Erhielt 1933 dafür (zusammen mit P. A. M. Dirac) den Nobelpreis für Physik.

WEIZSÄCKER, CARL FRIEDRICH FREIHERR VON, deutscher Physiker und Philosoph, geboren am 28. 6. 1912 in Kiel. Studierte Physik und Philosophie an den Universitäten Berlin, Göttingen und Leipzig (1929 bis 1933), wo er in Physik 1933 promovierte und 1936 sich habilitierte. Lehr- und Forschungstätigkeit am Kaiser-Wilhelm-Institut für Physik in Berlin (1936–1942), an der Universität Straßburg (1942–1944) und am Max-Planck-Institut für Physik in Göttingen (1946–1957); Professor für Philosophie an der Universität Hamburg (1957–1970) und Direktor am Max-Planck-Institut zur Erforschung der Lebensbedingungen der wissenschaftlich-technischen Welt (1970–1980). Wichtige Arbeiten auf dem Gebiet der Astrophysik (Bethe-Weizsäcker-Zyklus als Prozeß zur Erzeugung der Sonnenenergie) und Kosmologie, insbesondere auch zur Entstehung des Planetensystems und der Galaxien und zur Sternentwicklung. Grundlegende Betrachtungen zur Quantenphysik und ihrer philosophischen Ausdeutung. Versuch einer einheitlichen Naturbeschreibung durch radikale Berücksichtigung der durch die Quantentheorie geforderten neuen Erkenntnisse (Quantenlogik, semantische Konsistenz).

Quellennachweis

David Bohm, «Fragmentierung und Ganzheit», aus: *Die implizite Ordnung. Grundlagen eines dynamischen Holismus*, Dianus-Trikont Buchverlag, München 1985, S. 19–50.

Niels Bohr, «Einheit des Wissens», aus: *Atomphysik und menschliche Erkenntnis. Aufsätze und Vorträge aus den Jahren 1930–1961*, Verlagsgesellschaft Friedrich Vieweg & Sohn, Braunschweig/Wiesbaden 1985, S. 76–91.

Max Born, «Physik und Metaphysik», aus: *Physik im Wandel der Zeit*, Verlagsgesellschaft Friedrich Vieweg & Sohn, Braunschweig 1957, S. 99–112.

Sir Arthur Eddington, «Wissenschaft und Mystizismus», aus: *Das Weltbild der Physik und ein Versuch seiner philosophischen Deutung*, Verlagsgesellschaft Friedrich Vieweg & Sohn, Braunschweig 1931, S. 310–335.

–, «Die Naturwissenschaft auf neuen Bahnen» (= Kap. «Ausklang»), aus: *Die Naturwissenschaft auf neuen Bahnen*, Verlagsgesellschaft Friedrich Vieweg & Sohn, Braunschweig 1935, S. 295–312.

Albert Einstein, «Religion und Wissenschaft», aus: *Mein Weltbild*, hrsg. von Carl Seelig, Europa Verlag, Zürich/Stuttgart/Wien 1953, S. 17–20.

–, «Naturwissenschaft und Religion», aus: *Aus meinen späten Jahren*, Deutsche Verlags-Anstalt, Stuttgart 1952, S. 25–35.

Werner Heisenberg, «Erste Gespräche über das Verhältnis von Naturwissenschaft und Religion», aus: *Der Teil und das Ganze. Gespräche im Umkreis der Atomphysik*, R. Piper & Co. Verlag, München 1969, S. 116–130.

–, «Positivismus, Metaphysik und Religion», aus: a.a.O., S. 279–295.

–, «Ordnung der Wirklichkeit», aus: *Gesammelte Werke*, hrsg. von W. Blum, H.-P. Dürr und H. Rechenberg, Bd. I, *Physik und Erkenntnis, 1927–1955*, R. Piper GmbH & Co. KG Verlag, München 1984, S. 294–306.

Sir James Jeans, «In unerforschtes Gebiet», aus: *Der Weltenraum und seine Rätsel*, Deutsche Verlags-Anstalt, Stuttgart/Berlin 1931, S. 165–211.

Pascual Jordan, *Die weltanschauliche Bedeutung der modernen Physik*, Klinger-Verlag, München 1971, Heft 3 der «Schriftenreihe der Liga Europa» (Rechte über Verlag Helmut Preußler, Nürnberg).

Wolfgang Pauli, «Die Wissenschaft und das abendländische Denken», aus: *Aufsätze und Vorträge über Physik und Erkenntnistheorie*, Verlagsgesellschaft Friedrich Vieweg & Sohn, Braunschweig 1961, S. 102–112.

Max Planck, «Religion und Naturwissenschaft», aus: *Vorträge und Erinnerungen*, Wissenschaftliche Buchgesellschaft, Darmstadt 1981, S. 318–333 (Rechte über Hans-Peter Hillig, Köln-Sülz).

Erwin Schrödinger, «Das arithmetische Paradoxon – Die Einheit des Bewußtseins», aus: *Geist und Materie,* Verlagsgesellschaft Friedrich Vieweg & Sohn, Braunschweig 1959, S. 39–51 (Rechte über Ruth Braunizer, Alpbach/Tirol).
–, «Naturwissenschaft und Religion», aus: a.a.O., S. 52–65.
–, «Was ist wirklich? - Die Gründe für das Aufgeben des Dualismus von Denken und Sein oder von Geist und Materie», aus: *Mein Leben, meine Weltsicht,* Paul Zsolnay Verlag Gesellschaft m. b. H., Wien/Hamburg 1985, S. 121–128.
–, «Die vedântische Grundansicht», aus: a.a.O., S. 67–72.
Carl Friedrich von Weizsäcker, «Parmenides und die Quantentheorie», aus: *Die Einheit der Natur,* Carl Hanser Verlag, München/Wien 1971, S. 466–491.
–, «Naturgesetz und Theodizeee», aus: *Zum Weltbild der Physik,* S. Hirzel Verlag, Stuttgart 1958, S. 158–168.

Wir danken den genannten Verlagen und Rechtsinhabern für die Genehmigung zum Abdruck der Auszüge aus den obengenannten Werken.

Personen- und Sachregister

Äther 44 f., 58
Agrippa von Nettesheim 200
Alchemie 7, 195, 201 ff.
Aphrodite Uranie *(Venus coelestis)* 199
Aristoteles 148, 173, 197, 200, 233 ff., 241, 249, 256 f., 276 f.
Astronomie 136, 195
Atomistik/Atomphilosophie 196 f., 208 ff., 215 ff., 272 f.
Augustinus von Hippo 172, 199

Bacon, Sir Francis 8, 200
Berkeley, George 56 f., 106, 167, 186
Bewußtsein 43 f., 112 f., 124 f., 150 ff., 318
–, Identitätsprinzip und 159 ff.
Bewußtseinsfluß 275
Böhme, Jakob 201
Boethius, Anicius Manlius Severinus 172
Bohm, David 10, 14 f., 17, 263 ff., 337
Bohr, Niels 10, 16, 47, 85, 87, 89 ff., 94, 139 ff., 203, 248, 298, 300 ff., 308 ff., 322, 337 f.
Boltzmann, Ludwig 84, 181 ff.
Born, Max 10, 79 ff., 338
Broglie, Louis de 49, 80, 85, 88
Brooke, Rupert 100
Brownsche Bewegung 183
Bruno, Giordano 200
Buddha 74

Calvinismus 321

Cauchy, Augustin Baron 84
Cicero, Marcus Tullius 197

Darwin, Charles Robert 75, 214
Demokrit 69, 173, 185, 196, 208 ff., 217 f., 272
Descartes, René 7, 51, 200 f., 211 ff., 223 f.
Determinierung/Determinismus 81 ff., 90, 142, 144 f., 209 ff., 218 ff., 226, 257 ff.
Diels, Hermann 185
Dirac, Paul A. M. 48 f., 60, 80, 88, 295, 298 ff., 306
Drieschner, Michael 243
Dualismus → Geist und Materie, D. von
Du Bois-Reymond, Emil 184
Dürer, Albrecht 168, 171
Dürr, Hans-Peter 7 ff.
Du Maurier, Daphne 60

Eckhart, gen. Meister E. 194, 199
Eddington, Sir Arthur 10, 14, 97 ff., 121 ff., 182, 338 f.
Einheit der Erfahrung 232
– der Natur 229 ff.
– der Zeit 232
Einheit-Vielheit-Problematik (Ganzheit/Geteiltsein) 14 ff., 194 ff., 233 ff., 263 ff., 318 f.
Einstein, Albert 10, 12, 67 ff., 71 ff., 84 f., 90 ff., 95, 119, 127, 137, 142, 172, 178, 180, 201, 217, 291, 295, 297, 339

Eleaten 173, 197, 233, 241, 248
Empirismus 8
Energieprinzip (Prinzip der Erhaltung der Energie) 33 f.
Entropie 61
Epikur 185
Erkenntnis, innere und symbolische 102 f.
Erleuchtung 331 ff.
Euler, Leonhard 258
Euklid 177, 198
Evolutionstheorie 214 f., 268 f.

Faraday, Michael 84
Fermatsches Prinzip des kürzesten Lichtweges 253 ff., 260
Ficino, Marsilio 199
Finalität 256 ff.
Fludd, Robert 203
Fourier, Jean-Baptiste de 86 f.
Frank, Philipp 312, 314
Franziskus von Assisi 69

Gaiser, Konrad 234
Galen von Pergamon 185
Galilei, Galileo 50, 75, 81 f., 141, 195, 201
Ganzheit/Geteiltsein → Einheit-Vielheit-Problematik
Ganzheit, Fragmentierung und 263 ff.
Ganzheitstheorien, östliche und westliche 285 ff.
Geist 165 ff., 183
–, individueller und universaler 57 f.
–, Realität und 98 ff.
– und Materie, Dualismus von 130 ff., 184 ff.
Gesetzlichkeit der Natur, universale (Naturgesetze) 33 ff., 55, 208
Gibbs, Josiah Willard 84, 181

Glaube, Naturwissenschaft und → Religion, N. und
Glauben, Wissen und 22 ff., 296 ff.
Goethe, Johann Wolfgang von 22 ff., 189, 202 f., 336
Goldbach, Christian 175
Gottesbegriff 298 ff., 319 f., 324 ff.
Gotteserkenntnis, Realität der 169 f.

Haeckel, Ernst 185, 214, 226 f.
Hamiltonsches Prinzip 11 f.
Harmonie, prästabilierte 259
Heidegger, Martin 235
Heisenberg, Werner 9 f., 13, 15, 18, 47 ff., 60, 87 f., 146, 221, 223, 225 f., 295 ff., 308 ff., 323 ff., 339 f.
Heraklit von Ephesus 162
Hermes Trismegistos 201 f.
Hertz, Heinrich Rudolph 84
Höhlengleichnis Platons 13, 49 ff.
Hölderlin, Friedrich 333
Hume, David 186 f.
Huxley, Aldous 160
Hydrodynamik 97 ff.

Idealismus (s. a. → Realismus, I. und) 13, 186
Ideenlehre 173, 197
Identitätsprinzip → Bewußtsein, I. und
Illusion(en) 99 ff.

James, William 80
Jeans, Sir James 10, 14, 41 ff., 135, 340
Johnson, Samuel 57 f., 106 f.
Jordan, Pascual 10, 18, 88, 207 ff., 340 f.
Jung, C. G. 203

Kant, Immanuel 13, 33, 172, 175 ff.,
  187, 204, 232, 260, 268
Kausalität, Prinzip der (Kausalitätsgesetz) 17, 49, 67, 69, 80 ff., 89, 91, 93,
  111, 178 f., 186 f., 209 f., 221, 225,
  227, 256 ff., 276 f., 297, 312, 314
Kepler, Johannes 70, 82, 195, 201,
  203
Kirchhoff, Gustav Robert 82
Komplementarität 9, 16, 85, 89 f., 93 f.,
  147, 203, 248, 298
Konstanten, universelle 30 ff.
Kopernikus, Nikolaus 82, 200 f.
Krämer, Hans J. 234
Krishnamurti, Jiddu 293
Kybernetik 224 f.

Lagrangesche Funktion 35
Lamb, Willis Eugene 98
Lamettrie, Julien Offroy de 212 ff.,
  223, 225 ff.
Laplace, Pierre Simon de 207
Leibniz, Gottfried Wilhelm 12, 35,
  160 f., 186, 250 ff., 259 f.
Leonardo da Vinci 199
Leukipp 196
Locke, John 13, 52
Lorenzo de' Medici 199
Lorentz, Hendrik Antoon 178
Lucretius Carus (Lukrez) 162, 185
Lynch, W. F. 241

Makrophysik, Mikrophysik und
  218 ff.
Manet, Edouard 301
Materialismus 134
Materie (s. a. → Geist und Materie,
  Dualismus von 41, 56 ff., 64, 111 f.,
  121, 143, 148 f., 197 f., 266 f., 270,
  272, 274 f.

Mathematik 134 f., 140, 142, 179,
  194 ff., 199 f., 250, 259 f., 303,
  314
–, angewandte und reine 51 ff.
–, Zeitlosigkeit der 174 f.
Maupertuis, Pierre Louis Moreau de
  12, 35
Maxwell, James Clerk 84
Mechanik, klassische/newtonsche 62,
  81 ff., 141 ff., 208
Meditation 286
Mensch – Wert und Bedeutung
  122 ff.
Metaphysik 79 ff., 94, 250 ff. 312 ff.
Meyer, Fritz 160
Minkowski, Hermann 178
Mitchell, Sir Peter Chalmers 57
Monadenlehre/Monadologie 160 f.,
  186
Monismus, psychophysischer 202 f.
Moses 199
Mozart, Wolfgang Amadeus 333
Mystik (s. a. → Religionen, mystische)
  160, 194 ff. 204, 239
Mystizismus 103 ff.
–, Realität und 106 ff.

Napoleon I. 207
Naturgesetze → Gesetzlichkeit der
  Natur, universale
Naturphilosophie, materialistische
  213 ff.
Naturwissenschaft, Methodik der
  80
Nasafi, Aziz 160
Neuplatonismus 195, 199, 201
Neupythagoräismus 195
Newton, Sir Isaac 7, 70, 81 ff., 137, 141,
  195, 200 ff., 259, 267 f., 278, 311,
  326
Nikolaus von Kues 200

347

Occam, Wilhelm von 186
Organismen, Aufbau und Funktion von 148 ff., 169
Otto, Rudolf 194

Paracelsus 200
Parapsychologie 204
Parmenides 15, 173, 197, 229, 233 ff.
Pascal, Blaise 320
Patrizzi, Francesco 200
Pauli, Wolfgang 10, 18, 88, 193 ff., 295 ff., 308 ff., 341
Paulus, hl. 199
Physikalische Erkenntnis(se) – Form und Bedeutung 30 ff.
Picht, Georg 235 f.
Planck, Max 10 f., 21 ff., 85, 90, 143 f., 215, 222 f., 295 ff., 341
Plato(n) 13, 15, 44, 49, 61, 172 f., 180, 195, 197 ff., 233 ff., 325, 331, 333
Plotin 198, 233
Poincaré, Henri 178
Positivismus 30 ff., 309 ff.
Protagoras 288
Ptolemäus 316
Ptolemäisches Weltbild 82, 267 f.
Pythagoräer 173, 196 ff.
Pythagoras 53, 180, 195 f.

Quantenmechanik/Quantenphysik/ Quantentheorie 9 ff., 33, 49 f., 84 ff., 131, 133, 144 ff., 203, 221 ff., 225, 230 f., 242 ff., 267 f., 273, 275, 278, 284, 298, 302, 308 f., 312 f., 319

Rationalismus 197, 204, 306
Rationalität 286 ff.
Raum, Zeit und 133, 146, 175 ff., 272
Raum-Zeit-Kontinuum (R.-Z.-Rahmen) 44 ff., 47 f., 55, 60 f., 127
Raumdimensionen 45, 48, 54 f., 60
Realismus, Idealismus und (s. a. → Idealismus) 56, 93
Realität (Wirklichkeit) 159 ff., 267 ff., 282, 288, 290 f., 322 ff.
–, atomare Teilchen und 93, 99 f.
Relativitätstheorie 47, 49 f., 133, 147, 183, 201, 267 f., 273 ff., 278, 284, 297 f., 301
Religion (Glaube), Bedeutung, Entstehen und Funktion von 25 ff., 74, 112 ff., 299, 304 f., 326 ff.
Religion, Furcht- 67 ff.
–, Kunst und 26
–, Moral- 68
–, Naturwissenschaft und 69, 71 ff., 171 ff., 295 ff., 308 ff.
–, Quellen/Ursprung von 67 f., 74 ff.
–, Realität und 106 ff., 129 f.
Religionen, mystische (s. a. → Mystik, Mystizismus) 116 ff.
Religiosität, kosmische 68 ff.
Rosenfeld, Léon 90
Rossetti, Gabriele 126 f.
Russell, Sir Bertrand 80 f., 94, 185 f.
Rutherford, Ernest 107, 143

Schiller, Friedrich von 313
Schilpp, P. A. 90
Schlosser, Friedrich Christoph 200
Scholz, Heinrich 250, 253
Schopenhauer, Arthur 176, 204
Schrödinger, Erwin 10, 14, 45, 49, 88, 159 ff., 171 ff., 184 ff., 189 ff., 342
Schrödinger-Gleichung 88 f.
Schubert, Franz 333
Schweitzer, Albert 169
Selbst-Weltbild 265, 271, 280 ff.
Shankara 194
Sherrington, Sir Charles 161 ff.
Smoluchowski, Marian von 183

Sokrates 198
Spinoza, Baruch de 69, 74, 185
Strahlung 41 ff.
Subjekt-Objekt-Problematik 12 f., 16, 32, 56, 81, 90, 134, 141 f., 146 f., 155, 159 ff., 176, 186 ff., 203, 230 ff., 273, 284, 298, 301 f., 309, 323 f., 332
Suhr, Martin 241
Symbole, religiöse 26 ff., 37

Thales von Milet 173
Theaitetos 197
Theodizee 250 ff., 260
Theophrast 173
Thermodynamik 61, 117
Thomson, Sir Joseph John 46
Traum 162

Unbestimmtheitsbeziehungen/Unbestimmtheitsrelationen/Unschärfeprinzip/Unsicherheitsprinzip 9, 47, 87, 90, 146
Upanishaden 160 f.

Vedânta, Philosophie des 14, 189 ff., 194, 238
Vererbungslehren, Mendelsche 224

Weber, Max 321
Weizsäcker, Carl Friedrich von 10, 15, 229 ff., 250 ff., 342
Wellen(mechanik) 9, 44 ff., 60, 88, 93
Welt-Bild, naturwissenschaftlich-physikalisches 126 ff.
Weltlinien 42 ff.
Weyl, Hermann 44, 121
Wieland, Wolfgang 235
Wirklichkeit → Realität
Wirkungsprinzip (Gesetz vom Prinzip der kleinsten Wirkung) 35 f.
Wirkungsquantum, universelles 143 f.
Wissen und Glauben → Glauben und Wissen
Wittgenstein, Ludwig 301, 309
Wolf, Hugo 333

Yukawa, Hideki 80

Zahlenparadoxon 159 ff.
Zeit, Raum und → Raum, Z. und
Zeit, Wesen der 133, 245 f.
Zeitrichtung («statistische Theorie der Zeit») 178 ff.
Zelle(n), Lebenseinheit und 162 f.
Zwei-Prinzipien-Lehre 235, 248 f.